人民文库 第二辑

物与无：
物化逻辑与虚无主义

刘森林｜著

人民出版社

出 版 前 言

1921 年 9 月,刚刚成立的中国共产党就创办了第一家自己的出版机构——人民出版社。一百年来,在党的领导下,人民出版社大力传播马克思主义及其中国化的最新理论成果,为弘扬真理、繁荣学术、传承文明、普及文化出版了一批又一批影响深远的精品力作,引领着时代思潮与学术方向。

2009 年,在庆祝新中国成立 60 周年之际,我社从历年出版精品中,选取了一百余种图书作为《人民文库》第一辑。文库出版后,广受好评,其中不少图书一印再印。为庆祝中国共产党建党一百周年,反映当代中国学术文化大发展大繁荣的巨大成就,在建社一百周年之际,我社决定推出《人民文库》第二辑。

《人民文库》第二辑继续坚持思想性、学术性、原创性与可读性标准,重点选取 20 世纪 90 年代以来出版的哲学社会科学研究著作,按学科分为马克思主义、哲学、政治、法律、经济、历史、文化七类,陆续出版。

习近平总书记指出:"人民群众多读书,我们的民族精神就会厚重起来、深邃起来。""为人民提供更多优秀精神文化产品,善莫大焉。"这既是对广大读者的殷切期望,也是对出版工作者提出的价值要求。

文化自信是一个国家、一个民族发展中更基本、更深沉、更持久的力量,没有文化的繁荣兴盛,就没有中华民族的伟大复兴。我们要始终坚持"为人民出好书"的宗旨,不断推出更多、更好的精品力作,筑牢中华民族文化自信的根基。

人民出版社

2021 年 1 月 2 日

作 者 的 话

　　"物"与"无"是中国传统思想的重要概念;"物化"与"虚无"则是现代社会批判理论以至现代哲学的核心范畴。本书使用的"物"与"无"系指现代社会批判理论的"物化"与"虚无"。在作者看来,对它们的解释隐匿着一个文明论的背景。从文明论的角度来看,传统深厚、晚外发现代化的大国,在追索现代文明的哲学基础时,往往产生"虚无主义"话语,怀疑现代文明中蕴含着一种虚无主义的本质与后果。现代"虚无主义"话语先后在德国(以哲学形式)、俄国(以文学政治形式)产生并绵延不断,20世纪初传入中国,明显凸显了这一点。在现代化的始发地英国,即使出现类似情况,人们也没有用"虚无主义"指称之。不过,比德国、俄国现代化更晚,离始发国更远从而显得似乎更"外"的中国,其虚无主义话语明显没有德、俄两国那么浓重。雅各比对康德、费希特启蒙哲学势必陷入虚无主义的担忧,在中国对应的是启蒙的尚嫌不足;《父与子》中俄国贵族巴威尔对唯科学主义是虚无主义的指责,在中国对应的是科玄论战中科学对玄学的明显优势。相比之下,中国的虚无主义话语是以另类的形式出现的。但是,随着中国现代化水平的不断提高,长期困扰传统深厚、晚外发现代化的德国和俄国的问题:现代文明的哲学基础是不是虚无主义,现代社会的物化倾向是不是必然导向虚无,现代文明的发展前景如何,晚外发现代化的大国在实现现代化以后能否以及如何创建一种更好的新文明,等等,却无法使我们无动于衷了。对于现代性日益明显、力图创建中华新文明的我们来说,上述问题是绕不过的。总结、梳理、重思德、俄两国的虚无主义话语,吸取两国的经验教训,是思考中华灭明复兴问题之必需。

　　作为哲学问题的现代"虚无主义"诞生于德国古典哲学的伊始,在黑格尔学派解体中内爆,尔后一直延续到尼采、海德格尔,自然也贯穿于马克思主义哲学和西方马克思主义(法兰克福学派)全过程。本书以虚无主义与历史唯物主义的关系为中心,对从德国、俄国到中国的虚无主义话语言说的基本问题和主要人物,特别是施蒂纳、马克思、屠格涅夫、尼采、海德格尔、朱谦之等,作出自己的思考。马克思关于虚无问题的两次思考(第一次指责施蒂纳的"无"是"虚"的,第二次则指出资本的运作势必荡除一切崇高与神圣),以及他关于物化(Verdinglichung)、物象化(Versach-lichung)及其与虚无关系的思考,构成本书的核心。

目　　录

第二部分　马克思与虚无主义

第三部分　物化、虚无与形上学重建

导　言

为什么要关注虚无主义与物化问题

　　当代中国学术话语早已从现代化思维转向了现代性思维。后者相对于前者的进步是，它对于我们追求已久的现代化有了一种自觉的反思与反省，而不再是一味地赞成，不再主张不计一切后果（甚至根本没有任何后果意识）地去追求。而在反思、批判性地考察现代社会时，我们会用什么关键词展开这种反思呢？

　　在现代社会批判理论中，"物化"（Ver(iinglic;hung, reific;ation），以及与其密切相关的"物象化"（Versachlichung，或译为"事化"）、"异化"（Entfremdung, alienation）、"拜物教"（Waren‐Fetisc hismus, Commodity Fetishism）就是最为常见的一类关键词。这并不会因为反思主体的文化背景的差异而有多大区别：英美传统、法国传统、德国传统、斯拉夫传统、日本传统、中国传统背景下的学者们，都在使用这些批判性语汇。但是，对现代文明更为严厉的批评，还不在这些词汇中。指责现代文明必然带来虚无，必定陷入虚无主义的批评，使得"虚无"、"虚无主义"成了更严重的批评概念。"物化"是否必然导致"虚无"，"拜物教"是否必然导致"虚无主义"？不难发现，不同文化传统下的批评家，并不都在使用"虚无"、"虚无主义"这种更为严厉的批判性概念。晚外发现代化、传统深厚的大国，才是虚无主义话语的密集发生国。德国首当其冲，俄国紧随其后，中国、日本也在其中。20世纪现代性反思的不断深化和扩展，虚无主义话语才在更多国家落户生根。19 世纪,在德国、俄国会被认定为虚无主义的现象,其他现代化国家的思想家却并不把它与虚无主义关联起来。比如,与马克思几乎同一时代,英国的现代化批评家马修·阿诺德,这位被艾恺(Guy Salvatore Alitto)认定为"反现代化"的理论家,与德国一些思想家一样,也主张区分"文明"与"文化",把现代文明视为"外在的和机械的"文明,认为它没有足够高的"文化",并认定现代文明的现代个人主义原则会导致无政府状态。现代文明只是"文明"而没有"文化"高度,这非常类似于德国虚无主义思想的调子。但阿诺德决没有像德国、俄国思想家那样,使用"虚无"或"虚无主义"的词汇来批评工商业价值至上、奉理性原则和个人主义原则的现代文明,没有把崇高价值的式微、物化价值和相对主义的盛行称作"虚无主义",而只是称之为"无政府状态"。① 这是一个很典型的例证。

一、虚无主义:贯穿于自德国古典哲学至后马克思主义哲学的始终

晚外发现代化的大国,主要是德国、俄国传统的学者,遇到类似情况,却常常喜欢构筑一种虚无主义话语,使用这种批判性词汇,展开对现代文明的反思和批评。虽然追索"虚无主义"这个词的西语起源最早不是出现在德国,18 世纪的法国都已经出现过这个词②,但早先的讨论现代性意味不够,哲学深度不足,研讨空间狭小。现代意义上的"虚无主义"还是从德国开始的。从"虚无主义"这个词语的第一个现代(哲学)使用者雅各比(Friedrich Heinrich Jacobi),也就是批评康德哲学必定会陷入虚无主

---

① [英]马修·阿诺德:《文化与无政府状态》,韩敏中译,三联书店 2002 年版。英美思想家对虚无主义的谈论,是后来的事,是 20 世纪的事。这跟德国、俄国形成异常鲜明的对比。艾恺的观点参见[美]艾恺:《世界范围内的反现代化思潮》,贵州人民出版社 1991 年版,第 78 页。

② Joachim Ritter 和 Karlfried Gründei 主编的 Historisches, Wörterbuch der Philosophie 之"虚无主义"(Nihilismms)词条。Band 6, Schwabe & Coag Verlag Basel/Slullgart, 1984.

义的德国文学哲学家,到青年黑格尔派时期马克思的对手施蒂纳,也就是那个声称"我把无当作自己事业的基础"从而在青年黑格尔派中最激进、在批判宗教之路上走得最远的思想家,再到尼采与海德格尔,德国思想传统中一直存在着浓浓的虚无主义话语。它不但怀疑西方传人的启蒙、工业化、世俗化运动会消解(即虚无化)本国的传统,而且,启蒙以来的现代本身就孕育着一种不可避免的虚无:虚无主义是现代化过程的必然结局。甚至自古以来的西方都暗藏着这样的虚无种子,并在现代化的沃土中飞速成长,现已波及现代社会的方方面面。这种思想始自德国古典哲学的起始点,在19世纪的青年黑格尔派分裂和尼采哲学中内爆,在20世纪的德国哲学中,具体地说就是在最有代表性的海德格尔哲学中,凝聚成问题之核心。作为这个过程中决定性的人物,尼采构筑了一种哲学性的虚无主义话语,并通过"虚无主义"等术语,把对西方现代社会的批评推进到了西方文明之初,主张回到前苏格拉底这个出发点来重思现代文明的前景。① 如果说,在雅各比时代,人们还不会重视这个问题;在青年黑格尔派时期,虽然有马克思、施蒂纳、克尔凯郭尔分别从不同角度(历史唯物主义、无政府主义、存在主义)对此问题进行思考与阐发,但还不能构成思想家们关注的重心,那么,到了尼采和海德格尔时期,虚无主义的问题已经不折不扣地成了他们关注的重心。如果说,人们在当时可能会觉得批评康德哲学必定陷入虚无主义的雅各比有些杞人忧天的味道,人们会在听到这种批评后耸耸肩膀嫣然一笑地继续走自己的路,连驻足一下听听这个批评者到底是什么意思的兴趣都不一定有;如果说,当马克思听到"我把无当作自己事业的基础"的施蒂纳声称已经"搞掂"或超越了自己还在崇拜的费尔巴哈(当然也必定连带到自己)时,马克思已经不敢耸耸肩膀不理不睬地继续自己的前行,而是几乎逐字逐句地批判起这个自以

---

① Winfried Weier, Nihilismus, Geschichte, System, Kritik, Ferrlinand Schöningh 1980. 值得注意的是,马克思对西方现代性的批评一直还没有推进到对整个西方传统的批判。直到深受尼采(及海德格尔)影响的《启蒙辩证法》一书,社会批判理论的现代性批判才推进到整个西方文明,才从头开始质疑"启蒙"、"现代"。从此开始,"启蒙"、"现代"才不仅仅意味着文艺复兴、法国革命之后的东西,而是早在西方文明一开始就存在的东西。

为走到了青年黑格尔派批判宗教最极端（最远）的施蒂纳来，而且我们知道，这样的事情（放下自己的重要工作，如此详尽地批评对手），一向非常自信的马克思一辈子没有做过第二次，由此可以想象，施蒂纳的问题与批评对马克思的刺激程度，或者马克思对这个声称以无为根基建构事业的对手的重视程度！如果雅各比对康德的批评还引不起人们多少注意，马克思对施蒂纳的批评已开始引起人们的注意，但长期以来注意不够（尤其是在现代性问题不突出的 20 世纪中国，更未给予足够甚或起码关注）①，那么，后来的尼采与海德格尔对"虚无主义"问题的关注，就无法让人们不理不睬地对待了。在现代性问题日益突出的今天，不理睬尼采、海德格尔的核心关注，不理睬雅各比对康德的批评，以及马克思对施蒂纳的批评，就是缺乏起码的现代性意识了，就是有点不食人间烟火的味道了。"虚无"、"虚无主义"的问题愈来愈接近现代性思维的核心，离我们越来越近：它不仅来到了晚外发现代化大国的每一个善于思考的知识分子身边，来到了关心德国古典哲学的发生、发展及其核心问题的学者身边，更是来到了一向异常关注中国现实的马克思主义学者身边。当稍后的尼采和再后来的海德格尔把它当作理论关注的核心，当作难以根本求解的形而上难题时，我们不能不承认，这个问题离当下的中国逐渐切近了，以至于我们感到它总是如影随形地伴随着我们。如果中国要总结借鉴跟自己很类似的晚外发现代化大国德国、俄国对待西方现代化的经验教训，反思现代文明的哲学基础，探究超越现代资本主义文明、创建更高的新文明的可能性，就无法避开对德国、俄国虚无主义话语的核心提问和反复思考。在这个意义上，虚无主义话语就是晚外发现代化的大国立足于本国悠久传统对西方传来的现代文明的批判性思考。虽然这种批判性思考有的采

---

① 施蒂纳刚被引入中国时，是被当做反封建、扬个性的正面人物来看待的。1949 年之后，由于受到苏俄马克思主义哲学模式的影响，施蒂纳几乎完全被忽视。直到最近十多年以来，情况才逐渐有所改观。不过，即使在不受苏俄模式马克思主义哲学影响的西方，施蒂纳似乎也不是总能得到与其地位相称的重视。在 2010 年刚出版的"Klassiker Auslegen"丛书《德意志意识形态》卷 Die Deutsche Ideologie 中，费尔巴哈部分至少算是分 5 个专题介绍，篇幅长得多的施蒂纳部分却只用一个题目来总体介绍。参见 Harald Bluhm（Hg.），Die Deutsche Ideologie，Akadmie Verlag GrnbH，Berlin，2010.

取了为传统辩护的立场,有的采取了把文明向前推进从而创造一种新文明的立场,但都值得无法、也不能完全重复西方现代化的中国给予足够的重视。虚无主义,不管是被当作洪水猛兽、隐形女妖,还是每个文明衰落期都会出现的正常问题,反正恐吓、放弃、有意识地忘却,诸如此类的策略都无法把它驱赶进无意识的黑暗之中。它成了现代性批判的一个核心与根本,成了我们无法回避却也无法彻底解决的心病。从学理上讲,虚无主义问题伴随着德国古典哲学与后德国古典哲学的始终,也自然与马克思主义哲学的诞生与后续发展紧密相关:它与韦伯、卢卡奇、法兰克福学派的核心关注密切相关,无法分开。可以说,虚无主义问题贯穿于前马克思主义哲学和后马克思主义哲学的始终。无论在马克思主义哲学的生成背景中,发生过程中,还是在它的进一步延展中,虚无主义问题都以或潜在或显在的形式存在着。

我们知道,深刻影响 20 世纪中国的国家,恐怕还不能说是德国,而应该是俄国。说到俄国,有一位相比阿诺德生卒年月与马克思更为接近,竟然跟马克思同年生同年卒的思想家,一位跟马克思同在柏林大学研读黑格尔,一样怀着文学家之梦(一个无奈放弃另一个成功),一样谋求自己所在国家最著名大学哲学系教师职位(也一样不成功),一生在欧洲各处活动的思想家,虽然中国人关注他已有百年有余,但却几乎没有把他与马克思关联起来。这个人就是屠格涅夫。他在俄国是使"虚无主义"话语广受关注的始作俑者。1860 年,当马克思于伦敦市区专心于《资本论》的写作,在贫困中探究资本的逻辑①时,富裕的屠格涅夫也在位于伦敦西南方、离伦敦不远、面积却只有伦敦一半大的怀特岛上开始构思后来以"虚无主义"言辞闻名的小说《父与子》。② 虽然一个正值贫困,老友(恩格

---

①　马克思在资本的逻辑中看到了资本孕育的虚无主义力量。资产阶级必然陷人虚无主义,是马克思关于资本逻辑的重要判定。具体参见本书第七章。

②　屠格涅夫后来说,他是 1860 年 8 月在英格兰怀特岛的小镇文特诺洗海水澡时"第一次出现了要写《父与子》的想法"的。后来这本小说使他遭受多方的责难,最具争议的就是"在这个出色的人物(指小说的主人公巴扎罗夫——引者)身上具体体现了刚刚产生、还比较模糊、后来被称为虚无主义的东西"。参见《屠格涅夫全集》第 11 卷,河北教育出版社 1994 年版,第613—614 页。

斯)这一年开始每月给他的资助有所增加,却也承担不起去海岛度假;而另一个却揣着足够的英镑在文特诺小镇的海边惬意地漫步,但一个共同关心的问题却把此时此地的他们连在一起:资本的运行是否必然孕育着虚无主义的力量?科学、实验室、理性主义会不会把一切崇高和神秘都清除掉?感情、艺术这些价值的科学化、唯物主义化意味着什么?是物化吗?资本、虚无,科学、艺术在这个思考中构成共同的关键词。当然,同时期英国文化批评家阿诺德关于文化与无政府状态的思考也极为类似,只是所用概念不同而已。通过追究资本的内在逻辑,马克思对资本的后果、命运作出了深刻的思考。通过小说中的主角巴扎罗夫,与其对手俄国贵族巴威尔的辩论冲突,屠格涅夫使"虚无主义"成为俄国知识界关注的重心,吸引更多的文学家、思想家持续地思考它。他关于虚无主义的思想一度影响过尼采,而他讨论虚无主义问题的这本《父与子》,20 世纪初就翻译为中文,至今已有接近 20 个中文译本了。这可能是当初的屠格涅夫无论如何也不会想到的。他同样想不到的是,通过它的小说流行起来的俄国虚无主义话语,只是一种试图把一切存在都放进实验室解开其一切神秘的做法,将会在 20 世纪初的中国发生重大影响,而且常以混淆虚无主义与从事暗杀活动的"虚无党"的形式。而同时或更早一些,中国学者对马克思的兴趣却不在资本蕴含的虚无这种长远效果上,只是在资本及与其密不可分的"劳动"所塑造的现代化发展这种立竿见影效果上。

看来,从德国经俄国到中国,"虚无主义"的含义、关注视角、形象性质(正面的还是负面的)存在诸多的变化和复杂性。我们不想一开始就陷入关于"虚无主义"的种种不同界定,但需要作出一定的分析、说明。无疑,虚无主义的讨论可以采取多种视角,本书的讨论是从哲学视角出发进行的。Winfried Weier 在《虚无主义:历史,体系,批判》一书中列出了虚无主义的哲学、历史学、心理学等含义,认为哲学意义上的虚无主义通常就是在尼采对传统价值与意义的整体拒绝中获得界定的。[①] 我们以两本甚有影响的哲学词典为例,略述对虚无主义的典型理解。在中国哲学界

---

① Winfried Weier, Nihilismus, Geschichte, System, Kritik, Ferdinand Schöningh 1980, S.19.

颇有影响的《西方哲学英汉对照词典》是这样解释"虚无主义"的："一种主张没有可信的东西和没有有意义的区分的理论。形而上学的虚无主义认为世界和人生没有我们假定它们具有的价值和意义。认识论的虚无主义坚持没有任何知识是可能的。伦理的虚无主义提出，不存在任何能为绝对的道德价值辩护的基础。政治上的虚无主义则建议，任何政治组织必是腐败的。"①按照这一区分，本书所使用的"虚无主义"就是在上述形而上学层面进行的。而著名的 12 卷德语《哲学历史词典》（Historisches Worterbuch der Philisophie）对"虚无主义"的解释足有 8 页半。它指出，在这个词早期的使用中，哲学只是其中的一部分，另外还有宗教、政治和文学的关注。在哲学上，它曾经被认为跟利己主义、唯我论、唯心主义、无神论、泛神论、怀疑论、唯物主义、悲观主义等密切相关。虽然德国早期浪漫派早就在诗学讨论中使用这个词，甚至 F.施莱格尔早在 1787 年就使用过它，但对于这个词的进一步讨论，还是雅各比通过指责康德、费希特哲学必定导致虚无主义，把文学关注引向哲学，才提供了一个新的起点和空间。② 由此，关于虚无主义的讨论具有了浓厚的哲学意蕴。从青年黑格尔派（费尔巴哈、施蒂纳、克尔凯郭尔）到尼采，再从尼采到海德格尔，虚无主义的哲学讨论得到了急剧的扩展和深化。即使同时期的俄国对这个问题的关注多存在于文学中，也改变不了哲学作为虚无主义讨论主领域的地位。由此，维基百科对"虚无主义"的解释很简洁："虚无主义作为哲学意义，认为世界、生命（特别是人类）的存在是没有意义、目的以及可理解的真相及最本质价值。"我们将在本书第一章中具体展开。我们将表明，本书使用的"虚无主义"概念，是一个哲学概念，主要是在尼采哲学的意义上得到基本规定的，它主要是指价值、意义的消解，而消解与形而上学的根基坍塌相关。所以，这种虚无主义被视为柏拉图主义，系指超感性价值王国遭到贬斥与废黜，也就是所谓"上帝之死"。

_____

①　[英]尼古拉斯·布宁、余纪元编著:《西方哲学英汉对照词典》，人民出版社 2001 年版第 679 页。

②　Joachim Ritter und Karlfried Gründer(IIg.) , Historisches Wörterbuch der Philosophie , Band 6 , Schwabe & Coag Verlag Basel/Sunllgart , 1984 , S.846—854.

二、虚无主义:哲学话语背后的
文化质疑与文化追求

显然,在晚外发的现代化国家,虚无主义问题是立足于传统立场对气势汹汹地来自"西方"的现代文明的一种担忧和质疑,担忧这种来自西方的文明会损害本国本民族那些源远流长的崇高价值,进而怀疑这种过分推崇工商业价值和个人主义文化的文明本身就内含着无可避免的虚无主义质素,其发展势必走向虚无主义,虚无主义构成现代发展的必然本质。这种本质甚至已经包含在向外拓展的欧洲现代文化的伊始,在欧洲向外拓展的初期就显露出来。用吉登斯后来的话说就是:"从一开始,启蒙主义理论中就包含有虚无主义的萌芽。"①而阿伦特的表达是:"当欧洲万分热心地向其他大洲描述其法则的同时,她自身的信念却已经丧失殆尽。"J.J.克拉克接着说道:"在欧洲知识分子开始清楚表述自己观念的独特性——换言之,其实就是自己与生俱来不同于其他文化和种族的优越性——的时候,欧洲与中国、印度的遭遇使得它不得不看到这些国家与它具有同等的地位,只是发展趋势截然不同而已。正如法国东方学学者雷蒙德·施瓦布(Raymond Schwab)所指出,'西方发现,在思想上有着辉煌的过去,这种经历并非自己独有','它意识到别的事物也一样新鲜、空前和非同一般'。"②

现代虚无主义话语的最早诉说者不但总是一些晚外发现代化国家的思想家,而且也往往是重视传统、有贵族气息、倾向偏保守的思想家。从雅各比、克尔凯郭尔到尼采、海德格尔,大体如此。至于乐呵呵地要"以无作为自己事业基础"的施蒂纳,没把虚无主义当作一个问题来看,却是

---

① [英]吉登斯:《现代性的后果》,田禾译,译林出版社2000年版,第43页。

② [美]J.J.克拉克:《东方启蒙:东西方思想的遭遇》,于闵梅、曾祥波译,上海人民出版社2011年版,第46页。

把它视为一个富含可能性的理想空间,在这个空间中,个人的个性、唯一性都能得到尊重和实现。虚无、虚无主义不是被他当作一个麻烦和问题,而是理想和机遇了。他不知道虚无主义巨大的吞噬力,批判它的马克思对此肯定心知肚明。

把虚无主义当作一个麻烦与问题,当作一个赋予批评对象的否定语词,表示一种不断发酵的坏种子,象征一种富有朝气和创造性的文化行将散去,一种颇有高度和层次的东西不断衰落下来,甚至一种文明气数行将殆尽的倾向,这种做法确实始自德国。当英国、法国发展现代工业,进入现代社会时,德国还处在一种遵从传统价值的国度中。很多德国人向往中世纪,向往古希腊。古希腊那高贵的单纯与静穆的伟大,中世纪贵族那种把尊严、声誉、人格看得至高无上,在这些价值受到侵犯时不惜牺牲世俗价值而保全它们的传统,即使没有典范性,起码也具有一种崇高性。历史学家梅尼克(Friedrich Meinecke)的看法具有一定的代表性,他认为,自歌德时代以后,德国文化就不断败退,现代化水平的不断提高伴随着文化的日益降低和丧失。近代启蒙就蕴含着一种追求权势、占有倾向明显并失去传统理想的问题:

> 布克哈特目光之敏锐,没有一个当代思想家可以比拟,他早在我们的问题最初一出现时就理解了它,并给出了最早的答案。他已经看出在启蒙运动时代和法国革命的乐观幻想之中就有着大患的萌芽了,即错误地要追求那不可能达到的群众性的人类幸福,随后它就转化为一种占有欲、权势欲以及普遍地为追求生活享受而奋斗。①

就是说,自英国开始的经济技术革命唤起了大工业、群众运动,引发了社会主义运动和民族主义运动。崇高的东西日益从个人、少数人那里流向更多的群众那里,有距离的、伟大肃穆的存在日益成为无距离的、不过如此的、比比皆是的大众化存在。伟大、严肃、崇高的东西越来越让位于平俗、日常、无精打采的东西。蕴含着个性的提高、人性的全面实现等崇高理想的古典理想,大工业之后就根本改变了,财富、速度等资产阶级

---

① ［德］梅尼克:《德国的浩劫》,何兆武译,三联书店2002年版,第2页。

的价值日益甚嚣尘上。比机器、财富更重要的文化却在衰败：

> 歌德有一次向蔡尔特谈到，今天人们要的只是财富和速度。蒸汽机和铁路的新魔术，创造了新的对煤和铁的宗教崇拜。新的现实主义也占领了精神生活，于是就结束了目标纯粹在于人自己个性的提高和精神化的那种生活方式，并把注意力更加放在人们集体的共同生活上，放在社会的构成和整个的国家上。

> 它和歌德时代相比较，确实只不过是一个白银时代之于一个黄金时代，因为它多少已经染上了没落的色彩……后来就更颓败了。①

财富、强权、生存空间，不断成为人们追求的价值，而崇高的价值日益受到排挤，没有文化或文化水平低的阶层和党派越来越具有了更大的影响。这是现代化运动的影响所致。另一方面，由于德国现代化相比于英国、法国的滞后性，现代化引进所激发起来的民族意识和民族主义不断高涨，德国人反对法国人在文化、艺术、哲学领域的僵化统治，赞赏多样性、个性、地方、民族和历史的东西。这自有合理之处，但后来似乎过了头。启蒙运动本来就蕴含着一种内在的对立，一种批判、反思性的倾向内在于惯于理性批判的启蒙逻辑之中。当这种批判性的力量通过浪漫主义形式表现出来，并且日益走向偏执之时，它的合理性也在降低。的确，在欧洲启蒙运动史上，没有一个国家像德国这样如此反省启蒙，以至于"在这个过程中，启蒙运动的理想和抱负受到了如此透彻的审视，以致我们几乎可以毫不夸张地说：随后的批评者很少提出在 18 世纪 80 年代期间还不曾考虑过的要点"②。但后来随着后期德国浪漫派的偏执化，德国思想对启蒙的批判也走过了头。正如以赛亚·伯林（Isaiah Berlin）所总结的：

> ……日耳曼人起而反抗法国人在文化、艺术和哲学领域内的僵化统治，并借反启蒙运动之机为自己洗雪耻辱。他们赞赏个性的、民族的和历史的东西，而不是普世与永恒；称许天才的提升、非同寻常的事物以及蔑视一切规则与惯例的精神跃进，崇拜英雄人物，尤其是

---

① ［德］梅尼克：《德国的浩劫》，何兆武译，三联书店 2002 年版，第 13、14 页。

② ［美］詹姆斯·施密特：《启蒙运动与现代性：18 世纪与 20 世纪的对话》，徐向东、卢华萍译，上海人民出版社 2005 年版，前言第 1 页。

不受约束的伟人，并且抨击那种非人性的宏大秩序，抨击其牢不可破的种种规则，以及其明白宣称的笼罩人类一切活动、群体、阶级、意愿的意义——后者已经是人类古典传统的特征，在教会和世俗两方面，都已经深入了西方世界的骨髓。多样化取代了一致性；灵光闪现取代了试验性的规则和传统；无穷无尽和无边无际取代了尺度、清晰和逻辑的结构；注重精神生活，及其在音乐上的表达，崇拜黑夜以及非理性——这是野性的日耳曼精神的贡献，它宛如一阵清风，吹进了法兰西制度下死气沉沉的牢笼。①

随着德国现代化水平的不断提高，伴随着民族主义、浪漫主义、历史主义的多种质素的综合发酵，在德国日益形成了一种以高度"文化"抵御低俗"文明"的倾向：

　　施特恩（Frinz Stern）曾指出："从 1870 年代开始，德意志帝国的保守派作家一直忧心忡忡，认为德国人的灵魂可能会毁于'美国化'（Americanization）：拜金主义（mammonism）、机械化与群众社会。德国的现代化大器晚成，其突飞猛进的工业化过程震撼了传统精英阶层：地主贵族、知识分子官僚，以及被迫前往都市谋生的乡村居民。从 1880 年代开始，对现代工业社会邪恶面的恐惧，成为德国社会思想的最主要特质。而且这种恐惧经常投射在美国身上；美国既是大西洋彼岸的勃兴强权，也是政治自由主义的渊薮。"②

这很像尼采的美国批评。尼采曾说："美国人掀起的淘金热就是这野性的表现，他们干活匆匆忙忙，连气都喘不过来。新世界这种固有恶习已传染到欧洲，古老的欧罗巴也变得粗野起来了。"③他同时嘲笑"美国人思考时手里还拿着表"，讥讽他们重新理解的"美德就是比别人更短的时间完成工作"。

当德国的经济发展达到一个更高的阶段时，这种批评伴随着民族主

---

① ［英］伯林：《扭曲的人性之材》，岳秀坤译，译林出版社 2009 年版，第 199 页。

② ［美］理查·沃林：《非理性的魅惑》，阎纪宇译，立绪文化事业有限公司 2006 年版，第473—474 页。

③ ［德］尼采：《快乐的科学》，黄明嘉译，华东师范大学出版社 2007 年版，第 302 页。

义的自信而更加坚固,浪漫主义质素在这种批评中更加张扬、释放。一种通过守护崇高价值抵抗流俗存在,以高层次文化对抗低俗文明的倾向得以滋长。以桑巴特(Werner Sombart)、容格尔(Ernst Junger)、斯宾格勒(Oswald Spengler)为代表的德国思想家们,指责"英国的运动项目没有高层次的目标",厌恶民主的平庸性,指责它没有英雄特征,只是追求自由民主平等的商业价值观。依照桑巴特的看法,"'自由、平等和友爱'是真正的商人理想,这种理想没有其他目标,只是给予单独的个人以特别优待"①。在他们看来,沾染了这种平庸的价值,文明就会衰败,那位著名的恩斯特·容格尔的弟弟 F.G.容格尔在一本名为 Krieg und Krieger(《战争和勇士》)的书中居然提出,德国之所以在一战中失败,就是因为它吸收了像自由、平等、和平这样的西方价值观,从而使自己变成了"西方的一部分"。② 于是,以英雄对抗商人,以正统对抗末流,以质量对抗数量,以崇高对抗流俗,就成了沿着这种思想推导出来的基本结论。它意味着,西方源远流长的这种发展,逐渐从蓬勃向上、孕育着生命活力、苍劲有力、追求优异和质量的开始迈向按部就班、软弱无力、死气沉沉、追求平常和数量的现在。于是,源初是伟大、美,而逐步的"发展"则是不断的、质的降低和数量的扩大,是不断迁就庸常的扩展。③ 这样,回到源初的古典时代,反对现代的市民和庸人,就成了这种思想的必然选择:

> 他们希望用一种"狄俄尼索斯式的反抗"来反对市民和庸人,将自己按照狂欢节的着装打扮(穆齐尔写的《没有个性的人》对这一仪式有着精彩的嘲讽)并且以此得到了荣格(C.G.Jung)的赞赏,后者在

---

① 原载 Wemer Somlart,Uaedler und Uelden,S.55,转引自[荷]伊恩·布鲁玛、[以色列]阿维塞·玛格里特:《西方主义敌人眼里的西方》,张鹏译,金城出版社 2010 年版,第 46 页。

② [荷]伊恩·布鲁玛、[以色列]阿维塞·玛格里特:《西方主义敌人眼里的西方》,张鹏译,金城出版社 2010 年版,第 50 页。

③ 海德格尔在《形而上学导论》中就指出,所谓历史一开始是原始、落后、愚昧无知和软弱无力,而后来才是逐步壮大的'发展'观念,是正好说反了。"历史开头是苍劲者与强有力者。开头之后的情况,不是发展,而是肤浅化以求普及,是保不住开头情况,是把开头情况搞得无关宏要还硬说成了不对劲儿的伟大形象,因为这伟大形象是纯粹就数和量的意义来说的。"参见[德]海德格尔:《形而上学导论》,熊伟、王庆节译,商务印书馆 1996 年版,第 156 页。

这仪式中看到了一种条顿民族特有的"沃登式"非理性主义的爆发。①

在启蒙与浪漫主义的内在冲突中，在浪漫主义对启蒙思想的矫正和反思中，按照弗兰克的看法，狄俄尼索斯的回归是德意志浪漫派一直在努力追溯着的一种理想，一种矫正庸俗化、防止虚无主义的精神、灵魂(Geist)。② 不过，不能因此把它视为浪漫派幻想的产物："如果以为'狄俄尼索斯的回归'只是一个浪漫派幻想的畸形产物，而不是 20 世纪(我们这个世纪)确实存在的迷魅，那我们就误入歧途了。"③

这个喻示着黑夜、深夜的神是指向未来之神，这个隐而不显或被掩盖起来，然而却富有潜能、未曾实现出来的神，一旦与历史主义结合起来，就成为在人类历史的终点才会获得实现的神。它可以在很多思想家那里，通过多种理论形式，体现在倡导未来的各种理论方案之中。谢林(Friedrich Schelling)、布洛赫(Ernst Bloch)都对这个神充满期待，虽然各自赋予它的形式和特点有所不同。但它反思、反对物化和市民文化，反对堕落和低俗价值的形象没有多大差异。作为一种希望，狄俄尼索斯就是"人类对异化和沦丧的本质反抗"，它不是光明的对立面，不是有待被光明化的临产的、沾着血污的凶恶自然，"而是恰恰作为人内部尚未到来的、尚未形成的征兆，作为酝酿中的神，寻找哭泣、呼唤光明的神。……"④

在人类的过去，即来源处，有某物在时代进步的历程中保持着生命力，因为该物未被实现过。由此可以说，这是一种预言，只要现

---

① ［德］曼弗雷德·弗兰克(Manfred Frank):《浪漫派的将来之神——新神话学讲稿》，李双志译，华东师范大学出版社 2011 年版，第 34 页。

② 圣灵即 Ueiliger Geisl，而精神、灵是 Geisl。谢林和黑格尔都这样使用。参见［德］曼弗雷德·弗兰克:《浪漫派的将来之神——新神话学讲稿》，李双志译，华东师范大学出版社 2011 年版，第 18 页。

③ ［德］曼弗雷德·弗兰克:《浪漫派的将来之神——新神话学讲稿》，李双志译，华东师范大学出版社 2011 年版，第 35 页。

④ Ernst Bloch, Erbschaft dieser Zeit, Gesamtausgabe 4, Suhrkamp Verlag Frankfurt am Main1977, S.361.

实还没有与之切合,这预言就一直有效。这样它就如同浪漫派自然哲学中的"潜势"一样从自身不断推出新的进化阶段:作为潜在事物而存在的也就是还没有完成的,它会期待它的现实化。①

那个没有困苦,没有异化和物化,低俗的东西不再耀武扬威,充满生命活力,不再遭受虚无困扰,意味着、孕育着永恒的希望的那个理想王国,不管以何种方式呈现出来,不管以怎样的形式存在着,都是希望的象征,也是批判的理据与源泉。也许关键是,它将如何实现出来?工业化、科学技术是为它搭建了自我实现的基础,还是进一步埋没了它?它是生产力、生产关系的不断革命化奠立起来的希望,还是局限在存在者边界内因而必须突破困围才能打开可能性空间的"无"或"存在"?是为社会批判提供规范性基础的东西,还是空洞、无聊甚至招人厌恶的乌托邦?

无论如何,对希望之神的不同解释,的确可以导向很多的可能性方向与路径,并由此可以跟很多理论和精神相结合,诞生出很多的具体方案,产生出多样的效果。

三、虚无主义:从德国、俄国到中国

希望往往是在化解了忧虑、恐惧之后才会出现,否则它很可能以廉价或极端的形式存在。当西方的现代化来到俄罗斯,并引发一种西化还是固守斯拉夫传统的争论时,忧虑似乎胜过希望。19 世纪中叶俄国加大开放力度,大力兴起理性主义、科学主义和功利主义风气,这种新的风气(的某种极端化)被贵族斥为"虚无主义"。

由于德国、俄国后发现代化的类似处境,使得两个国家在面对西欧现代化的冲击时很容易找到共鸣,正如林精华在《想象俄罗斯》中所说的:

---

① [德]曼弗雷德·弗兰克:《浪漫派的将来之神——新神话学讲稿》,李双志译,华东师范大学出版社 2011 年版,第 45 页。

"俄国向来就有热衷于德国文化的传统。"①怀着抵御西方的民族性意图接受德国文化,也是相当多俄国知识分子的动机。虚无主义的话语先后在两国盛行,无疑不是偶然的。长期、持续地谈论虚无主义问题的国家,如果只列出两个,那德国和俄国最典型是毫无疑问的。

根据蒋路先生的考察,俄语中的"虚无主义"一词来自西欧,其迅速流行无疑是得益于屠格涅夫的《父与子》:

> "虚无主义"和"虚无主义者"并非屠格涅夫首创,而是两个来自西欧的古老的词,1829 年由知名学者和评论家尼·纳杰日津(1804—1856)在俄国文学界率先使用,当时他以"纳多乌姆科"的笔名,在《欧洲导报》发表了一篇批评普希金、尼·波列沃伊(1796—1846)等人的文章,标题就叫《一群虚无主义者》。纳杰日津在评论领域的继承者和对手们沿用了"虚无主义"的称谓,从 30—50 年代的一般俄国文学论著中也可以看到这个词,但意思不甚明确。在纳杰日津、语言学家彼·比利亚斯基(1819—1867)和社会学家兼文学家瓦·别尔雅(1829—1918)的笔下,虚无主义和极端怀疑论同义;按尼·波列沃伊和米·卡特科夫的界说,则是指与神秘论相对立的唯物主义。"虚无主义"之名迅速流行并获得新的内涵,是在《父与子》问世、巴扎罗夫的形象引起普遍注意和激烈争辩以后。②

巴扎罗夫式的虚无主义者,其实就是典型的持唯科学主义立场的科学家,也就是把科学精神贯彻到一切(包括情感、爱情、艺术等)领域的唯科学主义者。它把整个世界都视为实验室和工作室,对一切人文知识、艺术、情感皆持不屑态度。萨伊德(Edward Waefie Said)在《知识分子论》中对这种类型的知识分子是这样说的:

> 我们注意到他的第一件事就是他与父母断绝关系,而且巴扎洛夫与其说是为人子者,不如说更像是一种自我产生的角色,挑战惯例,抨击平凡庸俗、陈腔滥调,肯定表面看来理性、进步的科学的、不

---

①　林精华:《想象俄罗斯》,人民文学出版社 2003 年版,第 155 页。

②　蒋路:《俄国文史采薇》,东方出版社 2003 年版,第 64—65 页。

感情用事的新价值，……巴扎洛夫提倡德国唯物主义的科学观念：大自然对他而言不是神殿，而是工作室。①

对巴扎罗夫虚无主义的具体探讨，我们放在第四章。这里我们要说的是，第一，这种虚无主义的核心其实就是俄国现代化过程中俄罗斯传统价值的命运问题。用陀思妥耶夫斯基转述（"莫斯科的理解"）的话说，"同欧洲的任何较为密切的交往都能够对俄罗斯人、对俄罗斯思想产生有害的和腐蚀的影响，都可能歪曲东正教，'按照其他各个民族的榜样'，把俄罗斯引上毁灭的道路"②。俄国是不是像西欧那样走资本主义的发展道路，或者它的发展将采取什么独特的方式？俄国和现代化了的西方的关系，是俄国虚无主义问题的核心所在。这个问题也是陀思妥耶夫斯基的《冬天记的夏天印象》、赫尔岑的《终结与开端》、屠格涅夫的《烟》、《父与子》思考的中心。陀思妥耶夫斯基的《作家日记》及多篇小说都涉及这个问题。马克思致查苏里奇的信也是回答这个时期的这个问题的。

在对这些问题的思考中，俄罗斯作家们惯于从文明论的角度思考西方现代资本主义文明的发展前景，以及俄国相应的对策。相当一部分人不但忧虑西欧现代文明冲击下的俄罗斯传统，更是忧虑近代资本主义的发展前景。如赫尔岑在《终结与开端》中认为，资本主义在西欧的发展已到终点，"巴黎和伦敦是世界史的最后一卷，而这一卷几乎只剩下了不可分割的几页"。由此，俄国可以避免西欧资本主义的发展道路，农民村社可以作为社会主义基层组织予以利用。"……一个独立发展的民族，在与具有不同生活方式的西欧各国完全不同的条件下，为什么要经历西欧所已经走过的道路，而这一点——非常清楚，它将把我们引向何方？"③而陀思妥耶夫斯基也不看好资本主义文明，认为它：一是金钱至上、不高贵。声称"这些资产者真是怪人，公开宣扬金钱是最高尚的美德，是人人所应

---

① ［美］萨伊德：《知识分子论》，单德兴译，三联书店 2002 年版，第 19 页。

② ［俄］陀思妥耶夫斯基：《乌托邦的历史观》，载《陀思妥耶夫斯基全集·作家日记》，张羽译，河北教育出版社 2010 年版，第 354 页。

③ 参见［俄］陀思妥耶夫斯基：《陀思妥耶夫斯基全集·地下室手记：中短篇小说选》，河北人民出版社 2010 年版，第 727、728 页。

尽的责任,然而与此同时他们又非常乐于装出一副极其高尚的样子。……一个最下贱的法国佬,可以为了两角半钱把亲爹出卖给您"。①二是自我至上,惧怕他者,不博爱,自我保存高于对他人的爱。这种文明充斥着对他者的焦虑与恐惧,而真正没有恐惧的,是"……把自己整个献给大众,使其他所有的人都成为同样具有自我权利的、幸福的个性,此外不可能有别的选择"②。三是奴性十足,不高贵。认为"奴性越来越渗透到资产者的天性中去,越来越被认为是美德"③。

但这些俄罗斯作家跟马克思不一样的是,他们不习惯从阶级论的角度思考。如陀思妥耶夫斯基认为,无产阶级与资产阶级一样"没有任何理想",用我们的话来说就是,一样会陷入虚无主义。"要知道,工人从天性来说也都是私有者,他们的整个理想就是成为私有者,尽可能多地聚积财物。"④在财物与虚无之间,陀思妥耶夫斯基看到了一种一致性、通约性,似乎有一辆列车从财物的王国直通虚无的王国。而马克思认为,物的王国通达的是对虚无的超越。陀思妥耶夫斯基们是从文明论的角度思考俄国以及西方的命运。按照黑塞的解读,"陀思妥耶夫斯基的许多作品极其明确地表达和预示了我所说的'欧洲的没落'。其中在《卡拉马佐夫兄弟》中得到最为集中的体现"。当时欧洲的很多青年人非常欣赏这类观点,特别是德国青年人。⑤ 当时的卢卡奇很典型,他自己说,当时的问题是:"谁将把我们从西方文明的奴役中拯救出来?"100 年前的追问在今天仍无答案。区别在于,当时欧洲的这种精神状况与今天迥异了。

第二,巴扎罗夫式的平民知识分子,不但被巴威尔式的贵族界定为虚

---

① ［俄］陀思妥耶夫斯基《冬天记的夏天印象》(1863),载《陀思妥耶夫斯基全集·地下室手记:中短篇小说选》,刘逢祺译,河北人民出版社 2010 年版,第 128 页。

② ［俄］陀思妥耶夫斯基《冬天记的夏天印象》(1863),载《陀思妥耶夫斯基全集·地下室手记》,刘逢祺译,河北人民出版社 2010 年版,第 134 页。

③ ［俄］陀思妥耶夫斯基《冬天记的夏天印象》(1863),载《陀思妥耶夫斯基全集·地下室手记》,刘逢祺译,河北人民出版社 2010 年版,第 139 页。

④ 参见［俄］陀思妥耶夫斯基:《陀思妥耶夫斯基全集·地下室手记》,河北人民出版社2010 年版,第 727、728 页。

⑤ ［匈］卢卡奇:《小说理论》,1962 年版,序言。载《卢卡奇早期文选》,南京大学出版社2004 年版,吴勇立译,《小说理论》,序言第Ⅱ页。

无主义者,还得面对政府的镇压和人们的误解,这更进一步激起他们对传统的反抗,"其中一部分人更以虚无主义的特殊方式来展示其坚强的自信和青春的锐气,对封建的传统惯例、伦理道德、行为准则、宗教偏见、审美判断、等级特权、家庭生活规范等毅然加以摈弃,因此在一定程度上得到车尔尼雪夫斯基、杜勃罗留波夫及其战友们的肯定,他们本人有时也被称为虚无主义者,杜勃罗留波夫甚至被称为'虚无主义者中的虚无主义者'"①。

这样,"虚无主义"逐渐跟暴力反抗、革命联系起来,甚至成为革命、反封建、反资本主义的代名词。俄国"虚无主义"一词的历史变化和多样意蕴,使得清末"虚无主义"这个词主要从俄国引入中国时,显得非常混乱。它常和民粹主义、民意党、无政府主义、社会主义作为同义词使用。梁启超 1903 年在日本发表《论俄罗斯虚无党》一文,就是如此。实际上,正是屠格涅夫撰写《父与子》的当年,沙皇政府对革命党人的镇压招致俄国革命党人接触巴枯宁,并开始以无政府主义的姿态出现,把暗杀作为革命的手段,才诞生了所谓的"虚无党",而这就是所谓"虚无党"的来历。后来俄国虽一度恢复和平手段,但"虚无党"总是让人与极端、暗杀联系起来。梁启超的文章把"虚无主义"与"虚无党"混在一起,认为"虚无党"始于 19 世纪初的文学革命,经过 1864—1877 年的"游说煽动时期"最后才发展到"暗杀恐怖时期"。《民报》11 号开始刊载虚无主义的文章,历经一年有余。在这些介绍中,"虚无主义"与"虚无党"被混淆在一起,给反思西欧文明的"虚无主义"带上血腥的色彩。由于虚无党小说在1896—1916 年期间翻译为中文的外国小说中占有极大的比重,俄国虚无党人与当时的中国革命党人处境也极为相似,这样的做法当时引起了很多有识之士的忧虑。周作人、郑振铎等都强调了"虚无主义"与"虚无党"的根本区别。

早在发表于 1907 年 11 月 30 日《天义报》第 11、12 期合刊的《论俄国革命与虚无主义之别》一文中,周作人就写道:"虚无党人(Nihilist)一语,

---

① 蒋路:《俄国文史采薇》,东方出版社 2003 年版,第 65—66 页。

正译当作虚无论者,始见于都介涅夫名著《父子》中,后遂通行,论者用为自号,而政府则以统指叛人。欧亚之士,习闻讹言,亦遂信俄国扰乱,悉虚无党所为,致混虚无主义于恐怖手段(Terrorism),此大误也。"他解释说,虚无主义有冲击俄国深厚封建专制的积极功效。而且,把虚无论者混同于无政府党,是荒谬的。"且虚无主义纯为求诚之学,根于唯物论宗,为哲学之一支,去伪振敝,其效至溥。"①

郑振铎在为耿济之翻译的《父与子》序言中更进一步强调了"虚无主义"与"虚无党"的区别。他指出,该书中的虚无主义是从科学思想生发出来的,"后来的虚无党却不然。他们的人生观在路卜洵的《灰色马》中很可以看出来。他们不仅否认国家、宗教等等,并且也否认科学,乃至否认人类、否认生死。世人称之为恐怖主义者,确实很对。他们杀人正如杀死兽类,和在打猎的时候一样,一点也不起悲悯,一点也不动感情。所以读者决不可把这本书中的虚无主义者误认为后来恐怖主义的虚无党"②。

1920 年 11 月 8 日,周作人在北京师范学校的著名演讲《文学上的俄国与中国》中说到,虚无主义实在只是科学的态度,不同于虚无党,与东方讲的虚无也不一样:

> 虚无主义实在只是科学的态度,对于无证不信的世俗的宗教法律道德虽然一律不承认,但科学与合于科学的试验的一切,仍是承认的,这不但并非世俗所谓虚无党(据克鲁泡特金说,世间本无这样的一件东西),而且也与东方讲虚无的不同。③

在此基础上,"虚无主义"才逐步具有了哲学上的定位。当朱谦之先生自称为虚无主义者的时候,想必他已没有令人联想起虚无党的暗杀之类的担忧。不过即使如此,在中外虚无主义思想史上,也很少见到自豪地宣称自己是虚无主义者的例子。朱谦之先生把"虚无主义"当作一个正面的褒义词,视之为思想深刻、追求境界最高、革命最彻底的象征,这比尼

---

① 《周作人散文全集》第 1 卷,广西师范大学出版社 2009 年版,第 82、84 页。

② 《时事新报·学灯》1922 年 3 月 18 日,参见林精华:《误读俄罗斯》,商务印书馆 2005 年版,第 82 页。

③ 《周作人散文全集》第 2 卷,广西师范大学出版社 2009 年版,第 261 页。

采把"虚无主义"分为积极的和卑劣的,从而赋予"虚无主义"积极内涵的做法更为另类,对虚无主义赋予的积极性更多。虽然周作人强调"虚无主义"与东方(中国传统)讲的"虚无"不一样,不过,朱谦之先生把"虚无主义"境界界定得这么高,显然与中国传统思想中"无"的崇高地位是直接相关的。① 相应地,"虚无主义"在朱谦之先生这里也具有了更多的积极色彩。虽然中国当时的"虚无主义"更多是作为无政府主义的极端派别出现的,但朱谦之的努力使它具有更多的哲理性。另外不能忘记的是,朱谦之先生就是那个在北京大学图书馆与时任该馆图书管理员的毛泽东多次畅谈的热血青年。他们谈论的内容中想必肯定包含着当时颇受关注的无政府主义、虚无主义。

不难发现,中国的虚无主义话语明显弱于俄国。在俄国人认为是虚无主义的地方,在他们认为如此会把崇高的实在虚无化的地方,在中国却没有引起同样的质疑。20世纪初期,特别是20世纪20年代,是中国虚无主义话语最为集中的一个时期。最著名代表朱谦之在这方面的作品《革命哲学》、《无元哲学》等都作于此时。在俄国被称为虚无主义的巴扎罗夫式的科学主义、理性主义,在中国20世纪20年代的科玄论战中其实就是丁文江派的观点。张君劢认为不适合做中国国策的"工商立国,个人主义,拓展殖民地"等,前两点也正是德国虚无主义思想斥责"西方文明"的地方。当丁文江主张科学不但贯彻到自然、工程领域,而且还要进一步占领政治、社会、人生观领域时,他非但绝不会担心中国会有"巴威尔"式的人物用"虚无主义"攻击自己,而且反过来,他还自信满满地攻击对手张君劢们。在丁文江的眼中,张君劢说的人生观就是"在欧洲鬼混了两千多年,到近来渐渐没有地方混饭吃,忽然装起假幌子,挂起新招牌,大摇大摆的跑到中国来招摇撞骗"的玄学。② 其实,这个玄学鬼就是尼采所说的存在了两千多年、如今行将死亡的柏拉图主义,就是西方传统的形而上学。于是,玄学与尼采所谓的虚无主义恰是完全一致的。科玄论战

---

① 而且,海德格尔对"无"的推崇也是受到了中国道家的影响。具体参见[德]莱因哈德·梅依:《海德格尔与东亚思想》,张志强译,中国社会科学出版社2003年版,有关章节。

② 丁文江:《玄学与科学》,载《科学与人生观》,黄山书社2008年版,第39页。

是一场科学与形而上学的对峙,从效果上来看,争论大大增强了唯科学主义的地位,而唯科学主义,也就是巴扎罗夫观点的另一种表达。"唯科学主义"的批判性意味显然大大弱于"虚无主义"。

虽然与俄罗斯一样具有悠久的文化传统,但历史境遇不一样,战败、急切地向西方学习,使得以西方现代化为前缀的东西在中国不久就成为正面的东西,甚至无可怀疑的东西。科学、民主作为赛先生与德先生令人之向往,怀疑的声音没有像在俄罗斯那样在众多一流学者中发生。"从文化立场看其主体是文化自由主义与文化激进主义者的联盟,顽固卫道的文化保守主义则几乎没有招架之力。"①科玄论战以科学派胜利告一段落。论战结束后亚东图书馆和泰东图书馆各自编辑相关文章结集出版,亚东的名为《科学与人生观》,由陈独秀和胡适分别作序。而泰东的名为《人生观》,由张君劢作序。两出版社的立场非常明显。后来再版的都是亚东的,科学派的胜利是明显的。虽然恰如郭颖颐所说,"在这次论战中,并不存在宣判谁输谁赢的裁判",不过,"如果以论战后唯科学主义的延续性和强度作为标准的话,那么科学一方胜了"。②

最后,中国的现代化采取了社会主义现代化的方式。"社会主义"就是一个从德国经俄国(及日本)传入中国的欧洲思想。而虚无主义则是另一个产生自德国,经俄国传入中国的思潮。虚无主义的核心关注是:现代化力求塑造的现代文明,是不是内含着一种虚无主义的必然性?这种关注与社会主义对资本主义的批判具有明显的联系,具有明显的共同性。正如张玉法在《俄国恐怖主义对辛亥革命的影响》(中道网)一文的最后结论部分中所总结的:"中国的知识界对西方的社会主义、无政府主义和虚无主义几乎同时注意,但在 1907 年以前,报刊中所介绍的多为社会主义和虚无主义;1907 年以后,所介绍的社会主义较少,无政府主义和无政府共产主义较多,虚无主义更多。""虚无主义"在中国现代性思维中的所作所为及其后果,也是值得我们注意的。中国虚无主义并不像德国和俄

---

①　高瑞泉语,张群劢等:《科学与人生观》,黄山书社 2008 年版,本书说明第 3 页。

②　[美]郭颖颐:《中国现代思想中的唯科学主义》,雷颐译,江苏人民出版社 2010 年版,第 116 页。

国虚无主义那样,以自己的传统价值对抗西方现代(资本主义)价值,反而常以西方舶来的东西对抗西方现代(资本主义)价值,并在与中国传统相关思想的融合中构筑自己的思考;再加上中国虚无主义相比于德国和俄国同行追求积极人世、追求根本解决等特征,使得它在德国、俄国虚无主义思想的映衬下更具特色,同样值得我们关注和思考。

四、物化与虚无

在我们的经验中,我们生活于其中的世界首先是一个物的世界。无数的多彩之物围绕着我们,不停地进入我们的视野,令我们眼花缭乱。在这样的环境中,生活基本上就是物的占有、流动和使用。作为城市市民文化的一种放大,现代文化尤其看重各种物的价值与功效。在现代世界里,物的设计、制作、交换、流通、占有、享用、消费,占据和填充着每个人的生活空间。与各种各样的物打交道,构成我们生活的基本内容。从有形有状的物到无形无状的物,物的系统支撑起我们生活的基本秩序,规定着我们生活的基本边界。我们的生活,我们的认同,我们的理想,都是通过某种(些)"物"来体现和彰显的。

如何看待"物"? 如果"虚无主义"系指意义和价值的虚无,那么,物的世界的壮大,与传统的意义和价值世界的陨落,似乎是一体两面的事情。如此视之,物世界与意义世界的关系,就是虚无主义的核心问题之一。两个世界的关系如何,物的世界是消解意义世界还是支撑意义世界?物如果只是某种"表象",它背后还隐藏着什么?现代"人"不得不用"物"来表征的"物化",是"人"的空无化,还是人的现实化?是"人"的真实,还是真实的抹杀?是意味着人的世界的衰微、降低,还是充实、回归本位?离开人所生产、拥有、消费的各种现代"物",人还能表现自己吗?人难道只能通过自己的"物"来体现自己吗?甚至于,"人"本身就是一种特殊之物——身体吗?

　　我们知道,虚无主义还构不成马克思理论的核心关注,或者说,虚无主义在马克思的历史唯物主义中并不构成非常严峻的问题。在《德意志意识形态》中批判施蒂纳时,他认为那是小资产阶级空虚、无力的表现;而在《资本论》及其手稿中剖析资本的逻辑时,他认定那是资本逻辑的必然产物,而资本孕育出的虚无、空虚并不覆盖到一切阶级身上,却只体现在逐步丧失历史进步性的资产阶级身上。在历史上必有所作为的无产阶级不会受到它的浸染和困扰。对无产阶级来说,物化并不必然导致虚无,物化财富却为一个更理想、更崇高的共产主义社会奠定充足的物质基础,而不是相反地否定和消解这个社会。

　　马克思的哲学建构在德国古典哲学的主体性根基之上。某种意义上,它既是对先前的德国古典哲学的延续,也是某种另类路径的发展。消解"自在之物",把世界理解为"为我之物",在这种"为我之物"中如何揭示社会性的奥秘、历史的节奏和规则,物与人如何构筑一种复杂的关系,这种关系如何随着社会性的完善和进化使人与物各自得以实现,构成这一理论的核心关注(至少是之一)。对此我们将在本书第9—11章展开分析。这里要简单表达的是,人要通过物体现出来,人与人的关系要通过物与物的关系体现出来,这是马克思在《资本论》中所说的 Versachlichung(通常译为"物化",在我看来更应译为"物象化"①)的基本含义。但是,在现代社会中,物的生产、流通、实现、形态改变,也得通过人,通过人与人

——————

　　①　物化的德文原词通常是 Verdinglichung,不过,马克思在《资本论》及其手稿中使用得更多的词却不是它,而是 Versachlichung。虽然马克思对 Verdinglichung 的使用不会像理查德·韦斯特曼所说的那样只是用了2次,但根据我的了解,的确少于 Versachlichung。需要注意的是,现在社会批判理论中广泛使用的'物化'概念是 Verdinglichung(而不是 Versachlichung,后者在1900年之后逐渐丧失了批判性意味),而这个概念马克思和韦伯都很少使用。是谁首先大量使用具有批判性的 Verdinglichung 这个词呢? 理查德·韦斯特曼认为是西美尔。但至少在西美尔的代表作 Philosophie des Gelde(《货币哲学》)中,看不到所谓的"大量使用"。而在理查德·韦斯特曼力欲揭示的影响过卢卡奇物化论的胡塞尔现象学中,虽有 Verdinglichung 这个词的动词形式 Verdinglichen,但无疑胡塞尔更没有大量使用它。理查德·韦斯特曼的观点参见其《意识的物化——卢卡奇同一的主体——客体中的胡塞尔现象学》一文,孟丹译,载《新马克思主义评论》第一辑,卢卡奇专辑《超越物化的狂欢》,中央编译出版社2012年版,第222页左右。Vetfomh;ovjimh 与 Vrtdsvj;ovjimh 两个哲学概念的解释,可参见 Joachim Ritter, Karlfried Gründer und Gollfried Gabriel (Hg), Historisches Wörterbuch der Philosophie, Band ll, Schwabe & Coag Verlag Basel/Stullgart, 2001.

之间日趋合理化的社会关系才能获得实现。人与人之间的历史性关系（主要和首先是生产关系）深刻影响着物的制作、生产的效率，标志着不同文化背景下的"物"的样态。"人"由"物"来标识，"物物关系"由"人人关系"来决定，这是一种物化（物象化）的另类表现，还是物化（物象化）的反面显示？

为什么"人"要通过"物"体现出来？

显然，这首先是因为近代发生了一场哲学革命。通过这场革命，一切物都依赖人这种特殊的"物"，用海德格尔的话来说就是，人从一种普通的物一下子跃升为出类拔萃的"物"，这就是近代主体性哲学的功劳。当然，人出类拔萃之后就不能再称为"物"了，而成了一种非物性的绝对存在：即不仅不依赖任何其他存在物，除上帝外唯一仅凭内在性便能成就自己，达到崇高的高度，而且还为任何其他存在物奠定基础，使其他任何存在物具有确定性的存在，也就是成了唯一的主体。

可是，绝对存在没有经验性。人之为人无法直接等同于绝对的超验自我，而只能体现为以身体为根基，既具有灵魂又具有身体的经验自我。"人"的这种绝对自我所表达出来的绝对性，按照有形有状的自然物的标准来看，只能是一种"空"或"无"，必须有所附着，与某些实实在在的有形有状的"物"结合在一起，才能具体化和实际化起来。这个使人的绝对性获得具体化、现实化的"物"，就成了使人具体化、现实起来的关键所在。这个意思，在费尔巴哈那里早已论说清楚了。由此，"物"获得了直接表现"人"的关键地位和资格。

可是，赢得这个地位和资格的"物"是一种什么样的东西？虽然费尔巴哈说出了这现代社会中越来越重要的一个方面：身体，但他却没有说清楚。主要是他仍没有真正走出近代的内在性主体性哲学，仍然把作为主体的人看作是不依赖任何他性存在的内在个体，靠一种"内在的、无声的自然性"成就自己并天然地联系起来，从而把人之为人的本质"理解为一种内在的、无声的、把许多个人自然地联系起来的普遍性"[1]。"身体"也

---

① 《马克思恩格斯选集》第1卷，人民出版社1995年版，第60页。

早已不再只是自然性存在，而是越来越具有社会性了。

　　而人的物化则不仅仅表现为人由两种物来表达，而且更是直接表现为人的身体化。有形有状的物，无形无状的社会之物，还有作为大自然造物的"身体"，都是与"人"密切相关并显示"人"的存在物。三种"物"能充分把"人"展现出来，能充分显示出"人"的价值吗？

　　离开了让人欢喜让人忧的各种"物"，"人"面临着"空无化"的危险。难道"物化"（至少是一定程度的"物化"）就是人在主客二分、"人""物"根本之别的现代背景下无法逃脱的必然命运？"人"与"物"分开反而更使"人"离不开"物"？或者，"人"的"物化"就是"物自身"失去自己，成为"主体"规定的"客体"，也就是"物"的"人化"之产物？

　　"物化"与"虚无"到底是什么关系？

　　无论如何，应该首先申明，虚无主义与反现代化绝不能等同。艾恺认为，反现代化的形式除了无条件、绝对的在一切领域反对现代化之外，主要是第二种形式。这种形式是把现代化分为物质的和精神的两个层次，认为"前者为科技、军事与经济，后者则为文化的实质的、有机规范性的、特有独具的方面"。前者往往被认为是放之四海而皆准的，不作为反对对象，"而'文化'的领域则被视为是独特的、不可复制的精髓，源出于民族而与现代化的经济、社会、政治现实相分立"。①

　　其实，虚无主义是可以指向超越现代化的，指向现代化之后的另一种新文明的。以现代化为唯一的可能与标准，是艾恺划分和评判的基础，也是他论说的前提。而虚无主义话语并不这样，它以超越现代文明，或资本主义文明为基础，来思考、探讨、评判。严格而论，如果"现代化"按艾恺是指"擅理智"与"役自然"，也就是"一个范围及于社会、经济、政治的过程，其组织与制度的全体朝向以役使自然为目标的系统化的理智运用过程"，那么，上述所谓反现代化的第二种形式就不一定是反现代化了。虚无主义话语的论说者有极端者，但一般而论，虚无主义与反现代化不能等同。在某种意义上，虚无主义话语论者更着眼于现代化的成功、完成，认

---

① ［美］艾恺：《世界范围内的反现代化思潮》，贵州人民出版社1991年版，第92页。

为只有在这种完成中才能展现出虚无主义问题来。所以，它要表明的是，要着眼于现代化成功之后现代文明的出路问题。它认定，现代化文明的传播经过数次高潮之后，其顶峰已过。无法指望它永远如此下去，必须立足于更高的层面、更长远的目光来思考现代文明的未来。

中国现代化的发展是步入西方现代资本主义文明就完事了吗？不是。消化吸收西方商业文明只是中华新文明建构的一个起点。郑永年在一篇文章中说道：

> 道德是任何一个文明的内核，其他方方面面的制度，无论是政治制度、经济制度还是社会制度，都是这个道德内核的外延。中国现在面临传统道德解体而新道德建不起来的危机，这也是中国文明的危机。如果商业文明不可避免，那么就要重建一个能够容纳商业文明，又能遏制商业文明所带来的负面结果的新道德体系。

> 世界历史表明，道德的重建并非经济发展的必然结果，而是人类主观努力的结果。如果新道德体系不能得到确立，无论怎样强大的经济力量，都不足以促使中国文明的复兴。①

在离开中国之前，哲学家罗素于1921年7月6日在北京的教育部会场作了最后一场演讲《中国到自由之路》。100多年过去了，情况发生了很大变化，罗素的观点有许多值得进一步讨论的地方，但他寄希望于中国发展的原则目标，我觉得没有过时。他提出，中国道路的关键是"怎样能够发展中国的实业，同时又能免除资本主义的流毒"，"中国将来引世界于进步的阶级，供给没有休息将发狂痫以亡的西方人民一种内部的宁静"。② 在西方现代文明数次向外传播的过程中，一直存在这样的问题：如何遏制这种文明的弊端，在吸收其优点的基础上创建一种更好的新文明？

无论从文明发展论的视角看，还是从哲学的角度而论，传统深厚、发

---

① 郑永年：《中国社会道德体系应如何重建》，原载新加坡《联合早报》2011年10月4日，转引自《参考消息》2011年10月5日。

② ［英］罗素：《中国到自由之路》，载《罗素在华讲演集》，北京大学出版社2004年版，第303、305页。

展潜力巨大的晚外发大国都必然绕不过这个根本问题。哪儿的思想家们都势必深深地思考这个根本问题。外来的西方文化、价值观,也就是西方的自由民主,能否取得全面胜利,从而让历史终结? 现代化晚外发的大国能否进一步拓展自己的文明传统,超越资本主义体系,创建一种新文明? 这个德国人(黑格尔、尼采、海德格尔们)、俄国人(屠格涅夫、陀思妥耶夫斯基、托尔斯泰、列宁们)先后长期思考过的问题,这个当初马克思深思过、20 世纪初的中国思想家们思考过的问题,当下的中国人更无法回避。

　　所以,虚无主义话语对于中国是个必须严肃思考的问题。从德国的雅各比、青年黑格尔派、尼采、海德格尔,从俄国的屠格涅夫、陀思妥耶夫斯基到民意党,从中国 20 世纪初的朱谦之到现在,虚无主义思考的问题,就是现代文明的走向和逻辑归宿问题,就是晚外发现代化国家走向什么样的文明的问题。这个问题需要当下的中国严肃地来思考和求解。

　　对于历史唯物主义的逻辑来说,如何从物化避免步入虚无,建构一种不同于资本主义的文明,既是一个严肃的理论问题,也是一个异常现实的问题。中国现代化选择了以马克思主义为指导,马克思主义理论关于如何避免从物化到虚无的资本演化逻辑,走向后资本主义文明的问题,不但非常现实,而且也非常迫切,需要我们重视和积极应对。

第 一 部 分

物与意义:虚无主义的意蕴

第 一 章

虚无主义:语境与意蕴

一、三个语境、四个类别

何为虚无主义?它是一种普遍的现代现象,还是仅为一种特殊的德国现象?是指一切存在的虚无,还是仅仅指特定存在的虚无?列奥·施特劳斯(Leo Strauss)曾谦虚地说"我无法回答这些问题",他的《德国虚无主义》一文只想对虚无主义理解得更清楚些。在他看来,虚无主义本来系指万物虚幻、虚无的意思——也许只有诺斯替主义和隐微论意义上的尼采虚无主义才真正合乎这一规定。但德国的虚无主义并不这样,它"并不意欲包括自身在内的万物全都毁灭,它只意欲特殊某物的毁灭:现代文明"①。但德国虚无主义并不在一切层面上反对现代文明,并不认为技术层面的文明创造是虚幻无意义的东西,而只在道德层面上对现代文明有幻灭感,认为它"是寻欢逐利者、追求无责任权力者的渊薮,不啻集

---

① [美]列奥·施特劳斯:《德国虚无主义》,丁耘译,载刘小枫编:《施特劳斯与古典政治哲学》,三联书店 2002 年版,第 738 页。

各种不负责任、玩世不恭之大成"①。因而,这种虚无主义是荣耀尚存的德国思想反对功利主义文化,认定它降低道德水准(把道德等同于个人权利),鼓吹利益至上,导致分裂与平庸,或者反抗现代性观念,力图寻回古典观念这种理路所导致的结果。在这个意义上,虚无主义并非好战,而是好德,是对濒危的道德性的责任感。就像柏拉图的兄长格劳孔那样,确信以一种高贵德性的名义激情洋溢地反对猪的城邦。虽然这种激情、确信本身并非是虚无主义的,却使一战后的德国导致了虚无主义。现代文明坠入了平庸、低俗、无精打采的"猪的城邦","从平庸无奇的现在倒退回激动人心的过去",以古典的或者新颖的道德拯救现代,就构成了这种思想的基本特征。"在一个全然朽坏的时代,唯一可能的诊治是摧毁朽坏的整座大厦——'das System'[系统、体系]——回到未曾朽坏、不可朽坏的源头……"②这种理解,着眼于把虚无主义看作一种对现代文明的反思。这种反思着眼于现代文明所朽坏了的方面,追究它在何处并如何带来朽坏性和幻灭感。所以,"虚无主义是对文明本身的拒斥。因而一位虚无主义者便是知晓文明原则的人,哪怕只是以一种肤浅的方式。一个单纯的未开化者、野蛮人,并不是虚无主义者"③。

列奥·施特劳斯的这种看法,无疑把虚无主义与现代化的后发性,与现代化的不彻底性关联了起来:虚无主义被认为与现代化晚发的德国富有一种崇尚荣耀、英勇等前现代价值的传统有关,与更为崇尚古代价值、神圣性存在相关,与"德国哲学最终把自己设想为前现代理想和现代理想的综合"相关。与德国试图综合现代理想和前现代理想相比,"英国人在德国虚无主义面前捍卫现代文明,这就是在捍卫文明的永恒原则"④。

---

① [美]列奥·施特劳斯:《德国虚无主义》,丁耘译,载刘小枫编:《施特劳斯与古典政治哲学》,三联书店 2002 年版,第 739 页。

② 列奥·施特劳斯:《德国虚无主义》,丁耘译,载刘小枫编:《施特劳斯与古典政治哲学》,三联书店 2002 年版,第 761 页。

③ 列奥·施特劳斯:《德国虚无主义》,丁耘译,载刘小枫编:《施特劳斯与古典政治哲学》,三联书店 2002 年版,第 751—752 页。

④ 列奥·施特劳斯:《德国虚无主义》,丁耘译,载刘小枫编:《施特劳斯与古典政治哲学》,三联书店 2002 年版,第 766 页。

对现代功利性文化和世俗性价值缺乏认同,伴随着某种道德优越感,这种虚无主义受到前现代意识形态的滋养,与一种反启蒙的"德意志意识形态"密不可分。托匹茨(Ernst Topitsch)也指出,虽然受到压制,但是,"……各种不同的新柏拉图主义——灵知主义思潮、甚至还有受犹太教神秘主义影响的思潮继续存在或复活。因此,德国思维在18世纪终结时仍有相当大部分由出自前科学的意识层次的泉源滋养……这种反启蒙成为'德意志意识形态',以致在很长时间里,只有少数思想家能够摆脱它的影响。就连青年时代由柏林浪漫派和黑格尔哲学塑造的马克思,尽管由于其莱茵兰地区的出身以及后来的流亡而比其大多数德国同时代人与西方的精神世界有更亲密的接触,也从未完全摆脱反启蒙的观念"①。德国深厚的反启蒙文化意识所塑造的德意志虚无主义,似乎不是一种普遍的现代性现象。

尼采(确切地说,是海德格尔理解的尼采)提供了对虚无主义的另一种解释:虚无主义是欧洲文化思想发展的必然结果。虚无主义就是柏拉图主义,而基督教无非就是民众的柏拉图主义。这种柏拉图主义把超感性存在设定为真实存在,由此出发,一切感性存在都被贬低和诋毁为非真实、低级甚至虚幻的存在。只要超感性存在的价值还没坍塌,虚无主义就只是一种孕育,而没有破土而出。只有当原被视为最高价值的超感性存在坍塌、遭贬黜,不再被人们认同之时,虚无主义就弥漫上岸了。海德格尔说:

> 对尼采来说,虚无主义不是一种在某时某地流行的世界观,而是西方历史的发生事件的基本特征。甚至在虚无主义并没有作为学说要求受到拥护,而似乎表现为它的对立面的时候,而且就在这个时候,虚无主义发挥着作用。虚无主义意味着,最高价值的自行贬黜。这就是说:在基督教中、在古代后期以来的道德中、在柏拉图以来的哲学中被设定为决定性的现实和法则的东西,失去了它们的约束力

---

① [奥]托匹茨:《马克思主义与灵知》,李秋零译,载《灵知主义与现代性》,华东师范大学出版社2005年版,第100—101页。

量;而在尼采那里这始终就是说:失去了它们的创造力量。在尼采看来,虚无主义决不只是他所处的时代的一个简单事实,也不只是十九世纪的一个简单事实。虚无主义在前基督教的世纪里就已经开始了,也并没有结束于二十世纪。这个历史性的过程还将延续到我们之后的几个世纪;即便兴起了一种抵御,而且恰恰在有了这种抵御的时候,这个过程仍将延续下去。①

与列奥·施特劳斯在法西斯主义背景下把虚无主义视为一种特殊的德国现象不同,尼采把虚无主义看作一种欧洲文化的特殊现象,并在欧洲现代文明向全球化拓展的过程中走向全世界。在它发展到很成熟的状态之后,才随着现代化蔓延和覆盖全球。按照这种解释,成为一种严重问题的虚无主义反倒是西方文化的一种完成、成熟的结果,是现代化彻底性的表现,只有在现代化取得某种程度的成功,现代性成为一个突出问题的时候,虚无主义才会明显地体现出来。按照这种理解,欧洲之外的地区出现虚无主义是与现代化的引进、现代性的骚动直接相关的。中国出现虚无主义也就是在 19 世纪末、20 世纪初才会有可能。朱谦之先生在 20 世纪20 年代提倡"新虚无主义",正是中国社会现代化屡遭挫折、新旧文化无法成功对接的一个结果——在由此导致的价值、意义的虚空中,在西洋和东洋传来的个人自由和无政府主义的喧嚣中,价值、意义危机才升腾起来,虚无主义才乘虚而入。暂不考虑对尼采虚无主义的不同理解,就此而论,这种视虚无主义为柏拉图主义,也就是超感性价值王国遭废黜的观点构成了第二种意义上的虚无主义。

从理论逻辑上说,更极端的虚无主义是诺斯替主义。因为尼采上述意义上的虚无主义只是消解超感性世界,认定其虚妄和假惺惺,但绝不否定感性世界在舒适、物质丰裕、安全等方面的价值,也不否定在抽象平等、民主等层面的精神价值——这些东西在尼采看来只是末人所追求的不真实的虚妄存在而已。对末人来说,现实生活世界在物质层面和精神层面都有值得相信的价值与意义。但诺斯替主义不同,它完全否定了我们所

① [德]马丁·海德格尔:《尼采》,孙周兴译,商务印书馆 2002 年版,第 26—27 页。

生存于其中的现实世界，认定这个世界是一种完全的堕落，人的拯救在于充分地意识到这一点，意识到我们有灵之人来自另一个与这个物质世界完全不同的遥远异乡，并靠灵知返回到那个遥远故乡。与尼采所说的柏拉图主义越来越陷入超感性世界与感性世界的融通、接近不同，诺斯替主义是以更为激进的方式夸大无意义的现实世界跟富有意义的灵性世界的二元对立，并极端贬抑前者、褒扬后者。在诺斯替的虚无主义中，现实世界的虚无性，灵人在现实世界中的孤独以及跟所居世界的格格不入性，灵人的内在性（如深刻影响了笛卡尔那"我思故我在"之"我"的奥古斯丁的"内在的人"）与外在世界的截然对立，都达到了空前的程度。诺斯替教徒崇尚的最高神是绝对超凡脱俗的，以至于绝对到这样的程度：这个神与我们所处的这个宇宙的性质根本不相兼容，她既没有创造、也并不统治我们这个世界；她超出普通人的认知能力，也是普通人无法与之沟通的。

　　作为一种宗教，诺斯替主义（灵知主义）设置了一种绝对的二元论：神性世界与堕落的物质世界。喻示着纯粹性、神性、主体性、永恒性、光亮性、崇高性、善的"灵"与物质性、杂多、无精打采、必死性、幽暗、堕落性、恶的"肉"是绝对对立的。前一个世界真切、崇高、纯洁、富有意义，是"神"或"神性"的世界。人，即本真的自我，原本就来自这个世界。但现在，肉体的人却被抛入这个物质世界，经验的自我就是被抛入了与神性世界迥然相反的另一个世界。这另一个世界是虚无、颓废、低俗、物化和无意义的。虚无主义就来自这样一种把世界二元化的理论立场，也就是一个世界真切、崇高、纯洁、富有意义，而另一个世界虚无、颓废、低俗、物化和无意义的灵知主义立场。两个世界的相通依靠的是人作为主体的觉知，人对自身具有的灵性的觉知，即对深层自我的认识。这种理论告诉我们，属灵的人——区别于属魂的人——是从神性世界流落到这个世界来的异乡人。他能否返回神性世界，取决于他能否听到启示的道，并认识到自己最深层的自我。所以，恶不是来源于罪，而是来源于无意识，即对深层自我的无意识，也就是主体自我的不努力。恶不是客观的事实，而是主体的状态。而人所处的这个世界与神无关的特性，或缺乏神性的特质，使得人孤立无援、孤独无救。这与尼采所说的神死了的现代处境极为类似。

不过,按照约纳斯的说法,在诺斯替没有提到当下的公式中,"尽管我们被扔进时间,但我们却有永恒的起源,也有永恒的归宿。这就把诺斯替的内在于宇宙的虚无主义置于一个形而上学的背景之中,这个形而上学的背景在现代对应项那里是完全不存在的"①。"现代对应项"就是20世纪虚无主义的代表——存在主义。

可以设想,当这种更为激进的诺斯替主义二元论与柏拉图主义相结合时,引发、制造、提升虚无主义的效果会有多大。伯勒尔就说:

> 东方灵知主义的异化和救赎神话渗入了西方毕达哥拉斯派和柏拉图派的宇宙理性之中。从希腊美好的、神性的、充满光照的宇宙中产生了"黑暗的帝国"和恶魔的统治,神性从而被理解为彻头彻尾的他者,被理解为彼岸的光照和亲善的主体性。这预示着那受灵与肉的物质性羁绊、被恐惧和迷惘折磨的人类的精神自我,预示着自我的"灵性"。②

自然世界无灵性、不自由,只是宿命和必然;而人原本属于的神性世界则充满灵性和自由。这样的立场和二元框架后来成为近代思想的基本设定。这个直接锻造了现代虚无主义的二元对立设定更接近诺斯替,而显然离柏拉图更远。由于诺斯替教派别众多,传播甚广,它的一些支派早已在亚、非、欧三洲传播。属于广义诺斯替教的摩尼教以及与诺斯替教相关的景教早在唐代就传到了中国(从西北地区到福建沿海)。所以,如果按照诺斯替主义提供的标准,虚无主义在中国出现和扎根就不是随着现代性于19世纪末20世纪初才发生的事,而是一千多年前就有了。

至此,我们就暂且获得了讨论虚无主义的三个语境:施特劳斯、尼采和诺斯替主义。从这三个语境中得出了三种不同意义的虚无主义:在道德价值层面否定现代文明的虚无主义;否定超感性价值的虚无主义;否定所居现实世界的一切存在之价值的虚无主义。而且,三个意义上的虚无

---

① [美]约纳斯:《诺斯替主义、虚无主义与存在主义》,载《诺斯替宗教》,张新樟译,上海三联书店2006年版,第311页。

② [德]底特利希·伯勒尔:《汉斯·约纳斯——著作、洞见和现实性》,罗亚玲译,载《复旦哲学评论》第四辑,上海人民出版社2008年版,第236页。

主义对现实世界的否定分量依次越来越重,适用范围也依次越来越大(从德国到欧洲再到欧亚非三大陆)。

二、第四类虚无主义:尼采虚无主义的再解释

不过,最彻底的虚无主义还不是这三者,而是来自对尼采的另一种解释。尼采把虚无主义分为高贵的与卑劣的两种:前者是创造性的,为了新价值的创造,虚假的意义世界最好快点被揭穿,快点消失;而后者是颓废的虚无主义,认定什么都没价值,一切皆可。尼采是在哪种意义上言说虚无主义?"高贵虚无主义与卑劣虚无主义之间的差别,不是'客观的'或真实的,而是取决于精神是作出主动决定还是被动决定。"①如果尼采是主动应对虚无主义,是在众人还没有看到所崇尚的超感性价值的虚妄性之时揭穿其虚妄性,并在它即将衰亡的朽体上再刺上几刀,促其迅速死亡,以便新价值创造的曙光尽快升起,那么虚无主义只是孕育新价值的肥沃土壤和历史园地,其尽快到来和快速发展是走出虚无主义的一个中介和过渡环节,并在这个意义上具有积极价值。如果说,"高贵虚无主义与卑劣虚无主义的区别就是情绪不同,即有创造欲望和没有创造欲望之别",而在看清了创造的艰难,看清了一切创造都是给信众提供一种高贵的谎言,看清了无论如何都无法提供一种真正确实的价值之后,新创造也如同旧创造一样最后都沦为虚妄,都失去意义,一切终归都是"相同者的永恒轮回",并因而失去创造的欲望和情绪,那么这就会陷入一切皆无的彻底虚无主义。换句话说,如果尼采是在传播一种"一切都是虚幻的,无真实与虚假之别,也没有价值高低之分;创造是一种错觉,价值本质上是无"之类观点,那他就是颓废的虚无主义者。

---

① [美]罗森:《诗与哲学之争》,张辉译,华夏出版社2004年版,第190页。

在罗森(Stanley Rosen)看来,"尼采的主要目的不大可能是向人类灌输他归之于自己的极端颓废。如果是,他通常所赞扬的创造性的遗忘和再生,就毫无意义"①。照此来看,尼采宣称的虚无主义似乎只能是高贵的虚无主义,它为超人的新价值创造留足了空间。在柏拉图主义被消解、被揭穿之后,超人就可以上场创造一种新的价值。可是,在一些尼采的解释者看来,这可能充其量只是尼采对虚无主义的显白解释,而不是最高的隐微解释。作为一个看透了意义世界真相的哲学家或诗人,尼采看到了整个世界就是一种混沌,一切都在生成,各种权力意志都在争夺资源、拓展自己,没有任何方案和世界是真正真实的,也没有任何意义与价值是牢不可破、确实可信的,包括尼采自己的言说都是这样。你被这种言说说服了,吸引住了,那就意味着一种相信,意味着你相信有一种真实和确信,而实际上,这只是尼采的某种言辞而已,一种包含着隐微与显白区分的修辞术而已。如果哲学家如此直白地否认世界上的任何意义与价值的确实性,那就是比诺斯替主义更为"颓废"和"消极"(可能只是理论上颓废与消极,而不一定是实践上)的虚无主义。毕竟诺斯替主义还确信一个遥远的异乡是富有意义的;或者我们这个世界之外还有一个神灵是富有意义的。按照罗森的见解,对尼采的虚无主义持何种见解,取决于你看中的是尼采的显白表述还是隐微表述,也就是在达到了思想的制高点后"由上至下"看还是"由下至上"观视。"由上至下"看就会看透一切,所有的存在都是混沌、生成,任何声称最高、最有确定性的存在都是虚妄和谎言(即便是高贵的)。而"由下至上"观视就会力争更高更强,就会把促进高、强的视为值得确信和追求的意义与价值。所以问题的关键就是从怎样的高度上来看,即尼采自己所谓"显白论者……由下至上看事物——而隐微论者由上至下。留神一下,在灵魂的有些高度,甚至悲剧也不会有悲剧效果"。"深刻的事物爱戴面具……任何深邃的精神都有面具"。②按照这种理解,尼采把柏拉图看到了但没有说出的东西说出来了,他比吸

① [美]罗森:《诗与哲学之争》,张辉译,华夏出版社2004年版,第191页。
② [美]罗森《诗与哲学之争》,张辉译,华夏出版社2004年版,第207页。

取了苏格拉底的教训变得言辞上更为狡猾的柏拉图更显白一些。而柏拉图隐微得更深,无论对谁说话都不摘下最后一层明哲保身的面具。更率真的尼采在登上思想制高点后偶尔摘下面具、露出真容,说出了柏拉图发现了却不敢说出的真相。两位玩弄显白与隐微两种修辞的大哲,在发现根本的虚无之时,一个沉默不语、保持高贵的谎言,另一个哈哈大笑,疯子似的说出真相。所以,"靠诗与哲学之间的对话支撑,柏拉图能避免虚无主义",而尼采则只能直面混沌和生成的虚无,直面根本的虚无。一句话,普遍的(颓废的)虚无主义是尼采的隐微教诲,推进生活创造的新价值的高贵虚无主义则是显白教诲。而狄奥尼索斯肯定世界的言说是两者之间的过渡。① 考虑到听众的状况,尼采更多的是做显白的教诲;而只有对那些够水准的专家,才能在有限的场合展开隐微的教诲。只有那些够水准的专家才会体会到尼采的隐微言辞——这是不能向众人说的,众人如果都看到这一点,世界不就颓废到家,一切都乱套了。而这就是尼采的柏拉图主义。尼采的柏拉图主义不是两人的形而上学或本体论方面的承续关系,而是在玩弄显白与隐微两种修辞方面既有继承又有区别(一个隐而不露而另一个偶尔大胆说出)的承续关系。

　　根据听众不同区分两种言辞,是施特劳斯派解读尼采的惯用招数。实际上,如何理解尼采的虚无主义取决于你站在从平庸的末人到超人的山峰之间的何种高度上。平庸的末人立于生活的平面上,按部就班,无精打采,奇迹全无地追求着世俗价值,对世界的虚无性甚至全然无知。这可能是虚无主义的最低层次。对自己所追求价值的虚无性有所觉知的个体,就有了摆脱虚无、创造新价值的冲动。如果只是停留在意识上,或偶尔为之,那么,他还是达不到高贵的虚无主义的高度,他还得高山仰止地对待高贵的虚无主义。只有更多地甚至常态地保持创造的状态,他才能在迈向超人的行程中达到足够高度,合格地提升到高贵的虚无主义。只有那些接近或登上超人高峰者,在历经众多的创造、俯视各种奇异风光之后,才有底蕴说一切都不过是虚无的话,才有资格做到彻底、普遍的虚无

――――――――――

① [美]罗森《诗与哲学之争》,张辉译,华夏出版社2004年版,第205页。

主义。所以,彻底、普遍的虚无主义(不便再以"卑劣"称呼之)不是随便能做和随便能说的,它需要资质、能力和创造的经历。那是一种高度,难以企及的高度,超人才能达到的高度。缺乏这种资质和创造经历者倾心这种虚无主义,不过是十足的颓废。

这就意味着,虚无主义呈现为什么取决于你是处在何种高度和状态上。处在最低层面、对世界的虚无性毫无觉知的庸众,虚无主义就表现为皮平所说的如下状态:"虚无主义危机的主要特征之一就是,极少有人把现代情景作为什么危机来体验,最后的人不仅放弃了追求目标、创造和证实一切意义上可算作真正断言的一切企图,而且他们还那么惬意地沉浸于自己心满意足的生活之中,以至再也意识不到自己所干的事情或什么东西是有可能的。"①处在更高一层,对这个世界的虚无性有所觉知并准备不时地予以突破和创造者,面对的就是高贵的虚无主义。只有那些达到足够高度的超人们,才有可能和资格达到彻底、普遍的虚无主义。这样,在我看来,尼采的虚无主义就在不同的人那里呈现为三个层面(而不是只有两种):无觉知的虚无主义;致力于突破和创造的高贵虚无主义;彻底、普遍的虚无主义。多数人处在第一和第二层面上。随着现代性的演进,跃升到第二层面的人会不断增多。由于第一层面的虚无主义遭遇者无所觉知,也就无甚谈论价值,最值得论说的是高贵的虚无主义。我们再论及尼采的虚无主义,就在这个层面上言说。

这样我们就有了第四种虚无主义:否认一切存在之真实意义与价值的彻底虚无主义。在任何一种意义上,我们都可以说,虚无主义的重点都落脚在现实存在于意义、价值上的虚无方面。我们可以得出四个基本结论。

第一,虚无主义主要是指最高价值的虚无。在这个意义上,我们可以接受德勒兹(Gilles Louis Rene Deleuze)的说法,"虚无主义"这个词"不是指一个意志,而是一种反动。它反对超感性世界和更高的价值,否定它们

---

① [美]皮平:《作为哲学问题的现代主义——论对欧洲高雅文化的不满》,阎嘉译,商务印书馆 2007 年版,第 141 页。

的存在,取消它们的一切有效性——这不再是借更高价值的名义来贬低生命,而是对更高价值本身的贬低。这种贬低不再指生命具有虚无的价值,而是指价值的虚无,指更高价值的虚无"①。如果否定原本的价值后要以新价值系统取而代之,那就是积极的虚无主义;而否定后断定什么价值也没有的虚无主义就是(最)消极的虚无主义,也就是彻底的虚无主义,它把一切崇高存在都否定了。显然,马克思和(显白言辞中的)尼采都不支持第二种虚无主义,他们都致力于遏制和救治虚无主义。

第二,就原始的灵知主义而言,虚无性只是体现于感性现实世界上,只是感性现实世界才被视为虚幻和虚无,而灵性世界、超感性世界是真实的、非虚无的。灵知主义、柏拉图主义都肯定超感性世界的崇高性,并以此否定感性现实世界的虚幻性。当映示现实感性世界之虚幻性的超感性世界本身也被逐渐揭示为虚幻的时候,处于这种文化之中的人们就会感受到这个世界根本的虚无性了。

超感性世界的真实性被揭穿为虚构,其虚无本性呈现出来之后,感性世界是否是虚无的,就成了一个关键问题了。如果感性世界还是虚无的,那么,人们的虚无感受就很深重了,是为双重的虚无。一般而论,超感性世界的虚无往往预示着感性世界的真实性判定。如果是这样,奉感性世界为上的现代思想就是一种保留了底层真实性或浅薄真实性的"虚无主义"。而认定原来的超感性世界与现实当下的感性世界都是虚无的虚无主义,才是我们所说的更严重的虚无主义。

第三,断定了超感性世界与感性世界都具虚无性的虚无主义,在对感性和超感性两个世界都作了虚无判定之后,是否还要去探寻一个意义世界? 这个问题是虚无主义的关键之处。前三种虚无主义都毫无例外地致力于这种探寻,试图为陷入虚无主义的现实世界寻找一个光明的去处。马克思和显白言辞中的尼采也都是如此。他们的所作所为都是为了克服这个虚无世界,探寻拯救这个虚无世界的方案。在这个意义上,断定世界

---

① [法]德勒茨:《尼采与哲学》,周颖、刘玉宇译,社会科学文献出版社 2001 年版,第217 页。

正被一个虚幻的力量包围和左右,揭穿这种虚幻,还原世界的真实,甚至进一步打破虚幻的笼罩和统治,呈现一个真实的意义世界,都是他们的共同追求。马克思的"无产阶级"和尼采的"超人"究其本来意涵来说都是超越虚无主义的。

当然,按照海德格尔的看法,在感性世界与超感性世界的二分框架中探究何种世界是虚无,恰是正宗的欧洲传统形而上学的正统套路。或者说,立足于超感性世界看感性世界的虚无性,与立足于感性世界看超感性世界的虚无性,都是欧洲传统形而上学思维方式的表现,两者的实质是一样的,只是一种东西的正反面颠倒,根本的框架没有什么改变。这种思维方式就是锻造虚无主义的罪魁祸首,这种形而上学就是欧洲虚无主义的直接体现。该改变的不是把原来的颠倒过来,而是这种思维方式本身。完全可以想象得出,海德格尔为了显示自己的高明,把马克思和尼采都归于颠倒传统形而上学的路子之中,而把自己置于超越传统形而上学的另一条光明大道上。在下一章中,我们将对此作出回应。

第四,在经历了虚无主义的洗礼和炼狱,力争创造新价值的努力后再升腾起来的虚无主义,就是彻底、普遍的虚无主义了。它不同于对虚无无所觉知的虚无主义,对尼采来说,它是一种超人才可企及的高度,一座山峰之巅。

三、虚无主义与现代性:作为现代性命运的"虚无"

我们还是首先在尼采显白的言辞意义(或"由下至上"的视角)上谈论"虚无主义"吧。撇开海德格尔与罗森对"尼采的柏拉图主义"的不同解释,这种虚无主义的展露显然是在现代性背景下得以可能的。正是现代思想把"人"规定为不依赖他者的内在性"主体",正是个人的自足自立品质的获得,逐渐至高无上化,而且还进一步逐渐沦为单个的、不受先定内容规定约束的自由存在,这个自由构成个人自我实现和社会发展的最高目标,才把作为严重问题的虚无主义呼唤出来,不断塑造着一种日益明显的虚无主义。现代性背景是虚无主义展露的温床。

　　A.施密特指出,在皮科于15世纪80年代《论人的尊严》的演讲中,人开始被提升到动物和天使之上。这种人论就意味着割裂了柏拉图传统,认定人能在动物、人或神的生活之间进行选择,从而赢得自由。人能自由选择自己的生活方式,而不再是柏拉图所说的,唯有当实现了他的最好的也就是理性的生活方式时,他才是自由的——因为只有这样,他才是他自己,而不是任由动物性的奴役把自己降低至动物层面。但皮科代表的现代性选择却认定:"正是选择的可能性(它并不包含任何内容上的规定或者标准)本身构成了人的伟大和自由。"①这个现代性判定一开始就隐含着虚无主义的内涵:只是选择的可能性,而没有内容的约束。在形式和程序上,存在实际的内涵,有着实际的意义;而在内容方面,这种现代的自由选择是虚无的、待定的、向诸多可能性开放着的。如果说在皮科那里自由还有一定的严格规定,这一点到了赫尔德(Johann Gottfried von Herder)就没有了:

　　　　在皮科那里的选择严格规定的生活形式的自由,在赫尔德那里就转变成了(几乎)做任何事情的绝对自由,它显然并且突出地不是因为拥有某些积极的能力,而这些能力使得人可以实现他的自由,而是因为,人们所说的人的本性自然地是完全无规定的。②

　　自由只是因为人是自为的,即人有主体性。这一信念"预设了人处在所有其他事物所服从的、作为其目的而配置的秩序之外,他是唯一从自身设定目的的存在者"③。人因为来源于神秘遥远的神性异乡世界而内在地具有了一种异于物质世界其他任何存在的独一无二性,即可以与肉体分开的灵性存在的基本属性,一种使人成之为人的内在性。把这种性质发扬光大,人才能成为本来的自己。内在的灵、精神是自由的,也就是无确定性规定

---

①　[德]A.施密特:《现代与柏拉图》,郑辟瑞、朱清华译,上海书店2009年版,第89页。
②　[德]A.施密特:《现代与柏拉图》,郑辟瑞、朱清华译,上海书店2009年版,第92页。
③　[德]A.施密特:《现代与柏拉图》,郑辟瑞、朱清华译,上海书店2009年版,第97页。

的。施密特一针见血地指出:"在这一信念中,人的'动态的'创造力是以虚无为代价的。"①如此看来,虚无性根植于近代关于人的基本规定之中。当雅各比说,奉自由为至高无上的康德哲学必定导致虚无主义的时候,他看得是很准的。只是与很多批评近代形而上学的学者所认定的不同,这种得自自由的虚无,与其说是来自柏拉图主义,倒不如说是来自诺斯替主义。

按照诺斯替主义的逻辑,既然属灵的人来自遥远的神性异乡,人与现在所处的物质世界本质上对立,那么,人就是一种纯粹的主体,一种迥异于外部物质世界的内在存在。"灵性"与"内在主体性"就很容易融通起来。提出"内在的人"(innere Menschen)的奥古斯丁(Aurelius Augustinus)就来自激进二元论的诺斯替派——摩尼教。这个"内在的人"正是开启笛卡尔"我思故我在"之"我"的关键概念。把自己关在一个暖房里,切断与他物、他人之任何关联,向内思考自己的笛卡尔,终于找到了那个可以为科学知识提供确切性根基的"我思"之"我"。近代主体观念明显具有一种诺斯替主义的背景基础。"灵"与物质世界的"物"关联之后,也就是沾染了粗糙的物、被粗糙的物"污染"之后,就成了物化的"人",才成了基督教所谓天生带有原罪的人,近代主体性哲学所谓的经验自我、经验主体。

于是,自然世界无灵性、不自由,只是宿命和必然;而本源于神性世界的人则充满灵性和自由。自然与人为的近代二元分离直接预设了人的虚无性。自我与世界的决裂,人与自然的存在论区分,这个明显区别于古希腊哲学家的理念,把人视为脱离了自然决定的、不属于自然世界的某种深层内在存在,一个(可以)超越经验、冲动、必然性的存在。在约纳斯看来,这个构成早期海德格尔哲学基本态度的思想,其实早以某种隐秘的方式存在于现代早期的思潮中。这种对人(此在)的基本设定已经预设了世界的虚无主义性质。世界和自然必定意味着是无意义的事实,也就是必然导致对它们的冷漠。约纳斯批评了海德格尔如此理解此在,必定隐含了人的虚无主义处境。当海德格尔说存在者是虚无,存在也是虚无的时候,这种虚无主义的困境更加明显。

我们知道,这个自足自立的内在主体,虽通过奥古斯丁与诺斯替主义相

---

① [德]A.施密特:《现代与柏拉图》,郑辟瑞、朱清华译,上海书店2009年版,第98—99页。

关,但它的近代正式诞生是笛卡尔的"我思故我在"的"我思"。笛卡尔的"我思"之"我",充其量只是在认识论上才能自足自立,在价值层面上,他很渺小、孱弱,需要上帝来保护和奠基。德里达就一针见血地指出,在笛卡尔式的我思中,自从触及夸张这个端倪,"笛卡尔就希望放下心来在上帝那里确保我思本身,并且将我思的行为与合理的理性行为等同起来。他在刚提出我思并对其加以反思时就这么做了。也就是说自从他必须将这个只在直观当下,只在思想关注自身之刻,只在这个点或这个当下才有效的我思进行时间化时起。……因为只有上帝最终使我离开一个在它动作之时,可能永远保持着某种沉默的疯狂的我思,也只有上帝确保了我的再现及我认识的规定性,即确保了我的话语脱离疯狂。因为对于笛卡尔来说。无疑只有上帝才能让我避开那个我思本身只能以最殷勤的方式之敞开的疯狂"。甚至上帝就是理性的别名:"而上帝正是理性本身、一般理性和意义之绝对性的别名"。①

为了杜绝我思主体受到经验性、当下性、个别性的侵蚀,而使其无法达到绝对确定性、永恒性、普遍性,康德确立了一个与经验自我相区别的先验自我。甚至为了确保它的终极性和至高无上性,康德设置很多悖论来阻止对这个终极基础作进一步研究。亨利希(Dieter Henrich)认为这是康德的方法论策略,不能归结为失败,但对于一再声称批判独断论、传统形而上学的康德来说,我们无法阻止自己沿着理性启蒙的思路去质疑,这个不能深究的先验自我,不是一种传统的形而上学存在吗? 批判哲学的基础中不是存在着一种高度形而上学化的东西吗?② 费希特在取消掉看到的物自体之后,对这个存在论和方法论上都构成始发点的"自我"的内在结构作了进一步探究,进一步强化了它的存在论优先地位。也正是经过费希特的转折,它被视为唯一具有自足自立品格、至高无上地位的主体人。不但是绝对的、独立地存在,不再像柏拉图传统或者中国传统所认定的那样,人与外在世界处于不可分的内在关联之中,而且,在近代主体性哲学的发展中,越来越接受中世纪晚期的个体形而

---

① [法]雅克·德里达:《书写与差异》,张宁译,三联书店2001年版,第94—97、96页。

② 严重点说,康德的实践形而上学与他的批判哲学是不协调的,甚至是矛盾的。参见刘哲:《黑格尔辩证——思辨的真无限概念》一书(北京大学出版社2009年版)的相关分析。他总结道:"康德的理论回避策略只有在他的传统形而上学框架内才可能合乎情理"(第68页)。

上学,不断向个体化方向发展。而为了凸显具有个体化背景的认识主体的伟大和自足性,就必须把主体面对的复杂世界的整体性打碎,让碎片、细节、可以对付得了的类别成为主体的对象。如果整体无法在主体心中消除,那就把它先粉碎再整合,最后使它呈现为处理得了的诸部分的相加之和。

众所周知,在中世纪晚期,随着司各脱主义和奥康主义的兴起,形而上学发生了一个转变,传统形而上学的一些概念被解构,关于个体独立、完满的新形而上学登上历史舞台并逐渐占据统治地位。

　　……形而上学批判甚至意味着:否定自为存在的、独立于具体个别实存而存在着的物的本质。在具体的个别的猫之外,不应该有"猫性"存在。解体实体、本性、本质概念,是形而上学批判的一个结果。……自从中世纪晚期的司各脱主义和奥康主义以来,在直接的感知中经验性地被给予的个体,就成了思维的出发点,并且同时也是它唯一可靠的标准。所有由思维产生的普遍概念必须最终还要在它那里成为可以检验的。①

这就是说,中世纪晚期的西方形而上学发生了一个转变。新的个体形而上学采纳了完全不同于柏拉图亚里士多德传统的几个形而上学假定。第一,关于经验个体是基本实在的设定。第二,个体、个别事物的完满性。个别事物都是一个完满规定的,简单地包含了整体本质的不可分的单子。普遍存在于每个个体之中。每个个体都完整地分有了整体的性质。考察个体,就能得出共同的普遍来。第三,个体一致、空洞的雷同的意志概念,也是一个形而上学假定。据此,所有个体都是平等的、一样的,现代平等理论由此得到奠基。从此之后,就像皮尔士(Charles Sanciers Peirce)所说,所有现代哲学都是建立在奥康主义基础上,这是实在论和观念论、理性主义和经验主义的共同基础。

　　个体的这种绝对化和神化以及随之而来的对个别事物的简单"直觉"的超载就是这样一种认识论基本立场的标志,这种立场在整个近代(通过不同的后果)成了规定性的,并且它使得这一思想传统彻底地与柏拉图和亚里士多德的思路区别开来。②

----

① [德]A.施密特:《现代与柏拉图》,郑辟瑞、朱清华译,上海书店出版社2009年版,第238页。
② [德]A.施密特:《现代与柏拉图》,郑辟瑞、朱清华译,上海书店出版社2009年版,第591页注②。

于是,现代思想就认定,个体物是自足自立的,人更是如此。它或他(她)不需要依赖跟其他存在的关联而存在,或被认识。直接对它或他(她)自己就行了。个体成为至高无上的存在,个体的自由因而也成为优先的东西。自由成为由着自己内在性发挥和成长的东西,不再是对优秀的追求,不再有一种外在于个体的优秀品质对个体自由具有优先的规定性了。这样,自足的个体存在就成为优先和至高无上的,而超越个体之上的东西迟早要被革除掉合法存在权,因为它们很容易被判定为超验的、形而上的,从而就是非实在的。我们知道,这种逻辑的演进经历了一个长期的过程。康德还不否认个体存在之间存在普遍的东西,而且这种普遍的东西是优先于和高于个体的特殊的东西的。但随着个体品格及其地位的日益伸张与高涨,超越个体之上的存在不断受到攻击和怀疑,成了日渐衰落的东西。施蒂纳在青年黑格尔派演变中提出的唯一者原则很好地昭示了个体逻辑的最终延展的样态,那就是一切超个体的东西都是虚妄,都是宗教,都是经不起质疑的意识形态存在。只有当下存在者的个我才是可靠可信的,其他一切都是扯淡——不管它是上帝,伦理原则,政治理念,群体利益还是其他别的,一概如此。于是,伦理原则就要从经济学中被剔出来;上帝也要被打倒,政治理念、集体利益也都是骗人的阴谋。

总之,认定个体是自足自立的,都是从自身出发并且一开始就是绝对自由的,它(他、她)与整体相连,完全可以自我规定、自我成就、自我立法、自我发展。显然,这种现代个体形而上学早已预设了人的虚无性,虚无性早已根植于近代关于人的基本规定之中了!

现代思维迷恋(操纵性、支配性)技术、个别、细节。在这种潮流的影响下,哲学的一种主流也成了一种技术,实际上就是以一种产生于现代早期对现代修辞的迷恋而产生的技术方法对传统哲学问题的思考。按照罗森的说法,这在法国启蒙思想中最为突出。看不到这一点,"首先导致丧失对启蒙思想的全面认识",其直接的"后果就是虚无主义,只是它被不经意地以技术性的傲慢伪装着"。其次,"启蒙思想堕落的下一个步骤,就是不断变化的修辞取得胜利,或者产生这样的结局:以同一性代替整体性,用差异来分解同一性"①。走向彻底的差异,成了必然的逻辑结论,这就是使虚无主义更加凸显的发展方向。在强调同一性时,就是在认识论层面上,普遍性、共同性还受到推崇,并担保着某种意义和崇高的存在;何况在实践价值层面上,神圣性的地位还被保留着。当发展到越来越推崇差异性时,甚至每一个体都应具有同等价值,一切凌驾于个我之上的存在都是虚无了,或者说,只是相对于自我来说,才有意义;而对他者来说,可能是毫无意义的虚妄和空无,这时,虚无主义就到来了。在青年黑格尔派分化的那个时代,克尔凯郭尔与施蒂纳最先遭遇了这个现代性的不速之客。两人一个充满忧虑另一个乐呵呵地举手欢迎,也基本代表了现代人对虚无主义的两种基本态度。众所周知,通过《德意志意识形态》中对施蒂纳如此详尽的批判,以及进一步通过《资本论》及其手稿的资本逻辑分析,马克思自然也发现了资本陷入虚无主义的必然性,但他坚定地站在未来新人(无产阶级)的立场拒斥这个现代性的不速之客。

这在我的表述中就是主体的普遍性与个性、超验性与经验世俗性的辩证结构出了问题,甚至就是结构被冲破的表现。虚无主义表明,主体性的结构中过于凸现了主体的超验性和普遍性,而以世俗化为首要内容的现代化又急剧地在价值层面上消解超验性和普遍性,使(经验状态的)人、自然以至于社会都越来越呈现为实实在在的能量性存在,致使以往的形而上学成了通过超验领域与经验领域的二分来凸现形而上超验性和普遍性价值的价值评估学,"形而上学成了人类自我授权的一种策略,是人类力量使整体变得容易驾驭、可以理解、不那么可怕、在技术上容易操控的一种方式"②。在这样的意义上,"高贵的虚无主义"仍然是一种新的主体形而上学,一种对近代主体形而上学的新的肯定。而"卑劣的虚无主义"才包含着一种对近代主体形而上学的批评,指责它带来了一个能量至上、冷漠、空当、没有人和目的与完美存在、毫无生气的世界。这种指责则意味着对某种更高价值的向往和期盼。有了这种向往与期盼,无精打

① [美]罗森:《诗与哲学之争》,张辉译,华夏出版社2004年版,第7页。
② [美]皮平:《作为哲学问题的现代主义——论对欧洲高雅文化的不满》,阎嘉译,商务印书馆2007年版,第198页。

采的能量世界才呈现为一个主体暂且驻足的框架、试图超越禁锢的当下场所。

这是一种已经呈现出来的事实。可是,无论从马克思的角度,还是尼采的角度来看,事实却不是同时呈现给所有人的。肩上担有历史重任的未来新人才会主动面对这个事实,认知这个事实,接受这个事实,并致力于求解这个事实蕴含的问题和出路。而那些利欲熏心的人,无所追求的人,自甘平庸的人,却可能对此事实并无意识,或者即使有意识,也佯装不知,故意为之,或犬儒主义地讽刺、自嘲一下而已。

如此一来,一个问题就是,虚无主义是否以人自己意识到为前提呢?这个问题的回答自然取决于是把虚无主义理解为个体的体验,还是一种西方历史的运动。如果按照克尔凯郭尔的逻辑,在世俗化的扩张横行中,虚无体验是个体内心的真实感受,个人真切地感受到了这种社会化、大众化、物化对个性的侵蚀,对内心的掏空,对精神的取代。按照克尔凯郭尔的看法,能感受体验到虚无的现代个人,是一种超脱出大众状态的高贵的象征。现代人作为"理性人",都致力于追求世俗存在物①,并迅速普遍化为一般人的榜样,成为"样品"。这种作为海德格尔"常人"之先声的"样品"人会在价值追求、话语使用、方法等诸多方面雷同划一,重视当下即是的存在物,却绝"看不到俗世之上的永恒"。与同时代的施蒂纳赞美当下即是的、碎片化的当下相反,克尔凯郭尔哀叹:"我们时代的不幸正在这里:它不变成什么别的,而只是时代、暂时,却不耐烦听到任何永恒……"②何怀宏把这种"永恒"理解为"一个民族,一种文化,一个个人的价值体系中最核心、最深沉、同时又最具超越性的东西"③。显然,克尔凯郭尔力图保护和呼唤的这个"永恒",这个担忧正在失去的"永恒",却正是施蒂纳乐呵呵地消解和否定的东西,也正是通过《德意志意识形态》的

---

①　按照陀思妥耶夫斯基的说法,一些人天生追求的是"面包",另一些人追求的是"自由"。前者以"面包"的味道、数量以及得来的难易作为幸福的主要指标,后者才会思考与"自由"连带着的哲学、宗教问题。"虚无"正是这样一个与"自由"内在相关的问题。

②　S.Kierkegaard,The Point of View,London:Oxford University Press,1939,P.110.转引自何怀宏:《道德·上帝与人》,新华出版社 1999 年版,第 326 页。

③　何怀宏:《道德·上帝与人》,新华出版社 1999 年版,第 326 页。

巨大篇幅批判施蒂纳的马克思力图用历史性原则来中和、调整、改写的东西。

我们知道，尼采以及后来的海德格尔明确把虚无主义看作欧洲历史的运动过程，这倒与马克思恰好一致。自柏拉图主义开始，在孕育、成长、显露和爆发中完整地经历自身，并在这种经历中完成自己。这种把普遍、永恒、抽象的东西视为真实而把相反的个别、生动、生成中的存在视为非真实的逻辑，当遭遇世俗化浪潮，人们日益致力于从经验、个别、生成中确立神圣与崇高之时，原先被视为"真实"的东西就开始显现为虚妄了。当这种历史过程展现出来时，它必然以普遍的形式覆盖所有人。即使不同个体对这个历史运动的感受、体验有先有后，而且各不相同，但绝不会改变这个普遍的过程及其基本境况。所以，对视虚无主义为一种历史运动的支脉（马克思、尼采、海德格尔都位列其中）来说，对自己所面临的虚无困境没有自我意识，并不意味着他就没有处在虚无之中。对马克思来说，资产阶级也许意识不到自己的虚无困境，但绝不意味着资产阶级因此就不处在这样的历史困境中。对海德格尔来说，就更是如此。在《尼采》的讲座中，他特意指出，不予追问，安宁地接受"精神的普遍市侩俗气"，这种哲学上的昏昏欲睡跟哲学沉思的唤醒和清醒这种最高的不安宁相比，前者才是真正的虚无主义！① 没有意识虽然更舒适安逸，但更没可能摆脱虚无。所以，反思和清醒，才是摆脱、超越的开始，虽然做到这样绝不容易。

按照尼采的理解，伴随着这种超验价值消逝的正是"羊群"般的大众，以及没有方向的贱民社会。用马克思的话说，现代资本主义社会必然陷入"普遍的平庸"。贱民、平庸者都包括现代资产阶级，对马克思和尼采都是无疑的，但是否进一步包括无产阶级，两人就有不同的看法。无论导致和主导这种平庸的是谁，它都意味着，一种平均主义和市场思考侵入了社会生活的所有方面："即平均主义，使市场思考侵入到生活的各个方面、影响大众、最后被媒介控制的社会，或由现代体制造成的自我陶醉和

---

① ［德］海德格尔：《尼采》，孙周兴译，商务印书馆2002年版，第354页。

急躁,每一种或全部情况,都标志着对一种极为重要或高贵的文明来说实质性的道德或趣味之中的某种巨大衰退。"①也就是说,一种对高雅性的否弃充斥于现代性的演进之中,逐渐使之呈现出来,成为日趋明朗的现实。快乐的就是幸福的,就是应该得到尊重的,就是应该宽容的,甚至就是与你原来自认为高贵的那些东西是一样的或平等的。于是,个人的自由、平等、宽容、身体的快乐与幸福、多元性,都成了应予尊重的东西。尊重每个人的选择和幸福,就只能把高雅矮化,把一切都相对化,把高雅的、崇高的与低矮的、庸俗的都同等看待,都相对化为价值相等的等价物,谁对谁也没有优势的平等存在。这在很多人那里被看作是一场革命,但在尼采的眼里,实质上"这不过是又一次奴隶起义"而已,是以最低级的标准作为普遍的标准,对一切都发放了许可证。这也就意味着,人退化成了动物。这是基督教中平等要求的进一步延伸。

没有历史担当能力的"大众"意识不到价值的虚无化及其后果,还乐呵呵地陶醉于其中。特别是,世俗价值在以前崇高价值面前取得的同等并列地位,使得认同和屈从它的人们再也没有了低人一等的卑贱感,其正当性的获得和强化甚至使得滞留于这一层面的人们具有了嘲笑、讥讽崇高价值的底气和氛围。一旦如此,虚无主义就深入日常生活之中了。处于这种局面中的众人,通过相互认同和相互依赖而强化着各自的认同,体验不到虚无的危机,感受不到自我的丧失,这就像皮平所说的:

> 虚无主义危机的主要特征之一就是,极少有人把现代情景作为什么危机来体验,最后的人不仅放弃了追求目标、创造和证实一切意义上可算作真正断言的一切企图,而且他们还那么惬意地沉浸于自己心满意足的生活之中,以至再也意识不到自己所干的事情或什么东西是有可能的。②

---

① [美]皮平:《作为哲学问题的现代主义——论对欧洲高雅文化的不满》,阎嘉译,商务印书馆2007年版,第133页。

② [美]皮平:《作为哲学问题的现代主义——论对欧洲高雅文化的不满》,阎嘉译,商务印书馆2007年版,第141页。

四、小 结

至此，我们就可以对虚无主义的内涵作一个小结了。

第一，虽然"虚无主义"常常是个贬义词，但虚无主义的言说绝不等于宣扬颓废与空虚无聊。谈论虚无主义者绝不能与颓废、呻吟和消极无聊画等号，相反，虚无主义的谈论者往往都是对历史有使命感的人，也就是严肃地对待历史、生活和人类前景的人。从最早的雅各比，到后来的马克思、屠格涅夫、尼采和海德格尔，不是从传统贵族的立场对现代社会中新兴起的资产阶级的担忧、批评，就是立足于未来新人的立场对资产阶级文化的批判、拒斥。如伯林所说，虚无主义往往都是立足于一个更高的立场对对手的一种质疑、批评和谴责，"虚无主义"这个判定，往往都是用来评价对手的蔑称。自称"虚无主义"的不是绝无仅有，也是少之又少（也许20世纪初中国自称新虚无主义的朱谦之先生是个例外，他把虚无革命视为比政治革命、社会革命、无政府主义革命之后的最根本革命，即宇宙革命阶段，一个革命的最高阶段）。以赛亚·伯林这么说，大体是对的："没有哪个党派自称是虚无主义的。虚无主义不过是反对他们的人指责他们否定一切道德价值所使用的一个词罢了。"[1]在对对手的指责中，指责者显然预示着一种对他们认为富有意义的世界的维持、坚持甚至构造。基于这种对意义的构建和维护，基于他们发现正在形成的世界对他们心目中的意义世界的伤害、摧残和消解，他们要作出积极的奋争，或者抗拒，或者发现无法抗拒、抗拒无效而转向诉诸新的创建。就最初感受和意识到虚无主义问题的人而言，他们不是得过且过的人，不是毫无信仰的蛮干之徒，不是怎么都行的相对主义者，不是关注自身甚于世界变更的犬儒主

---

① ［英］伯林、［伊朗］拉明·贾汉贝格鲁（R.Jahanbegloo）：《伯林谈话录》，杨祯钦译，译林出版社2002年版，第151页。

义者,而是为意义世界而奋争的积极主义分子。这种意义世界,可能是旧的意义世界,也可能是重建的新的意义世界。因而,他们的主体性非常明显。

第二,创造性是理解虚无主义问题的关键所在。在虚无主义问题呈现出来之前,上帝就代表着绝对的意义世界,而上帝对意义世界的垄断就是以创造性为前提和条件的。"上帝是最伟大的创造者,因此他过着最有意义的生活。……一个逻辑一致的上帝信仰者必定将其生活意义建立在他(她)同上帝的相似性上。"①当这种"相似"向"等同"的方向移动转变时,当康德开始把上帝从外在权威向实践主体内在性转变,当费希特把神视为自我意识的基础以及精神生命的逐渐开显,当黑格尔沿着这样的路子继续前进,当施蒂纳把当下自我意识到的东西当作唯一值得个性自我推崇的"神"时,这种等同就差不多完成了。自视为上帝的"唯一者"于是就必定把先前信奉的一切都祛魅化、解构掉,只相信自己当下即是的存在。把意义世界的创建视为当下即是的一次次事件,不再有一劳永逸的、普遍有效的创造。从创造性在上帝身上的普遍和垄断,到创造性在"唯一者"身上化为随时随地的当下即是,创造性的巨大转变,就意味着虚无主义的普遍化发生。在某种意义上,我们可以说,把上帝垄断的创造性分别赋予每一个现代人,就是虚无主义的发生逻辑,就是虚无主义的不断孕育和成熟。而蕴含着无限可能性、打破一切既有的"无",也就是被施蒂纳当作自己事业的基础的那个"无",恰好就是创造性的化身。意义依赖每一次创造的逻辑就不折不扣地塑造出了虚无主义。我们知道,沿着这样的思路,尼采仍然把新价值的创建依赖超人的创造性,而且,创造性不再是一劳永逸的,而是不断地永恒轮回。只有创造,才能有最高的意义。如果稍作推论,那么,次级的意义才依赖他人的创造性,相信自己的意义世界来自他人的某种创造。不过,与施蒂纳不同,尼采的观点表明,最高意义的创造不是每个人都能作出的,每个人都成为上帝,很可能是一个糟糕的结果。于是,意义世界的创造最好或者往往是由少数人承担着,他们

――――――――――

①　翟振明:《有无之间》,北京大学出版社 2007 年版,第 119 页等。

会意识到文化世界的变化,体悟到文化意涵的丧失,也就是一种文化的创造力与辐射力即将释放完时所衍生出的意义空场,那种空无、方向缺失、茫然无主、无依无靠的感觉。在这种境遇中创造的人,才是有历史担当者,是未雨绸缪者。马克思、尼采、屠格涅夫,都属于这种类型的文化伟人。

第三,当然,如果意识到物世界、意义世界被虚无化的人们发现,根本无力维持或创建意义世界时,也可能陷入颓废,失去抗争力。那样的话,虚无主义就可能是消极颓废的,或者成为只在乎自己不在乎世界的现代犬儒主义。

虚无主义成为消极、无为的代名词,是很多谈论虚无主义问题的人最为担心的事情。由虚无主义导致消极无为,可能是因为意义世界的失效,强大世俗力量导致的无奈,也可能是因为意义世界过于遥远、难以企及,而采取得过且过、玩世不恭、圆滑世故,由失望转而嘲笑希望,由知善恶转而不在乎善恶。后一种情况就是现代犬儒主义。现代犬儒主义者除了物质利益和自我之外什么都不再在乎,虽然他清醒地知道世界的是非善恶,看透了世界的秘密,却不去积极善为,以圆滑世故的态度对待世界,只是在经营自我和追求外在好处的时候才认真,才积极作为。显然,这种现代犬儒主义是一部分知识精英应对现代虚无主义的韬策略。它把自我内在王国的清醒、在意,与外在世界的无意义、颓废结合起来,成了应对现代虚无主义的一种令人瞩目的方式,一种非常个体化的方式。它只是留住内在的自我作为抗拒无意义世界的最后堡垒,外在世界如何虚无化,如何无意义,如何受到伤害、变得庸俗,或者无论如何怎么样,他都不大在意,或者无能为力、听之任之,或者仅仅在关乎自我切身利益时才会认真对待。他认真对待的不是世界,而是自我。现代犬儒主义者力图借助对外在世界的嘲笑和摄取来保持自我的"清醒"与"纯洁"。它虽没有像古代诺斯替主义那样,以有灵自我的崇高、纯洁尖锐地对抗外部世界的粗俗与低下,也不像古代的犬儒主义者那样,不在乎来自习俗、偏见、权力的外在束缚,却也力图在这个日益虚无化的世界上保持一个尚未完全融入虚无世界的内在自我,并通过对外在世界的嘲弄、利用,有些功利地保持一个低限度的"纯洁"、"高韬"的自我。这个自我到底是世界已然虚无化的标志,还是虚无化世界最后保留的一块净土? 如果询问现代犬儒主义者这个问题,他想必多半会作后一种回答。但其实这两种答案的意思差不多。

第四,从此而论,"虚无主义"往往是立足于文化命运的角度对一种文化、文明的前景的判断,而不是对某个个体生命意义的纠结。如果把一种文明或文化的承载主体界定为一个阶级,或一个民族,那么,虚无主义的谈论就涉及这个阶级、民族所承担的历史任务,涉及这个阶级、民族的历史使命及其完成,而不是某偶然个体遭遇特定命运而对自我生命的意义感受,不是特殊个体生命追求是充实抑或空虚的感受。谈论某个阶级必定会把自己主导的文明带入虚无,而另一个新的阶级会把行将陷入虚无的文明带入新的境地,走向富有意义的新文明,就是所谓阶级论意义上的虚无主义。谈论某个民族(或某个文明的创立者、继承者)必定会把自己主导的文明带入虚无,而另一个新的民族或文明的坚持者、发扬者会把行将陷入虚无的文明带入新的境地,创建富有意义的新文明,就是所谓文明论意义上的虚无主义。如果既没有阶级论的视角,也没有文明论的视角,而仅仅是从个体生存论的角度谈论个体生命的虚无,那就是个体生存论意义上的虚无主义。

不难发现,虚无主义的谈论者有的着重于阶级论的视角,有的偏重于文明论的视角,有的兼具文明论的视角和个体生存论的视角,或者兼具阶级论视角与文明论视角。纯粹个体生存论视角的谈论是没有多大讨论价值的,因为那只是某个个体的偶然情况,没有哲学的普遍意义。

第五,归根结底,从阶级论和文明论的双重意义上说,虚无主义问题的核心关切就是现代文明的本质和前景。虚无主义就是对现代化命运的一种理解,是对现代文明前景和本质的一种严肃思考。

自从英国、荷兰最早完成了现代化,成就了资本主义现代社会以来,一直就存在着创建一种不同于资本主义现代文明的探索与尝试。最早是德国,一些德国思想家看不上工商业至上、个人主义化的现代资本主义社会,希望在发展工商业的同时,维护众多传统、崇高的价值,而不希望这些价值在物质利益的算计中被消解。他们认为,工商业价值至上的社会势必导致崇高价值的虚无化，个人主义也会导致日益严重的相对主义和虚无主义。就是说，现代文明内含着一种令人忧虑的虚无主义，它构成现代文明的内在本质。为了遏制、克服这种日益忧虑的倾向，必须复兴传统人文文化。从雅各比、诺瓦利斯、马克思到尼采、韦伯、海德格尔，持这一类似想法的德国思想家占据了一流思想家的很大部分。他们中的一些人甚至以为，德国是继古希腊、近代文艺复兴之后的第三波文化，承担着光荣的文化复兴使命。同样的问题，类似的思想，在俄国也同样存在。自马克思到列宁的社会主义探索也发生在这个大背景之内，同样是探索超越这种必定陷入虚无主义的资产阶级文明的雄伟尝试。众所周知，德国的探索失败了。之后俄罗斯的探索，因种种原因最后也是失败。但源自德国经俄国到达中国的社会主义探索，仍然在承担着矫正、改造现代资本主义文明，创建更高更好的新文明的使命。中国承担的这一伟大使命，需要经过长期努力消化，吸收现代文明的先进成果，不能动不动像德国和俄国那样把现代资本主义文明视为非普遍的特殊性存在，而是在学习、消化、吸收普遍现代文明的基础上，立足于中国厚重的传统，根据新的背景与机遇，相互补充，综合创新。这是一个长期的历史任务，不可急躁冒进，要继续低调前行。承担这样一个伟大的历史使命，需要我们高瞻远瞩，坦荡胸怀；需要中国的马克思主义面对西方现代性、中国传统保持更加宽广的胸怀气魄。期间存在大量的哲学难题需要我们哲学工作者自觉、勇敢地予以探究。

第二章

以存在替代价值:海德格尔的
虚无主义分析

  上述虚无主义分析把重点放在了尼采这儿。但是,按照海德格尔的看法,尼采对虚无主义的讨论还只是一种价值论思路,而他自己提出了一种与之迥然不同的存在论思路。价值论思路在他的眼里仍然是传统形而上学的表现,而存在论思路则走出了传统形而上学。我们能认同海德格尔的这一观点吗?

  如果说,在马克思和尼采那里,虚无、虚无主义还不是很悲凉,他们从虚无主义的腐朽、颓败中看到了新的希望,那么,在后来的海德格尔那里,在后来的存在主义那里,这种希望虽然仍然被保留,但似乎显得更为奢侈。希望的奢侈意味着,虚无主义成了一种更加沉重的负担,更令人忧虑的现实,更难以摆脱的困境。

  马克思认为施蒂纳式的虚无呻吟是现实中软弱无力的德国小资产阶级思想理论层面的表现;而资本的逻辑中必然孕育和展现出的空虚、虚无化则是整个资产阶级的历史命运。接着资产阶级创造历史的无产阶级不会面临虚无主义困境。尼采虽不同意无产阶级创造历史的未来新人品格,却也把超人视为克服虚无主义的未来新人。在未来新人不受虚无主义困扰方面,两人是基本一致的。按照尼采的看法,既然虚无主义是西方的历史命运,上帝之死是必然的历史事件,虚无主义就不是什么悲凉的事情,而是一件应该及时完成的自然事件,一幕及时谢幕的历史剧。在它之后,新人的登场,新的一幕的开始,新的希望的孕育,新的生命力的张扬,意味着旧的虚无正是孕育新的创造的历史园地。

海德格尔认为"马克思达到了虚无主义的极至"①;而尼采则仍然滞留于价值论意义上的虚无主义之中,还没有真正摆脱传统形而上学。唯有他自己,才以存在论的视野置换和替代了尼采价值论的虚无主义。存在不是一种价值,存在就是无。如果他的话可以成立,那意味着,继上述四种虚无主义之后,海德格尔又提出了另一种新的虚无主义(存在论的虚无主义)吗? 以存在论视野谈论虚无主义,是克服(同谋着的)虚无主义与传统形而上学的道路和方案,还是通过"不仅存在者是无而且存在本身就是无"之类思想,更突出地反映了西方现代虚无主义的严重和深化?

在开始我们的分析之前,我们还是先区分一下"无"与"虚无"两个概念:前者我们把它视为一个中性词,表示不存在的意思;而后者往往被视为一个贬义词,表示原本充实的存在无化了、虚化了。"无"作为"有"("存在")的对立面,既是对"存在"的一种否定,也是与"存在"须臾不可分的。由于"无"与"存在"的密切相关,某种东西的不存在也就是另一种东西的存在。而"虚无"往往是人们对自己拥护、主张的东西受到否定、排挤、边缘化,而对这种境况的质疑和批评,较少情况下才出现主动否定某种仍在起作用的价值、意义(或其他)希望它们尽快坍塌、无效化的情形。这时往往意味着,视这些价值、意义(或其他)为腐朽、落后,正在起阻碍作用,为了尽快唤醒、塑造新的价值与意义(或其他),必须尽快去除之。而发生此种情况时,往往是大部分民众仍然相信着这些价值、意义,或视之为不容怀疑、天经地义的存在。所以在他们看来,否定、贬低这些价值、意义的思想行为就是一种负面的甚至可怕的事情,是把好好的东西虚无化。

的确,我们对"虚无"与"无"的区分不见得能在海德格尔的用法中找

---

① [法]F.费迪耶等:《晚期海德格尔的三天讨论班纪要》,载《哲学译丛》2001 年第 3 期。

到支持。他强调的是,在中译本中有时译为"无"有时又译为"虚无"的Nichts 一词①,通常是一个价值概念,实质上却是一个存在概念。在这个意义上,它更应翻译为"无",而不是"虚无"。海德格尔说:"确实,在'Nichts'这个概念和词语里,我们现在通常会感到它带有某种价值腔调,也就是无价值之物的意味。凡在我们所愿望、猜度、寻求、期待的事物没有现成存在、不存在的地方,我们就会说'Nichts'……'Nichts'说的是:某个事物、某个存在者的非现成存在和非存在。因此,Nichts 和 nihil 是指在其存在中的存在者,从而是一个存在概念,而不是一个价值概念。"②在《尼采》中译本中,译者把 Nichts 译为了"虚无",而不是《林中路》、《路标》中的"无",颇有讨论余地。如在《尼采》第五章第三节的题目就是"虚无主义、虚无和无"(Nihilismus,nihil und Nichts),Nichts 在标题中被译为"无",但在该节(以及该书)的具体内容中,该词却又被译为"虚无"。而在《路标》、《林中路》等著作的中译本中,das Nichts 则被译为"无"。我们在这里不涉及 nihil 与 Nichts 的区别问题,也不讨论在海德格尔那儿的区别,更不着意于跟海德格尔所用词汇的一致,而只是从本书的角度简单地区分一下"虚无"与"无"。在征引海德格尔中译文献时,为了统一起见,我们会根据我们的区分作相应的调整。在自己的使用中,注意作出适时区分。

一、存在者作为无:对价值之思的批评

海德格尔指出:

尼采所理解的虚无主义就是以往的最高价值的废黜。但是尼采

---

① 在海德格尔相关著作的中译本中,德文名词 das Xichts 有时被译为"无",有时也被译为"虚无",而形容词 nichts 则常常被译为"虚无的"。

② Martin Heidegger,*Nietzsche*,Zweiter Band,Verlag Günlherneske Pfullingen 1961,S.50.参见[德]海德格尔:《尼采》,孙周兴译,商务印书馆 2002 年版,第 688 页。

同时也对"对以往一切价值的重估"意义上的虚无主义采取了肯定的态度。因此,"虚无主义"这个名称始终是多义的,因为,它一方面是指以往的最高价值的单纯废黜,但另一方面又是指对这种废黜过程的绝对反动。①

很明显,在海德格尔的眼里,尼采的虚无主义除了指最高价值的废黜,还指用另外一种最高价值替代原来的最高价值(对原来的反动),从而仍然滞留于价值论意义的虚无主义之范围中,甚至仍然滞留于谋求保存和提高的现代价值系列之内,仍然坚持着"保存和提高标志着生命的原本一体的基本特征"②这一现代价值原则。存在仍然被归为价值,"它也就被贬降为一个由强力意志本身所设定的条件了"。这样的存在还不是真正的存在,"存在并没有得以成为存在",而仍被贬降为价值。③ 存在被归结为价值,是以存在者与存在的混淆,即存在者在表象状态中遮蔽了存在、丧失了存在为前提的。存在被表象者(人)表象为存在者,一切存在者只有在表象状态中才能存在,存在不能成其为自己,却被表象者作为对象表象为价值了。价值是以存在的丧失为前提的,价值是以存在的缺位、丧失的弥补而产生的。所以,他强调:

> 反对"价值"的思想并没有主张:被人们宣告为"价值"的一切东西——"文化"、"艺术"、"科学"、"人的尊严"、"世界"以及"上帝"——都是无价值的。毋宁说,现在我们终于要认识到,恰恰通过把某物称为"价值"这种做法,如此这般被评价的东西被剥夺了其尊严。这就是说:通过把某物评为价值,被评价的东西仅仅被容许作为人之评价的对象。……一切评价,即便是肯定性地评价,都是一种主体化(Subjektivierung)。……所以,反对价值来思考,并不是说要为存在者之无价值状态和虚无缥缈(Nichtigkeit)大肆宣传,而倒是意味着:反对把存在者主体化为单纯的客体,而把存在之真理的澄明带

---

① [德]海德格尔:《林中路》,孙周兴译,上海译文出版社1997年版,第230页。
② [德]海德格尔:《林中路》,孙周兴译,上海译文出版社1997年版,第235页。
③ [德]海德格尔:《林中路》,孙周兴译,上海译文出版社1997年版,第263页。

到思想面前。①

存在者的无化，是存在成为自己的前提。反对价值，才能成就存在。恰恰在此意义上，海德格尔认为，尼采的虚无主义言说仍然没有摆脱价值的设立，尚未真正进入存在的视域。旧价值的破灭是以新价值的取代为前提的。新旧机制虽然不同，但占据的价值位置是一样的。所以，问题的根本不是哪一种价值被消灭掉，而是将"价值位置本身，即作为领域的超验取消掉"②。在尼采那里，价值设立的新根据就是权力意志，"……强力意志，成了一种新的价值设定的本源和尺度。其价值直接规定着人的表象，并同时激励着人的行为。人的存在被置人另一个发生维度之中"③。所以，按照海德格尔的理解，尼采的虚无主义只是重新设置了价值的维度，或者只是重新敞开了存在的另一个新的维度：感性生命。价值设定有了新的维度。由此而论，原本的虚无主义，即那种把价值依据确定为超感性王国之存在的柏拉图主义，被颠倒了，或者说，原本的虚无主义被尼采置换（而不是克服）了。可是，在海德格尔看来，如果只是把原来超感性的价值根据置换为感性根据，仍然是追求主体性的权力意志，那么，形而上学只是改变了一下形式而已，没有真正被克服。"克服"只是对于这具体形式的虚无主义的克服，或者说，这种"克服"就是对这种虚无主义的"完成"：把它的最后一种可能性呈现出来和实现出来了。就像海德格尔所说："如果价值不能让存在成其为存在，让存在作为存在本身而存在，那么，所谓的克服首先就是虚无主义的完成。"④也就是说，尼采在价值范围和向度内谋求对虚无主义的克服仍然是传统形而上学，仍然没有走出传统形而上学，最多是传统形而上学的完成。而海德格尔则要超越传统形而上学！虚无主义就是一种从价值角度对存在的思考。由此，尼采还仍然没有认识到虚无主义的本质："尼采就如同他之前的任何一种形而上学，根本没有认识到虚无主义的本质。"由于这种形而上学是欧洲的形

---

① ［德］海德格尔：《路标》，孙周兴译，商务印书馆 2000 年版，第 411—412 页。

② 彭富春：《无之无化》，上海三联书店 2000 年版，第 83 页。

③ ［德］海德格尔：《林中路》，孙周兴译，上海译文出版社 1997 年版，第 256 页。

④ ［德］海德格尔：《林中路》，孙周兴译，上海译文出版社 1997 年版，第 264 页。

而上学,所以,这也代表着欧洲文明的命运:"如果形而上学是欧洲的和由欧洲所决定的世界历史的历史根据,那么,这种世界历史就在一种完全不同的意义上是虚无主义的。"深入虚无主义的欧洲当然需要进一步转型。这段虚无主义等同于形而上学的欧洲历史,当然不能说是一种错误,只是表明"对一个有待思考的存在问题的耽搁","形而上学是存在本身的历史的一个时代"。①

这意味着,尼采的虚无主义只是一种价值的重估,它标志着把一切存在都归于超感性存在的旧虚无主义的终结,却还没有进入对存在的思考,还是执著于存在者的存在,而没有进入真正的此在本身。"就存在本身来看,那种按照价值来思考一切的思想就是虚无主义",虚无主义就是把存在归为价值,从至高无上的"上帝"到谋求保存和提升的"强力意志"(即所谓"现实的上帝"),都是价值的体现。在"上帝"与"强力意志"之间,还有一个作为价值根据的"主体"。这个"主体"依靠内在的自我所有而成就自身,也成了某种类似于"上帝"的"根据"。在这种根据面前,"一切存在者都成了对象。存在者作为客体而被汲入主体性的内在之中了"②。于是,从存在者方面理解存在,存在就被干掉了,只能作为一种价值起作用,"根本就不让存在本身进入涌现中,也即进入其本质的生命力中"③。正像彭富春概括的,"根据尼采的虚无主义的解释,存在还没有让进入存在,因为价值阻碍了、替代了、甚至消灭了存在自身"④。

由此,根据海德格尔的理解,虚无主义并不是尼采意义上超感性世界的不在场,而是存在的不在场。把存在变成价值,变成人设定出来的东西,是让存在不成其为存在,只成为存在者。尼采与其他人一样都把存在变成了存在者,而不思考存在的真理。在这样的意义上,虚无主义的本质不是形而上学,而是存在本身的历史。存在的遗忘、隐匿才是虚无主义的内涵所在。只是着眼于最高价值的贬黜,那永远不能理解虚无主义,反而

---

① [德]海德格尔《林中路》,孙周兴译,上海译文出版社1997年版,第268、269页。
② [德]海德格尔《林中路》,孙周兴译,上海译文出版社1997年版,第266页。
③ [德]海德格尔《林中路》,孙周兴译,上海译文出版社1997年版,第267页。
④ 彭富春:《无之无化》,上海三联书店2000年版,第85页。

陷入虚无主义的深渊。勘探存在,走向存在的第二次开端,才是克服虚无主义的关键所在。所以,问题的关键就是,让存在成为存在本身所是,而不要把它归于其他的东西,无论是价值,还是其他什么。为此,就必须否定从存在者方面理解存在的传统路子,把那条路子封堵起来,使之无化,并开启另一条新的思路。

二、存在作为无

滞留于存在者层面不能自拔,是仍然在价值中运思的表现。意识到"无是对存在者的不,因而是从存在者方面被经验的存在"①,意味着以前那种作为存在者之根据的传统形而上存在坍塌了,"虚无在此意味着:一个超感性的、约束性的世界的不在场"。② 这是对存在本性的一种切近。从"否定"存在者,到"肯定"存在,来切近"无",是一种进展。"无"不仅是存在者的不,更是存在的本性。无不能被理解为陈述意义上的否定,甚至也不只是存在者整体的否定,而必须进一步理解为存在本身就是"无",或者从"无"的角度来理解"存在"。

> 无(das Nichts)从来不是一无所有,它同样也不是某个对象意义上的某物;无是存在本身——当人已然克服了作为主体的自身,也即当人不再把存在者表象为客体之际,人就被转让(uhereignet)给存在之真理了。③

传统的"存在"是"物"的性质,最抽象、最一般的一种性质,而且不考虑它是对作为此在的人,也就是具有时间性、必有一死的人而言的。

---

① [德]海德格尔:《路标》,孙周兴译,商务印书馆2000年版,第142页。

② [德]海德格尔:《林中路》,孙周兴译,上海译文出版社1997年版,第224页。

③ Martin Heideggei, *Holzwege*, Gesamlausgebe Band5, Vittorio Kloslermann, Frankfut am Main,1977,S.112—113.[德]海德格尔:《林中路》,孙周兴译,上海译文出版社1997年版,第110页。

于是,"无"(非存在)就是没有地位的、消极的、无甚意义的。实际上,"物"的认定和说明,离不开存在论意义上的"存在"规定。比如,按照康德的理论,"物"的分析需要一个存在论的前提,只有依靠这个前提,才能呈现先天感性形式和知性范畴——没有它们,压根儿就不可能对"物"进行分析。"物自身"是无法说明自身的。只有此在的人通过一种存在论的勘探,确定其先天感性形式和一系列的知性范畴,"物"的分析说明才是可能的。所以,"物"之"存在"依赖关切到此在的存在论探索。

而从生存论的角度看,"存在"与"无"(非存在)就是一致、不可分的。因为"存在"永远处在一种时间性、历史性的状态之中,一种终归会死的、有时间性的此在总是在规定、陪伴着它,"非存在"与"存在"总是如影随形地出现和发生,一种"无化"的状态构成了这个过程的常态。"存在"、"死亡"都是一种生成着的过程。确定性的"有"总是脱不开"无"的纠缠。"有"与"无"都处在明显的动态之中,都是作为动词、动态出现的。

在《尼采》讲座中,海德格尔曾较为详细地谈到"存在"及"无",他用一连串的说明解释"存在":

存在是最空虚的东西,也是一种丰富性;……存在是最普遍的东西;它可以在一切存在者中见出,所以就是最普遍的东西;它丧失了任何一种特性,或者说,它从未拥有过任何一种特性。同时,存在也是独一无二的东西,它的惟一性是任何存在者都达不到的。因为与一切想出风头的存在者相对立的,总还有另一个与之相似的东西,亦即总还有另一个存在者,无论它如何变化多端。但存在却没有与之相似的东西。与存在相对立的,倒是无(Nichts),而且也许连这种无在本质上也还隶属于存在,仅仅隶属于存在。

存在是最明白易解的东西……存在是最常用的东西……存在是最可靠的东西……不过,存在并没有提供给我们一个像存在者那样的基础和基地,好让我们投身其中,在那里建造什么,好让我们依循于它。存在是对这样一种奠基作用的拒绝(Ab-sage),它放弃一切奠基性的东西,是深渊般的(ab-gründig)。①

总之,"存在同时既是最空虚的又是最丰富的东西,既是最普遍的又是最独一无二的东西,既是最明白易解的又是抗拒一切概念的东西,既是最有用的又是首先还在到达中的东西,既是最可靠的又是最深不可测的东西,既是最多被遗忘的又是最令人回忆的东西,既是被言说最多的又是最缄默的东西"。"存在是最空虚、最普遍、最明白易解、最常用、最可靠、最多地被遗忘、最多地被言说的东西"。②

叶秀山先生说:"传统存在论仍是从一种知识论的立场来看'存在',把它归结为'物性'的。真正存在论的'存在',是'意义'的'存在',是'存在'的'意义',而这种'意义',只是对'人'这样一个特殊的'存在'(Dasein)才显现出来的。没有'人','物质世界'当然是存在的,但那种只对'人'才显现出来的'意义'却'不存在'。因此,在海德格尔看来,'无'即是'无意义',是'意义之无'。"③由于人是一种时间性、历史性、必有一死的此在,所以他(她)是会避不开这个"无"的问题的。人的"有"("存在")不是一个容易解决的自然问题,而是一个总会存在着,不断需要勘探、思考的问题。从某种意义上说,"无"对人才是更为本源性的问题。如果说,"传统存在论只承认本源性的'有'(存在),而不承认本源性的'无'(不存在)"④,那么,海德格尔的存在论就把"存在"与"无"连在一起来思考,并把它视为本源性的根本问题。

按照这种解释,无本质性地隶属于存在,与存在内在地连接在一起。海德格尔曾说:"'虚无主义'的虚无(nihil)意味着:根本就没有存在。存在没有达到其自己的本质的光亮那里。在存在者之为存在者的显现中,存在本身是缺席的。存在之真理失落了,它被遗忘了。"⑤存在还处于有

---

① Martin Heidegger,Nietzsche,Zweiler Band,Verlag Günlherneske Pfullingen 1961,S.250—252.[德]海德格尔:《尼采》,孙周兴译,商务印书馆 2002 年版,第 882—884 页。原译文中的"虚无"改为了"无"。

② [德]海德格尔:《尼采》,孙周兴译,商务印书馆 2002 年版,第 885 页。

③ 叶秀山:《海德格尔与西方哲学的危机》,标准文献网。

④ 叶秀山:《海德格尔与西方哲学的危机》,标准文献网。

⑤ [德]海德格尔:《林中路》,孙周兴译,上海译文出版社 1997 年版,第 269 页。

待勘察和绽出之中。意识到存在者是无，就开始了对存在的勘察。在这个意义上，存在就是"无"，"无"就意味着存在勘探的启航，这个意义上的"无"是从积极和肯定的意义上说的。意识到无是存在的遗忘，就意味着已经觉察到了"无"与存在的内在关联，意识到了从"无"之处通向存在的路途和可能性空间，虽然这个路途的跋涉和空间的充实仍然需要意识到这一点的人艰难的工作，但毕竟视野已经呈现，已经来到了存在者王国的边缘，即将或已经走入本真存在的王国，开始充满冒险的探索之旅。

作为与存在者不同的东西，无"乃是不—存在者（das Nichtseiende）。但是，这个无（Nichts）是作为存在而成其本质的。如果我们在蹩脚的说明中，把无假扮成纯然虚无（das bloss Nichtige），并且把它与毫无实质的空无所有相提并论，那么，我们就过于仓促地弃绝了思想。我们不想屈从于空洞的洞察力的这种仓促，不想放弃无的神秘的多样性，相反，我们必须本着独一无二的期备心情做好准备，在无中去经验为每一存在者提供存在保证的那种东西的宽广性。那种东西就是存在本身"①。

无绝不是空无所有，而是在告别了存在者之后，开启出丰富的多样性、可能性和宽广性来。无是走向本真存在的开始，是积极地勘探存在的可能性空间，它以无（未）规定性为基本特征："无（das Nichts）最不适合于作为一个规定者，原因在于：无乃'是'无规定的东西，'是'无规定状态本身。这个最明白易解的东西抗拒一切可理解性。"②这种无（未）规定性为存在的丰富性、多样性、可能性和宽广性提供了前提和保证。一句话，"作为与存在者不同的东西，无乃是存在之面纱（der Schleier des Seins）。"③面纱背后的真容是可以多种多样的。

萨特也曾经分析过"存在"与"无"的统一。在他看来，黑格尔所说的"天地万物无不在自身内兼含存在与无两者"就意味着，从形式上看，纯

---

① ［德］海德格尔：《路标》，孙周兴译，商务印书馆2000年版，第356—357页。

② Martin Heidegger, *Nietzsche*, Zweiter Band, Verlag Günlherneske Pfullingen 1961, S.251. 中译文参见［德］海德格尔：《尼采》，孙周兴译，商务印书馆2002年版，第883页。原译文中的"虚无"改为了"无"。

③ ［德］海德格尔：《路标》，孙周兴译，商务印书馆2000年版，第364页。

存在与纯无是一个意思。但存在与无的合一,不仅是纯粹形式上说的,更包含着如下意思(按照我们在本文前面的规定,下列引文中的"虚无"应改为"无")。其一,超越性使得两者合一:海德格尔"已把虚无作为超越性的原始结构置人超越性之中了"。由此,非确定性始终缠绕着人,"……人表现为一种使虚无出现在世界上的存在,因为他自身受到向此目的的非存在的搅扰"。或者这就是人的自由,"人的实在分泌出一种使自己独立出来的虚无,对于这种可能性,笛卡尔继斯多噶派之后,把它称作自由"。① 未定性使人处于焦虑之中。其二,对具体实有的否定,"虚无只有在被明确地虚无化为世界的虚无时才能成为虚无;即,只有当它在虚无化中明确地指向这个世界以把自己确立为对这个世界的否认时,才能成为虚无。虚无把存在带到它的内心中"②。虚无在这种否定中已被孕育,这种否定就是一种虚无化? 其三,单纯的虚无没有意义,只有与存在统一,才有意义,"虚无如果不被存在所支持,就会作为虚无而消逝,而我们就会重新陷入存在。虚无只有在存在的基质中才可能虚无化;如果一些虚无能被给出,它就既不在场者之前也不在它之后,按一般说法,也不在存在之外,而是像蛔虫一样在存在的内部,在它的核心中"③。

　　这样,无与存在的统一就预示了"一切皆无"、"存在者整体是无"、"存在本身就是无"三者的统一。所谓"一切",系指"存在者整体"。而这三点也就是虚无主义的意蕴所在。

三、无:从"畏"之启示到"死"之启示

　　从"存在"与"无"的统一来看,"无"成为一种源始境遇,"只有以'无'所启示出来的源始境界为根据,人的存在才能接近并深入在者"。

① 　[法]萨特:《存在与虚无》,陈宣良等译,三联书店2007年版,第47、52、53页。
② 　[法]萨特:《存在与虚无》,陈宣良等译,三联书店2007年版,第46页。
③ 　[法]萨特:《存在与虚无》,陈宣良等译,三联书店2007年版,第49页。

张廷国在一篇论文中谈到过，海德格尔的"无"不是逻辑意义上那种否定意义上的，而是更高的。"这种'无的基本经验'就是他反复强调的'畏'的境界和体验。"①"无"就是"畏"启示出来的，"畏启示无"（Die Angst offenbart das Nichts）。② 而这个"畏"就是 Angst，直译为焦虑。从"畏"的角度看来，一切存在者都会隐去，一切确定和确实的存在都会瞬间坍塌掉，一种无可名状的不确定感、空无感、惧怕和忧虑升腾起来，死死地抓住此在，融化、消解此在，把此在变为空无。所谓"无却通过畏处于惶惶不安中才变得可敞开"，意味着"在畏中，存在者整体变得无根无据"，由此"无特别地随着存在者并且在存在者那里——作为一个脱落着的存在者整体——自行显示出来"。③

此在如此超出存在者整体，将自身嵌入虚无之中，就是所谓的"超越"。"存在地地道道是超越"，而"'无'就是使存在者作为存在者对人的此在启示出来得以可能的力量"。

海德格尔说：

> 由此我们就赢得了关于无的问题的答案。无既不是一个对象，也根本不是一个存在者。无既不自为地出现，也不出现在它仿佛与之亦步亦趋的那个存在者之旁。无乃是一种可能性，它使存在者作为这样一个存在者得以为人的此在敞开出来。无并不首先提供出与存在者相对的概念，而是源始地属于本质本身。在存在者之存在中，发生着无之无化（Das Nchten des Nichts）。④

但畏怎么能启发出无呢？"畏"如何"使'此在'大彻大悟，悟入空空如也的'无'中"⑤呢？畏启发出来的，是莫名其妙的忧惧，虽然没有确定

---

① 张廷国：《"无"之追司——海德格尔论形而上学问题》，载《科学·经济·社会》2000年第2期。

② ［德］海德格尔：《路标》，孙周兴译，商务印书馆2000年版，第129页。

③ ［德］海德格尔：《路标》，孙周兴译，商务印书馆2000年版，第131页。

④ Martin Heidegger, Gesamtausgabe Band 9, Wegmarken, Vittorio Kcslermann Frankfurt am main 1976, S.115.［德］海德格尔：《路标》，孙周兴译，商务印书馆2000年版，第133页。

⑤ 中译文中 Das Xchlen des, Xichls 一语由"无之不化"改为了"无之无化"。孙周兴：《语言存在论》，商务印书馆2011年版，第22—23页。

的忧惧对象,但却是肯定有什么东西在支撑这种忧惧。我们知道,弗洛伊德的"焦虑"与海德格尔的"畏"本是一个词:Angst。对畏(Angst,焦虑、忧惧)与怕(Furcht,恐惧)的区分,弗洛伊德早就强调过了:怕是有具体对象,而畏没有具体对象。早在1915—1917年于维也纳大学所作的精神分析的讲稿中,他就已经提出了类似观点:"我认为焦虑是就情境来说的,它不管对象如何;而恐惧则关注于对象,至于惊悸则似乎有某种特殊的意义,即它强调由危险所产生的效果,这种危险突然而来,没有焦虑的准备。因此,我们可以说,一个人通过焦虑从惊悸中保护自己。"①而在1925—1926年的《抑制、症状与焦虑》一书中,弗洛伊德又说:"焦虑是关于某事的焦虑。它具有不确定性和没有对象的性质。严格说来,如果这一情感发现了对象,我们就该用'恐惧'[Furcht]一词而不是'焦虑'[Angst]一词。"②值得注意的是,弗洛伊德对把这种心理学观点变成一种世界观(也就是哲学)持不屑态度。他说:"我必须承认我一点也不偏爱这种杜撰的世界观。不妨将这些活动留给那些哲学家们……"③针对哲学家们自感优越地轻蔑心理学家,弗洛伊德认为哲学家们的议论依赖心理学的科学结论,这一点"无论哲学家们花费多大力气,他们也不能改变这种情境"④。对此,着意于对畏与怕作出哲学解释的海德格尔想必看不上弗洛伊德,认为他滞留在心理学解释层面,没有存在论的视野,正如弗洛伊德也看不上哲学分析一样。

根据海德格尔的看法,怕(Furcht)与畏(Angst)的区分涉及存在论差异:怕(Furcht)是滞留于"沉沦"、常人世界中,仅仅盯住某种具体的存在者而害怕,不敢去展开自己本真的在世之在。而畏(Angst)意味着对在世之在充满好奇、惊异,对自己不熟悉、无现成路可走的此在有些忧惧,它表明,常人世界已经退隐,我们熟悉的那个世界消隐了,此在把自己本真的存在样式呈现出来了,这是一个令人惊异的世界,充满自由,充满可能性,

---

① [奥]《弗洛伊德文集》第4卷,张爱卿译,长春出版社2004年版,第233页。
② [奥]《弗洛伊德文集》第6卷,杨韶刚、高申春译,长春出版社2004年版,第221页。
③ [奥]《弗洛伊德文集》第6卷,杨韶刚、高申春译,长春出版社2004年版,第172页。
④ [奥]《弗洛伊德文集》第6卷,杨韶刚、高申春译,长春出版社2004年版,第172页。

需要此在自己不断地探寻和不断地创造,因而必然具有某种莫名其妙的畏惧。畏之对象不再是沉沦中的具体存在者,而已是此在本真的存在本身。畏之对象,以及畏之原因,都已是此在本身。以至于,畏就意味着此在,意味着存在,意味着无。所以,畏之对象没有具体空间性,是"无处在",是个没有任何具体地方的"无"。这个"无"首先是无处所、无具体性,如后来海德格尔自己所说的,"无是对存在者的不,因而是从存在者方面被经验的存在"①。这种东西作为"无"只是缺乏具体性,不指向什么具体东西,却不是没有任何东西。在这里,畏呼唤出的"无"是存在者之具体性的无化,这种"无化"化掉的只是存在者的具体性,不是有没有,或存在不存在。或者说,化掉的只是具体的存在者,而不是存在。这种"无"只是具体存在者的隐去,却不是存在者的彻底隐去,似乎就像被一块戏幕掩盖起来,然后逐渐远去,却无法从观赏者的内心中彻底消失,总可能受偶尔的刺激激发,在内心中升起一种无可名状的忧虑。海德格尔说,人们总是从上手事物的角度理解有无,"然而不是任何上手事物的东西却并不是全无。这种上手状态的无就根植于最源始的'某种东西'中,即根植于世界中"。只是,不是上手状态的事物意义上的"无",它标志着,"在畏中,周围世界上手的东西,一般在世存在者,都沉陷了"。② 这就是说,人往往担心具体的在者,此即 Furcht,而 Angst 则是一种对人的存在的整体担忧。这种焦虑意味着,具体万物从人们的掌控中滑落了,万物都失去了根基,最后只剩下了自己,这个自己于是就非常陌生,难以捉摸。这就是万物的虚无,唯独人还能、还在思考何为虚无,何为非虚无。这就是形而上学的思考。在一本小册子中,作者克里奇利(Simon Critchley)说道:"在海德格尔看来,在焦虑的体验中开始的无,就引导我们把这个形而上学问题设定为关于存在的意义。虽然它听起来很奇怪,但无的问题直接引导海德格尔进入形而上学的核心,这样一种探究就无法简化为维也纳学派提出的科学的世界观。哲学在根本上是形而上学的,'哲学决

---

① [德]海德格尔:《路标》,孙周兴译,商务印书馆 2000 年版,第 142 页。
② [德]海德格尔:《存在与时间》,陈嘉映、王庆节译,三联书店 1999 年版,第 216、217 页。

不能用科学观念的标准加以衡量'。海德格尔的结论是,'人类的此在(Dasein.实存)只有在它使自己进入了无,才可以使自己的行为像个存在者。超越就出现在此在的本质之中。但这种超越本身就是形而上学。'"①

这就是畏启示出的"无"的第一种含义:具体形态的隐去。畏包含的无化能达到的也就是对存在者之"者"的化解,对存在者具体显像的化解,由此导向"存在",导向存在的宽广性、多样性、可能性,"在根本性的畏中,无把存在的深渊般的、但尚未展开的本质送给我们";而"向着根本性的畏的清晰勇气,确保着存在之经验的神秘可能性"。② 但畏的忧虑、惧怕性质使得它无法弃舍掉一切可能引发惧怕、忧虑的对象,而只是充其量弃舍掉某些特定的对象。其次,"无"才是"存在"的别称。就"畏"不再拘泥于具体的存在者对象,而是对在世之在产生惊异、好奇、迷惑不解并因而奋起探寻秘密而言,它把此在的本真性展开了,它打开了一个充满可能性的巨大的自由空间,这个空间不但无具体处所,更是无任何具体样式可以借鉴、模仿,需要自己勘探、探索前行。在这个意义上,"无"意味着本真的存在:"就畏的对象不是具体特殊的存在者而言,它是无。但这个无并不是绝对的虚无,而是最本身的有(存在)。它就是作为一切意义之渊蔽和可能性的世界。"③这是"畏"启发出的"无"的第二种含义。就像海德格尔自己说的,"畏使此在个别化为其最本己的在世的存在。……因此有所畏以其所为而畏者把此在作为可能的存在开展出来"。"此在所缘而现身于畏的东西所特有的不确定性在这话里当下表达出来了:无与无何有之乡"。④

这样看来,Angst 导向的"无"是一个初级的"无",它只是对具体的存在者施行了"无化",把那些具体性"化"掉了,但仍然保留住了某种莫名

---

① ［英］克里奇利:《解读欧陆哲学》,江怡译,外语教学与研究出版社 2009 年版,第242 页。

② ［德］海德格尔:《路标》,孙周兴译,商务印书馆 2000 年版,第 357、358 页。

③ 张汝伦:《〈存在与时间〉释义》,上海人民出版社 2012 年版,第 501 页。

④ ［德］海德格尔:《存在与时间》,陈嘉映、王庆节译,三联书店 1999 年版,第 217、218 页。

其妙、不导向任何具体对象的忧虑与惧怕。也就是说,仍然有某种恍惚不定的存在维系住他的怕与忧,使此在向更多的可能性敞开,使此在向自由敞开。

"畏"导向的"无"还有限,不能过高期望。"死亡"这个"神"的切入,会使"无"进一步敞开。正如彭富春所总结的,"走向死亡的存在是无可能性,因为它那里没有任何可能性。于是它归根结底为虚无。作为此在的可能性,走向死亡的存在是最本真的可能性。对于此在来说,它敞开了它最本真的存在之可能,在此相关于此在的存在"①。

实际上,从个人生存的角度看待存在,自然更容易发现它与虚无的等同。历史、共同体容易滋生和搭建起意义与希望,并借助更大的共同体、更远的历史延续来支撑和扩展。而个体生命的结局自然就是死亡。在死亡面前,一切能使得"有"、"无"得以确定的价值参考系都可以瞬间坍塌,使得人们探寻自己本真的存在,找到自己真正的所是和所爱。通过勘探发现自己的本真之在,才能确立起自己的真正之有,克服那种负面意义上的"虚无"。意识到沉沦世界中的"有"及它所依赖的根据的虚无性,需要生活中的一些特殊时刻。而切实感受到的死亡是这种特殊时刻的某种非常有效的典型,它可以瞬间解构原本坚实无比的价值根据,使得原本牢靠、坚实的意义及其根据快速发生松动,受到反思、质疑甚至颠覆,使众多存在者虚无化。死亡能使一切生命的活动即时变得异样、不一般。这种不同可以表现为,使庸常变成殊异,使缓慢变成急切,使碌碌无为变成奋发向上,当然也可以表现得正好相反。

众所周知,海德格尔的存在之问起始于对生存有限性的体验,对生命不安的体验。这种体验取得优先性之后,就取代了原来占据优先性之位的认识论和逻辑视域。生存的有限性和不确定性,也进一步释放了对存在自明性的怀疑。那个不断为自己的存在操心、烦忧的 Dasein,总是处在生成、非确定和不安之中。唯一确定的只有死亡。让·格隆丹(Jean Crondin)在《何以重提存在之问》一文中指出:"海德格尔在 1925 年的一

---

① 彭富春:《无之无化》,上海三联书店 2000 年版,第 29 页。

次课程中讲到,死亡如此深深地在 Dasein 的存在中纠缠着它,以至于 sum morihundus(我是要死去的)化身为其最切近的确定性,甚至比 cogno(我思)还要更为确定无疑。"①"死亡"与"无"的内在关联,类似于"我思"与(知识、法则)"确定性"的内在关联。

列奥·施特劳斯认为,上帝死后空出来的位置在海德格尔那里是由"死亡"填补上的。死亡就是海德格尔的新上帝。没有什么东西像"死亡"这样,能有如此的魔力,能使再充实、再坚硬的"有"快速地变为"无",能让再高大、再威武的"有"瞬间坍塌,化为虚无。根据庞朴先生的考察,中文"无"字的第一个含义就是先有后无的"亡","亡"是最能体现从有到无的过渡的事件。在经验层面上,没有有无的直接对比,很难体会到无的内涵所致。施特劳斯指出,阅读《存在与时间》的第 57 节,可以参见瑞士作家德语麦耶(C.F.Meyer)的小说 Versuchung des Peascara(《对佩斯卡拉的诱惑》)。在这篇小说中,主人公佩斯卡拉承认:"我信仰一种神性(Gottheit),确实的而非虚构的神性。"这一神性就是"死亡"②。作者认为:

> 一旦决断要抵达死亡,人便觉察到自己的独一无二性。在朝向死亡的紧张状态中,人的勇敢经受着检验,生活因此具有了严峻性,具有了"你应该"之凝重,这凝重才把生活从闲适、轻佻、逃避中夺回来。死亡的权威将亲在带进"其生命的单纯"。让亲在撞见自己的"罪"——人身上对存在、对没有人便不存在的存在所有的欠负。死亡整全地要求人、命令人、晾吓人、抬高人——死亡有如一位上帝让人领受其呼招。③

而"海德格尔抵达的终点是'死亡或者无'(Ausrichtung am 'Tododer dem Nichts),'死亡或者无'是不可跨越的决定着一切的存在可能性,如

---

①　[法]马特(jean-Framcois Mattéi)编:《海德格尔与存在之谜》,汪炜译,华东师范大学出版社 2011 年版,第 44 页。

②　[德]迈尔:《死亡即上帝——有关海德格尔的一条注释海》,朱雁冰译,载[德]迈尔:《古今之争中的核心问题》,林国基等译,华夏出版社 2004 年版,第 244 页。

③　[德]迈尔《死亡即上帝——有关海德格尔的一条注释》,朱雁冰译,载[德]迈尔:《古今之争中的核心问题》,林国基等译,华夏出版社 2004 年版,第 243 页。

此可能性'进入'了当下的亲在(das jeweilige Dasein)——海德格尔的如此抵达与经由'完全的他者'(Ganz Andere)承纳的宗教诉求(die religiose Inanspruchnahme)没有什么二致,不过便于'掩盖人的彻底的无保护、孤独无助和被弃',而且,如此抵达显得已然被用来替这种掩盖辩护(deren Verteidigung)"。在迈尔看来:

> 海德格尔承认死亡的权威性,与他的哲学给予实践以优先地位、呼吁本真性(Eigentlichkeit)和坚持不可动摇的明确性是相应的,上帝死亡之后,死亡取代了不变的存在、或者取代了那不可穷究的力量——使一切虚荣破灭、所有竖立不住的和陈腐的东西坍塌、所有非本真的东西化为乌有的力量。①

看来,由死人无是由畏人无的进一步转换。"死亡乃是无之圣殿(der Schrein des Nichts);无在所有角度看都不是某种单纯的存在者,但它依然现身出场,甚至作为存在本身之神秘(Geheimnis)而现身出场。作为无之圣殿,死亡庇护存在之本质现身于自身之内。作为无之圣殿,死亡乃是存在之庇所(das Gebirg des Seins)。"②死亡使得存在本真化,让存在活跃、生动起来,向更多的可能性开放起来。对海德格尔来说,死是个体自觉的、有能力的承受,不是被动的遭杀。"海德格尔心中的死亡是一种英雄式的死亡,是个人独有的、对个体有着独特意义的死亡",而"大规模地屠杀只是'做掉'、'了结'",不是严格意义上的"死亡",也不是什么残酷、罪恶。③海德格尔自己就说过:

> 好几十万人成群地死去。他们这是死吗?他们是被压服。他们被做掉了。他们变成了单纯的数字,变成了制造尸体的业务表上的一些项目。他们这是死吗?他们在灭绝营中被不显山不露水地了结了。而且除此之外,甚至就在现在,在中国好几百万的赤贫的人民正

---

① [德]迈尔《死亡即上帝——有关海德格尔的一条注释》,朱雁冰译,载[德]迈尔:《古今之争中的核心问题》,林国基等译,华夏出版社 2004 年版,第 243、246 页。
② [德]海德格尔:《演讲与论文集》,孙周兴译,三联书店 2005 年版,第 187 页。
③ 陈旭东:《奥斯维辛的死亡之死与海德格尔死亡观的盲点》,载《现代哲学》2012 年第 3 期。

在因为饥饿而丧生。

可是，死是在死亡的本质中承受死亡。能够去死意味着有能力去承受。而只有在死亡的本质使得我们自己的本质成为可能的时候，我们才会有能力去承受。①

集中营几十万人的灭绝，中国人因饥荒而死，都不是真正的死。达不到海德格尔所谓使得此在超越存在者层面达到存在层面的那种"死"的标准，不是能够充当上帝位置的那个"死"。可以填补上帝位置的那个"死"，过于崇高、自觉、英雄，而最自然、普通的"死"却被贬低、蔑视为跟沉沦、常人世界脱不了干系的存在者层次。海德格尔这种以蔑视、否定自然之事为前提的崇高，还是西方（现代）的路子，与他否定的尼采等前辈是一样的，尚未达到中国传统的智慧水准：崇高要以肯定自然基础为前提。

四、多义的"无"

我们知道，"有"、"无"范畴是中国传统思想的基本范畴。而海德格尔谈论"无"的思想明显受到中国道家思想的影响。② 近年来一些中国学人在炒作中华文化的"无"概念，欣赏东方哲学就是"无"的哲学这种理论，③甚至也把数学上的零、空集，物理学中的以太、量子真空、宇宙大爆

---

① ［美］朱利安·扬（J.Young）：《海德格尔哲学纳粹主义》，陆丁、周濂译，辽宁教育出版社 2002 年版，第 261 页。

② ［德］莱因哈德·梅依（Reinhard May）在《海德格尔与东亚思想》（张志强译，中国社会科学出版社 2003 年版）一书中指出，海德格尔一些谈论"无"的段落几乎是逐字逐句地采用了卫礼贤《庄子》一文 22 章的措辞——大意是说物的物性自身不可能是物。海德格尔"以这种风格，在不加说明来源的情况下，将外来思想方式整合进自己的文本之中"，参见该书，第 97、98页。作者认为，对"无"，"海德格尔对这个概念的运用，完全不同于西方哲学中关于'无'这个主题曾经思及和论及的一切"，该书第 40 页。显然，它具有另外的思想来源，这个来源就是中国道家思想。

③ ［日］柳田圣山：《禅与中国》，毛丹青译，三联书店 1988 年版，绪言。

炸情有独钟地视为"无",①认为这也是"无"的哲学表征。在中国思想史上,魏晋时期的学人(如王弼)曾热烈讨论有无、本末、体用概念。康中乾在《论王弼"无"范畴的涵义》一文中探讨了王弼"无"的概念,他认为,"无"在王弼思想中可以化分为本体义、生成义、抽象义、功能义、境界义五种含义,三大类型。其中本体义、生成义、抽象义这三个方面可以合成为一种类型:本体性含义,即指以无为本(体)的意思。本体义是指无构成有的本体;生成义是指无生成了万事万物;抽象义是指"无"是"道"的一种性质规定,表征着"道"的纯形式性。而作为本体的"无","是无形无象无名的共相或一般,即它是一种无象的'大象'、无音的'大音',这样它才'能为品物之宗主,苞通天地,靡使不经也'"②。"无"的第二类型是指功能义,即"无"是一种作用方式,"其具体内容就是自然无为或自然而然"③。而体验、体会到"无",身临无之境,或与无一体,达到"无"的境界,则是"无"的第三类型含义:境界义。

显然,王弼思想中的"无"没有现代西方主体性形而上学意味,不包含有以下内涵:(1)逻辑意义上的绝对不,纯形式上的否定;(2)以自我为主体,以自我为根本,客体对象如果没有主体的依托就都是虚无;(3)没有主体自我要肯定某种存在或者否定某种存在的主体性前提,反而是要把一切现实之有划归于无,把人作为"主体"的主动者要做的事情规定为是自己与无归为一体;(4)最后也没有经过主体努力之后看透一切的"一切皆无"的否定性,反而标示着一种高度和境界,发现有与无的统一后按照更具高度的"无"的要求、方式进行言说与行动,使得"无"具有了一种积极主动的品格。

但是,共同性在于,"无"标示着一种本体,可以构成一切具体之有的"根据"的本体。这个含义是类似的,至少是存在一定的交叉性和通约

---

① [英]约翰·D.巴罗:《无之书》,何妙福、傅承其译,上海世纪出版集团2009年版。

② 康中乾:《论王弼"无"范畴的涵义》,载《陕西师范大学学报》(哲学社会科学版)2004年第4期。

③ 康中乾:《论王弼"无"范畴的涵义》,载《陕西师范大学学报》(哲学社会科学版)2004年第4期。

性的。

海德格尔否定传统形而上学的着眼点也正在这里。立足于另一个"根据"来质疑、否定原本被人们深信不疑的存在，而把它们存在的根据消解掉之后，也就是立足于另一种"根据"对现存的神圣性、合法性否定之后，建立在原来根据之上的一切存在都会变成"无"，甚至"根据"本身也会变成"无"。这种"无"体现着一种强烈的批判、质疑、否定的精神。海德格尔的意思是，不再建立某种新根据（本体）来质疑和否定原本立足于旧根据（本体）之上的存在，而是质疑这种依据新"根据"来否定旧"根据"的做法，干脆否定一切"根据"，把一切根据都视为皆不成立的"无"，把这种力图把现实的一切都归于某种根据（本体）的做法都视为无效的。海德格尔把这种存在被抽空的过程叫做"无化"（Nichtung），无化之后的存在，本身就是无了。

按照海德格尔的思路，传统形而上学都是根据一种自己新近发现的更根本的"根据"来质疑以前的"根据"，质疑所有建立在以前的"根据"基础之上的一切建构物，把以前的根据和建基于此根据之上的一切建构物都视为"无"。这种最为常见的虚无化策略实际上是打掉一切，成就自己。把其他一切虚无化，是为了把自己的"实有"确立起来。这种最为常见的虚无化当然常常体现着一种强烈的批判、质疑、否定的精神。在没有确立新的实有之前，它可能只是出于一种初级的批判状态，还无法进入建设、建构程序。建设、构筑的时代还未到来，条件还不具备，批判、质疑、批判旧传统的任务尚未完成。于是才把自己定位为一味的批判。就海德格尔虚无主义话语的主要针对者尼采来说，上帝死后留出的位置不能空着，纵使不能说这个超感性存在的位置是超人，也可以说是强力意志。强力意志是对传统上帝的反叛，功能却是类似的。力主存在论差异的海德格尔要通过否定一切存在者来规定"无"，认定"无乃是对存在者的不，因而是从存在者方面被经验的存在"。

现在的问题是，海德格尔真的是否定了任何"根据"吗？无论如何，这种根据坍塌意义上的"无"构成了海德格尔所说的"无"的重要含义。抛开海德格尔的用法，"无"还可以细分出下几种意义。

第一,没有任何规定性的"无":什么也没有;存在的反义。形而上学声称世界之外别无他物时,一个与物相随的"无"就出现了。形而上学从来不思考它,是因为按照它思考的方式无法思考。知性逻辑的对象化思考方式是无法思考的原因。只有超越对象化的认知关系,才能思考这种"无"。

黑格尔《逻辑学》的一开头也是说纯有与纯无是同一个东西,但这里的"无"丝毫没有虚无主义的意思。对此,似乎没有什么好说的,最好是沉默无语。阿多诺说:"'一切皆空'这句话像'存在'一词一样空洞。"①这个意义上的"无"因为没有什么好说的,几乎没有很多讨论的意义。

第二,有什么,却没什么可说的。如康德意义上的"物自身",在这个意义上可以称为"无"。一旦我们用语言去谈论"无",那就使之进入了有确定含义的领域,就会成为有具体含义的某种"无"。这是指,它虽有含义,却说不出什么来。叔本华就曾把康德的"自在之物"视为意志,认为它的确存在,却无法追问。意志的存在就像是黑洞,它在吞噬认识之光。无法言说的意志就是某种意义上的"无"。② 它既具有无限的可能性,又具有语言上的非确定性,在这双重的意义上都是无。有人甚至认为,海德格尔所谓"究竟为什么在者在而无反倒不在"和维特根斯坦说的"存在着某种不可言说的东西"是一回事。

对这种"无"来说,最常见的就是依据语言能否诉说的标准确定出来。由此,"无"就呈现为语言无法诉说那种意义上的"存在"。康德的"物自身"可以算作如此,浪漫主义所谓的"黑夜"在非艺术语言无法描述的意义上也可算如此。它们不是一切皆空,一切皆无,而是肯定有什么。但是,具体有什么,我们又说不出来。这种无法诉说,是由于人的能力,还是暂且缺乏工具和基础所致,抑或存在尚未形成正在运作之中,无法确定

---

① 〔德〕阿多诺:《否定的辩证法》,张峰译,重庆出版社1993年版,第380页。

② 值得注意的是,这种对"无"的强调,与实存先于本质的存在主义路线十分一致。吕迪格尔·萨弗兰斯基(Rüdiger Safranski)由此评论道:"哲学迄今为止都是把精神或上帝(即本质Essenz)置于实存(Existenz)之前,而叔本华则将这一关系颠倒了过来:实存先于本质。"(〔德〕吕迪格尔·萨弗兰斯基:《叔本华及哲学的狂野年代》,钦文译,商务印书馆2010年版,第429页。)

地至少是无法完整地呈现给我们？或许这些可能都有吧。不知道的黑暗区域对我们是"无"的话，那每个人都有很多的"无"构成我们的面向，构成我们的底蕴。这个"物自体"似的"无"会以客观力量甚至非自我意识的形式作用于我们，甚至使我们无所觉察。不难发现，浪漫主义者时常会陷入这种以整体、神秘、无法认识等形式呈现出来的"无"。对他们来说，这并不奇怪，世界本来就不是以理智为出发点的。世界就是这样。

更大的整体性存在，更深邃、正在孕育着的巨大力量，是比具体实有更大更深的存在。如果把这种存在称作"无"，只有东方人，才认为最高的存在是这样的"无"。但这样的"无"是使存在者作为存在者向人公开的力量，它并不和存在对立而是和存在相联合。只是，道家所说的"无"不是消极的，不是与浮士德打赌的靡非斯陀那种消极、否定意义的"无"，而是一种高境界。

第三，起点意义上的"无"，也就是有待充实、填充的"空"，有待展开、可以期待的系列，对一切可能性都开放着的状态。这是还没有确定的实有时，对存在的一种描述。当海德格尔说"'世界'根本就并不意味着一个存在者，并不意味着任何一个存在者领域，而是意味着存在之敞开状态"①时，在"存在"与"无"通约的意义上，就是这个意思。在哲学上，这种意义上的"无"往往是某种作为一切存在之根据的形而上"本体"被解构后所呈现出的一种新天地，向着远处展开来的新地平线。

在《于"无"深处的历史深渊》中，王俊曾谈到两种"无"："无可能性意义上的'无'与无规定性意义上的'无'。而这两种'无'都是与存在并置的，它们隐含在传统哲学中，但没有受到传统哲学的注意。"②无规定性意义上的"无"包含着的一种情况就是，尚未有规定性，规定性有待在展开的过程中确定，是一种进行着的生成。这种作为起点的"无"没有虚无主义的意思，倒是体现一种伟大的主动性。虚无是可能、创造的开始。海德格尔谈的"无"明显包含着这种含义。他非常希望这种"起点"是通过

---

① ［德］海德格尔：《路标》，孙周兴译，商务印书馆 2000 年版，第 412 页。

② 王俊：《于"无"深处的历史深渊》，浙江大学出版社 2009 年版，第 113 页。

否定传统的"根据"获得的,通过否定一切"根据",作为无的存在获得广阔的可能性、丰富性和开放性。在这个意义上,"无"不是指某种现成的东西或者实体的不存在,而是指此在的被抛性,被抛到各种可能性之中。"无"以被抛、筹划为根据。"无"乃是人的存在的全然开放性和前瞻性,是未决性,不是虚无化一切的虚无主义。"我们不仅是'某种'实际的东西,而且我们还是创造性的存在者:我们可以从虚无中创造出某些东西"①,这句话可以很好地表示这个意思。作为对存在者的否定,"无"其实就是存在的无定型,更多可能性的开放域,而且首先意味着,"存在不是由逻辑所规定的概念,乃是处在逻辑之外的无规定状态";"从虚无主义而来的历史性回归",就是"回归到存在的'无定型'状态"。② 去除把一切都归于某种"根据"的传统形而上学思维之后,向更多可能性视域开放,就是消解形而上学、虚无主义的方案中最核心的内容所在。

而在这个意义上,海德格尔的"无"与施蒂纳在《唯一者及其所有物》中以"无"为自己事业基础的那个"无",是一脉相承的。当海德格尔说摆脱存在者进入无就是摆脱偶像,即"自行解脱而进入无中,也就是说,摆脱那些人人皆有并且往往暗中皈依的偶像"③时,他明显就是在说施蒂纳早说出来的那种"无":祛除一切崇拜的他性偶像,实现本真的自己。

如果说,海德格尔反对的是既有规定性和历史化的"存在者",就是黑格尔的历史与逻辑的统一,那么,他肯定会说,马克思和恩格斯只是把黑格尔的历史与逻辑的统一从逻辑化的历史改造成了历史化的逻辑。这只是更新了逻辑,并未从根本上否定逻辑。造成虚无主义的那种形而上学逻辑仍然存在于马克思的理论之中,而且,马克思改造一下逻辑后还要进一步从实践上实现它,从而使问题更加突出。"因此,就传统哲学所带来的虚无主义这一点上来看,唯有以一种完全瓦解它的方式才能真正地克服它,在海德格尔的哲学中,它表现为从规定化和历史化返回到那种无

---

① [德]吕迪格尔·萨弗兰斯基:《海德格尔传》,靳西平译,商务印书馆1999年版,第222页。

② 王俊:《于"无"深处的历史深渊》,浙江大学出版社2009年版,第126—127页。

③ [德]海德格尔:《路标》,孙周兴译,商务印书馆2000年版,第141页。

规定和非历史的存在。在这个返回过程中,规定化和历史化的过程遭到瓦解,虚无主义得以消解,这就是海德格尔之所以执著于思'无'的原因。"①在这个意义上,思"无"某种程度上构成了反对对象化思维,反对知性思维和历史化的标识。

第四,在反(超)知性思维、对象化思维的意义上,"无"标示着一种境界:一种超越了具体形象、既定什物的境界。它意味着,思维的着眼点不再是具体、细微的什物,不再是具体的对象,而是超越了它们的"不为物先,不为物后",是立足于无形无象的"道"从形无之处看出实有之道的大道之论,甚至是"忘言"、"忘象"的"得意"。作为艺术思维,某种情形下的哲学思维,这种对"无"的追求具有一定的合法性空间。不过,它是适用于特定场合的,是达到一定境界之后的自觉。没有这种能力、资格和境界的主体如果非要强求这种境界,那至少是"为赋新词强作愁"的少年之态,甚至会接近下述第五种终点意义的"无":缺乏资质和基础的追求,势必是颓废的,有悖于现代化思维的要求的。这种讲求圆融、变通,不求逻辑明晰性而求整体性、多义性、模糊性和连贯性的思维方式,与讲求工具理性的现代思维方式,是存在明显冲突的。在没有达到现代化之前,它对现代化所能起到的作用是需要提防注意的。

我们知道,后期海德格尔还把"无"解释为"空",直接就是受卫礼贤翻译的《老子》影响所致:《老子》11 章的"延埴以为器,当其无,有器之用"一句,卫礼贤的译文是"水罐由其中的空无构成",冯·施特劳斯的译文是"容器(Gefass)的用途与它的非存在一致"。而在海德格尔关于"物"的讲座中,他说道,"水壶是用作容器(Gefass)之物"。"容器的物性不管怎样都并不在于制作它的材料,而在于它所包含(fassr)的空(Leere)之中。"这就是把"无"与"空"等置的中国传统思想。② 它意味着,"无"就是有待填充的非具体之有,就是尚待确定的有。而对这种性质的"有",是需要艺术语言,一种诗与思统一的语言来说明的,却很难通过概念的形

---

① 王俊:《于"无"深处的历史深渊》,浙江大学出版社 2009 年版,第 126 页。

② [德]莱因哈德·梅依:《海德格尔与东亚思想》,张志强译,中国社会科学出版社 2003年版,第 57 页。

式化语言来描述。虽然海德格尔的"无"不可能与中国传统的"空"完全等同起来，但存在一种明显的重叠是显然的。

进一步，紧跟着以"空"释"无"的思路，"无"的另一种用法是"澄明"（清，clearing，Lichtung）。莱因哈德·梅依指出："在对中文单字'无'的解释中，我们发现了一种关于'澄明'与'无'之间同一关系的涵义丰富的出发点：'无'指的是原本覆盖着繁茂植被的场地，但现在为了有一片开阔地，一片澄明，树都被砍伐光了。"①他用"澄明"替代了"无"，于是，"存在之澄明"就是"存在之无"。这样一来，"无"也是从"空"演变而来，是大片未曾被伐的植被被人伐出一块空地之后，有了光亮呈现出来（其他的地方仍然是黑暗）。

第五，终点意义上的"无"。即内存隐微论意义上的"无"，也就是超人创造结束之后，对自己创造过、经历过的一切都表示无所谓、不见得有确定性根据、其存在依据都可以轻易被推翻的那种状态。这是一种只有经历过、创造过的人才能有资格和能力来保持的一种态度。缺乏资质的人是无法模仿的。盲目模仿只能是十足的颓废。我们知道，作为凡人的我们是很难达到具有足够资质的那种水准的，用尼采的词语来说就是，我们无法每时每刻都作为"超人"来存在，更不用说站到超人的光辉顶点上来说话。我们梦想到站在这样的顶点上以超人甚至上帝的口吻说话，就可以说出"一切皆无"的终极话语来。在这个意义上，我们同意阿多诺对海德格尔的批评："对虚无的信仰就像对存在的信仰一样都是枯燥乏味的。它是一种自豪地打算看穿整个骗局的精神的辩解。"②当海德格尔说历史上的一切哲学家，也就是他之前的一切哲学家都滞留于传统形而上学框架内思考问题，都没有充分意识到存在论差异，都局限于谈论存在者，而没有进展到思考存在本身的时候，他似乎就是站在这样的角度来说话的。他站在山峰之巅，俯视一切之前的哲学家，以为他们都没有看到真正的根本的东西。可想而知此时的他是多么豪迈，多么兴奋。可惜的是，

---

① ［德］莱因哈德·梅依：《海德格尔与东亚思想》，张志强译，中国社会科学出版社 2003 年版，第 61 页。

② ［德］阿多诺：《否定的辩证法》，张峰译，重庆出版社 1993 年版，第 381 页。

历史上这样的思想家太多,固执于一种最根本的东西,看不上他人,蔑视他人,历史上的教训也实在太多,不足以过于较真地看待这样的事情。实际上,能够喋喋不休地说出"一切皆无"的主体,应该是一个上帝似的主体,至少是永恒的超人。可上帝与超人一旦具备这样的资质,就不会喋喋不休地反复诉说。反复诉说并不是具备那种资质的主体乐于去做的事,因为那显得很不成熟,很不完满,生怕别的主体不知道的反复诉说恰是智慧未完满的表现。"一切皆无"之类话语至多是智慧完满者不经意间偶露真容时的碎语,是某种场合下的表露,不会是老挂在嘴边、老试图向更多人推销的话。

如果没有经历过所有的创造,中途或者一开始就抱着一切皆无的态度放弃一切努力,那就是《浮士德》中与浮士德打赌的靡非斯陀的虚无主义。在该书悲剧第一部的"书斋"中,靡非斯陀说道:"我是一体之一体,这一体当初原是一切,后来由黑暗的一体生出光明,骄傲的光明便要压倒黑暗母亲,要把它原有的地位和空间占领。不过它无论如何努力都不能成事。"靡非斯陀的意思很明白,他自己无论如何努力也改变不了世界,所以奉劝浮士德也不要抱太大指望,认定他的努力也不会成事,世界终归是虚无的统治,"和虚无对抗的,不过是拙劣世界这点东西"①。作为浮士德的对手,靡非斯陀代表着现代精神的对立面。对于现代化事业来说,它肯定是不足取的消极与颓废。

五、结　论

至此,我们就可以对海德格尔试图否定把一切都归于某种本体的传统西方形而上学来解决虚无主义问题的策略作一个初步评价了。的确,把一切都归于某种形而上的"本体",认为只有依据这种"本体",才能确

----

① ［德］歌德:《浮士德》,董问樵译,复旦大学出版社1983年版,第70页。

立一切的价值,这种传统的形而上学不折不扣地就是虚无主义的症结所在。超越这种形而上学,就是超越虚无主义。海德格尔超越了这种形而上学吗?

在我看来,海德格尔的"无"本身就是一种充当一切的"根据"的东西。就是说,世界本来就是"无","存在"本来就是"无",这就是最原本的"根据",是最原本的"真实"。只有认识到这一点,才能做到从本真出发进行思考和有所作为。意味着无限可能性的这一最根本的"真实",是一切具体展开的现实样态的"根据"和"基础"。无限可能性与一切现实性之间的关系,只能是"本体"与表现的关系,根据与展现的关系。不同的不是这种关系有什么变化,而只是这个"本体"、"根据"不再像原来的那样坚实、强硬、直接、唯一和绝对了,却具有了更复杂、多变、隐秘、不固定等特点。但这些特点不是使得作为基础和根据的它更无力,而是更威力无穷了:它涵盖一切、包容一切、为一切奠基和充当根据的力量更大了,可能性空间更广阔了。面对否定传统西方形而上学的海德格尔,我们不得不质疑:"存在"难道不仍然是万物归一的那种根据,仍然是西方形而上学的传统产品吗?试图通过存在之思一劳永逸地解决问题,澄清虚无主义的哲学根基,不仍然是不折不扣的西方形而上学思维的另一种表现吗?把一切都归结为最根本的东西之中,就是"存在"。只是这个最根本的"根据"并不是固定、确定的东西,而是凝聚更多可能性、包含着无限丰富性的东西。从某种意义上说,它更具有基础性和包容性,能把其他人主张的一切都化解掉,包容进自己之内。其他一切一旦呈现在它面前,或遭遇它,都会被它化解掉。这不仍然是一种最根本的"根据",最基础性的"基础",最具有涵盖性、包容性的"本体"吗?与其说海德格尔批评的是一切传统形而上学,倒不如说是一种绝对的、"硬的"形而上学。通过这一批评,一种以变通、多义、不确定的"无"为根基的"软的"形而上学被确立起来。它更有足够的伸缩性、适应性,具有更大的可能性空间,以容纳更多的样式及其变化,并消融传统形而上学那种过于刚硬和粗暴的强势。其结果却使得自己更具有包容一切、吞噬一切的强势。

鉴于存在论差异贯穿海德格尔思想的始终,这个结论应该既适用于他的早期思想，也适用于其晚期思想。对《存在与时间》时期的海德格尔来说，问题尤其严重。不只是"存在"构成其最终根据，而且这"存在"还具有显明的主体性色彩。如丹·扎哈维（Dan Zahavi）指出的，海德格尔所反对的只是传统主体概念，而不是主体性概念本身。生存着的此在就是海德格尔表示主体和自身的专门术语。① 劳伦斯·E.卡洪（Lawrence E.Cahoone）也认为，海德格尔反对的主体性哲学只是狭隘的自我主义的主体主义，并非一般的主体主义。"此在本身是被筹划的，这个事实并不会使他对世界的分析减少一份主体主义性质或自恋主义色彩，它只不过是在宣告，此在和世界一样缺乏存在的完整性。……它显示出，海德格尔把主体主义推到了极端，使之变成了哲学的自恋。"②更不用说海德格尔所理解的现代主体性，以及他对这种主体性的否定，是过于简单的，恰如迪特·亨利希所指出的。③

这种意思，在一些中国学者那里也已经得到揭示。邓晓芒就指出过："集中到一点，就是他（海德格尔——引者）始终没有摆脱西方形而上学的一个幻觉，即一切哲学问题都可以归结到对唯一的一个哲学概念（即'存在'——引者注）的澄清上，由此便能够一劳永逸地把握真理，或坐等真理的出现，至少，也可能把可说的话说完；却忘记为自由的、无限可能的、感性的人类实践活动留下充分的余地。"④即便是传统的西方形而上学，海德格尔也没有完全超越。

如果从文明论的意义上看待"形而上学"，并把它视为一种文化最根本的假定，⑤那么，海德格尔的存在之思不但仍然是一种不折不扣的形而上学，而且还是一种变相的价值之思。"究竟为什么在者在而无反倒不在？"这个问题，在某种意义上仍然是一种价值选择问题。如邓晓芒所

---

① ［丹］丹·扎哈维：《主体性和自身性——对第一人称视角的探究》，蔡文菁译，上海译文出版社 2008 年版，第 91、104 页等。

② ［美］劳伦斯·E.卡洪：《现代性的困境》，王志宏译，商务印书馆 2008 年版，第 281 页等。

③ ［德］迪特·亨利希《康德与黑格尔之间》，彭文本译，商周出版 2006 年版。

④ 邓晓芒：《实践唯物论新解》，武汉大学出版社 2007 年版，第 185 页。

⑤ 请参阅本书第十二章的论述。

说，这个问题"并不是一个事实问题，也不是一个知识问题，而是一个价值选择问题。西方人可以选择'在者在'，而中国人则完全可以选择'无不在'（'无无'），因而这也是一个文化差异问题。"①从文明论的虚无主义角度看，②虽然海德格尔受到中国道家等东方思想的影响是明显的，但他仍是立足于西方文化的立场提出并分析其虚无主义问题的。他与他批评的尼采等人一样属于欧洲文化的反思者，自始至终局限于欧洲文明的基本假定，也就是从欧洲的"形而上学"角度来思考的。对文明论意义上的"形而上学"而言，鉴于"形而上学"与"虚无主义"的内在一致性，海德格尔的虚无主义分析仍然是一种虚无主义。从有限的、一定的意义上而言，这种虚无主义是存在论的虚无主义，不是价值论的虚无主义。但从更广阔的范围和意义而言，这种虚无主义仍然没有完全超越价值论的层次。它没有落入诺斯替主义那种否定现实物质世界，视之为虚无的巢穴，只是沿着尼采开创的道路继续推进对西方文明的形而上学基础的反思批判，力图走出一条摆脱虚无的积极之路。

与倡导积极虚无主义的尼采相比，海德格尔更为令人担忧的是，他视之为"无"的"存在"在没有定性、没有定形方面走得更远，向更多甚至无限的丰富性、可能性开放着，也就是更容易被引至相对主义，甚至更容易引发突破现代文明底线的盲撞。

作为一个文明人，可以在黑森林的小路中拓展自己的"存在之思"，可以把自己的探索解释为一条没有结论的林中摸索，在走一条不妨碍别人探索的林中小路，只是在为告别挤挤攘攘的现代文明返回荒野之林踏出一条轨迹与"道路"，但不能完全在这样的氛围与境遇中进行"存在之思"。文明的转型与发展是不可能重新回到原点从头开始的。在荒芜的林中小道上，或许可以发现现代文明的缺点、问题，通过反思得到启示和

---

① 邓晓芒：《欧洲虚无主义及其克服》，载《江苏社会科学》2008 年第 2 期。

② 文明论背景下的虚无主义是指与马克思、屠格涅夫、尼采都把虚无主义赋予现代资产阶级不同，它把虚无主义视为现代西方文明的必然归宿。也就是说，另一种新的文明可以避免或消除这种虚无主义。虚无主义只是西方现代文明的必然产物，与这种文明采用的形而上假定内在相关。具体请参阅本书第十二章、第三、四章的相关分析。

灵感,但试图完全沉浸在这里,是找不到现代文明向前发展的转折点和方向的。

　　而且,"一切皆无"这样的话,是不能随便说的,更不能喋喋不休地诉说:严格而论,这是神语,是能力超出人类之上的"上帝"之神才有资格、经历、能力、眼界说出来的话。能力不足、经历不够、眼界不高的存在者硬要模仿,在理据、效果等多方面是有问题的。从某种意义上说,尼采所谓的隐微论意义上的虚无主义套中了海德格尔。尼采偶尔疯癫地说出,柏拉图发现却不说出的这个意思,被海德格尔滔滔不绝地说了出来。按照这样的逻辑,在尼采和柏拉图面前,海德格尔似乎略显稚嫩。

　　显然,海德格尔对"无"的谈论会开启许多不同的话语言说空间。人们对此会有不同的看法。对我们来说,从另一角度来看,海德格尔之所以喋喋不休地诉说存在的虚无本性,可能恰恰意味着,西方现代文明的虚无主义已经比尼采更不用说比马克思时代更为明显和严重了,甚至即将走到尽头,不说不行了,睁开眼睛就是这样一种局面和景象。比起施蒂纳、马克思、尼采,他体会到了更多的虚无,发现了更多的衰退,无法不说,只能情不自禁地说出来。如果模仿一下海德格尔的言说方式,我们就可以说,不是海德格尔在说虚无主义话语,而是虚无主义话语本身由隐至显地登上了话语中心的舞台,通过海德格尔在进行自我诉说。时代的虚无主义话语套中了海德格尔。

　　如果说,马克思还力主整体的历史,通过这种众多力量、人格、建制搭建起来的整体力量,来致力于实现更大的理想,个人无法成就起来的众多理想,致力于通过历史的整体演进实现那些崇高、伟大和完美,那么,尼采已经开始质疑"分工"、"经济"所锻造的"历史"对人的个性的销蚀,把"历史的意义"视为病态的文化守成,思考"这样的历史对于人生是有利的呢,还是有害的",把原来能够蕴含崇高、伟大的完美的历史整体看作个人生长的工具,到海德格尔则完全沉浸于个体孤独的生存论境遇中。历史、整体,都已远去,成了成就还是阻碍个性的工具与中介。于是,原本成就"大道"的"历史"被分散成众多生存论的蛮荒小道。在大道上找不到希望所在,只好诉诸蛮荒、布满荆棘的荒野小道,踌躇地探寻,无望地寻找。一种深重的空无之感无时不在伴随着道上的行走者。海德格尔正是这样的一个行走者，他深陷于荒蛮的空无之中。他是更加深重的虚无主义者，尽管他是在探寻走出虚无之路，并坚信自己的先行者所追求的"真实"十分肤浅，不足以质疑与反思，但实际上，他超越虚无之路的探寻更为无望。这不是他的无能，而是时代强加给他的深重，是每一个荒蛮小道上行走者的无可逃避的时代命运。

这样一来，本书继续选择尼采第一种意义上的"虚无主义"作为这个词的通常用法，而不采用海德格尔立足于批评尼采而对这个词的规定，也就是不接受海德格尔"存在就是虚无"的存在论定义，而仍然接受尼采的价值论定义，把虚无主义界定为"上帝之死"意义上的超验价值的陨落、神圣价值的自我贬黜、超感性世界的坍塌、神圣和崇高的被消解。以上分析表明，我们这样做还不至于面临尖锐批评。或者，我们可以应对这样的批评，为我们的做法提供正当理由。

第 三 章

物与意义:虚无主义意蕴中
隐含着的两个世界

上一章表明,按照海德格尔的看法,近代主体性哲学已经把"物"判定为隶属于主体的"客体"对象了,"物自身"被束之高阁,被主体拷打、扭曲为合乎主体需要,依从主体的兴趣,按照主体的状态和能力认定的对象,是一种主体化的"产品",依赖主体的客体化存在。

在我们现代人的印象中,世界首先是一个由各种诸如此类的物构成的"物的世界",而我们追求的却是一个由各种富有意义和价值的存在组成的"意义世界"。① 这两个世界关系如何? 能够重合吗? 能依次继起、前后相随、前者为后者奠基吗? 还是相互冲突,前者否定后者? 这些问题恰恰就属于"虚无主义"这个概念中所蕴含着的核心问题。

如果"物"之意义、价值依赖主体,只有合乎主体需要和兴趣的客体对象才被主体认定为有意义和价值,②那么,为一切存在奠基的"主体"自身,就是意义之源,或本身就包含着绝对、根本的"意义"吗? 如果回答

---

① 概念"物"在本文中的含义,本文第二部分将说明:而"意义"是在(正)"价值"的意义上使用的。

② 国内通常的"价值"概念就是这样规定的。在上一章中,我们看到了海德格尔尖锐批评这种价值概念的基本立场。使一切物不成其为自身所是,却成为主体(人)主观规定的东西,正是近代人类中心主义的关键所在。与之相适应,"人"也势必面临着通过"物"来体现的窘境,也就是"物化"的命运。

是,那么我们就要进一步追问,"主体"自身蕴含着的"意义"如何理解? 它存在几个层次,具体有哪些内容? 如果这种"意义"可分为人的基本价值和崇高价值两个层次,在崇高价值虚无化之后,只具有基本价值的主体(人)不得面临通过"物"来表达的必然局面吗? 通过被占有的"物"来体现人自身的价值,现代人的这种"物化"结局该如何看? 在本章中,我们将主要立足于物世界与意义世界的关系问题展开思考,其余的问题我们将在以后的章节中涉及。

一、虚无主义的现代诞生:主体性哲学中蕴含着虚无主义的种子

在 1799 年致费希特的信中最早使用现代哲学意义上的"虚无主义"(Nihilismus)概念时,雅各比指责康德哲学必然导致虚无主义,就深深触及了这个物世界与意义世界的关系问题。康德对传统形而上学的批判使得人不再有认识上帝、灵魂等传统形而上存在的能力,也没有认识物自身的能力。物自身、上帝、灵魂都处在人的认识之外,无法把握。我们所能把握的,只是先验自我参与建构的经验世界,而不是物自身(Ding an sich)的世界。物自身就"是没有任何条件影响自我中介的事物的既予性本质"①。这样一来,真切的、原本的物世界有被虚无化的危险! 于是,雅各比担心康德哲学必然会导致的"虚无"首先是"物的世界"的虚无,也就是"物自身"的虚无,而不是"虚无主义"一词常指的崇高价值陨落意义上的虚无。其实,康德的物自身学说恰恰是为了保证后来常用的、尼采意义上的"虚无主义"不至于出现,即防止上帝成为虚无,防止超验王国坍塌。但康德启蒙哲学的最终结果却把上帝导向了死亡之路。也就是说,不管康德自己如何设置物自身学说与道德形而上学之间的关系,物自身学说

---

① ［德］迪特·亨利希:《康德与黑格尔之间》,彭文本译,商周出版 2006 年版,第 65 页。

必然导致上帝的死亡似乎是一条逐渐显现的必然逻辑。

在《纯粹理性批判》出版后,雅各比对康德的批评主要是:如果哲学是理性而一致的,它要么是斯宾诺莎主义,要么是绝对主观的观念论。从绝对自我出发建构认识论又坚持物自身,这种策略被雅各比看作摇摆和不彻底。而把康德主张的自由在先考虑进来,那就会呈现出一种自相矛盾,"一个体系理论不可能同时逻辑前后一致而又是一种自由的理论。所有这样的哲学都将导致荒谬的结论"①。

在雅各比看来,如果真要沿着物自身的逻辑推演下去,康德从心灵活动出发对知识的界定大厦就得坍塌。为了防止这种坍塌,康德在物自身与自我主义之间摇摆。在雅各比看来,这是康德的理论不彻底和缺乏彻底的理论勇气的表现:"一个先验观念论者必须要有勇气为最强意义下的观念论辩护。他不应回避思辨自我论的指控,因为如果他想回避这个指控,他就无法在他的体系中保全自己。"②康德主义者试图以此凸显"人"不同于"物"的先验价值,进一步为人类尊严和自由辩护,但雅各比却相信他们的辩护中蕴含着某种荒谬和自相矛盾:一种非常可怕的东西充斥于其中。给这种东西起个名字,就是1799年他在致费希特的信中使用的"虚无主义"(Nihilismus)。

雅各比提醒,不能从无到有,不能从无限者过渡到有限者!也就是说,绝对自我与经验自我的统一是难以成就的:这两者的统一恰恰是康德自由理论的关键。只有依靠有理性者,才能使两者统一起来。对于经验自我来说,只有通过启蒙、理性,自我意识到纯粹理性的内在要求,意识到绝对自我给予自身的主体品格,才能实现两者的统一。一个无理性者怎么能够使得绝对自我与经验自我统一起来呢?康德把神内在化,希望借助于理性获得纯粹自我与经验自我的内在统一,使这个内在的神深深扎

---

① [德]迪特·亨利希:《康德与黑格尔之间》,彭文本译,商周出版2006年版,第157—158页。

② F.H.Jacobig, "Beylage, Über den lranscendenlalen Idealismus" (1787), in DUG, S.289-310,转引自[德]迪特·亨利希:《康德与黑格尔之间》,彭文本译,商周出版2006年版,第158页。

根于人的内心之中,确保"人"与"物"的本质差别:人无法仅仅根据先天感性形式和知性范畴来认识,并具有一种自由的天性。康德坚持自由在先,"自由的人有理由相信一种神的存在,它的作为完全不同于被设想为是我们自由的源头的神。正确的顺序是从自由到神,而不是从神到自由"①。康德哲学假定一个神的存在,这个神是一个位格,一个道德存有者以及宇宙的造物者。这个神是无法诉诸理性证明的,只能借助理性与经验自我通达和统一,而且,通达和统一只能是经验自我的内在要求或主动作为。要保证从自我的个体到内在神的通达,对经验主体的要求就很高。可是,在日益世俗化、理性化的现代社会发展进程中,自由的个体人所持有的理性愈来愈受追求自我利益最大化的经济理性的影响。他愈来愈在现实的感受中远离纯粹自我,找不到超验的神依存的空间,却在日益丰裕、不断包围自己的"物品"世界中越来越感受到物的王国对自己造成的压力,使自己不得不面对、应付物的王国,并在与这个王国的关联中确立自己的存在。而现代物的时尚性、高度易变性,使得经验主体通过与它的链接而建构的意义王国势必面临不断坍塌、不断重建的循环。这种变异性达到一定程度,相对主义、虚无主义就无法避免了。依靠理性确保的"内在的神"也就很容易变为"物神"。上帝之死和拜物教必然蕴含在这个以启蒙理性搭建道德信仰的逻辑之中。

雅各比虽然在那个时候意识不到这么多,但内在神依靠理性深入人心或者以启蒙理性奠基道德与宗教信仰的路径蕴含着"神"的虚无化(死亡),却是他的提醒。绝对主体主义哲学必然导致无神论,是他对费希特哲学早早的预期。在费希特处境艰难地遭遇无神论的指控并希望得到雅各比的支持时,雅各比对费希特哲学的无神论认定,既说明了雅各比的先见之明,也说明了费希特对雅各比的不够理解。正如迪特·亨利希在分析雅各比时所指出的:"在他看来,若为了要解释对自由和位格神的信仰,而将它们转换成理性论证,这是完全不可行的。这些信仰必须维持其为信仰。想要使信仰依赖理性、证明它们的真,或是

---

① [德]迪特·亨利希:《康德与黑格尔之间》,彭文本译,商周出版2006年版,第137页。

从一些基本哲学命题出发来得出它们,这都是不可能的。"①按照雅各比的看法,绝对者与经验者在理性基础上的统一,只能导致分裂。外在的神借助于理性的内在化,必然导致神的正统观念即将终结:那样的"上帝"必死无疑。

总之,"如果哲学成为绝对主观的观念论,则它最后会成为虚无主义。如同雅各比的诠释,要么是存有的概念过度强势(决定论),不然就是虚无的概念过度强势,而这是主观观念论(并因而是虚无主义)"②。

康德没有勇气接受的绝对自我主义,由费希特完成。据此,物自身的观念被去除,"物"被处理成一个自我主义(主体性)的结果,物只是一种依赖于主体的状态。按照雅各比的推断,这样凸显自我,势必更加重虚无主义的问题。对于费希特来说,"绝对自我"是"人的真正精神",经验自我就是个体的人。前者实际上就是上帝的别名,后者是身体的、感性的个人。上帝、绝对自我是与纯粹思维直接相关。对经验个体来说,只有从自我意识出发,通过纯粹的思维,通过自己独立的思考,才能使自己成为人,才能使上帝呈现在自己的直观中。"纯粹的思维本身就是神圣的具体存在或在场;反过来说,神圣的具体存在或在场在它的直接性中也无非是纯粹的思维。"③纯粹的思维、自我意识,能直达上帝的境界。他相信宗教改革以来,"精神可以自由地审核最高的宗教真理"。费希特批评当时人们对形而上学的误解,坚信理性能够支撑起上帝、形而上学来,坚信"本真的上帝与本真的宗教只有借助于纯粹的思维才能加以把握"④。雅各比的批评意味着:初看上去,似乎只有自我才是绝对存在,即除了那个设定一切非我的自我之外,没有任何确定、可靠的东西。于是才会造成物自身

---

① [德]迪特·亨利希:《康德与黑格尔之间》,彭文本译,商周出版2006年版,第148页。

② [德]迪特·亨利希:《康德与黑格尔之间》,彭文本译,商周出版2006年版,第102页。

③ [德]费希特:《极乐生活指南》,《费希特著作选集》第5卷,梁志学主编,商务印书馆2006年版,第28页。

④ [德]费希特:《极乐生活指南》,《费希特著作选集》第5卷,梁志学主编,商务印书馆2006年版,第27页。

和上帝都将被虚无化的严重后果。进一步的麻烦在于,在费希特所谓绝对的自我中没有任何真实存在,绝对自我充其量只是被设定的存在。这种存在的真实性不是真正的真实,只是思想的真实。如此一来,绝对自我也就包含着一种虚无,而自我如果是虚无,那就难以避免使建基于自己之上的存在更陷入虚无。而非我要么被自我设定,要么是康德物自身似的东西,反正都要依赖自我。既然自我都是自我意识的设定物,那么,一切存在都面临着虚无化的危险。这就是说,物世界和意义世界于是都面临着根基坍塌的危险。"绝对自我"作为精神是空洞的,经验自我又是个体,两者按照自己内在的逻辑向前走几步都是一个结局:导向虚无。因为绝对自我没有经验的实在性,而分有自足自立品性的经验自我又必然导致麻烦的相对主义。在新教改革之后越来越推崇经验实在的文化背景下,超感性领域势必越来越被视为虚妄,以超感性价值为现实世界立法的传统形而上学遭遇了被终结的命运。主体性哲学中蕴含着的这种虚无主义逻辑,在施蒂纳那里终于呈现了出来。施蒂纳非常敏锐地觉察到,绝对自我是虚妄,经验自我进一步的个性化、唯一化才是真实的,而超验的,象征着抽象性、一致性、普遍性的自我主体必定会关联到绝对自我那里去,并因而丧失其经验现实性。这就是施蒂纳在对费尔巴哈、马克思的批评中要说的主要意思。不过施蒂纳说,对于一个理智成熟的人来说,孩童时期视为圣物的有形有状的"物质存在"失去了意义,不再神圣和富有价值;青年时期视为神圣的"精神"也不再具有曾经以为具有的地位与价值。作为不成熟时期的肤浅认定,物质和精神存在都丧失了原来的地位。在唯一真实可靠的个我即"唯一者"面前,作为神圣物的物质与精神都死了,都不值得如此追求了,唯一值得追求、值得认真对待的只有与众不同的自我,真实仅仅对于与众不同的唯一者而言才是有意义的,所谓普遍的真实是不存在的——这是彻底启蒙的标志和结果。这几乎就是源自康德的费希特那套自我中心论的完成版,就是雅各比担心的虚无主义的真正实现。

二、现代"物"的发生:主体性

随着物自身虚无化的发生,物自身在人面前失去了自身绽放自己的空间,却被成为唯一主体的人纳入主体性的空间内拷打,被主体化为一种客体对象性的存在。这种存在离不开主体性的奠基(进入经验的"物"依赖先天的感性形式,进入知识的"物"依赖知性范畴,进入道德的"物"就是绝对命令),离不开主体性的能动发挥。一种被主体化、人化、社会化的"物"愈来愈壮大、成熟、系统化,回转过来威逼主体自身。对于不服从它、不能与它相一致或协调的那些力量来说,日益系统化的"物"成为一种起遏制、消解作用的强大存在。这种遏制、消解、威逼,也就是虚无化:遏制、消解那些妨碍自己沿着业已形成的逻辑继续发展的力量与因素,也就是把这些力量、存在虚无化。被虚无化的存在正是妨碍物化世界顺利延展与发展壮大的东西,正是与物化世界对抗,贬低、否定、排挤、物化世界的那些东西。正是在这些被现代物化系统虚无化或虚无化着的那些对象中,虚无主义获得了自己的现实内容与表达。

由此,考察现代"物"的意涵,追问"物"的意涵,就成了考察虚无主义的前提性所在。

如马丁·海德格尔所言,在日常用语中,"'物'在这里仅仅和'某种东西'意味着一样多的含义,仅仅意味着那种不是虚无的东西"①。在这个意义上,"物"并不一定被经验,而只是一种能谈论的东西。数字5、符号>、上帝都是这样的"物"。于是,他就这样区别了三种物:一是现成东西意义上的物,如石头、面包、书、圣诞树等;二是计划、决定、思考、观念、事业、历史的东西;三是随便什么不是虚无的东西。在这样的意义上,如马丁·海德格尔所说,广义而论,外部存在、人、上帝三种存在都

---

① [德]马丁·海德格尔:《物的追问》,赵卫国译,上海译文出版社2010年版,第5页。

是"物"。"物的概念含义非常广泛,与可能被理解的一样广泛,'物'是那种存在者所是的东西,甚至神、灵魂、世界都属于物。"①但随着绝对主体主义的盛行,人道主义价值已深入人心,人作为这个世界上唯一自足自立的存在物,已经取得了与其他存在物截然不同的品质。人与物据此就被截然区分开来,所以,在日常用语中,一般而论,"物"是指非人的实体存在。

但作为哲学概念,谈论"物"就必须给以某种根据,必须追问物之物性是什么?古希腊人曾区分几种不同的"物":自然物;制作的物;使用的物;事务(既不只是狭义的使用的东西,也不是道德的东西,但与行为相关);可学习的东西等。于是,"希腊人把物描画为 $\varphi\nu\sigma\iota\kappa\bar{a}$(自然物)或 $\pi\omega\iota o\,\acute{v}\mu\varepsilon\nu a$(人工物),描画为那种从自身中绽放出来的东西,那种被摆在这里的、被形成的东西"②。只要是从自身中绽放出来的东西,都是"物"。没有一种独特的东西作为一切"物"的基础,为一切"物"获得"物性"奠基,也就是使得一切"物"获得一种确定性根基,使此"物"成为确定无疑、牢靠稳妥的东西。如果把"从自身绽放"约等于"自立自足",并把这视为"主体"的首要含义,那么,这就意味着,一切"物"都可以是"主体"。

但是,现代思想不这样看待"物",因为她设定了人是唯一的主体,是唯一具有自主自立品格并且进一步地能为其他一切存在的确定性奠基的主体。在现代主体性哲学之前,作为主体的"自我",本来是与上帝、世界并列的三类存在物之一,是一个普通的"物",现在却成了出类拔萃的"物",即独一无二的、唯一具有自足性并且能为其他存在奠基的"存在物"。总之,"直到笛卡尔之前,'主体'都一直被视为每一个自为地现成存在着的物;而现在,'我'成了出类拔萃的主体,成了那种只有与之相关,其余的物才得以规定自身的东西。由于它们——数学的东西,它们的物性才通过与最高原则及其'主体'(我)的基础关系得以维持,所以,它

① [德]马丁·海德格尔:《物的追问》,赵卫国译,上海译文出版社 2010 年版,第 106 页。
② [德]马丁·海德格尔:《物的追问》,赵卫国译,上海译文出版社 2010 年版,第 74 页。

们本质上就成了处于与'主体'关系之中的另外一个东西,作为 obiectum
(抛到对面的东西)而与主体相对立,物本身变成了'客体'……我,作为
'我思',从此之后就成了一切确定性和真理的基础,而思想、陈述、逻各
斯同时就成了规定存在和范畴的引线"①。

在近代主体性哲学的逻辑中,"人"成了独一无二的"物",成了独一
无二的主体,也就是一切其他存在都依赖自己的唯一主体。由此,"物"
的言说发生了根本性的改变。

改变之一首先是,"物"依赖主体。作为客体的物,是主体确定起来
的。在没有获得主体的确立之前,可以说,存在还是一种虚无。说存在是
虚无,在这里的意思无非就是,一切存在都有待于主体来确定,当主体还
没有确定之时,存在都是无从谈起的,都是有待确定的。奥德嘉·贾塞特
(Ortegay Gasset)的话很好地概括了这个意思:"除了作为观念(表象)的
实在性以外,外物的其他实在性都是有问题的,充其量只是从意识内容这
种实在性引申而来的。外在世界是在我们心中,存在于我们形成观念
(表象)的能力中。世界是我的产品,是我的表象——粗心的叔本华便这
样粗心大意地说过。观念的就是实在的。严格地说,只有产生观念,思
想、意识才存在,'我'才存在。"②

一切物,作为非人的存在,当然都是如此,由主体确定的! 这是主体
性哲学的基本含义所在。雅斯贝斯(Karl Jaspers)曾说,存在有三类:一是
可以客观化的领域,包括物质实物、已经以物质方式确定下来的思想、制
度等;二是人自身有待生成的领域,不能客观化,不能从客观事物中推导
出来,只能由我们的选择与行动来生成;三是超越性领域,上帝,这是存在
本身。这三类存在都需要主体来确认和创生。第一类存在需要等待作为
主体的人来确认、创生;第二类存在更不用说;第三类存在,神也依赖主
体:上帝曾是确定无疑的实有。如此实有的存在现在也要被虚无化了。

① [德]马丁·海德格尔:《物的追问》,赵卫国译,上海译文出版社 2010 年版,第95—
96 页。

② [西]奥德嘉·贾塞特:《生活与命运:奥德嘉·贾塞特讲演录》,陈昇、胡继伟译,广西
人民出版社 2008 年版,第 175 页。

被虚化的上帝也得依赖主体才能确定。甚至上帝也是作为主体的人的作品,是人的自我异化,是自我理想化的结果。这是启蒙运动必然推出来的结论,在德国,从康德的启蒙哲学到费尔巴哈的人本主义,就一步步发展出了这一结果。这样,超感性王国,也就是海德格尔所说的"上帝",也就成了主体的幻觉和造物,无法作为高于主体的存在而存在了:作为高于主体存在的"上帝"经不起推敲了。

众所周知,在认识论层面上,绝对主体(先验自我)包括时间、空间、数量,而且是均质、等价的。也就是它都"设定了一切物体的空间、时间和运动关系的均质性,筹划同时作为物的本质性规定方式通常要求同一的尺度,也就是说,要求数量上的测试"①。按照康德哲学的逻辑,物之物性,也就是存在者之存在,必须从纯粹理性的基本原理出发来规定,这也就是要求数学地规定。于是,"物"不再是自然而然的东西,不是物自身内在地绽放出来的东西,而是一种被现代形而上学的框架"架构"了的东西,即被纳入现代形而上学框架之后,经过现代形而上学浸染、锻造才呈现出来的东西。所以,物之物性"……就是作为一个存在者的物所具有的性质、广延、关系、位置、时间,一个存在者之存在的一般规定,在诸范畴中被说出来,诸物的物性意味着:作为某个存在者的物之存在"②,就得在数学中被理解。

总之,"康德对于物的追问,问及了直观和思维,问及了经验及其原理,即问及了人。'物是什么?'的问题就是'人是谁?'的问题,这并不是说,物成了人的拙劣创造物,相反它意味着:人被理解为那种总已经越向了物的东西,以至于这种跳跃只有通过与物照面的方式才得以可能,而物恰恰通过它们回送到我们本身或我们外部的方式而保持着自身。在康德追问物的过程中展开了介于物和人之间的一个维度,它越向物并返回到人"③。

---

① [德]马丁·海德格尔:《物的追问》,赵卫国译,上海译文出版社 2010 年版,第 85 页。
② [德]马丁·海德格尔:《物的追问》,赵卫国译,上海译文出版社 2010 年版,第 57 页。
③ [德]马丁·海德格尔:《物的追问》,赵卫国译,上海译文出版社 2010 年版,第 216 页。

三、物世界对意义世界的奠基：
乌托邦的现实化

　　人高于物，人的王国高于物的王国，人的价值高于物的价值，是近代主体性哲学进一步成就起来的一个基本、牢固的人道主义信念。至于人的价值如何理解，是意味着一种共同的、崇高的、超凡脱俗的意义王国，还是仅仅意味着基本的人权、人格、尊严，从而把更高的意义王国的有无和确立权交给每个自主个体自己判定，是一个进一步的问题。无论如何回答，反正都预设了一种高于物的价值的、不能否定的人的价值。或许我们可以把这种价值分为以"人权"形式表现出来的人的基本价值，以及比基本价值更高的崇高价值两大层次。如果否定这两类价值，尤其是否定第二类价值，就会被界定为虚无主义。通常的"虚无主义"概念，就是指否定崇高价值而言的。随着物化价值的极端发展，否定人的基本价值的现象，挑战现代基本价值底线的行为，正在成为一个引人关注的问题。它意味着，虚无主义正在深化和延展，在这种深化和延展中，现代人的基本价值底线正在不断遭受威胁。

　　伴随着对"物"的主体性界定，越来越随人愿，就成了"物"及物世界的生产、运作的内在要求，按照人的意愿、要求对"物"进行观视、认知、界定、归置、调整、改造日益成为必需和可能。关于"物"的科学认知和技术创造得到了快速的发展。科学的发展使得物世界愈来愈明晰、精细、复杂、壮大，一种构建于物世界壮大之基础上的理想世界日益成为可能，并成为现代人的现实理想。古老传统中那种无法当即现实化的理想王国，被急速拉近，以至于被认为日益具备了现实化的条件和可能。于是，相信关于"物"的科学中蕴含着理想的意义世界的构建根基，以为随着物的世界的壮大，就能搭建起一个丰裕、富足、自由、平等、正义的理想国来，成了这种关于"物"的科学理论的基本理念。这种理念实际上就是把欧洲传统中古老遥远的理想世界拉近到了当下的世界之中,也就是把它现实化了。其突出表现就是近代乌托邦的出现,特别是乌托邦历史维度上遥远异乡性质的丧失,取得了当下、现世的品格,愈来愈现实化,以至于随着物质财富的增加、生产力的发展,乌托邦的乌有性质在 19 世纪也被取消了:人们要在现实社会中致力于理想社会的实现。因为人们认为,物世界的壮大,就是对意义世界的实现的奠基。在这个意义上,甚至可以说,或者就是物世界对意义世界的替代甚至蚕食。虚无主义就是在这个过程中出现,被人们不断感受到的。

诺斯替主义的遥远异乡,基督教的千年王国,都很遥远,无法当下实现,无法现实化。可是,在工商业发展、特别是科学技术创造力的刺激下,能够当下实现的乌托邦出现了,并在 19 世纪获得了现实化的品格。

沃尔夫·勒佩尼斯(Wolf Lepenies)指出,在近代启蒙背景下,近代文化曾标榜不受政治、宗教、意识形态束缚的科学。这很受欢迎,但最终使得规范问题不再受到重视,使得唯科学主义日益张扬。科学主义成了自文艺复兴以来产生的欧洲自我意识的基本要素:林奈界定的"欧洲人"体现了人类最优秀的品质:机智、聪明、具有创造力。这几乎就是主流知识分子和科学家的形象。但他提醒我们注意,除了坚信科学信念的科学家,还有另一类知识分子:多愁善感的人。知识分子由此分为三类:信念坚定的自然科学家,多愁善感的人文学者与作家,以及"处在这两派之间,总是摇摆不定"的社会科学家。第二派知识分子是忧郁型的。而乌托邦思想就是对忧郁的反抗和消除方式。"托马斯·莫尔(Thomas More)也被认为患有忧郁症;为了控制疾病的发展,他于 1516 年写了《乌托邦》。所有乌托邦都是有序计划,因此忧郁是被排斥在乌托邦之外的。"①

根据通常的看法,乌托邦是西方的一个传统,这个传统有其古典根源,也与犹太教的弥赛亚在降临、基督教的千年王国将降临的说法具有关联性。如果再追到诺斯替主义那富有灵性的遥远异乡论,那就可以说,无

---

① [德]沃尔夫·勒佩尼斯:《何谓欧洲知识分子》,李焰明译,广西师范大学出版社 2011 年版,第 38 页。

论是遥远异乡,弥赛亚、千年王国,还是古代对理想国的描述,都不具有当下的现实性,而只是一种非常遥远的设想,或者纯粹不可能实现的想象。这与现代乌托邦思想不同。根据克利斯安·库马尔(krishan Kunmar)的看法,"宗教与乌托邦之间有原则上根本的矛盾",因为"宗教典型地具有来世的关怀,而乌托邦的兴趣则在现世"。阿兰·图伦(Alan Touraine)甚至说:"只有当社会抛弃了乐园的意象时,乌托邦的历史才开始。乌托邦是世俗化的产物之一。"①近现代乌托邦观念的核心在于世俗性和反宗教性。轻蔑尘世不利于乌托邦的设想,所以欧洲中世纪是个乌托邦明显匮乏的时期。

看来,只有在现世中谋求、设想理想王国,才是(近现代)乌托邦。(近现代)乌托邦是存在于人间的美好社会,而不是存在于天国的上帝之城。乌托邦思想的前提是现代的人的观念,也就是人性善,人性可以达到至善的观念。"乌托邦的核心是根本的世俗化,而且是针对中世纪和奥古斯丁原罪观念来界定的世俗化;而其前提条件则是人性善或至少是人性可以达于至善的观念。换言之,文艺复兴时代的人文主义是产生乌托邦的一个先决条件。"②于是,乌托邦的人文主义色彩就很浓。库马尔说:"在《乌托邦》一书中,显然是人文主义多于宗教热忱。在如僧侣生活这类独特的基督教影响之外和之上,最强烈表现出来的是莫尔对柏拉图的尊敬和他对罗马讽刺文学的喜爱。"③

不过,近代最早的乌托邦言说还不是直接的现实性描述,而仍是只可想象的乌有之乡,只是这乌有之乡不在天国,也不在不可及的遥远之处,而就在拉斐尔·希斯拉德船长远航"曾经到达过"的乌托邦岛上。在《乌托邦》中,乌托邦就是托马斯·莫尔在法兰德斯的安特卫普遇到的船长

---

① 张隆溪:《乌托邦:世俗理念与中国传统》,载[德]约恩·吕森(Joern Ruesen)主编:《思考乌托邦》,张文涛、甄小东、王邵励译,山东大学出版社 2010 年版,第 190 页。

② 张隆溪:《乌托邦:世俗理念与中国传统》,载[德]约恩·吕森(Joern Ruesen)主编:《思考乌托邦》,张文涛、甄小东、王邵励译,山东大学出版社 2010 年版,第 192 页。

③ Krishan Kumar, *Utopa and Anti-Utopia in Modern Times*, Oxford: Basilblackwell, 1987, p.22. 参见张隆溪:《乌托邦:世俗理念与中国传统》,载[德]约恩·吕森(Joern Ruesen)主编:《思考乌托邦》,张文涛、甄小东、王邵励译,山东大学出版社 2010 年版,192 页。

所讲的远航故事中的一个,作为在该书第二部中叙述的理想盛世,恰恰就是在第一部中描述的不合理社会的对立面。而这个不合理社会就是摩尔当时所处的英国社会。所以,乌托邦具有明显的现实意蕴,作为现实社会的对立面而具有明显的现时性。在托马斯·莫尔的使用中,"乌托邦既是理想场所,同时也是乌有乡。这将其变成未受现实与理性考虑过、检验过的想象力最疯狂的产品。"按照库马尔的说法,乌托邦首先是想象力虚构的产物,是对美好社会的一种虚构,对于乌托邦作家来说,"与历史写作不同,他们需要处理并非是事实的可能性……最好把莫尔设计的乌托邦看成一种小说。事实上,当它在 18 世纪出现时,其毫无疑问以更惯常的形式促进了小说的发展"①。

随着乌托邦小说性质的发展,它的人文性质更加强了:"随着乌托邦变成了一种小说,人们开始关注新的东西:以小说中那些道听途说的故事为蓝本,乌托邦被不断地建构成一种文学文本。"②

值得注意的是,在莫尔的《乌托邦》里,物质丰裕,取之不尽,如果私存物资,纯属多余,因为乌托邦里实行财产共有,按需分配。如果说莫尔的乌托邦还是乌有之乡,一直到 18 世纪,人们仍然是如此设想理想社会的话,那么,随着生产力的不断发展,乌托邦就从乌有之乡转向了当下追求。19 世纪虽然是个浪漫主义大行其道的时代,却很少有乌托邦文学创作,乌托邦已经从文学虚构转向了社会思想和政治实践。也就是说,19世纪已经被乐观主义支配了。如果说 18 世纪还是乌托邦的世纪,19 世纪就成了实现乌托邦的世纪了。19 世纪的人认为自己无所不知、无所不能。"这是一个自我膨胀、自我满足的世纪。"因为过度沉醉于进步而迷失了方向。多做事,不要无聊。人们在做事时也不会认为自己是在做无意义的事。法国诗人泰奥菲勒·戈蒂埃的名言"宁可做一件野蛮的事,

① [美]克里斯安·库马尔:《西方乌托邦传统的诸方面》,载张隆溪:《乌托邦:世俗理念与中国传统》,载[德]约恩·吕森(Joern Ruesen)主编:《思考乌托邦》,张文涛、甄小东、王邵励译,山东大学出版社 2010 年版,第 17、23 页。

② [德]沃尔夫冈·布朗加特(Weltgang Braungarl):《当代早期阶段的艺术、科学与乌托邦》,载张隆溪:《乌托邦:世俗理念与中国传统》,载[德]约恩·吕森(Joern Ruesen)主编:《思考乌托邦》,张文涛、甄小东、王邵励译,山东大学出版社 2010 年版,第 161 页。

也不要无聊"就是个证明。①

于是就形成了一种主流观点:物世界支撑意义世界,物世界实现意义世界;或者反过来,意义世界借助于物世界获得实现,意义世界是在物世界的基础上得以建构的。这是自由主义的基本信念,我们知道,马克思关于必然王国导向自由王国的观点也是继承了这一逻辑的。在20世纪20年代中国学界发生的科学与人生观的著名论战中,菊农也发表了这样的看法。在最先发表于《晨报》副刊的《人格与教育》一文中,他就遵循人格高于物格、觉解物格可以有利于人格实现的现代思想,把对物的觉解视为人格实现的基础:"人生的理想便是人格的实现;宇宙中即使一切都可以否认,独有人格不能否认……教育的目的是求人格的实现,求人格的完成。"为了人格实现,必须觉解外物:身心调和的发展"……无使为外物所制。外物是精神自由的阻碍,是足以妨碍人向上的。一切对于外界的研究(自然科学物理学的研究),只是在知识上对于外物有一种了解。然而我们非了解外界事物的真相,对于外界事物有认识,便免不了受物界的束缚。所以,各种科学的知识,都是教人不要做物界的奴隶"②。教育的任务有外物、内在的人格两大方面。对外物的认识可以解决各种实际问题,对付实际发生的事情。关于物的知识虽然可以超脱物的束缚,却不能使人完全超脱外物。所以,教育的任务最要紧的是人格的自觉。"教育的目的是人格的实现。所以教育的任务一方面要排除外物的障碍,一方面要磨练人格的自觉。"③

菊农显然主张个人与社会、个人与自然、人格与物格的不可分割,认为"小己人格充分实现时,便与宇宙融合无间了。这正是我们的理想。教育的真意义,便是求这种理想的实现。人无教育,便不免为物所蔽,便不能得人格的实现。现代教育却只见得下层,不曾见到上层,所以将自然与人对峙起来,社会与人对峙起来;一部教育史,只有偏重个人或偏重社

---

① ［德］沃尔夫·勒佩尼斯:《何谓欧洲知识分子》,李焰明译,广西师范大学出版社2011年版,第67页等。

② 张君劢等:《科学与人生观》,黄山书社2008年版,第240—241页。

③ 张君劢等:《科学与人生观》,黄山书社2008年版,第241页。

会的许多次反动。始终不能超过一层,从精神生活出发来做教育事业"①。看来,物最多是人生意义的支撑和阶梯,弄不好就是阻碍。物通向意义,不是必然,只是可能,要使可能实现,必须不断提升自己的境界。按照冯友兰先生的四境界论,崇尚物的价值的境界就是功利境界,只有继续向上提升到道德境界、天地境界,才是对"物"的更进一步的觉解。对物的真正觉解,就等于对人格至高境界的觉知。人与物并不冲突,不管在最低的自然境界还是在最高的天地境界中,人与物都是统一的。人与物统一,人格与物格一致论,如果去掉源自西方现代的强主体性前提,倒是非常符合中国思想传统的。

四、"物质的反叛":物世界的延展 及其与人的世界的关系

人与物的统一论设定了一个很美好的逻辑递进程序和完美结局,但现实中却没有那么理想。在现代思想史上,对物的科学研究是否能导向崇高价值的进一步实现,有不同的看法。

怀特海的"物质的反叛"(the reolt of matter)说认定,近代关于物的形而上学,与原先的形而上学是对应的:所谓"物质的反叛",是指科学的、经验的方法之兴起。这是用一种新的存在论和方法论取代了原先那种先验的形而上学,强调重视经验、实实在在的经验之物、具体的数据、实际测量的数字等等。新兴的对物质、经验之物的重视取代对形而上的精神、高贵的理想的重视,也就是物质对于形而上精神的反叛。用以赛亚·伯林的话来说就是,它"……只不过是用一套形式取代了另一套形式;它动摇了对于神学或亚里士多德的形而上学提供的先验的公理和法则的信仰,取而代之的是经过经验科学(尤其是如培根规划中的那样,对自然以及

---

① 张君劢等:《科学与人生观》,黄山书社 2008 年版,第 242—243 页。

作为自然存在物的人的预测和控制这样一种迅速增长的能力）验证过的法则和规律。'物质的反叛'并非反抗上述法则与规律,也不是反抗过去的理想——理性、幸福与知识的统治;与之相反,'物质的反叛'所构成的数学和类推法对于人类思想的其他领域的控制,通过知识得到救赎的信念,在启蒙时代达到了顶点。然而,到了18世纪末、19世纪初,我们看到的是,对于这些规律与形式的极度蔑视,以及对于集体、运动、个人的自我表达的自由的热情召唤,而且完全不计后果"①。

伯林指出:德国大学里的青年人受到浪漫时代潮流的感染,带着轻蔑的眼光看待幸福、安全、科学知识、政治经济的稳当和社会和平的目标,认为:"……俗世的成功不干不净,离不了投机取巧,而且想得到这种成功只能是以牺牲自己的正直、独立、良知和理想为代价"②。他们欣赏英勇、高贵、理想主义等等价值,即使是伴随着苦难、失败、曲折,也在所不辞。这折射出德国人对英国传来的现代文明的某种不认同。这种不认同的重心在于,英国现代化的到来不断地蚕食、消解德国传统中那些崇高的价值,世俗的经验之物日益得到重视,价值不断凸显,而德国传统中那些得到高度推崇的高贵的东西却日益式微。英国传来的现代化导致崇高价值的陨落与坍塌。德国虚无主义话语中隐含着一种对过于重视"物"及其内在价值的英式文明的质疑。其表现就是把"文化"看得高于"文明",认为"文明"仅仅是指那些有用的东西、次一等的价值:物,主要与政治、经济、技术等相关,而"文化"则是更为深邃和根本的思想、艺术和宗教,"……德语中'文化'的概念,就其核心来说,是指思想、艺术、宗教。'文化'这一概念所表达的一种强烈的意向就是把这一类事物与政治、经济和社会现实区分开来"③。在文化与文明的对立中,前者中的精英是"英雄",而后者中的精英则是"商人"。"文明"对"文化"的替代,"英雄"对

---

① [英]以赛亚·伯林:《扭曲的人性之材》,岳秀坤译,译林出版社2009年版,第216页。
② [英]以赛亚·伯林:《扭曲的人性之材》,岳秀坤译,译林出版社2009年版,第217页。
③ [德]诺贝特·埃利亚斯(Xorberl Elias):《文明的进程》I,王佩莉译,三联书店1998年版,第一章,特别是第62页。进一步的讨论可参见[德]沃尔夫·勒佩尼斯的《德国历史中的文化诱惑》(刘春芳、高新华译,译林出版社2010年版)一书的相关章节。

"商人"的式微，就必然孕育出虚无主义。"文明"就是"物"的王国的不断壮大，它内含着"文化"的式微、英雄的退场。"文明"对"文化"的外来冲击，以及"文明"中内含着的"文化"的内在式微，必然导致外在和内在的双重虚无化，带来一种难以避免的虚无主义。

俄罗斯虚无主义思潮更是在物的科学中看出了崇高价值虚无化的危险，即其中蕴含的价值反叛性。俄国贵族也看不上这种眼里只有"物"，指望在"物"的王国中建立理想世界的思想，以为这是在泯灭崇高的传统价值。《父与子》中的巴扎罗夫迷恋对经验之物的科学探究，被阿尔卡狄的伯父巴威尔这个典型的俄国贵族视为不折不扣的虚无主义者，反映着西化派在俄罗斯遭遇的拒斥和蔑视。按照巴威尔的逻辑，对经验之物的理性对待，跟对崇高价值的轻蔑和否定之间，存在着完全一致的关系。

这里要说的是，更麻烦的还不是这个，而是马克斯·韦伯发现的更复杂的另一种"物"：即社会关系之物。关于这种"物"的形而上学进一步延展到社会层面，形成社会物的新形而上学。这种形而上学也就是社会存在的本体论。这种社会关系之物的历史进步，体现为效率的不断提高，社会关系首先按照效率提高而后按照促进社会公平的标准不断进步，使得关于这种社会关系之物的本体论向上通连着自由、真善美的意义世界，向下通连着物质财富的丰裕，核心的连接点是效率和公平。依靠效率与公平，才能进一步为自由、真、善、美的理想王国奠基起来。而这种社会关系之物，就获得了一种处于社会理论核心之点的地位与意义。由于虚无主义的核心之意就是"物"与意义的内在关系，对这种"物"的分析，也就构成了虚无主义问题分析的关键之处。不消说，在按照效率与公平施展开来的社会物的进化中，理性化、祛魅化的发展逻辑必然会遭遇虚无主义的发生和延展。也就是说，在这种物的自我壮大和为其他价值的实现所作的奠基之中，虚无主义会乘虚而入。物的自我延展即使不会直接蚕食和侵吞意义王国，也会以独特的、不同于意义王国发展逻辑的规则、步骤、目的、方向按照自己内在的逻辑向前发展，而不会天然地与意义王国的要求一致。也就是说，它与意义王国争夺地盘，会危及意义王国，甚至可能会使意义王国面临坍塌的危险。

按照马克思的思想,人要在历史过程中成就自己,不仅仅关注物理意义上的物(Ding),更要关注社会性的物(Sache)。社会关系给予物的性质塑造作用跟康德所强调的先验自我所给予物自身的那些认识论性质相比,丝毫不差。社会属性高于物理属性。如何从物理性的"物"和社会性的"物"中获得突破,使不同于"物"的"人"获得实现? 这在马克思看来就是如何在"物"与"人"之间搭建桥梁的问题,是以"物"为"人"的实现历史性奠基的问题。马克思之后的思想家,特别是韦伯发现,麻烦在于,物的王国已经形成了自身的固定发展逻辑,不完全由"人"来摆弄了! 必须思考物本身的逻辑和发展向度,而不能按照已经多元化、异质化的某类"人"的主观视角或价值视角随意释解"物的王国"的面貌与发展。

从此而论,物世界与意义世界可能分道扬镳了,如果意义世界不以物为基本价值甚至唯一价值的话。物质世界反叛了意义世界吗? 如果是,那是在何种意义上反叛了意义世界? 也许,乔治·佩雷克(Georges Perec)的小说《物》中的两位主人公热罗姆和西尔维在两个世界中的游移才是大多数人的真实生活写照。他们希望依靠对各种各样的物的关照、想象、占有来获得希冀的身份认同,并祛除挥之不去的虚无,却始终做不到。在想象中,"他们身处这些如此友善的器物间,这些美丽、简单、可爱而明亮的陈设间,不免觉得它们全是为自己而存在的。然而他们并不感到自己被外物所系:总会有那么一些日子,他们会远走高飞,外出历险",去寻找生命的充实与意义。但实际情况是,"目前他们只有最基本的、他们合该拥有的东西。他们梦想拥有宽敞的居室、良好的采光、安静的环境,却不得不面对自己的陋室、粗茶淡饭和寒酸的假日之旅;这样的现实纵使不算悲惨,至少也称得上局促,而局促也许比悲惨更糟"①。在价值观上,"他们对舒适、对更优裕的生活的向往之情经常表现为一种笨拙的热忱",他们也贪心,"他们一心想着出人头地。世界上万物本该都属于他们,让他们在上面打下所有者的印记。可是他们却不得不陷入追

① [法]乔治·佩雷克:《物:六十年代纪事》,龚觅译,新星出版社2010年版,第7—8、9页。

逐的过程,从头开始:也许日后他们会越来越富有,可是却无法装作生而富贵。他们渴望生活在富足和美之中……面对那些被称为'奢侈品'的东西,他们常常只是热爱背后的金钱。他们拜倒在财富的符号面前,在学会热爱生活之前,他们首先爱上的是财富"①。

他们具有的清醒的自我批判意识,又难以完全认同以物为基础的社会认同模式,希望进一步去追寻物之上的更高的意义世界,却又往往缺乏基本的物质基础。于是,他们就处在以物为基础的认同和以自我批判意识为基础的虚无之中,挣扎、游移、漂浮。"他们想享受人生,可要享受时时处处都离不开财产。他们想保持自由和纯真,可是时间流逝,他们却两手空空。其他人最后倒是明白了钱财才是根本,可他们根本就没有钱财。"他们不愿掉进唯钱财是有的价值观中,"……注视着金钱给他们原先的同伴带来了怎样的伤害,觉得这些人为了致富简直付出了一切;他们又暗自庆幸自己避免了这样的厄运"②。无论是钱财的实有,还是自由时间中的有意义的充实生活的实有,他们都奠基不起来,因而时时感受到总在面对虚无,克服不了虚无的纠缠。于是,他们就不断地变换,不断地迁移,不断地追求,不断地"想逃离这个世界",在巴黎梦想着乡下的纯真与充实,在乡下又梦想着巴黎的奢华与时尚。也许,这就是需要不断追问的问题:消费时代的孤立个人在生产世界中的地位,在消费世界中的命运。人的欲望、焦虑、个体性、行动决断与意义、幸福的关系,总是个恼人的问题。

这些问题我们将在另外的文章中探讨。在这里我们要问的是,物化世界与人的世界关系如何? 在何种意义上,物化世界在损害人和人的世界?

物化世界对人的否定,是在如下意义上而言的。一是否定人的个性。当卡夫卡说办公室在杀人,"他们(公务员——引者)把活生生的、富于变

---

① [法]乔治·佩雷克:《物:六十年代纪事》,龚觅译,新星出版社2010年版,第13—14页。

② [法]乔治·佩雷克:《物:六十年代纪事》,龚觅译,新星出版社2010年版,第44、57页。

化的人变成了死的、毫无变化能力的档案号"，"不仅仅在这里的办公室，而是到处都是笼子"，"我身上始终背着铁栅栏"，以及"这是精确地计算好的生活，像在公事房里一样。没有奇迹，只有使用说明、表格和规章制度。人们害怕自由和责任，因此人们宁可在自己做的铁栅栏里窒息而死"①之时，他是在控诉普遍化、模式化的社会"人"，控诉个性的人被社会关系之物忽视和否定了。当卡夫卡说"财富意味着对占有物的依附，人们不得不通过新的占有物、通过新的依附关系保护他的占有物不致丧失。这只是一种物化的不安全感"②时，他是在财富之物与人之间作出明晰的区分，否定把人仅仅理解为物的所有者，仅仅以物来注释人。社会关系之物与物理意义上的财富之物成全的是普遍的、一般的、抽象的人，不是个性之人。众所周知，在马克思看来，这种普遍的人恰恰是人的自我实现过程中必经的历史阶段，个性之人的被压抑是难以避免的历史性现象，不能完全否定其历史进步意义。二是意味着物化世界的发展已经与人的内在需求之间产生了分化和裂痕。物、技术世界的发展存在多种可能性方向，而人的内在要求也是多元化了。普遍性、模式化的物世界损伤、蚕食个性的人，只是物的延展的主导方向与人的发展的一个方面之间形成的关系，除此之外，物与人还可以形成其他的关系。比如下述的含义。三是物世界的自我延展不仅仅损伤个性之人，更进一步地损伤一般之人，危及他们的基本权利甚至生命，使人的基本价值遭受否定，使基本的人道主义价值遭受侵害。

在我看来，上述卡夫卡意义上物化世界对个性人的否定是间接的否定，并非直接的否定。这种否定作为一种物化效应，不是直接的虚无主义，不能把物化与虚无主义直接等同起来。关于物化与人的否定之间的复杂关系，我们将在本书第十、十一章中探讨，这里不作展开。在这里，我们把上述第三种含义纳入虚无主义的言说，而把第二种排除。

---

① ［捷］卡夫卡：《谈话录》，载《卡夫卡全集》第4卷，赵登荣译，河北教育出版社2000年版，第312、313、316页。

② ［捷］卡夫卡：《谈话录》，载《卡夫卡全集》第4卷，赵登荣译，河北教育出版社2000年版，第317页。

五、物的世界衍生何种虚无：
兼论虚无主义的层次

这样，我们就获得了"物的世界衍生出一种虚无"的两种含义：一是指蚕食和消解了精神层面的存在；二是指物的世界形成自己的演化逻辑之后，在一些物的自我生成中，出现了对"人"的基本价值构成威胁的趋向。而这个日益自主化运行的"物"，既包括有形有状的"物"，也包括无形无状的社会之"物"。前者是有物理性质的"物"，后者是不一定具有物理性质却必定具有社会实在性的"物"。

作为前一种"物"，比如机器，由于其自动化性质的日益提高，它已经不断要求人们跟上自己的技术发展水准，适应自己的节奏、规则、程序，按照自己的逻辑和要求完成相应的动作，并最后接受运作过程的结果。随着技术水准的提高，"物"对（除善于摆弄这些物的专家之外的）人的要求越来越高，对人的胁迫和抑制越来越强。对于绝大部分无法命令现代庞然大物的人来说，物的程序性运作及其终结或自我完成，就成了一种绝对命令，凌驾于个人之上，成为高于人的存在物。人必须服从它，它却不会服从人。因为这种"物"的目的是制造更多为人所享用的物品，如果人认可这种物品的价值，甚至自觉追求这种物他价值，把意义视为对物品价值的占有和享用，像京特·安德斯（GuntherAn(iers）所说的，成为万人瞩目的商品幻象，是许多人的梦想："成为商品那是对人的抬举，作为商品而被享用，那是对人的存在的肯定。"①那么，这种机器"物"就只是工具，制造丰富物品的中介。为了物品的占有与享用，工具对人的胁迫就是可以忍受的必要牺牲，物的王国与人的自由王国是统一的。如果不认可物品

① ［德］京特·安德斯：《过时的人——论第二次工业革命时期人的灵魂》第一卷，范捷平译，上海译文出版社 2010 年版，第 187 页。

价值就是人的价值,不认为人的价值就是对物品的占有与享用,那么,"物"的逻辑与人的意义追寻就会发生愈来愈多的冲突,"物"是在胁迫、压抑、威胁人。现代物的日益体系化、符号化更强化了物自身的逻辑,而可能远离了人的内在需求,从而更加重了物与人的这种冲突。

更严重的是,一些人造物开始严重地威胁、敌视人。如原子弹等核武器对人的消灭与威胁。因为核武器具有毁灭人类的效应,所以,核武器的制造和威胁就"……是一种在全球范围内实行虚无主义的罪责。这样我们就得到了我们最后的结论:手中握有原子弹的人是行动中的虚无主义分子"①。在安德斯看来,尽管这样的人甚至连"虚无主义"这样的词都没听过,甚至多数人都在私人生活中和蔼可亲、严肃正经。"尽管如此他们仍然是虚无主义分子……因为不管他们知道与否、愿意与否,事实上他们信奉的是完全另一种哲学和遵循完全另一种伦理道德:物的哲学和物的伦理。因为在'客观精神'的招牌下出现了一条公式:'人人都要遵循他所拥有的物的原则'。"安德斯的意思是:"谁占有了物,他就拥有了这个物的准则,拥有原子弹的人也同样拥有它的准则。这与人是否情愿无关。"②看来,从物到无,还有安德斯这里所说的这种路线:从人们所制造的"物"中产生出一种毁灭性力量,使得有意义的存在物变成了虚无。而且,这还不是指制造需要、生产着我们的需要的"物"泯灭了人的尊严、人格与个性,而是直接制造出了一种可怕的毁灭人的生命的力量,一种直接可以消灭人的力量。也就是说,原先的虚无主义是把人的尊严、人格、个性、精神泯灭或虚无化,现在更实在的虚无主义是把人的身体、物质生命泯灭或虚无化!

技术物高于一切! 在技术物面前,"人和机器、面包和书、房子和森林、动物与植物都是一回事"。这样的价值才导致了物质和行动中的虚无主义。这种虚无主义否定人的基本价值,把人还原为物、商品;只有在

---

① [德]京特·安德斯:《过时的人——论第二次工业革命时期人的灵魂》第一卷,范捷平译,上海译文出版社 2010 年版,第 267 页。
② [德]京特·安德斯:《过时的人——论第二次工业革命时期人的灵魂》第一卷,范捷平译,上海译文出版社 2010 年版,第 267、272 页。

人能制造、置换出商品,特别是价值更大的商品时,人才是有价值的,有更高价值的。人具有价值不是由于他(她)的其他什么品格,而只是他能置换出物化价值来,能卖出钱,能值钱。于是,人就是一件与其他物无异的普遍的"物"一般的"物",用马克思批判的话语来说就是,人是一件其中凝聚着抽象的、一般的、无差异的人类劳动的存在,其价值就在于这种"劳动"及其创生性。离开这种劳动能力和品性,他(她)自身是无价值的。如果我们把否定物质世界本身的价值,视物质世界为虚无的诺斯替主义称为第一种虚无主义,它否定的是物质世界本身及其价值,那么,否定人本身的基本价值,就是第二个层次的虚无主义。就它对近代主体性哲学所意味的人道主义价值的否定而言,似乎是有"进步"意义的,但是,它的这种否定不是为了实现被人否定的其他物的内在价值,而是为了实现被近代主体化的"人"呼唤、制造出来的、越来越庞大的物化世界的内在逻辑与价值,是为了延续被近代主体制造出来的物化世界业已形成的内在逻辑与价值。它成就的不是原本的自然物,而是社会物!只是这种逻辑与价值的实现与人本身的价值发生了冲突,这种物化世界才把矛头指向锻造自己的人自身的。所以,这种层面上的虚无主义否定行为是人自己做出来的。就物化世界也是人自己制造出来的而言,这种虚无主义否定是人的自我否定。我在《虚无主义与马克思:一个再思考》一文中所说的四种虚无主义都不属于这一类型。这是该文没有纳入其中的一种虚无主义,是一种不惜牺牲人而成就物化世界的自我壮大的价值理想。

作为后一种"物",就是马克思和韦伯认真分析过的 Versachlichung(物象化、事化)之中的"物",也就是社会关系之物,越来越制度化的社会之物。这种物的运作早就产生出了一种与个人的意义王国相冲突的趋向。施蒂纳早就在近代自由主义制度的严密化、成熟化中读出了一种对人的个性的胁迫、摧残,马克思虽然批评施蒂纳的极端,要求辩证地看待社会关系制度化对人的复杂作用和效果,却也深刻地从社会经济制度的运行中分析了资本主义制度对人的压制,分析了物化(Verdinglichung)与物象化(Versachlichung)对个人具有的复杂作用,指出物的王国对理想社会既有促进作用又有抑制作用的历史性效果。而在韦伯所谓的理性化的现代社会支配体系中，早就孕育着一种否定人的基本价值的趋向。也就是从事务系统的壮大中孕育出来的，是社会关系系统日益发达的必然结果，是 Sache 体系不断壮大的结果，而不是 Dinge 演化的结果。

两种"物"都孕育出了对人这种基本价值性存在的否定。但只要否定不是直接的，只是事务系统的运作逻辑和趋向，即不是直接以否定人的生命和操作来成就物自身，就不能算作严格的虚无主义，不能给予虚无主义的判定。因为何为"人"的要求这个问题，仍然是需要讨论的，是有异义的。对"人"的启蒙主义理解和浪漫主义理解各不相同；从普遍性维度上理解和从个别性维度上界定"人"，差异很大，不可同日而语。不能因为一种"物"的体系对任何一种意义上被界定的"人"有所抵触、冲突，就一概地判定该体系具有虚无主义的性质。但是，如果物的自我实现直接危及人的价值与存在，特别是直接危及人的生命，那么，这种物就具有把人这种基本价值虚无化的意蕴，就会衍生出一种比否定崇高价值更严重的虚无主义。这种直接否定生命价值的虚无主义行为就是核武器的杀伤力的威胁，就是往牛奶里注入三聚氰胺，往食品里加入塑化剂，往蔬菜上注入剧毒农药，就是为了减少损失往小悦悦身上碾压两次的那些人。他们为了增加物质财富或减少利益损失，置人的生命这种最基本的价值于不顾，显然是把自己占有的物的价值置于人的基本价值之上了，这是否定人的生命价值的更基本的虚无主义。至于常用的"虚无主义"一词中所指的那种被虚无化的崇高价值，则是比人的基本价值更高的存在。否定崇高价值的虚无主义，是比否定物质世界及其价值的第一种虚无主义，比否定人的基本生命价值的第二种虚无主义，更进一步的虚无主义。

于是我们就有了三个层次上的虚无主义：第一个层次的虚无主义是否定物质世界存在及其价值的诺斯替主义；第二个层次上的虚无主义是否定"人"的基本价值；第三个层次才是常用的"虚无主义"一词中所喻示的否定崇高价值的虚无主义。

这样，与我在《虚无主义与马克思：一个再思考》一文①联系起来，也

---

① 载《马克思主义与现实》2010 年第 3 期。

就是与该文所讨论的虚无主义的四种语境（德国好德的虚无主义；柏拉图形而上学意义上的虚无主义；诺斯替主义的虚无主义；尼采虚无主义的隐微论解释）联系起来，就可以得出结论：从古至今的虚无主义一共存在四个层面。

第一，否定物质世界、并在遥远异乡建构理想的意义世界的路向；

第二，否定人之基本价值的虚无化路向；

第三，否定崇高价值的虚无化路向；

第四，否定一切行为努力之意义的极致的虚无化路向。

就第一个层面来说，西方现代文明就是解决理想世界过于遥远的伟大尝试。从诺斯替主义有灵的遥远异乡，经基督教那虽跟当下相关联但却仍很遥远的未来千年王国，到新教进一步把理想世界拉近，以至于就在当下的生活中建构，乌托邦理想彻底现实化了。如果这样理解诺斯替主义与现代世界的关系，现代世界就是诺斯替逻辑的倒转和替代，而古老虚无主义的诺斯替主义就可以作为现代虚无主义的源头进入现代虚无主义研究视域。

第二、三个层面的虚无主义，则意味着这种在现实的当下建构理想意义世界的现代努力遇到了内在的麻烦，甚至走到了尽头。一种文明的创造性是有限度的，一种文明所能塑造的乌托邦也是受各种条件制约的。虚无主义在现代西方文明中的滋生，本身就意味着这种文明的巅峰期已过，虽然它的衰落期可能是以数百年为计算单位的，但这将无法避免。这就是尼采、海德格尔们早已意识到的。

第一和第四层次，也就是否定整个现实物质世界的诺斯替主义，以及只有超人才能谈论的尼采隐微论虚无主义，对我们来说基本没有讨论价值。因为现代文明就是克服、解决第一层次虚无主义的雄伟尝试，而第四层次的虚无主义只有那些不按现代文明的逻辑独立创造并达到顶峰的超人才有资格谈论，对于当下的我们来说，模仿这种谈论是十足的颓废。于是，只有第二、三层次，也就是否定"人"的基本生命价值和人追求的崇高价值的虚无主义，才有讨论价值。由此，在虚无主义的四个层面中，我们的讨论就是去掉两头，只关注中间两个层面。只有在此基础上，我们才能进一步谈论虚无主义的阶级论含义与文明论含义。

第 四 章

马克思与屠格涅夫：
谁来判定虚无主义

所谓虚无主义的阶级论含义是指，从本阶级视角出发，认定某个阶级没有历史前途，必然陷入颓废、庸俗的虚无境地；而虚无主义的文明论含义是指，某一种文明认定另一种文明没有前途，必然陷入颓废、庸俗的虚无境地。这两种虚无主义的谈论视角都区别于仅仅立足于个体生存论角度对生命意义的感受与阐述。仅仅局限于个体生存论意义上的虚无主义，可能是个体因偶然之故遭遇生存意义危机引发的思考结论，没有普遍的意义。这样诞生来的虚无感，无法传达给更多的他人，无法普遍化。阶级论意义上的虚无主义具有一定的阶级共同经验，至少能在有所觉悟的阶级成员中传达和认同。而文明论意义上的虚无主义更是在生活于同一文明背景下的人们之中具有大范围的认同。因为具有一定的共同经验，由经验到认同的转变，以及认同的思想传达，都会具备相当的可能性空间。

阶级论含义并不一定拒斥西方文明，完全可以认可虚无主义只是西方文明内部发展的一个阶段，而把虚无主义的克服视为这一文明的重大转折和继续发展。但文明论含义却立足于文明转化的角度否定西方现代文明，认定它必然导致虚无主义，或者本来就蕴含着虚无主义的萌芽，本来就是虚无主义的，因而当它把自己的潜力实现出来之后，就再没有前途,需要另一种文明来拯救、替代它。本章涉及的两位分别在德国和俄国论述虚无主义的思想家,都没有在文明论意义上谈论虚无主义,而只是从阶级论的角度分析虚无主义。只不过,一个是从贵族的角度认定资产阶级的虚无主义本性,另一个则从无产阶级的角度认定资产阶级的虚无主义本质。

从文明论意义上而言,虚无主义的言说,最初主要是在德国和俄国两个国度中发生的。① 在德国的雅各比、黑格尔、施蒂纳、马克思、尼采、海德格尔,俄国的屠格涅夫、陀思妥耶夫斯基、巴枯宁这些讨论虚无主义问题的思想家中,有两个生卒年份完全一致的思想家。他们两人同年来到这个世界又同年离开这个世界,可以说完全生活在同一个时代,只是国别不同。并且,两人的共同性还有很多:两人都曾有文学梦(一个放弃,一个成功),都曾想做哲学教授(皆因国家政治之故未成功),都曾在柏林大学研习哲学(时间还部分重叠)等等。这两个思想家就是德国的马克思与俄国的屠格涅夫。除此之外,他们还有共同结交的朋友或对手:帕维尔·瓦西里耶维奇·安年科夫,两人都在19世纪40年代与之结识,马克思于1846年12月28日致安年科夫的信在历史唯物主义思想史上非常有名,而安年科夫与屠格涅夫终生保持友谊。屠格涅夫当年在柏林结识的哥们巴枯宁(马克思当时也在柏林,可惜没有发现当时他们之间有直接的面遇和交谈),后来与马克思之间发生的关系也很多。不仅如此,马克思与屠格涅夫都曾与《祖国纪事》编辑部保持联系,都曾在柏林、巴黎、布鲁塞尔、伦敦留下坚实的足迹。在同一个背景和同一个问题中看待他们,探讨两人对虚无主义问题的思考,应该是蛮有意思的一件事。

在本书中,我们主要从阶级论意义上探讨两人分别从贵族和无产阶级不同角度对资产阶级虚无主义的认知。这一章谈屠格涅夫,下一章谈马克思。

---

① 日本后来也有类似思想,但影响远没有德国、俄国那么大,再后来还出现了以伊斯兰文明否定、拯救西方现代文明的思想。就思想本身的影响来说,还不足以跟德国、俄国那样精深、广泛的思想表现相提并论。

一、屠格涅夫：贵族气息面向
"新人"资产阶级

屠格涅夫在 1861 年出版的小说《父与子》中塑造了巴扎罗夫这个虚无主义者的形象，并随即引起很大争论，后来还影响到尼采。"虚无主义"这个词在俄罗斯也由此成为一个非常著名的词。自 20 世纪 20 年代以来，这本小说在中国的巨大影响，至少可以在它的译本之多这一点上看得出来：建国前至少就有 5 个不同译本，建国后又有 10 个。[①] 书中巴扎罗夫的虚无主义者形象，早在 20 世纪 20 年代就受到中国学人田汉、胡愈之、郑振铎、周作人等高度关注，他们都曾作过研究评论。[②]

就像伯林所说的，"没有哪个党派自称是虚无主义的。虚无主义不过是反对他们的人指责他们否认一切道德价值所使用的一个词罢了"[③]。在小说中，巴扎罗夫的虚无主义定位是由贵族巴威尔作出的。在巴威尔眼里，"虚无主义"当然是一个贬义词。这就是说，从俄罗斯贵族的角度来看，巴扎罗夫才被定位为一个虚无主义者，这与一些资产阶级知识分子斥责封建贵族颓废、无聊恰好相反。这反映了屠格涅夫一贯的贵族立场。

早已从"不可救药的西欧派"转向贵族自由派的屠格涅夫，敏锐地感受到了俄国社会中正在兴起的虚无主义力量，并在《父与子》中对它作了

---

① 1949 年前，《父与子》至少出版过 6 个版本：耿济之译本（商务印书馆，1922）；陈西滢译本（商务印书馆，1930）；黄源缩写本（新生命书局，1934）；李连萃缩写本（上海中学生书局，1935）；蓝文海译述本（上海启明书局，1939）；巴金译本（重庆文化生活出版社，1943；上海文化生活出版社，1945；平明出版社，1953；人民文学出版社 1955 和 1979 年分别再版）。1949 年后至少有十多个译本：文良译本，于元译本，郑文东译本，黄伟经译本，磊然译本，靳惠珍译本，李鹤龄译本，俞兴保译本，宋璐璐、杜刚译本，黄宝国、杨轶华译本，李蟠译本，陆肇国、石枕川译本。

② 林精华：《误读俄罗斯》，商务印书馆 2005 年版，第 77—83 页。

③ ［英］以赛亚·伯林、［伊朗］拉明·贾汉贝格鲁（R.Jahanbegloo）：《伯林谈话录》，杨祯钦译，译林出版社 2002 年版，第 151 页。

初步的描绘。总体而言,巴扎罗夫式的虚无主义者有这么几个特点。

第一,相信科学,否定其他的一切。

阿尔卡狄回答伯父"巴扎罗夫是一个怎样的人"时说道:"他是一个虚无主义者。"而他的父亲接着的解释是:"那是从拉丁文 nihil(无)来的了,那么这个字眼一定是说一个……一个什么都不承认的人吧?"他的伯父补充说:"不如说是:一个什么也不尊重的人。"阿尔卡狄接着解释道:"一个用批评的眼光去看一切的人";"虚无主义者是一个不服从任何权威的人,他不跟着旁人信仰任何原则,不管这个原则是怎样被人认为神圣不可侵犯的。"虚无主义否定一切,不仅艺术和诗,就连宗教信条、传统习惯,都要否定,所以"说起来太可怕了"。巴威尔质疑道:"否定一切,怎么建设?"巴扎罗夫的回答跟阿多诺一样:"那不是我们的事情了……我们应该先把地面打扫干净。"①只是,阿多诺要的是批判,而不是否定,或者说只是理论上的批判,不是制度上的打倒。而希望俄罗斯尽快现代化的巴扎罗夫否定的东西更多,因而也就更激进。

巴扎罗夫实际上就是一个激进的西欧主义者,一个"以前是黑格尔主义者,现在是虚无主义者"的激进派分子。"他不相信原则,却相信青蛙。"意思是,他相信对青蛙的科学解剖。在俄罗斯的虚无主义中,或者在巴扎罗夫这里,科学原则就是虚无主义的代名词。巴扎罗夫作为一个虚无主义者,相信的只有科学:"一个好的化学家比二十个诗人还有用。"②当巴维尔·彼德洛维奇说巴扎罗夫"只相信科学"时,他回答说,某一门具体的科学是有用的,一般的科学并不存在。巴扎罗夫认识可爱的费涅奇卡后,也很高兴地给同伴阿尔卡狄讲"那些年轻的橡树长得不好的道理"。充分表明他喜欢的是各种科学道理。科学道理比浪漫主义和自由主义追求的价值都更实在、更可靠、更有魅力。其实,根据判定巴扎罗夫是虚无主义者的人们的意见,在虚无主义与唯科学主义之间,几乎可以画等号。追求科学道理,视科学道理为唯一的价值,势必导致虚无主

---

① [俄]屠格涅夫:《前夜父与子》,丽尼、巴金译,上海译文出版社 2007 年版,第 207、238 页。

② [俄]屠格涅夫:《前夜父与子》,丽尼、巴金译,上海译文出版社 2007 年版,第 211 页。

义。巴扎罗夫分析、看出事物的科学道理的能力绝不一般:来到阿尔卡狄家不几天就看出牛、马不中用,工人懒散,只有"总管是傻瓜还是笨蛋"这个问题尚未弄清楚。弄清楚道理至关重要:"重要的是二乘二等于四,其余的都无关紧要。"甚至阿尔卡狄理解的那种颜色鲜丽、美丽柔和的大自然也无关紧要,只有富有规则的大自然才是重要的。相信科学道理,试图把一切东西(包括爱情、信仰、文化、价值)都置于显微镜下和解剖室中来看,这是巴扎罗夫式的虚无主义者的第一特点。这一信奉把虚无主义与唯物主义联系了起来。巴维尔·彼德洛维奇就说,巴扎罗夫的学说不是什么新发明,巴扎罗夫"主张的唯物主义已经流行过不止一次了,总是证明出来理由欠充足⋯⋯"①。巴扎罗夫就是典型的科学家型知识分子,而且是蔑视人文知识和艺术的那类科学家知识分子。

崇尚科学,势必会与信奉东正教、保持封建旧传统的民众发生冲突。巴扎罗夫不避讳这一点,声称自己就要去否定俄罗斯旧的东西,"凡是我们认为有用的事情,我们就依据它行动",而"目前最有用的事就是否定"。当巴威尔问他"否定一切吗?"时,巴扎罗夫很镇静地回答:"否定一切,一切"。当这种否定必然与民众冲突时,他也不惜与民众对立,把民众深信的教条以科学原则为标准判为虚无:对于巴威尔说"俄国人民⋯⋯他们把传统看作神圣不可侵犯的;他们是喜欢保持古风的;他们没有信仰便不能够生活⋯⋯",巴扎罗夫认为实际情况就是这样。对巴威尔质疑"那么,你要反对自己的人民吗?",巴扎罗夫的回答是:"我们就反对了又怎样?⋯⋯人民不是相信打雷的时候便是先知伊里亚驾着车在天空跑吗?那么怎样呢?我们应该同意他们吗?而且,他们是俄国人,难道我不也是一个俄国人吗?"这充分表明巴扎罗夫的坚定态度。甚至当巴威尔说虚无主义者只有四个半人,而其他人却有千百万,"他们不会让你们去践踏他们最神圣的信仰,他们倒要把你们踩得粉碎!"你们(虚无主义者)真能应付全体人民吗?巴扎罗夫也不为所动。② 对于相信"不信仰

---

① ［俄］屠格涅夫:《前夜父与子》,丽尼、巴金译,上海译文出版社 2007 年版,第 239 页。

② ［俄］屠格涅夫:《前夜父与子》,丽尼、巴金译,上海译文出版社 2007 年版,第 237、238、241 页。

一种原则,就寸步难行"的巴维尔来说,传统信条不能动,俄罗斯传统不能丢,而对巴扎罗夫来说,科学理性照亮一切,谁也不能阻挡。不管是占绝大多数的民众,还是少量的旧贵族,都不惜对立并战胜之。其实,现在来看,如果按照海德格尔式的看法,认定民众才是虚无主义,①那么,这个民众,就是巴扎罗夫式的资产阶级民众。当时俄国的农民和工人可能还没有资格成为跟虚无主义沾边的民众。而"虚无主义"当时还是跟谋求社会变革、革命,促使俄国社会现代化,与西欧传来的新文明密切相关,对个人来说就是与个性、革命、新潮连在一起的时髦东西。

第二,绝不颓废,而是努力工作、认真工作,总是把信奉付诸行动!

屠格涅夫在第十章说"阿尔卡狄整天闲着、玩着,巴扎罗夫认真地工作"。而"巴扎罗夫起得非常早,出去走两三里,并不是去散步(他受不了那种毫无目的的散步).却是去采集草和昆虫的标本"。付诸行动,是巴扎罗夫的基本特点。他不停地工作,绝不懈怠。当巴威尔责备他只是谩骂、责骂别人,"你们不是也跟所有别的人一样只会空谈吗?"时,巴扎罗夫坚定地回答,"不管我们有多少短处,我们却没有这个毛病。"所以,他回到自己的家,回到很久不曾回来的老家,第二天就因无所事事烦闷不已,竟然对一起来的同学阿尔卡狄声称"我明天就要离开这儿了。我烦透了;我想工作,可是在这儿无法工作。我想再到你们的村子那儿去;我的实验标本也都留在那儿"。后来一阵旅行结束,他赶快关起门来,"一阵工作的狂热占有了他的心"②。

行动,是新兴俄国资产阶级的基本精神和要求。屠格涅夫相继在《罗亭》中塑造了一个缺乏实践能力、怯懦但富有灵性追求的纯理想主义者"罗亭",又在《贵族之家》中塑造了既没有理想也没有行动能力的主人公"拉夫列茨基",反映了屠格涅夫对贵族改造俄国社会的失望。他在努

---

① 海德格尔曾说,民众更能安宁地接受"精神的普遍市侩气",这种哲学上的昏昏欲睡跟哲学沉思的唤醒和清醒这种最高的不安宁相比,前者才是真正的虚无主义。参见[德]海德格尔:《尼采》,孙周兴译,商务印书馆2002年版,第354页。

② [俄]屠格涅夫:《前夜父与子》,丽尼、巴金译,上海译文出版社2007年版,第231、232、240、334、343页。

力行动的新兴资产阶级知识分子巴扎罗夫们身上寄予着俄罗斯现代化的希望。不过，虽然巴扎罗夫比罗亭、拉夫列茨基更有行动能力，但其身上虚无主义的特质却让人对他们进一步的行动不甚放心，甚至令人忧虑。换句话说，如果进一步追问，巴扎罗夫式"新人"的狂热工作是否伴随着内心的空虚？是否会招致崇高价值的泯灭，其狂热工作更多是为了把整个世界物质化，还是实现远大、清晰的理想的第一步？如果内心空虚，没有切实可行、脚踏实地的理想，只是激进地把世界物质化，使之变得没有秘密，没有奇迹，没有崇高，没有艺术，只有物化的堆砌，只有科学和技术的精确与无情，激进的行动不是更令人担忧吗？对巴扎罗夫式知识分子"虚无主义"的性质判定，不是意味着某种忧虑吗？陈燊就在《前夜父与子》的"译本序"中提出了这样的质疑。他认为，屠格涅夫不喜欢巴扎罗夫，认为他没有前途。这种解读虽会有争议，却是有道理的。

勒佩尼斯说，喜欢劳动的资产阶级指责贵族无聊，认为忧郁是悠闲者的毛病。[①] 巴扎罗夫的虚无主义当然不是贵族式的无聊、忧郁，而是科学主义、进步主义者的行动，无休止的行动。巴扎罗夫没有时间去无聊、忧郁，在他眼里，一切都等待着他去探究，他要把握一切事物的秘密，要改天换地。这就是勒佩尼斯说的资产阶级从事的历史事业，这个事业在他们自己看来是无限的进步事业，充满着充实的意义，具有坚实的价值。只是在阿尔卡狄的父亲、伯父这些老贵族看来，巴扎罗夫追求的这些东西才是无意义的，巴扎罗夫才是虚无主义者。不难看出，俄国贵族给巴扎罗夫的虚无主义判定，跟勒佩尼斯所说的资产阶级对封建贵族无聊、忧郁的判定之间，存在着明显的对立与矛盾。如果要认定勒佩尼斯所说的封建贵族的颓废、消极、无聊、虚伪、堕落是"虚无主义"的表现，那么，这样的"虚无主义"也是一种迥然不同于巴扎罗夫的虚无主义。勒佩尼斯说的无聊、忧郁是追求科学、爱好行动、力欲改天换地的资产阶级对封建贵族的蔑称，而阿尔卡狄的父亲、伯父这些封建贵族说巴扎罗夫式的人才是虚无主

---

① ［德］沃尔夫·勒佩尼斯：《何谓欧洲知识分子》，李焰明译，广西师范大学出版社2011年版，第80页。

义者,则反映了封建贵族对新兴的资产阶级文化的担忧和拒斥。

实际上,冈察洛夫(Gontcharov)在 1859 年创作的小说《奥勃洛莫夫》中,早就为我们描述了地主奥勃洛莫夫的无聊,以及在无聊的感受中对于意义世界的追问。在 1762 年沙皇彼得三世颁布关于贵族的自由法令之后,贵族无须承担为国效劳的义务,在保留财产的前提下,无须服役或供职于政府部门,这就造就了俄国贵族无事可做、或者吃喝玩乐或者思索意义何在的历史根由,"这就是俄罗斯无能的社会使得贵族必须以这种矫揉造作的方式思考和行动,制定虚幻的计划和不切实际的行动。这便是奥勃洛莫夫主义的出生证"①。

这就是说,从资产阶级的角度来看,俄国贵族正是由于无所事事才思考意义世界何在的问题,正是由于站在传统立场上看待日益科学、日益实证主义和功利主义的世界,才得出现代世界的虚无主义本质的。如果我们同意"多思正是忧郁、无聊的根源"这一说法,那么,行动主义者就肯定会指责多思的哲学家才是虚无主义的发明者和传播者。也许狄德罗说的有道理:"没有什么比习惯性沉思或学者的状态更违背自然的了。人生来是为了行动(……)自然人天生不善于思考,却喜欢行动;科学家相反,想问题有余,行动不足。"②传统乌托邦思想与行动者是分开的。乌托邦思想者不会行动,而行动者与乌托邦思想家没多大关系。而乌托邦与科学技术的结合所产生的现代乌托邦冲动,却行动精神十足,行动能力也丝毫不差。他们相信行动的效果,甚至不惜采取极端行动。这正是后来曾于 20 世纪初期影响过中国虚无主义的俄罗斯虚无主义的显著特点,但在巴扎罗夫这个最早的虚无主义者这里,还没有这个特点。屠格涅夫在后来写的《关于〈父与子〉》一文中说,1862 年俄历 5 月 28 日阿普拉克辛市场火灾时,"成千上万的人讲着'虚无主义'一词","虚无主义"成了革命青年放火搞革命行动的象征。不过显然,这与巴扎罗夫并不一样。巴扎

---

① [德]沃尔夫·勒佩尼斯:《何谓欧洲知识分子》,李焰明译,广西师范大学出版社 2011 年版,第 95 页。

② 转引自[德]沃尔夫·勒佩尼斯:《何谓欧洲知识分子》,李焰明译,广西师范大学出版社 2011 年版,第 96 页。

罗夫不会放火,而只是以新的眼光和行为对待社会而已。在把社会中老一代人视为不可怀疑的东西虚无化,和对自己以为是虚无的这些东西进行暴力破坏之间,并不能画等号。巴扎罗夫还不是后来俄罗斯极端的虚无主义者,或无政府主义者,不是 20 世纪初中国讨论虚无主义问题时人们经常弄混的极端无政府主义者——"虚无党"。对此,20 世纪 20 年代讨论俄国虚无主义时,周作人、郑振铎等学者都特意指出过。1920 年 11 月 8 日周作人在北京师范学校的著名演讲《文学上的俄国与中国》中就说道,虚无主义实在只是科学的态度,不同于虚无党,与东方传统讲的虚无也不一样。而在为《父与子》第一个中文译本撰写序言的郑振铎看来,该书中的虚无主义是从科学思想生发出来的,"后来的虚无党却不然。他们的人生观在卢卜洵的《灰色马》中很可以看出来。他们不仅否认国家、宗教等等,并且也否认科学,乃至否认人类、否认生死。世人称之为恐怖主义者,确实很对。他们杀人正如杀死兽类,和在打猎的时候一样,一点也不起悲悯,一点也不动感情。所以读者决不可把这本书中的虚无主义者误认为后来恐怖主义的虚无党。"①巴扎罗夫式的虚无主义是态度坚定、乐观向上的资产阶级分子,与后来虚无党那种偏爱暗杀的恐怖主义者迥然不同。也许,只有在屠格涅夫所说的"虚无主义者——这就是革命者"的意义上,虚无主义与虚无党存在类似,但革命的方式、对象根本不同。

第三,拒斥浪漫主义的苦行僧形象。巴扎罗夫曾对阿尔卡狄说:"你不宜于过我们这种痛苦的、清寒的、孤单的生活。你没有锐气,没有愤恨,不过你有的是青年的勇敢,青年的热情。你不宜于做我们的事。像你们这一类的贵族至多不过做一些高贵的顺从或者高贵的愤慨的举动,那是没有用处的。譬如说吧,你们不肯战斗——却以为自己是好汉——可是我们却要战斗。"②

科学至上的虚无主义既看不上浪漫主义,也看不上自由主义。实际

---

① 原载《时事新报·学灯》,1922 年 3 月 18 日,转引自林精华:《误读俄罗斯》,商务印书馆 2005 年版,第 82 页。

② [俄]屠格涅夫:《前夜父与子》,丽尼、巴金译,上海译文出版社 2007 年版,第 387 页。

上，巴扎罗夫虚无主义的判定就是从浪漫主义、东正教的视角给予的判定。巴扎罗夫想必不会把自己叫什么虚无主义，他肯定觉得自己很充实。当阿尔卡狄闲着玩着时，他总是收集标本，解剖青蛙，努力工作，他眼中富有秩序的世界一点也不虚无。虚无实在只是巴维尔·彼德洛维奇们给予巴扎罗夫的判定。

对爱情中谜一般的勾魂眼光，巴扎罗夫主张用眼睛解剖学的角度科学地看待，认为"那都是浪漫主义、荒唐无稽、腐败同做作。我们还是看甲虫吧"。爱情不科学，靠不住。叶夫多克西雅问他吃什么早餐，讲求科学的巴扎罗夫回答道："就是从化学的观点讲起来，一块肉也要比一块面包好。"当看到奥津左娃出色的身体时，巴扎罗夫惊叹之余说出的话竟然是"多么出色的身体！应当马上送到解剖教室去"。他甚至声称普希金的诗"是没有一点儿实际的用处的"。不要去念这没用的东西，要读，就读唯物论和无神论者毕希纳的《物质与力》。①

但当时的人们热衷于浪漫主义是显然的：在叶夫多克西雅家里讨论得最久的问题是：婚姻究竟是一种偏见呢，还是一种罪行；人们是不是生来平等的，个性究竟是什么东西等等。这都是当时浪漫主义讨论的核心问题所在。巴扎罗夫这个虚无主义者显然反对浪漫主义的个性，而主张普遍、相似的共性。巴扎罗夫说：

> 我告诉您，研究个别的人只是白费功夫。所有的人，在身心两方面都是彼此相似的；我们每个人都有着同样构造的脑筋、脾脏、心、肺；便是所谓精神的品质也都是一样的；那些小的变异是无足轻重的。只要有一个人来作标本，我们便可以判断所有的人了。人就像一座林子里的树木，没有一个植物学家会想起去把一棵一棵的桦树拿来分别研究的。②

也许是讽刺，这么看待爱情的巴扎罗夫却爱上了奥津左娃。曾几何时，巴扎罗夫向阿尔卡狄标榜"宁可在马路上敲石子，也不要让一个女人

---

① ［俄］屠格涅夫：《前夜父与子》，丽尼、巴金译，上海译文出版社2007年版，第219、256、271、232—233页。

② ［俄］屠格涅夫：《前夜父与子》，丽尼、巴金译，上海译文出版社2007年版，第276页。

来管住一根小指尖",否则那都是浪漫主义。但最后自己也喜欢起奥津左娃来。看来,超凡脱俗的、无法用科学奠基的价值还是存在的,无法拒斥!在小说的第十一章,巴扎罗夫也力图隐匿自己的感情:"可是他觉得应该把自己的情感隐藏起来,他并没有白做了一个虚无主义者啊!"①屠格涅夫有意识地要只信奉科学而不信任艺术的巴扎罗夫因为不尊重艺术而出丑,显示艺术是不可放弃的。也许,仅凭这一点,就可以判定屠格涅夫的贵族气息。在对巴扎罗夫的虚无主义判定中,有俄国贵族骨子里的轻蔑和不屑。虽然屠格涅夫强调"我是个地道的、习性难改的西欧派,对这一点,过去和现在我都丝毫也不隐瞒";强调自己不是站在贵族(即巴威尔)立场上,站在父辈立场上谴责青年人,甚至说在小说中故意扩大巴威尔的缺点,以至于"除了巴扎罗夫对艺术的看法之外我赞同他的几乎全部观点"②;但他对巴扎罗夫唯科学主义的拒斥是显然的,正如他对巴威尔守旧的拒斥一样。在小说最后,最具讽刺意味的是,崇尚科学的巴扎罗夫最后却因科学也治不了的传染病致死了。科学也无法拯救巴扎罗夫的生命。这即使不是预示虚无主义的失败,起码也喻示着屠格涅夫对虚无主义的质疑和担忧。

二、虚无主义:阶级论的与文明论的

　　针对巴扎罗夫这个形象引起的争论,屠格涅夫一再声称,这部小说不是在攻击谁(不管是青年人,还是杜勃罗留波夫),也不是奉迎谁(年轻人,《现代人》杂志),更不是在表述一种成熟的思想,而只是描述自己觉察到的社会实际,把自己感受到的社会事实表述出来,包括自己的觉察、困惑。这倒是真的。为此他表示,虚无主义是指"把它当作表述历史上

---

① 〔俄〕屠格涅夫:《前夜父与子》,丽尼、巴金译,上海译文出版社 2007 年版,第 248 页。
② 〔俄〕屠格涅夫:《关于〈父与子〉》,载《屠格涅夫全集》第 11 卷,张捷译,河北教育出版社 1994 年版,第 616、617 页。

既成事实的一个准确适宜的用语"，不是告密和定罪的工具。对虚无主义，他能说的就是小说中的那些，在《关于〈父与子〉》一文中，他引用歌德的《浮士德》中的诗句告语青年同行：

> 只须深入到丰满的人生中去！
>
> 每个人对它都有亲身体验，
>
> 却很少去把它领悟，
>
> 随您从哪儿落笔，
>
> 哪儿都充满了情趣。

就是说，对新来的这种虚无主义，年轻人最好去感受真实，感受这严酷的真实，先不要去下结论。[①] 屠格涅夫本人的态度也是如此，他既喜欢巴扎罗夫，又质疑和担忧他的所作所为，表现得有些矛盾。屠格涅夫有条件地喜欢巴扎罗夫的虚无主义，但巴扎罗夫对艺术的否定，唯科学主义地对待世界上的一切，促使他从贵族的眼光来看待巴扎罗夫：他担忧唯科学主义会导致这个世界的平庸化，使得这个世界没有秘密，世俗、平庸得毫无奇迹可言，一切都将是畅白明亮，没有秘密，没有崇高，没有惊叹，没有崇敬，一切都是可理解、可掌握、可解剖、可组装的东西。对此，他跟阿尔卡特的伯父类似，担忧它会陷入物质的平庸，大众化的平庸。而这种大众化的平庸恰恰是马克思赋予资产阶级，尼采赋予资产阶级与无产阶级的一种历史没落阶级的品质，也就是前述海德格尔所谓"精神的普遍市侩俗气"。从此而论，巴扎罗夫与他看不上的民众都会陷入这种层面上的"虚无主义"。在这一点上，屠格涅夫、马克思与尼采都可以取得一致。不过，在屠格涅夫的这种担忧中，跟巴威尔一样，蕴含着一种贵族的高傲和雅致，一种对崇高世界的信奉和坚持，一种对世俗世界高度降低的忧虑。在对艺术的赞成和推崇中，屠格涅夫保留着一种对虚无主义的担忧。这一点引起尼采的兴趣和注意顺理成章。

这么说，显然我们是把巴扎罗夫归为资产阶级。这显然不同于伯林

---

① ［俄］屠格涅夫：《关于〈父与子〉》，载《屠格涅夫全集》第 11 卷，张捷译，河北教育出版社 1994 年版，第 621—623 页。

的判断。伯林认为，巴扎罗夫是个极端分子，"他排斥一切资产阶级的文化和文学，他以为这一切都毫无价值。在他眼里惟一有点价值的东西是科学的唯物主义。科学唯物主义告诉我们，要依据科学教给我们的关于我们生活在其中的大自然的知识来设计我们的生活。他是个有感情的人，但是他说服自己否定艺术，否定唯心主义，否定自由主义，不能容忍不同意见。他的社会性的狂热劲头是布尔什维克的典型表现。"①在我看来，把19世纪60年代出现的巴扎罗夫评定为后来的布尔什维克，是一种政治化的过度解释，也是一种事后诸葛式的解释。无论是过度的还是事后诸葛式的，反正都是太过主观，也太牵强。在俄国资本主义发展不足的那个时代，对典型资产阶级的吁求，对资产阶级知识分子的呼唤，是一种时代的内在需要。巴扎罗夫的资产阶级知识分子形象应该是十分显明的。把他说成是几十年后才登上历史舞台（即使如此还在当时的俄国显得过于早熟）的布尔什维克，不但是一种过于滞后的事后诸葛，更是一种过分的想象。

屠格涅夫对巴扎罗夫和巴威尔既有赞成又有质疑与担忧的态度，理智上同情巴扎罗夫而感情上又同情父辈的态度，作为一种真实，反映了屠格涅夫对巴扎罗夫这样新生的人物还不能完全理解。巴扎罗夫性格中的矛盾，他在小说中的突然死亡，都说明作者还没有把握好这个新生的人物，对虚无主义这种新现象还不理解。朱宪生在《屠格涅夫传》中就这么认为："其根本原因还在于作者对他笔下的这个'新人'还不能真正地理解。同样，作者对巴扎罗夫以后究竟如何行动，也是心中无数，他只好让巴扎罗夫因偶然的因素而早死，这人为的痕迹也很明显。"②极为推崇屠格涅夫及这本《父与子》的巴金先生，也在1978年为自己翻译的《父与子》新版（第三版）所作的后记中持同样看法："他（指屠格涅夫——引

---

①　［英］以赛亚·伯林、［伊朗］拉明·贾汉贝格鲁：《伯林谈话录》，杨祯钦译，译林出版社2002年版，第155页。

②　朱宪生：《屠格涅夫传》，重庆出版社2007年版，第157页。

者)不会真正理解巴扎罗夫,也不可能真正地爱巴扎罗夫。"①而中国共产党早期领袖瞿秋白在20世纪20年代早期撰写的《俄国文学史及其他》一书中也这样写道:"屠格涅夫的天才在于客观性的严格——他向来对于无论那一派调的人都不加褒贬,而只是写生的描画。"②此为其一。

其二,屠格涅夫对虚无主义的思考并不彻底。他只是坚持阶级意义上的虚无主义,而没有坚持文明论意义上的虚无主义:作为贵族质疑和担忧巴扎罗夫式的平民知识分子陷入虚无主义,但作为俄罗斯公民却不担忧和质疑西欧文明全面进入俄罗斯会导致虚无主义。我们知道,德国虚无主义的言说,其学术背景是雅各比对康德启蒙哲学的担忧,对康德把神个体内在化逻辑发展的预见;但社会背景就是立足于自己的神圣传统而对英式现代文明,即推崇工商业价值和个人主义价值的现代性的质疑与担忧。在这种担忧中,存在着一种批评现代文明的平庸性,并改造、提升使之达到一种更高水平的文化自觉意识。工商业发达的西欧文明进入东正教传统深厚的俄罗斯,不但引起了贵族与资产阶级两种阶级意识的对抗,更是引起了西欧现代文明与俄罗斯传统文明的直接对抗。屠格涅夫赞赏赫尔岑宽容的思想,却不赞成他泛斯拉夫的新趋向,这种倾向攻击狭隘、重利的西欧文明,夸大俄罗斯传统的价值,甚至认为只有它才能拯救人类。而巴枯宁和奥加辽夫重新回到赫尔岑的《钟声》杂志,他们都认为振兴俄罗斯的使命迫在眉睫,大肆攻击屠格涅夫这样依旧相信西方的教育作用的人。在致卢基宁的信中,屠格涅夫说自己与赫尔岑、巴枯宁的"主要分歧在于他们蔑视俄罗斯的有教养阶层,并在这个泥沼里裹足不前,宣称革命与改革将从人民中来。实际上,革命在其最活跃、最广泛的意义上而言,将来自有教养的少部分……"③虽然他多次声称自己小说的矛头指向贵族,指责贵族的"脆弱、懒散、精神狭隘",但归根结底还是相

① 巴金:《〈父与子〉后记》,载《巴金译文全集》第2卷,人民文学出版社1997年版,第310页。

② 瞿秋白:《俄国文学史及其他》,复旦大学出版社2004年版,第31页。

③ 转引自[法]亨利·特罗亚:《屠格涅夫》,张文英译,世界知识出版社2001年版,第122页。

信有教养阶层的精英,而不是底层民众。即使巴扎罗夫式的平民知识分子具有那么强烈的行动精神和能力,高于之前在《罗亭》、《贵族之家》中塑造的贵族知识分子罗亭和拉夫列茨基,却也具有致命的缺陷。在虚无主义问题上,屠格涅夫的阶级意识与民族国家意识不统一,作为西欧派,支持改革与开放的贵族自由主义者,他有保留地赞同巴扎罗夫,却不赞成泛斯拉夫主义抱有的拯救西方文明观。在屠格涅夫这里,阶级论意义上的虚无主义没有走向民族、俄罗斯文明意义上的虚无主义。

屠格涅夫希望俄国改革、向欧洲开放。贵族自由主义是他的主张。他给农民分土地,只收微不足道的地租。年轻的革命民主派不赞成他这个老式自由主义者,虽然他们都痛恨奴隶制,梦想着一样的平等和公正。在《父与子》中,他想表达两代人之间的误解:年轻一代的科学唯物主义已经取代了老一代幻想的自由主义。在《文学与生活回忆》中,他谈到巴扎罗夫时说:"此人代表了这个刚刚出现的、甚至是还在孕育中的思想,即后来人们称为虚无主义的东西。此人给我的印象既强烈又模糊。最初,我自己也无法确定。但我极专注地观察和倾听周围的一切,就像要证实自己的感觉是否精确一样。"①在屠格涅夫的理解中,巴扎罗夫相信科学的数据,不承认任何的宗教、道德和法律准则,而且意志坚定地付诸实践。不承认爱情、浪漫,最后却爱上一个女人,自相矛盾地死于伤口感染,他自己笃信的科学也救不了他。自相矛盾也许就是虚无主义者本来就有的特点。屠格涅夫原封不动地把它呈现出来,不想加以思想地剪裁和修缮。把自己敏锐观察到的虚无主义现象尽量原样地呈现给读者,引起大家的思考和注意,也许就是屠格涅夫的目的。他并不想对虚无主义加以哲学分析,或思想提炼,不想在这个现象刚刚诞生时就给予定性的评判。这种态度,可以说也是一个文学家很谨慎的态度。"如何在虚无和空虚中生存"是个该思考的问题。巴扎罗夫厌倦了关于改革的讨论,责备父辈们浪费时间空谈,吹嘘为艺术而艺术、议会制、和平共处,希望做个现实主义者。崇尚感觉、贬低理论争论、否定艺术、推崇科学;而且关键是为达

① 　[法]亨利·特罗亚:《屠格涅夫》,张文英译,世界知识出版社 2001 年版,第 115 页。

目的,可以不择手段:这是当时俄罗斯青年人的形象。对此屠格涅夫当时很矛盾,几年后屠格涅夫就在《关于〈父与子〉》中说,除了艺术观,他几乎都同意巴扎罗夫。在致海德堡大学俄罗斯大学生的信中,他还说:"我所有小说的矛头都是指向统治阶级——贵族的。"①看来,屠格涅夫还不是完全站在贵族立场上反对巴扎罗夫的。他的贵族立场不是全面的、直接的,而是取决于什么具体问题,常常是间接的和复杂的。

实际上,屠格涅夫自己也没有很好地理解虚无主义,没有很好地理解巴扎罗夫。由于这本《父与子》,屠格涅夫得到了陀思妥耶夫斯基的赞扬,他甚至认为只有陀思妥耶夫斯基理解他和他的巴扎罗夫,同时与年轻气盛的托尔斯泰绝交 17 年。在与陀思妥耶夫斯基的通信中,屠格涅夫承认在原稿中写到巴扎罗夫决斗时,本来是一面谈决斗,一面嘲笑骑士的,后来因为大家对巴扎罗夫的不理解而删掉了。这个被删的细节明显意味着虚无主义者对传统骑士精神的嘲笑,意味着资产阶级对封建骑士的不屑,说明虚无主义者的启蒙精神。被删说明屠格涅夫的犹豫不决,和他对新一代虚无主义者的不够理解。这与马克思相比就不够了,屠格涅夫只是一个文学家,非常敏锐,理解力却有限。他并不真正理解敏锐感觉到的虚无主义。马克思和尼采对这个问题的理解,远远地在屠格涅夫之上。

后来,陀思妥耶夫斯基为理解虚无主义所著的几篇小说,如《地下室手记》、《罪与罚》以及《群魔》,思想深度远远超过了屠格涅夫,却没有得到屠格涅夫的赞同。在 1865 年 9 月 30 日—10 月 12 日致鲍利索夫的信中,屠格涅夫甚至说《罪与罚》"简直像霍乱流行时没完没了地拉肚子。愿上帝保佑我们!"②

这样说来,第一,虚无主义就有阶级的、文化文明的不同含义。阶级

① 转引自[法]亨利·特罗亚:《屠格涅夫》,张文英译,世界知识出版社 2001 年版,第 118 页。伯林曾经指出,屠格涅夫这么说,是因为应付左派分子的批评,并不是自己完全真实的想法:"屠格涅夫号称曾景仰过巴扎罗夫,而这不过是一个针对左派攻击的防卫性手段。"([英]以赛亚·伯林、[伊朗]拉明·贾汉贝格鲁(R.Jahanbegloo):《伯林谈话录》,杨祯钦译,译林出版社 2002 年版,第 153 页。)

② 转引自[法]亨利·特罗亚:《屠格涅夫》,张文英译,世界知识出版社 2001 年版,第 133 页。

的虚无主义就是封建贵族和资产阶级之间的相互指责。而文化文明的虚无主义就是不同民族或不同文明之间的相互指责。这些相互指责都是说对方损害和否定了自己认定的崇高、重要的价值,并且陷入对没有意义的东西的追求之中,陷入无聊、平庸、颓废之中,意味着一种文化文明的衰落。由此,也会认定自己代表的阶级或民族有能力告别这种平庸、颓废、衰落,带领其他阶级或民族,甚至带领全世界走向更高的文明,提升到更高的价值层次。

有意思的是,马克思与屠格涅夫都没有从民族的角度来看待虚无主义问题,都没有走入只有本民族才能解救"世俗性太强"、"道德上逐渐平庸"、甚至陷入"猪的城邦"、逐渐没落的现代资本主义文明这样的境地。没有认为只有本民族才能创造出比现代资本主义文明更高的新文明来,没有陷入狭隘的民族主义。反而,他们都以国际性的眼光审视各自担忧着、孕育着虚无主义的现代资本主义文明,并且以接受、消化、吸收这种孕育着虚无主义的现代资本主义文明的成果作为未来之思的起点和基础。这是令今天追求现代文明的中国人思考中国的前景和出路时非常值得借鉴和关注的。马克思的未来之思曾启发过 20 世纪初追求新文明和新前途的中国人,屠格涅夫参与和影响过的俄罗斯虚无主义、社会主义探索更是深深影响过中国现代化的探索者们。今天,马克思对未来新文明的明确思考,屠格涅夫对现实的敏锐把握和对未来的不明意识,都可以给继续探索现代文明前途的中国人以启发:现代文明中内含着的虚无主义如何影响自身? 它能不能自我纠正、自我转身向前发展? 会不会瓦解自身并在自身的死亡中迎接更新文明的降生? 还是其他途径和结局? 无论如何,后发的中国必须深思这个问题,因为它关涉我们的未来和出路,它是我们向前迈进必须思考和抉择的东西。

第二,虚无主义的判定不能以乌托邦式的思想构筑方式进行了。如果还是只会思想不会行动的人来思考虚无主义问题,那么,他对虚无主义问题的思考,他思考来的结论,肯定是只符合思想本身的逻辑而不符合现实的、历史的大逻辑的。

在阶级论的虚无主义思想中,重心在于指责现代资产阶级必定陷入虚无主义。而发出这种指责的主体主要有两个:一个是传统贵族,另一个是未来的新阶级,未来的新人。从此来看屠格涅夫,虚无主义界定者的身份在屠格涅夫身上就有两个:一是阶级身份是贵族;二是民族身份是俄国人。而马克思作为虚无主义界定者的身份只有一个:未来的新阶级,未来的新人,即无产阶级。马克思没有民族视角的虚无主义界定。很有意思的是,尼采居然把马克思与屠格涅夫对虚无主义的界定在两种意义上都统一了起来:其一,他既有(屠格涅夫式)贵族的高傲,也有(马克思式)未来新人(已从马克思的"无产阶级"改为自己的"超人")的高傲;其二,既有(屠格涅夫式)文学的敏感,也有(马克思式)哲学的深度。不过,在马克思身上有一点尼采与屠格涅夫都没有的,那就是对虚无主义的社会经济分析。也正是在这个意义上,马歇尔·伯曼(Marshall Berman)才说:"对于现代资产阶级社会的虚无主义力量,马克思的理解要比尼采深刻得多。"①对此,我们将在第七章再作展开。

---

① [美]马歇尔·伯曼:《一切坚固的东西都烟消云散了》,徐大建、张辑译,商务印书馆2003年版,第144页注。

第 二 部 分

马克思与虚无主义

第 五 章

虚无主义与马克思的两种关联

　　众所周知,现代意义上的"虚无主义"一词在德国虽然早在 1799 年就由雅各比提了出来,他认定从康德伊始的启蒙哲学必定会陷入虚无主义的深渊。但随着德国现代化的滞后,启蒙、现代化、西方传入的文明,都显示为一个蒸蒸日上的世界。似乎一种强大的精神行将降临德国大地,它意味着希望,意味着上升,意味着进步,意味着充实、可靠和美好的不断切近。可没有想到的是,这种希望、美好还没有完全得以展现之时,德国精神的早熟就在青年黑格尔派的分裂中造就了虚无主义的呈现:不但深受其影响的克尔凯郭尔把上帝、无当作了哲学思考的核心所在,直接批评费尔巴哈和马克思的施蒂纳,在写于 1843—1844 年间,发表于 1844 年 10 月的《唯一者及其所有物》一书中明确声明,"我把无当作自己事业的基础",从而把虚无主义的问题正式摆到了这一学派思想的最前沿。这句话正是这本书的第一句话,是这本书前言的题目。在前言中,施蒂纳明确指出:"我[并非]是空洞无物意义上的无,而是创造性的无,是我自己作为创造者从这里面创造一切的那种无。"①

　　对于施蒂纳对费尔巴哈、马克思和其他青年黑格尔派成员的批评,马

---

① ［德]麦克斯·施蒂纳:《唯一者及其所有物》,金海民译,商务印书馆 1989 年版,第5 页。

克思在《德意志意识形态》一书中予以坚定回击。虚无主义问题正式与
马克思的思想发生撞击。

这也是马克思与虚无主义思想发生链接的第一个渠道。而通过黑格
尔与诺斯替主义发生的链接,马克思与虚无主义思想发生了第二重关联。
马克思如何对待虚无主义呢? 我们将在第五章具体探讨马克思与施蒂纳
的论争,而在第六章探讨他关于资产阶级必定陷入虚无主义的问题。在
本章中,我们的思考先从马克思与虚无主义思想发生的第二重关联开始。

一、马克思与灵知主义的关联

马克思与虚无主义的具体关联,直接地看是通过与施蒂纳的争论这
一路径发生的。这一路径在我看来是与浪漫主义对个性存在的推崇,以
及启蒙主义对个性存在的贬抑直接相关的。浪漫主义(德国早期浪漫
派)声称最高存在和具体现实存在都只能是个性存在,无法用抽象概念
完整说明。由于施蒂纳认为一切物质圣物和精神圣物都是虚幻的、靠不
住的,唯有当下即是的"唯一者"之我才至高无上。他的"唯一者"必然面
对一个虚无的世界:青年黑格尔派批判"宗教"、告别"神灵"的赛跑中走
得最远的施蒂纳,致力于克服存在于社会生活的一切"神灵"与"宗教",
把凌驾于当下即是的个我之上的一切普遍性和神圣性存在统统否定掉,
唯一真实的就只剩下处于偶然、片段、可能之中的偶在式"唯一者"了。
这样一个唯一者能抵御已被他虚无化了的整个世界吗? 能应付世界坍塌
后的局面吗? 追求着共产主义理想的马克思,不管他的理想的发生结构
与传统如何不同,只要他还追求社会性(非个我)的理想,即与普遍性和
哪怕最低限度的超验神圣性分不开的理想,他就必须得遏制和克服这个
被施蒂纳呼唤出的虚无世界的发生。与青年黑格尔派其他成员以一二十
页的篇幅回应施蒂纳的批评不同,马克思花了数百页的篇幅来批评施蒂
纳。这突出地说明了施蒂纳对马克思的触动有多大,施蒂纳提出的问题

对于马克思的理论建构有多重要。而马克思对施蒂纳如此认真和重视的批评，也表明马克思对虚无主义的重视和拒斥。鉴于篇幅和问题的重要性，我们将在下一章中具体分析这第一种链接。在这里，我们要说的是马克思与虚无主义发生关联的另一路径。这一路径与诺斯替主义密切相关。

沃格林认为："马克思思想的独立运动的出发点似乎是从黑格尔那里继承来的灵知立场。"①世界被黑格尔看作是生命的原初统一体的分裂，分裂为有限、固定、彼此分离的个人杂多；最后借助于知识再重新被扬弃；还有恶及其扬弃所担负的积极性作用，以及关于异化与劳作的见解，都充分显示了黑格尔对灵知主义的继承。在托匹茨看来，甚至对马克思来说至关重要的辩证法，都具有浓重的灵知主义色彩：恶、否定性因素及其克服所具有的积极性地位与功能，以及堕落的世界借助知识重新与神圣始基同一、和解，也就是依靠知识来获得拯救与解放等等思想，都是马克思通过黑格尔从灵知主义那里继承、改造来的思想观念。② 甚至俄罗斯马克思主义流行辩证法也是由于这种新柏拉图主义—灵知主义、终末论和启示文学传统的缘故。也就是说，马克思主义辩证法的张扬，与灵知主义、启示文学传统具有非常密切的关系。如果这个观点可以成立，那么，当这种灵知主义及其变种泯灭之时，这种辩证法还能成立并发挥原有的作用吗？因为中国是从富有灵知主义末世论和启示文学传统的俄罗斯引进的马克思主义，这个问题对于当下世俗化水平急剧高涨的中国具有极为重要的意义。明了超验维度以及辩证法的这个来源，明了马克思与灵知主义的关联，对于理解马克思的主体性哲学及其架构下的虚无主义问题非常重要。

按照这种逻辑，马克思拒斥了超验实在，继续沿着青年黑格尔派的演化逻辑致力于超验性与经验世俗的融合，或从经验世俗中找到神圣得以

① ［美］沃格林：《没有约束的现代性》，张新樟、刘景联译，华东师范大学出版社 2007 年版，第 132 页。
② ［德］约纳斯等：《灵知主义与现代性》，张新樟等译，华东师范大学出版社 2005 年版，第 117 页等。

立足和成长的根基与种子,用沃格林的话来说就是,"马克思的灵魂向超验实在封闭。在危急的、后黑格尔的处境中,他没有能够通过回归精神自由从而摆脱困境,而是转向灵知的行动主义(activism)。我们再次看到了精神与世俗权力欲的典型结合,它所导致的是一个圣灵存在(Paracletic existence)的宏伟的神秘主义"①。马克思"他拒绝经验中存在的分裂——人与世界、内在存在与越验实在、人与神、主体与客体、行动与思想之间的分裂——这些分裂指向创造的奥秘。他想从对立统一(coincidentia oppositorum)的角度,即从神的立场来看世界。马克思在《提纲》中构造了一个对立面在其中互变的封闭的生存之流,从而达到了这种视野;………简言之:在对他的生存之流的描绘中,他运用了神秘主义者用于把神的体验翻译成世界内在语言的那种思辨方法。按照神秘思辨的标准来看,这种构造是完美无瑕的"②。

把"神"改为"神圣"、"超验",把"神性"改为"神圣性"、"超验性",把"神性"维度改为"神圣性"、"超验性"维度,可以更好理解和接受沃格林与托匹茨从神学角度解读黑格尔与马克思的见解。为了证实这一点,托匹茨曾经仔细寻找灵知主义与黑格尔和马克思的关系线索,最后通过追索施瓦本虔敬主义的终末论历史观与施瓦本唯心主义历史形而上学的关系,也就是展现后者的神学原型,尤其是在黑格尔与谢林那里历史辩证法与恶的关系,找到灵知主义与马克思发生关系的路径。在托匹茨看来,启示文学灵知主义的本体论与黑格尔逻辑学之间的联系是被证实的。他指出:

> 在埃廷格那里,关于"黄金时代"、关于即将来临的"千年王国"及其完成了的社会采取了具体的形式。上帝之国——也许因为虔敬主义对专制主义和国家教会的反抗——明显地表现出民主特征:所有人彼此平等,甚至也应当取消私有财产,人们不需要统治,也不需

① [美]沃格林:《没有约束的现代性》,张新樟、刘景联译,华东师范大学出版社 2007 年版,第 165 页。

② [美]沃格林:《没有约束的现代性》,张新樟、刘景联译,华东师范大学出版社 2007 年版,第 166 页。

要金钱。这种"对国家的扬弃"以及用一种共产主义的理想社会来取代它,无论具有什么样的基督教特征,都为马克思开了先河;反过来说,在马克思那里也很清楚,无论怎样世俗化,对他的社会学说的论证怎样显得唯物主义,都还有完全来自宗教的终末论的因素在起作用。

这样,就达到了灵知主义终末论传统与黑格尔和马克思的学说之间也许最重要的历史连接点。即便在发生学上,也可以解释后者非同寻常的体系结构上的相似性。由此进一步证实了陶伯斯(Jakoh Tauhes)听起来大胆的断言:"辩证逻辑是一种历史逻辑,以终末论世界观为基础。这种逻辑由否定性因素的力量这一问题决定,而这一问题是在启示文学和灵知中提出来的。黑格尔那经常被谈到、但却很少被理解的逻辑的基础就在启示文学和灵知论之中。"①

接下来的结论就是:"在马克思那里,和费尔巴哈一样,甚至比在费尔巴哈那里更为强烈,对人的就其要求而言此岸—科学的理解依然处在灵知主义—启示文学的拯救学说的优势之下。"②按照沃格林和托匹茨的解释,马克思的神圣、超验维度通过黑格尔来自灵知主义:

基督教意义上的逻各斯甚至在黑格尔那里就已经稀释成了观念,而马克思本人也是反宗教的,但是这一切都无法掩盖这个事实:马克思是中世纪宗派式的圣灵附体的安慰者(Paracletes),是一个逻各斯道成肉身的人,通过他在世间的活动,人类将普遍地成为盛装逻各斯的器皿。不过,对这样一个刻画必须予以限定,因为马克思认为逻各斯不是降临到人身上的一个超验的灵,而是在历史过程中实现的人的真正本质。人,即真正的人,必须从一直束缚着他的历史羁绊中"解放"出来,以达到他在社会生存中的完全自由。人的真正本质,他的神圣的自我意识,作为酵素存在于世界之中,以富有意义的

---

① [奥]托匹茨:《马克思主义与灵知》,李秋零译,载《灵知主义与现代性》,华东师范大学出版社2005年版,第115页。

② [奥]托匹茨:《马克思主义与灵知》,李秋零译,载《灵知主义与现代性》,华东师范大学出版社2005年版,第122页。

方式推动历史前进。①

就是说,使得辩证结构得以维系的神圣性维度,是与灵知主义关于超尘世领域的存在及其与现实所处的分裂和堕落世界的对立联系在一起的,与以下所述直接联系在一起:有灵性的人能否到达神性世界取决于能否认识到深层自我并体悟到某种"启示",然后意识到自己的历史担当;而拯救能否取得成功更取决于作为"主体"的人的努力,恶却更多是与主体的状态相关,与主体未能意识到从而未能担当起自己的历史责任相关(从而也就是使"人"能够凭借知识达求神性世界,即使得神性世界与分裂的尘世世界产生联系甚至融合,使对立的两个世界辩证运动起来)。这样的思路把神圣维度与"人"直接联系在一起,虽然在这个维度上到底由怎样的内容填充而成还有很多的变数,但神圣维度的无须怀疑的存在显然是早已确定了的。正是依靠这个维度有待填充、只有空框架而没有具体内容的"空白内涵",在启蒙和浪漫主义浪潮的历史境遇中,马克思主体性辩证结构中的超验性维度、普遍性维度的实际内涵才真实地获得了。这个"空白内涵",也就是托匹茨所说的。在马克思的学说中存在着许多'无法证伪的地方'"。在这些地方,"神话观念的残余经常以难以置信的坚韧性得以维持。在这方面,实践中恰恰是那些在科学理论的立场看来构成了其决定性弱点的属性,即它们的空白性,才对它们有利。由于它们是空白的,所以不可驳斥,这就是说,由于它们关于可检验的事实什么也没有说,它们也就不可能被这样的事实判定无效。还由于它们不拥有自己的价值内容,它们能够与任何一种价值立场结合,从而能够唤起普遍有效的、永恒的价值原则的印象"②。

我们现在关心的不是这个"空白内涵"如何在具体的社会历史背景下真实地获得确切的填充,而是这样一个问题:这个标志着超验维度的存在,无论它由于怎样的历史境遇和思想家个人特性最后在某一个思想家

---

① [美]沃格林:《没有约束的现代性性》,张新樟、刘景联译,华东师范大学出版社 2007 年版,第 136 页。

② [奥]托匹茨:《马克思主义与灵知》,李秋零译,载《灵知主义与现代性》,华东师范大学出版社 2005 年版,第 127 页。

那里形成怎样的超验价值,这些价值还是不是内在性?

经过初步思考,我还是觉得要回答"是"。

二、内在性、形而上维度的保留
与虚无主义的遏制

对马克思来说,超验价值维度显然不是超越于生活之上的,而是内化于现实生活之中、根植于经验存在的东西。如果主体、人是传统形而上学所谓的内在意识,那这个超验维度在马克思的思想逻辑中肯定不再是内在性了。但是,如果主体是奠基于社会性之上,或者是海德格尔所说的那种与其他存在的关联隐含在其中的并非与世隔绝的东西,那么,超验维度肯定还是内在于主体其中的。在马克思的主体论中,内在于主体与内在于社会生活是统一在一起的。这或许就是所谓"人的自我意识的内在于世界的逻各斯取代了超验的逻各斯"。马克思的内在性不再是内在于自我意识之中了,而是以社会生活为基础,甚至可以说就是内在于社会生活之中,也就是跟现实的、世俗的、日益系统化合理化的那些关系和力量内在关联在一起,并随着历史的前进而逐步摆脱羁绊获得更大程度的实现。社会物质根基和历史主义使得这种内在性维度区别于传统形而上学那种绝对、永恒的内在性。马克思的这一做法,显然与当时青年黑格尔派的基本倾向内在一致:在路德新教改革之后,直至青年黑格尔派,把超验神圣世俗化的思想总是试图在日益现代化的现实中探询能够使超验神圣从中发芽、生根、成长的经验世俗基础及其内在机制,探询把超验神圣立于浪漫主义所谓的"大地"之上,或以"大地"为根基(甚至"科学地")构筑超验神圣。施勒格尔兄弟倡导的哲学要立于"大地"的原则,都被马克思和后来的尼采继承了。对马克思来说,就体现为从"现实的人"出发找到使得主体的超验性与经验性、神圣与世俗、普遍性与个性等等对立能够辩证统一起来的社会机制和路径了。

为了说清楚,我还想继续发挥一下对这个问题的思考:超验价值存在于何处？价值内在性成立吗？意义是像胡塞尔所说的那样,只能从意识中派生出来吗？显然,正如卡洪所说:"试图从世界中派生出意义只能会带来荒诞感。"①那价值与意义从何生发出来呢？

卡洪的见解是,那个既不属于主体领域也不属于客体领域的"文化"领域,可以构成一个生发之处。而且,这种作为价值生发处的"文化"不能根据主体主义的范式来设想,即不能根据主体/意识、对象或两者的统一之类的语言来设想文化及人。用 D.M.温尼科特的话来说就是,"文化根本上不可以区分为主体性的和客体性的范畴"。"文化"只能是这样的东西:"文化不仅把人和物联系在一起,而且把人们相互之间以及把人和过去的世世代代联系在一起,活着的人对世世代代的产品重新解释,重新往里边填充意义。"②作为人们生活世界和境域的文化领域,就是生发价值、意义的源始之处:

> 这就是人类生活的基本领域,所有的意义和价值都是从这个领域中衍生出来的,就成人而言,我们所谓的文化就栖居于这个领域。没有能力体验现实的这个领域就是个体心理水平上的病原体,也是处于边缘状态的病人的经验中最引入注目的特征。③

这样的话,我们所说的价值内在性还能成立吗？因为价值内在性是指产生于纯粹主体性,即那种不依赖世俗性经验性存在并具有纯理想性品格的性质,而不是指产生自个人内在的主体性。

我的看法是,价值、意义内在于一种先验的内在性立场,与价值、意义由文化来衍生根本没有任何矛盾和冲突。恰恰相反,上述"空白内涵"说与具有实际生发性的"文化"正好可以相互协调起来。一个是有待填充的先验空白域,一个是历史的实际生发域,两者在某个具体场域的实际结合才促生了实际的价值与意义系统。所以,意义与价值存在于文化之中,并不意味着就不存在于纯粹主体性中;而价值与意义存在于纯粹主体性

---

① ［美］劳伦斯·E.卡洪:《现代性的困境》,王志宏译,商务印书馆 2008 年版,第 356 页。
② ［美］劳伦斯·E.卡洪:《现代性的困境》,王志宏译,商务印书馆 2008 年版,第 399 页。
③ ［美］劳伦斯·E.卡洪:《现代性的困境》,王志宏译,商务印书馆 2008 年版,第 395 页。

中,也并不意味着就不存在于现实的文化境域中。提供先验维度的主体性结构必需一种"空白的内在性",以便保持对经验世俗域的反思与批判,虽然它自身并不能提供出具体的反思批判立场和资源,而只能提供一种姿态。就像安东尼·J.卡斯卡迪在《启蒙的后果》中说的:"鉴于主体是具有自我意识的,它相当于某种超过需从纯粹的因果关系来解释的历史实定性的东西;正如从康德、黑格尔到哈贝马斯的批判理论已经认识到的,具有自我意识的主体寻求一种超越历史的位置,以便对经验进行反思。"①在世俗化日益严重的当下,这一点尤其重要。在我看来,第一,这也正是防止掉入绝对历史主义,以便制止住海德格尔所批评的马克思从此坠入虚无主义的可能性路径的一个关键。没有这样一个价值维度上"空白的内在性"框架,历史主义必定导致过度的相对主义以至虚无主义。这个框架保证着某种最低限度的普遍性要求和崇高性要求,防止施蒂纳吁求的唯一性、相对主义和虚无主义的甚嚣尘上。第二,一些西方马克思主义者致力于从审美领域探寻这样一种立场和姿态,确实是非常重要和富有启发性的。如伊格尔顿说的:"在一个日益理性化、世俗化、去掉了神话色彩的环境中,审美因而是这一微弱的希望:终极目标和意义有可能不会完全丧失。"卡斯卡迪接着伊格尔顿声称,康德要做到这一点也必须将主体视为超越纯粹自然的东西,这一点不能否定。众所周知,扎哈维在 2005 年出版的《主体性和自身性》一书中指出,某种最低限度的、前反思的主体性是实在的,也是必需的。所谓"21 世纪哲学的决定性转向之一就是从一种主体性哲学转变为语言哲学,语言位于交互主体性的根基处,所以,只有语言哲学才能以一种合适的方式解决交互主体性的问题"的说法是有问题的;而"语言学转向在近些年来已经被一种向意识的回归所取代"。② 新的意识哲学重新肯定了一种新的先于经验存在的主体性。这在欧洲正构成了 20 世纪 60 年代学人努力的最新趋向,非常值得我们关注和重视。

---

① ［美］安东尼·J.卡斯卡迪:《启蒙的结果》,严忠志译,商务印书馆 2006 版,第 27 页。
② ［丹］丹·扎哈维:《主体性和自身性——对第一人称视角的探究》,蔡文菁译,上海译文出版社 2008 年版,第 188 页。

必须根据当时的历史处境来理解马克思对待形而上维度、对待理想维度的具体言辞。必须注意他面对的听众。在青年黑格尔派批判宗教神圣的比拼中,比谁批判超验神圣更彻底,把所谓批判宗教神灵的斗争进一步推向更加激进的境地,是一个时髦和潮流。而设置批判的界限,保留某种(具有社会性根基的)神圣性、崇高性,也就是保留某种限度的普遍性和超验性意涵,以支撑自己的理想社会,却肯定冒被批评为落后的风险与压力。马克思对施蒂纳彻底祛除普遍性、神圣性理想("思想圣物")的坚定拒斥,他如此坚定、重视、细致(费尔巴哈、赫斯、鲍威尔等人都是只用十和二十多页码反击施蒂纳,马克思和恩格斯却用了好几百页篇幅反击)的批判态度足以表明,他会怎样看待普遍性、神圣性维度的存在,怎样对待无论如何也会包含着最低限度的普遍性、神圣性的"理想"维度的。他一生再没有像对待施蒂纳这样如此详细地批判过其他人,他这么做就表明了他对施蒂纳的重视,对施蒂纳引发出的问题的重视,对必然蕴含着普遍性、神圣性在内的"理想"的态度和立场。虽然他不可能像费尔巴哈那样,在施蒂纳批评他虽废掉上帝和主词,却"把属神的东西保留下来,小心翼翼地存留了上帝的各个宾词"时作答说,保留属神的东西、上帝的宾词无可厚非、"无可争辩"、"应当保存";更不会认同费尔巴哈把这样做的原因归为,泛神论之后的"上帝"已泛化到一切之中:光、力量、美、智慧、意识、爱、本质都是上帝的表现,人和自然也是——这也就是说,人本身之中就蕴含着神性,人就是一种神性存在物。① 但他对施蒂纳如此细致详细的批判就说明,为了防止施蒂纳祛除主体的普遍性和神圣性而导致的相对主义和虚无主义,必须在"人"身上保留最低限度的神圣性维度。即便他对费尔巴哈关于人之神圣性维度的论证,对费尔巴哈理解的神圣性内涵都不同意,但保留神圣性维度这一点应该是赞同的。马克思在《德意志意识形态》批判施蒂纳的篇章中诉说了这样的意思,对此我已经在拙著《追寻主体》中作了分析。但为什么马克思没有旗帜鲜明和非

---

① 《费尔巴哈哲学著作选集》下卷,荣震华、王太庆、刘磊译,商务印书馆1984年版,第420页。

常直白地说出来？我认为主要是因为听众的原因。在那个力争在世俗生活中发现超验神圣的根基，强调在"大地"上行走而不要在"天空"中抽象飞翔的时代，马克思面对的是讨厌宗教神圣、厌恶抽象思辨、拥抱现实生活的听众，所以他在针对施蒂纳的失误坚持保留神圣和普遍维度的立场时，说出来的就只能是"工人阶级不是要实现什么理想，而只是要解放那些在旧的正在崩溃的资产阶级社会里孕育着的新社会因素"①，把"理想"置换为根植于历史必然规律的"新社会因素"。通过强调现实根基的支撑，甚至把"理想"说成历史必然规律导出的新趋向这样的方式，马克思力图在世俗与神圣、经验与超验、现实与理想、当下与永恒、个别与整体之间保持一个辩证框架，而不是完全去除形而上（神圣、超验、理想、永恒、整体）维度，以便保留精神、超验维度的价值存在，更不是让琐碎、个别的感性世界至上化。

值得注意的是，同样的问题也在尼采那里存在。按照尼采虚无主义的显白修辞，他跟马克思一样，也致力于遏制虚无主义，致力于新价值的创造，他拒斥追求生活舒适的现代价值，更不是要回归到过去的社会秩序，那他究竟在提倡什么？尼采的新理想是什么？

与马克思类似，尼采的著作多是批判性的，即致力于对流行的、符合庸人需求的现代观念的批判。精神失常使他失去了批判工作初步完成之后亮出正面主张的机会。朗佩特提醒说，尼采在说出自己的正面观点时，也面临着一个听众误解的困境："尼采敏锐地意识到自己的困境：自由的心灵和最先进的欧洲人是他惟一可能的听众，但是哲学和宗教是这些人最不想听、也最没能力听的两个主题。任何关于全体（the whole）可知性的'知识'的言谈都不可避免地听起来像古老的教条主义，特别容易惹恼那些自由的心灵，他们把怀疑主义奉为最高级的心灵状态。而任何关于宗教或神性的言谈自然听起来更糟糕了，因为怎么可能有一种不是迷信或枷锁的宗教、刚获自由的心灵怎能再次投降？"②

---

① 《马克思恩格斯全集》第17卷，人民出版社1963年版，第363页。

② ［美］朗佩特：《施特劳斯与尼采》，田立年、贺志刚等译，华夏出版社2005年版，第193页。

实际上,神性、宗教、精神,显白言辞中的尼采都主张保留,只是需要以新的形式。可现时代的听众却"认为哲学是不可能的而宗教是可鄙的",就像现在不断叫嚣着(不管何样的)形而上学都已(或应)消失的人们一样。这样的听众、这样的氛围,很容易塑造出一个非真实的尼采,一个鼓吹个人主义、心灵自由、去除一切形而上学、不要哲学和宗教的尼采,实际上这是一个"虚构的尼采"。可惜的是,这种虚构仍然为当代知识界的主流时尚所迷惑着。在这个意义上,我们同意朗佩特的如下断论:

> 尼采没有反对宗教,宗教是普遍的必然的现象;他反对的是我们的宗教,无论是神圣的还是世俗的,无论是圣经的宗教还是保存着圣经精神的现代观念。在他反对我们的宗教时,尼采自由自在地大声说出:上帝死了,我们为此感到高兴。他自由自在大声说出:在雅典和耶路撒冷的斗争中,我们以一种悲剧的智慧反对奴隶道德,而同时怀着感激之情宣称:我们的宗教对我们的长期严格的约束深化了我们的内在思想,磨练了我们的德性,拓宽了令我们着迷的事物的界限,我们是适合于诸神的奇观。①

如此说来,既然柏拉图主义就是虚无主义,基督教无非就是民众的柏拉图主义,而对柏拉图主义的倒转意味着对虚无主义的遏制,那如何理解这种倒转? 它会被推向何方?

海德格尔说得对:"对柏拉图主义的倒转首先意味着:动摇作为理想的超感性领域的优先地位。"②如果说,"只有当高层本身根本上被清除掉,先前对一个真实的和值得追求的东西的设定已经终止,理想意义上的真实世界已经被取消掉,这时候,对柏拉图主义的彻底克服才能获得成功",那么,"如果把真实世界取消掉,究竟会发生什么事呢?"③显然,把这种倒转理解为废除形而上的真实世界,那也必定意味着废除虚假世界,或者说废除真实与虚假的二元对立。但这绝不是把真实世界与虚假世界这

① [美]朗佩特:《施特劳斯与尼采》,田立年、贺志刚等译,华夏出版社2005年版,第195—196页。
② [德]海德格尔:《尼采》,孙周兴译,商务印书馆2002年版,第176页。
③ [德]海德格尔:《尼采》,孙周兴译,商务印书馆2002年版,第222页。

两个世界都废除掉。不要忘记,尼采倒转柏拉图主义的目的是克服虚无主义。为了克服虚无主义,就必须保留感性世界和超感性的精神世界。该废除的只是把超感性世界与感性世界当作真实世界和虚假世界,并扬前者贬后者。这一点,海德格尔也解释得很清楚,"'真实世界'(即超感性领域)与虚假世界(即感性领域)一起构成了与纯粹虚无对立的东西,即存在者整体。如果两者都被废除了,那么一切就都将落入空洞的虚无之中。这不可能是尼采的意思:因为他希望克服掉任何形式的虚无主义"。尼采对真实与虚假对立框架的废除,目的是要"开启出一条道路,一条肯定感性领域因而也肯定非感性的精神世界的道路"。① 由此,必须强调:

> 无论对感性领域的废除还是对非感性领域的废除,都是没有必要的。相反地,倒是需要消除对感性领域的误解和诋毁,同样也要消除对超感性领域的过分抬高。当务之急是为一种以感性与非感性的新等级秩序为基础的对感性领域的重新解释开出一条道路。这个新的等级秩序并不是要在旧的秩序模式之内简单地颠倒一下,并不是要从现在开始高估感性领域而低估非感性领域了,并不是要把处于最低层的东西置于最高层上面了。新的等级秩序和价值设定意味着:改变秩序模式。②

这就意味着,"倒转"是一种结构的调整,绝不是取消一切形而上学,不是取消形而上维度。重新理解精神、形而上世界的生发园地与环境的重置,才是根本。废除虚假世界只是废除其虚假性,不是废除这个世界。因为这个世界被重置后完全可以自然地生长出克服虚无主义的精神世界来的。如果把尼采对柏拉图主义的倒转理解为拒斥传统形而上学,肯定没错,但如果进一步解释为去除形而上学维度,不要精神世界,不要理想,把世界还原为生物学的、力的世界,那就属于过度的错误诠释了。

这么说来,马克思针对施蒂纳采取的策略也是很类似于这种倒转的。

---

① ［德］海德格尔:《尼采》,孙周兴译,商务印书馆 2002 年版,第 230—231 页。
② ［德］海德格尔:《尼采》,孙周兴译,商务印书馆 2002 年版,第 231 页。

虽然马克思并没有像尼采那样把克服的关键看作是重新思考艺术与真理的关系,把希望寄托于对一种新艺术的创建。但与重视艺术的观点非常类似的是,马克思的思路也是从重视感性,也就是以特殊性和个别性、丰富性为首要特征的感性现实为基础来思考的。这是他从早期德国浪漫派那里学习来的,从波恩大学的 A.施勒格尔老师那里学习和感悟来的。

可以说,这种策略的关键是,不能再排斥特殊性、个别性、丰富性,不能再把这些特性与普遍性等对立起来,而要把这些特性与普遍性,把艺术与真理协调一致起来。否定普遍存在为真实存在,或唯一真实存在,并不等于走向肯定经验个体存在为唯一存在的实证主义!相反,倒是完全可以同时肯定个别经验存在与形而上存在的立场,或者以经验显示存在为根基来确立超验存在。因为超验存在的维度是无法完全拒绝的,问题的关键可能只是,要以何种方式确认它。

第 六 章

"无"的虚化与实化：
马克思对施蒂纳的批评

在上一章中，我们探讨了马克思与虚无主义思想发生的第二重关联。本章我们将探讨马克思与虚无主义思想发生的第一重关联：马克思对声言"把无当作自己事业的基础"的施蒂纳的批判。通过对施蒂纳"以无作为事业基础"的批驳，马克思显然要把自己的事业建构在社会历史的"实有"的基础上。马克思的实"有"对抗施蒂纳的虚"无"，是历史唯物主义与无政府主义、虚无主义的第一次正面交锋。

一、引 言

对实践的崇拜、对经验世俗的崇尚，对超验形而上学的批判与拒斥，伴随着中国思想传统中道德意识的弱化和原本超验文化精神的相对缺乏，本来就崇尚实用理性，①当代中国思想对世俗性存在的崇尚不断加

---

① 按照余英时先生的看法，中国文化传统充满了世俗追求精神，中国没有西方那样超验神圣与世俗经验泾渭分明的宗教传统。即使我们把佛教比作西方的基督教，那中国也早在禅宗和宋明理学时期就已经完成了世俗化的任务。对于西方现代化最为重要的内涵的世俗化，在中国似乎不是一个问题。参见余英时：《中国思想传统的现代诠释》，江苏人民出版社 1989 年版，第 41、15 页。余先生这种看法的后半部分笔者并不赞同。在我看来，中国的世俗化因此更为复杂、麻烦和另类。

强,而中国社会的世俗化程度也在不断强化。作为这种强化的结果,"反对超感性世界和更高的价值,否定它们的存在,取消它们的一切有效性"的虚无主义问题就会随之而来。如德勒兹所说,这种反对和否定"不再是借更高价值的名义来贬低生命,而是对更高价值本身的贬低。这种贬抑不再指生命具有虚无的价值,而是指价值的虚无,指更高价值本身的虚无"①。这种在 20 世纪 80 年代的中国曾经出现过、而今有些日益兴盛的虚无主义苗头,与拒斥形而上学和超验性存在,与弘扬"现实性"、世俗性彼此呼应,并相互强化。

施蒂纳是马克思主义思想史上第一个以虚无主义问题与马克思遭遇的思想家。但遗憾的是,对施蒂纳,20 世纪中国的大部分时间不是忽视他,就是误解他。20 世纪初中国曾广泛流行无政府主义思潮。作为无政府主义先驱甚或创始人的施蒂纳自然不会被中国学人撇在一边。除了无政府主义者的关注,我们可以继续在一直非常知名的鲁迅、郁达夫那里看到他们对施蒂纳的正面描绘。20 世纪初风起云涌的无政府主义思潮风头一度超过社会主义、马克思主义,但宣扬个性、敌视权威和组织的无政府主义,很快先后就在跟重视组织的三民主义和社会主义的对抗中急速败下阵来,成为中国现代思想史上的一颗流星。由此留给我们的自然不是缅怀和叹息,而是一个饶有兴趣的问题:鼓吹以"无"为根基的施蒂纳留在 20 世纪中国学人心目中的形象是什么?

在改造国民性的急切要求下,在"新人"、"立人"、"人立而后凡事举"、"尊个性而张精神"所在处的氛围中,鲁迅也极力推崇施蒂纳与尼采。② 施蒂纳的"唯一者"与尼采的"超人"都令他赞赏、向往,虽然鲁迅并没有像施蒂纳和尼采那样的虚无主义处境体验,但不妨碍他在其中读出一种反封建的文化力量。他确信这种力量有利于当时中国的现代化事

---

① [法]吉尔·德勒兹:《尼采与哲学》,周颖、刘玉宇译,社会科学文献出版社 2001 年版,第 217 页。

② 汪晖:《反抗绝望——鲁迅及其文学世界》,河北教育出版社 2001 年版,第一篇的有关论述。

业。跟鲁迅同样在日本对中国落后感受至深的郁达夫[①],对施蒂纳的"唯一者"更为欣赏。在《自我狂者须的儿纳》一文中,他就曾极力推崇施蒂纳的如下精神:"自我总要生存在自我中间,不能屈从在任何物事的前头"、"一切权威都没有的,我是惟一者,我之外什么都没有。所以我只好忠于我自家好了,另外一切都可以不问的"。[②] 显然,施蒂纳被纳入反封建、支援现代化的逻辑中去了。按照这一逻辑,鼓吹静止、无为、退让、高蹈就是被动落后,声扬个性、自我就是摆脱封建枷锁,因而正好符合推动中国现代化所急需的奋进、创造精神。

乍看起来令人有些不解的是,1949 年后马克思主义在中国如日中天,《德意志意识形态》作为标志马克思历史唯物主义形成的重要著作,具有非常高的地位。而这本书中大部分篇幅是马克思亲自批判施蒂纳的。我们却在 20 世纪的马克思主义哲学著作和文章中极少发现有讨论施蒂纳的。在他的祖国,施蒂纳是青年黑格尔派成员中至今最受关注的两个人物之一:他的《唯一者及其所有物》与费尔巴哈的《基督教的本质》是青年黑格尔派作品中至今仍受青年学生青睐的两本著作。[③] 而在全球马克思主义哲学著作出版量阅读量应该最大的中国,马克思一生唯一如此认真仔细批判过的施蒂纳,却不受待见。《德意志意识形态》中大量讨论施蒂纳的篇章也极少人问津。这种状况直到临近 20 世纪结束时才有所改变。

如果说,20 世纪中国思想最先遭遇施蒂纳时,因为当时没有虚无主义问题困扰,却反而在寻求反封建反宗法支援意识的驱动下把施蒂纳看作是反权威、扬个性的斗士,那么,正在遭遇虚无主义困扰的当代中国就没有理由再误解和轻视施蒂纳了。鉴于施蒂纳而并非费尔巴哈才是青年

---

① 在日本的他曾喊出"中国呀中国! 你怎么不富强起来,我不能再隐忍过去了"。参见《郁达夫集·小说卷》,花城出版社 2003 年版,第 32、50—51 页。

② 《郁达夫文论集》,浙江文艺出版社 1985 年版,第 50 页。

③ 我们这么说,自然是把创造了自己思想体系的马克思、恩格斯不算作青年黑格尔派成员了。

黑格尔派中最后影响了马克思的人,①而马克思在某些方面又接受了施蒂纳对费尔巴哈的批判;同时,鉴于《德意志意识形态》一书 65%的篇幅是用来批评施蒂纳的,而只有大约 10%左右才是批评费尔巴哈的,所以,我们再继续轻视马克思对施蒂纳的批判,而仅仅关注马克思对费尔巴哈的批判,就是不可饶恕的了。虽然如洛维特所说,施蒂纳与同期分析同类主题的思想家克尔凯郭尔、尼采相比不够优秀,甚至还"差得远",②但施蒂纳对虚无主义的更早发现,以及与马克思的直接相互交锋,使得马克思对施蒂纳虚无主义的批判显得愈发重要。而且,如德里达所说,凭施蒂纳的独创性和地位,"即使没有马克思或者说即使马克思没有反对他,施蒂纳的著作也是应该阅读的"③。加上海德格尔后来曾说"马克思达到了虚无主义的极至"④,马克思评判施蒂纳虚无主义的篇章也就由此获得了更高的讨论价值。

二、问题的提出

在《内向性主体的三个矛盾维度》一文⑤中,我集中探讨了从内向性

---

① [英]戴维·麦克莱伦:《青年黑格尔派与马克思》,夏威仪等译,商务印书馆 1982 年版,第 141 页。

② [德]洛维特《克尔凯郭尔与尼采》,李理译,载《哲学译丛》2001 年第 1 期。

③ [法]雅克·德里达:《马克思的幽灵》,中国人民大学出版社 1999 年版,第 168 页。德里达认为,施蒂纳涉及和马克思批判他的关键之一就是精神向幽灵的变形,就是脱离现实形体、肉身的精神,借助一个虚幻的形体与肉身而发生的幽灵化。"因此人们感到,在对施蒂纳的批判中,不管怎么样,马克思首先想要指责的是幽灵而不是精神,就仿佛他在这方面仍然相信某种祛除了放射性污染的净化;仿佛那幽灵并没有监视精神,仿佛它并没有纠缠精神,确切地说,没有从精神化的开始纠缠精神,仿佛同时以'观念'的理想化和精神化为条件的重复性本身在这两个概念之间进行区别的问题上并没有消除任何批判性的保证。但是,马克思坚持要进行区别。这就是那批判的 krinein 的代价。"参见上书第 171 页。

④ [法]E.费迪耶等:《晚期海德格尔的三天讨论班纪要》,丁耘译,载《哲学译丛》2001 年第 3 期。

⑤ 该文载《天津社会科学》2006 年第 2 期。

主体转到"生产模式"的实践主体后,马克思意义上的实践主体在普遍性、超验神圣性与特殊性、经验世俗性维度上的矛盾。但马克思本人力图在主体的普遍性与特殊性、神圣性与世俗性(或现实性)之间保持何种辩证关系,仍然是个未究的问题。虚无主义问题就与此直接相关:弱化甚至取消主体的普遍性和神圣性维度,把马克思主张的"现实性"不恰当地理解为彻头彻尾的世俗性,必然导致虚无主义问题的出现。

在自己的博士论文中,马克思已经意识到了这个问题的复杂性和重要性。他更赞许伊壁鸠鲁哲学原则,即"自我意识的绝对性和自由,尽管这个自我意识只是在个别性的形式上来理解的"。但他也意识到,"如果抽象的、个别的自我意识被设定为绝对的原则,那么,由于在事物本身的本性中占统治地位的不是个别性,一切真正的和现实的科学当然就被取消了。可是,一切对于人的意识来说是超验的东西,因而属于想象的理智的东西,也就全都破灭了。相反,如果把那只在抽象的普遍性的形式下表现其自身的自我意识提升为绝对的原则,那么这就会为迷信的和不自由的神秘主义大开方便之门。关于这种情况的历史证明,可以在斯多亚学派哲学中找到。抽象的普遍的自我意识本身具有一种在事物自身中肯定自己的欲望,而这种自我意识要在事物中得到肯定,就只有同时否定事物"①。

它表明,此时的马克思仍然处在肯定自我意识主体的阶段。他尚不怀疑自我意识主体,倒是对弘扬自我意识主体的普遍性、超验性还是其个别性、经验性,有些踌躇和担心。他看到,弘扬自我意识的超验性、普遍性就会为迷信、不自由打开方便之门。由此,人们更愿意把马克思此时的这种观点解释为弘扬偶然性、任意性,以为这意味着对自由的向往和赞许。但是,马克思并没有完全赞成个别性,而意识到了把个别性上升为绝对原则后,"一切真正的和现实的科学当然就被取消了"。显然,马克思是想在自我意识这个唯心主义主体内部保持一种普遍性与个别性、超验性和经验性之间的辩证关系,而不冒然撇开一方完全拥抱另一方。但能否说,

---

① 《马克思恩格斯全集》第 1 卷,人民出版社 1995 年版,第 63 页。

马克思已经意识到抛开普遍性、特别是抛开超验价值，由个别性占据统治地位之后所面临或由此带来的虚无主义风险呢？

总起来看，这个问题似乎在当时并不突出，而且也没有足够的刺激使马克思把这个问题当成需要迫切回答的关键问题。马克思显然处在一种朦胧的辩证意识中：在普遍性与个别性、超验性和经验性等等之间，保持一种辩证的张力结构，才是合理的。对这种辩证结构的具体样态，他还没有更多的揭示。当然，直到霍克海默与阿多诺的《启蒙辩证法》，何种具体样态才更合理，一直是处在探索和变更之中。

本来，普遍性与神圣性、本质性相通，而现实性更多是与特殊性（个别性）、尘世性相通。在普遍性与特殊性之间的张力结构中思考问题，恰是从一种普遍使命出发来思考对待现实之态度的哲学所必然面对的根本问题！普遍性的本质如何应对特殊性的现实？神圣性的崇高存在如何应对尘世中的粗俗现实和低级存在？整天与纯粹的本质存在打交道并思考普遍性存在的理论（哲学），如何应对以特殊性和个别性为特质的经验现实？如何看待和处理它们？以普遍性神圣本质存在为伴的哲人如何应对在日常存在中无法上升到普遍本质、只能滞留在经验个别和世俗层次的大众？进一步地说，自从路德开始在经验现实中寻求神圣、确立信仰以来，自从笛卡尔要在自我内部挖掘内在的神圣以来，把人内在的神圣性本质发扬光大的思路，如何看待作为经验主体的"人"——不管是笛卡尔式的思考者，还是康德意义上的实践者、费希特意义上的行动者，抑或是马克思意义上的群体行动者——内在的神圣性？如何看待其本身具有的能够依托起知识与行动的确然性，成为某种承担起多重负重的原始基质的特性？如何（何以）确定自身？他能确定哪些东西为自己内在的神圣？为了实现这样的神圣，经验现实必须作出什么样的让步或改变？这些问题一直是力图弱化甚至弃绝主体的神圣性、超验性和普遍性维度的现代思想的核心问题。施蒂纳意识到了这一点，他激进地询问，"人"何以要把神圣性当作自己的内在品质，甚至内在本质？把这种以前放置到"人"身上的所谓神圣性品质拿掉，不让它成为人活动于世的负担和累赘，让"人"自身轻轻松松地按照当下即是自由生存不行吗？

施蒂纳正确地看到,两千多年来,在西方,人们总在致力于使原始神圣的精神还俗,路德、笛卡尔、黑格尔都致力于这一点,其策略就是把世俗的东西神圣化,在世俗存在中发现神圣性。沿着这条路继续走下去,其终点就是把神圣性彻底置换为世俗性,以世俗性完全取代神圣性。这也许就是拒斥形而上学、拒斥现代性的最为激进的策略。我们将会看到,对这种激进的选择,马克思采取了怎样的批判性态度。

三、施蒂纳的路向

施蒂纳当然并不认同康德、费希特、黑格尔以来以纯粹主体为指向的主体概念,也不认同青年黑格尔派对这个主体概念的重新解释,包括费尔巴哈和马克思的解释(当然,他也不认同反对把这种普遍性立于个性、特殊性之上的德国浪漫派的观点。浪漫派虽然主张个性、特殊性,但主张保留主体自我的神圣性的态度,一定遭到施蒂纳的拒斥)。对他来说,这些思想家所谓的"主体"都是普遍者,都是以某种普遍的存在压抑、贬低和诋毁人的特殊性、个别性、惟一性的,而他的"主体"(如果先用这个概念的话)则只是系指人的个别性、唯一性和特殊性的存在。他用唯一者(Einige)替代自我(Ich)。这个"唯一者",在我看来实际上就是费希特所谓不与外物也不与外人有任何关系的纯粹自我主体在与外物和外人必然具有关联的现实世界中的激进投射。所谓激进,就是在与外物和他人必然具有关联的经验世界中力图摆脱掉必然性的关联,仅仅保证一种偶然的关联,一种以自我的偶性、任意性、随机性和不知因为何种原因变化的境况为转移的不确定性关联,即没有任何必然性和确定性关联的自我任性状态。康德、费希特所谓不与经验存在发生关联的纯粹主体,只是一种超验性存在,令人想起上帝的圣洁存在。在现实社会中,康德和费希特都非常清楚,这种不与外物也不与外人有任何关系的纯粹自我是根本不可能存在的。施蒂纳想必肯定知道它也无法纯粹地在现实世界中立足。他的唯一者作为一种经验主体与物质性外物，与既是感性存在又是理性存在的他人也不可能没有关联。他不会要求他的唯一者与外物和他人切断任何关联，而只是要求唯一者与外物、他人切断任何必然性的关联，不能纠缠于物质事物，不能跟着他人走，被他人同质化，既不能成为这些物质事物的奴隶，也不能成为其他人的奴隶，包括不能成为其他人相互认同的某种理想状态的个体或集体"人"的奴隶，更不能固定地成为某种物性存在或某种群体的同质化成员，把自己委身于一种靠思想虚构出的神圣共同体而丧失自己。为了做到这一点，施蒂纳要求他的唯一者也不能与他人共同痴迷某种思想、原则和理念，因为一旦如此，也就意味着变成了与他人同质化的模式人了，丧失掉了唯一者的基本品格。这也就意味着，不盲从于他人也包括不与他人共奉同一种"思想圣物"，不让这样一种"圣物"奴役自己。既然无法从根本上彻底切断与物质事物和如此之"思想圣物"的关联，那就致力于把这些物质事物和"思想圣物"玩弄于股掌之间，有兴趣时把玩一下，不喜欢时一脚踢开，什么东西也别想让我为它服务和牺牲，个我就是这个世界上最高贵、最有价值的存在，任何存在都不能置于个我的前面和上面。

按照施蒂纳的逻辑，真正自主自为的存在（即"主体"的首要含义）首先不能是物质事物的奴隶。纠缠于物质事物的主体，靠物质事物依托起来或只有在物质事物的基础上才能有所作为的"主体"不是真正的、自由的自主自为者。在施蒂纳看来，屈从于物质事物组成的世界，束缚于尘世俗物的关系，使生命纠缠于物质性的生活之中并滞留于这种生活层面上，是落后于近代的"古代人"的生活；或者是儿童时期的人生存状态的写照。在这样的境界和层面上，人们把世界认定为真理，尚未认识到真正的价值生存必须超脱于尘世外；尚未把自己自我意识为无拘无束、超脱尘世的本质，不同于任何物性的崇高性存在，或者不迥异于客体外物的主体性存在，因而只是沉湎于事物的通常理解的利己主义。"人自我意识为无拘无束、超脱尘世的本质、自我意识为精神"[①]，这是古代人巨大工作的结

---

① ［德］施蒂纳：《唯一者及其所有物》，金海民译，商务印书馆 1989 年版，第 19 页。

果。当人认识到真正的生活不是与事物斗争的生活，而是同事物分开的、仅仅是内在性的生活时，就成了近代人。近代人开始认识到，人不为物质事物、为外在世界而活着，人只为"人"自己存在。施蒂纳也体会到，这种"自我"（Ich）、"内在性"、"精神"具有一种神圣维度，包含着浓烈的神圣性。笛卡尔设想的那种可以脱离开肉体的纯粹灵魂，特别是康德所谓的纯粹主体，显然就是不沾染任何俗世性、经验性的圣洁存在，因而也只有上帝才能配得上与之同一。至于后来德国浪漫派所推崇的那种"原我"（Ur-ich），更散发着神圣的光辉：每个人都在最深层的意义上拥有一种内在的灵性，这种灵性不但标示着一种与众不同的独自性、唯一性，而且也标示着一种内在的奥秘，把自己表现和实现出来的力量、创造性，并因而与意义和神圣力量直接相关。为了战胜死亡和外在生活的无意义，每个人都必须充分调动自身具有的这种神圣力量。这种神圣力量当然存在于每个人身上，存在于每个人的内在性之中。当这种"精神"从近代启蒙哲学和浪漫主义所界定的个人主体身上转向后来民族主义、阶级论所主张的群体主体身上，群体成员所认定和主张的那种"精神"就更为强烈——施蒂纳从中看出一种 Mittelmaessigkeit（平庸性）并以此作为理由之一拒斥之。因而，当施蒂纳说"精神即神，纯精神在天国"①时，他已经在表示一种对这种精神的抗拒和反感了。这种反感表明，施蒂纳认为，真正自主自为的存在也不能成为"精神"或"思想圣物"的奴隶。如果着迷或神魂颠倒于某种思想圣物，那就是自我一致的利己主义。与他主张的"真正的利己主义"不同的是，这种自我一致的利己主义崇尚的仍然是某种普遍的精神之物，而不是真正的自己。只有真正为自己的阶段才是现代主体论逻辑发展的最终阶段。

作为从青年黑格尔派中杀出来的施蒂纳，深切地体会到了如下的思想"进步"链条或逻辑。第一步：外在于主体的神圣上帝的高高在上，没有渗入主体自我之中，真正的主体是上帝，"人"还没有主体的品格。这是现代思想开始前的逻辑，是现代思想所反对的起始点。第二步：神圣维

---

① ［德］施蒂纳：《唯一者及其所有物》，金海民译，商务印书馆 1989 年版，第 33 页。

度渗入主体自我之中,成为主体本身的一种内在品质,主体本身成为一种自主自为的神圣性存在,比如采取绝对精神的形式,这样的主体就是个有了肉身的上帝,仍然高高在上。从笛卡尔到黑格尔都处于这种状况。第三步:青年黑格尔派开始批判这样的主体,把神圣存在还原为"人"、"类"、"自我意识"。即拒斥了过于超验性的神圣存在物,迎来了仍然含有神圣维度和普遍性维度的某种理想型存在,如"类"、"自我意识"等。至此,施蒂纳认为仍然还不够,应该继续向前走,因为这些"人"、"类"、"自我意识"中仍然隐含着明显的神圣性和普遍性维度,这个神圣性和普遍性维度仍然高高在上地对个我构成压迫性的、威胁性的存在。对施蒂纳来说,从纯粹的、与主体人处于不同层面的神圣性存在一步一步向现代的迈进,其最终的逻辑结局就是第四步:把主体身上的神圣性、普遍性维度完全剥离掉,使每一个个体自我完全自由地存在和"发展"自己。在第四步这里,作为个体人的"自我"才真正具有了完全的自我完满性,完全的自足自立性,自己凭借自己的内在所有能够不借任何外物便足以自我规定、自我支撑、自我存在。在施蒂纳看来,这才是笛卡尔开始的主体自我沿着现代演变路线最后的逻辑演化结果:他相信"自己比别人预先看到了这个即将发生的历史步骤",相信自己发现了未来。可想而知处在这种境地的他是多么兴奋。他由此狂傲地呼吁,一个新的时代已经来临,在这个时代中,每个独特的自我都将成为自己世界的所有者。这就是黑格尔那世界历史不断发展论的最后一个推论,即精神发展继政治的自由主义、社会的自由主义和人道的自由主义之后的一个新阶段,一个最终阶段的开始。① 在这个阶段,真正值得自我崇尚的存在——与众不同的个我,才真正替代物质事物和思想事物成为自我主体的立足根基和价值目标,并从而使得崇尚自己的个我自己真正摆脱了受制于他者的奴隶状态。

施蒂纳早早地看到了后来霍克海默、海德格尔等人用不同语言说出的如下状况:主体性从个体向群体的转化,使得个人主体的自主性与个性

---

① Karl Löwith, *Von Hegel zu Nietzsche*, J. B. Melzlersche Verlagsbuchhandlung und Carl Ernst Poeschel Verlage Gmbjj in Slullgarl, S.134-135.

丧失了,一种平均性、平庸性的生存伴随着安全、例行化的增加与强化而日益甚嚣尘上。这足以构成施蒂纳反对在群体意识形态中存在的"思想圣物"的理由了。他看到,日益大众化的现代社会对个人自由、个人独立的弘扬,背后实际上隐藏着国家保护个人、个人依赖国家、国家对个人进行压抑和统治。如洛维特所总结的,"法国革命不但没有解放市民社会,而且相反,却导致产生出了一种听话、温顺和需要保护的国家公民"①。个人的这种依赖性与个人的平庸性密不可分:现代市民都相信金钱是真理,需求国家或社会的保护,希望过温顺、平庸的生活——在他看来,市民阶级的原则既不是在先的出身,也不是共同的劳动,而是平庸性:一点出身、一点劳动,而自身不断生息的财产恰好能满足这一要求。对施蒂纳来说,处在这种生存状态中的人都处在空无中,都失去了任何崇高的价值,是平庸性的甚嚣尘上,不是什么解放与自由。这是崇尚普遍精神性的内在主体论沿着启蒙逻辑不断运作的必然结果。崇尚内生性普遍主体的现代性运作仍然最终受制于世俗的国家、社会,仍未真正独立和解放。

四、马克思的批评之一:小资产阶级自我的表达, 弱肉强食的社会达尔文主义

对马克思来说,施蒂纳的这些思考根本没有超出他所在的资产阶级社会。毋宁说,这仍然是施蒂纳所在的资产阶级社会现实状况的某种反映。施蒂纳推崇的那些"独自的东西",如自私、自以为是、坚持己见、特殊性、自爱等等,不都仍然是小资产者日夜盼望实现的理想吗?甚至是那些被实际上剥夺了个性、私产但又向往私人财产和私人个性的表现。实际上,在马克思看来,只有剥夺这种作为个性想象基础的私人财产,在一

---

① Karl Löwith, *Von Hegel zu Nietzsche*, J. B. Melzlersche Verlagsbuchhandlung und Car Ernsl Poeschel Verage Gmbll in Stullgarl, 1988, S.314.

种财产的社会性共有中，才能出现一个能给予每个人适合他的完整本质实现的世界。在施蒂纳主张的个性、独自性后面，仍然隐藏着私有财产的支撑。所以，马克思在写了又删去的一段话里说："现实的私有财产恰好是最普遍的东西，是和个性没有任何关系、甚至是直接破坏个性的东西。只要我表现为私有者，我就不能表现为个人——这是一句每天都为图金钱而缔结的婚姻所证实的话。"①那是不是就可以完全否定私产对个我实现的意义呢？也不能。因为激进地否定掉私产对个我的意义，或者扩展一点说就是否定掉物质财富、生产力对于个我实现的价值之后，就只会剩下思想、精神、态度了。实际上，施蒂纳那种对物质事物与思想圣物的超越归根结底仍是一种精神态度，是一种内在性超越，而不涉及对实实在在的社会关系的改变与超越。布鲁诺·鲍威尔曾主张，对批判家来说，"力量就在他们的意识中，因为他们是从自身中、从自己的行动中、从批判中、从自己的敌人中、从自己的创造物中吸取力量；人是靠批判的行为才获得解放的……"。这是典型的内在性自我观。马克思批评布鲁诺·鲍威尔的话也可以用到施蒂纳这里："……遗憾的是，终究还没有证明，在其内部，即在'自身中'，在'批判'中有什么东西可资'吸取'。"②无甚确定性东西可取，就是个虚无了。而在虚无世界中，怎么都是行的。可一旦迈入实际生活，那就寸步难行了。就像许多后现代思想仅仅从文本创作角度注释作者（主体）与作品（客体世界）的关系一样，作者处理的只是个我与其自己完全能控制的东西的关系，是我与可能性世界的关系，是与无的关系，而不是自己与自己不能控制的广袤世界的复杂关系，不是我与有的关系。在无的范围之内，个我可以纵横驰骋，随意处置，随意随时地放弃、占有、藏匿和改变。但超出这个范围，进入与他者共存于其中的公共性复杂世界，个我就得认真对待那些他无法调控然而又无法不与其纠缠的东西。如果狂傲地坚持个我的唯一性，不受任何他者的控制，不作其奴隶，实际达到的范围也就只能设想为非常狭隘的那个层面了。对于施蒂纳来

---

① 《马克思恩格斯全集》第 3 卷，人民出版社 1960 年版，第 253—254 页注释。
② 《马克思恩格斯全集》第 3 卷，人民出版社 1960 年版，第 105、106 页。

说,这个层面也就是思想、精神、态度,或者至多是自己的一点个人的、地方的权限范围了。对此,施蒂纳当然也不是视而不见,他在主张"成为一个人并不等于完成人的理想,而是表现自己、个人。需要成为我的任务的并非是我如何实现普遍人性的东西,而是我如何满足我自己。我是我的类,我存在着而又没有准则、没有法则、没有模式等等"时,很明白,"从我自己出发我所能做的事是很少的,这种情况是可能的;然而这些很少的事却是一切,比为他人的权势所允许、为道德、宗教、法律、国家等的训练所允许我从自己出发所做的更好"①。把这一点很少能做的事说成唯一者生存的一切,马克思从中看出的只能是小资产者的软弱无力和空想。所以对马克思来说,施蒂纳"论述独自性的整个这一章归结起来,就是德国小资产者对自己的软弱无力所进行的最庸俗的自我粉饰,从而聊以自慰。……历史学派和浪漫主义学派,也像桑乔那样,都认为真正的自由就是独自性。例如提罗耳的农民的独自性,个人以及地方、省区、等级的独特发展……小资产者还这样自我安慰:尽管他们作为德国人也没有自由,但是他们所受的一切痛苦已经通过自己的无可争辩的独自性而得到了补偿。还像桑乔那样,他们并不认为自由就是他们给自己争得的权力,因而把自己的软弱无力说成是权力"。在马克思看来,施蒂纳不过是把德国小资产者暗自安慰的话夸张成了一种自以为新颖的思想,"他还以自己的贫乏的独自性和独自的贫乏而自豪哩"②。

一切都是唯一者自我的手段,包括别的唯一者在内?主张多样性、否定掉普遍性的统一规范之后,不就为弱肉强食原则开路了吗?不就陷入了一种主张弱肉强食的社会达尔文主义了吗?普遍性是否存在和需要,直接影响到高贵个体与普通民众的关系问题。尼采说过,普遍的平等依赖一个高于我们的"神",在它面前我们才是平等一样的。"没有高人们,我们都相等;人就是人;在上帝面前,——我们都相等!""神"或"上帝"在这里就是一个普遍的元代号,为所有的个体提供一个元根基的符号。依

---

① [德]施蒂纳:《唯一者及其所有物》,金海民译,商务印书馆1989年版,第196页。
② 《马克思恩格斯全集》第3卷,人民出版社1960年版,第358—359页。

靠这种利奥塔所谓的元根基,尼采所谓不能区分伟大与渺小的"群氓时代"才得以流行为市场,阿尔都塞所说的"平常的主体"(小写的主体)才得以在"大他者"或"大写的主体"面前产生出来。平等依赖一种尼采所谓的"神",用施蒂纳的话来说就是"思想圣物";而否定掉这个把所有的主体普遍归约为平常的小写主体,也就是意味着普遍性约束的"神"或"思想圣物"之后,根基不在了,平等也就瓦解了,即被弱肉强食取代了。弗兰克在分析利奥塔与哈贝马斯的论证时曾经指出,反对"普遍的元论证",反对对科学的一种合法性论证的普遍主义要求,认为并不存在一个把所谓的语言游戏统一起来的普遍实践或普遍语法,主张无法统一规约的多样性、开放性和差异性的利奥塔,其语言市民斗争论虽然与社会达尔文主义出发点不一样,但方法和结论完全相似。用弗兰克援引的亚历山大·韦伯的话说,"人从舒适的中心位置被驱逐下来,相反弱肉强食的永恒原则登上了王位,在它面前,人陷入了'生存激流的怒涛'之中。总之,如社会达尔文主义所展示的那样,世界完完全全地非人化了(deshumanisiert)。"① 当施蒂纳把"人"从某种神圣性、普遍性维度上驱逐下来,世界非人化之后,弱肉强食原则同样也会随之登上王座。没有了神圣与世俗之分,真与假之分,普遍有效与偶然有效之分,那就剩下了"强有力的"和"渺小微弱的"之分了。施蒂纳就要让强弱之分成为众多唯一者之间唯一的规则吗? 不是要在唯一者之间贯彻社会达尔文主义原则吗?

针对施蒂纳的社会达尔文主义逻辑,马克思强调普遍性秩序的意义。基于主体的唯一性反对其普遍性并由此反对基于"他者"、"非我"而设置的法律规则,在马克思的眼里,这就是在否定现代法权的进步意义。众所周知,给现代法律规则提供根基的"主体"、"自我"是一种普遍性的"自我",不是标志差异性和独特性的"自我"。主体的普遍化不管如何通过塑造同质化、同一性而在现代性发展过程中导致出现了怎样的问题或负面效果,却无论如何也不能否定普遍化在法权平等方面以及由此渗透到

---

① [德]弗兰克:《理解的界限:利奥塔与哈贝马斯的精神对话》,先刚译,华夏出版社2003年版,第16页注。

其他方方面面所取得的进步和业绩。主人与奴隶之间,或者享有不同权利的不同等级之间的异质性相互承认被平等主体的相互承认所取代,这是一种更文明的原则、理念。对此,马克思指出了两点。一是法的关系最早反映的个人之间的关系是以粗鲁的形态表现出来的,随着市民社会的发展,当这种关系"不再被看作是个人的关系,而被看作是一般的关系"后,"它们的表现方式也变文明了"。① 普遍性在这里与其说是标志着统治性,不如说是标志着文明性。这种文明性就是由于个体维度与一般、普遍维度的内在结合,即个体及其之间的关系不再被看作是特殊个体的关系,而是普遍主体、公民之间的一般关系。二是以拥有独自性的唯一者个人来反对普遍性蕴含的统治性,势必只会得出一个只对个我有效的道德戒条,"即每个人应为自己找求满足并由自己来执行刑罚。他相信堂吉诃德的话,他认为通过简单的道德诫条他就能把由于分工而产生的物质力量毫不费力地变为个人力量。法律关系与由于分工而引起的这些物质力量的发展,联系得多么紧密……"②。就是说,独自性反对普遍性的结果,往往就是一个道德戒条式的道德主体性力量。这种力量仅仅是对自身能够创造自身,自己能在自己身上找到意义、真理和责任的根据,能够抛开社会约束和各种限制、不服从任何他性权威以及与他人相同的律令,自己确认最高命令的独特个我适用。显然,这种类似于后来尼采的路子充其量只能适用于少数的"超人",而对绝大多数的民众不适用。少数"超人"除非具有丰富的社会资本和经济资本,否则,其选择往往就会成为某种孤独的精神抗争,甚至悲愤的死亡抗争,成为某种象征和符号,无法成为更多人的生活选择。

对于多数民众来说,获得社会关系的支持,获得更发达和充实的社会关系作为基础,才是个性实现的必备前提。在批评施蒂纳的过程中,马克思很明白,个人自救的方案是不适用于劳动阶层的。施蒂纳式的个体自我自救之路,即使放宽一步说,只是对于那些可以大量继承祖父辈社会资

---

① 《马克思恩格斯全集》第3卷,人民出版社1960年版,第395页。
② 《马克思恩格斯全集》第3卷,人民出版社1960年版,第395—396页。

产的人来说,才是非常勇敢的、可以尝试的某种选择,但他对这种选择所必然面对的沉重压力和很大成本也是估计不足的。何况,它或许根本就不适合那些必须劳动的人们。对致力于普遍民众解放的马克思来说,在施蒂纳们认定紧紧依靠独自性的自我内在地、仅凭自己就能支撑起来或做到的地方,都得诉诸分工、生产力及与其相关的社会关系。在生产关系不够发达的水平上,独自性实际上就是社会性在分工体系下加给个人的,而从整个社会与单个人的关系角度来看,这种加给与个人的出生家庭、地域等等状况直接相关,具有一定的偶然性,并不是嵌入每个人的本性中去的、无法消除和克服的东西。没有普遍法则保护的独自性和个性,可能只是不发达、不完善的社会关系很偶然地加在个人身上的东西。所以,马克思说,施蒂纳把社会"加给个人的偶然性说成是他的个性"①。这也就是说,不分具体的历史场合,不看看是否具备必需的社会物质条件,就一味地主张唯一性,很可能会陷入表面上激进地抨击现实资本主义社会、而实际上是为现存的不合理社会提供变相支持(个我的唯一性不能实现不是因为社会原因,而是个我主体自身态度、勇气和胆识使然)的荒谬状况。而那些在当下显得激进的思想主张,在其所需条件将会具备的未来理想社会中,也将可能会变得为人们所认同和欢迎——尽管可能需要作出一定的调整和修改方可。在这个意义上,施蒂纳唯一者的某些特性其实在获得了社会历史的根基之后于一定程度上是能被马克思改造、接受的:如人的多元性、完整性,上午打鱼、下午作诗、晚上批判。但要以劳动生产力高度发展背景下呈现的自由时间为基础,不能凭空想象,不能当下就施行罢了。

五、普遍性的另一维度:超验理想性

自康德以来,近代实践主体的普遍性维度中就蕴含着一种超验目的、

① 《马克思恩格斯全集》第3卷,人民出版社1960年版,第508页。

价值的内涵。实践主体不但要把自己的准则普遍化,要使这些准则能被所有的理性存在者作为律法接受下来,而且实践主体也蕴涵着一种普遍的目的在内。实践被规定为实现或趋近这些普遍目的的行为与过程。自由自主,不受他物统治,尤其是不能受自己创造的客体统治(非异化),所有人在目的上的平等,生存的完整性,在自己与他人相同的普遍性生存得到基本保障并不妨碍他人自由的前提下使自己独特的个性能够得以伸张实现,自身的创造性潜能得以发挥,自身内在的各种主体性品质得到全面而非片面的发展等内涵,都是马克思从康德、费希特、黑格尔以及德国浪漫派那里继承下来的实践主体的"普遍目的"。以主体的唯一性拒斥其普遍性之后,普遍性维度中隐含的超验理想价值也势必丧失根基而被消解——这是马克思坚决反对的。以生存的整体性为例,马克思在《德意志意识形态》中强调,这种整体性反对的是两种片面性:即作为抽象公民的"政治人"和作为生产者的"经济人"。这两种"人"都是片面的、不完整的、残缺性的,当然也不足以支撑起解放和自由来。缺乏社会经济根基的"政治人"的片面性不言而喻,而"经济人"作为陷入分工体系中的个人,就是与生产力分离的大多数个人,就是生产力不属于他们反而逼迫和压榨他们的那些人;而与生产力分离就意味着"这些个人丧失了一切现实生活内容,成了抽象的个人,然而正因为这样,他们才有可能作为个人彼此发生联系"①。这种人与作为公民的政治人一样,也是抽象的人。经济人就是把个人改造成一种抹杀个性和个人的特殊性,只是以抽象的、可以共同衡量的普遍同一性:生产具有交换价值的商品的劳动时间。其他的都没有用了,比如那种不可衡量的、无法完全根据使用价值进行交换的,不能压缩为抽象劳动数量和时间的艺术。不过同时,马克思说,生产者与生产力的分离并非彻底的分离,他们还通过劳动与生产力保持着某种联系,只是劳动者对这种劳动不能自控和自主,这种劳动只是维持生命的必需手段:"他们同生产力和自身存在还保持着的唯一联系,即劳动,在他们那里已经失去了任何自主活动的假象,它只是用摧残生命的东西

———————————

① 《马克思恩格斯全集》第 3 卷,人民出版社 1960 年版,第 75 页。

来维持他们的生命。"①按照马克思的设想,只要经验现实还不符合启蒙和浪漫主义允诺的种种合理理想,主体的本质所是与实际所是不一致,不满足于经验现实而力图改造这种现实的主体就必然遭遇反讽问题。反讽就是经验主体感受到与理想主体的差距,感受到现存所是与理想所是的矛盾和不一致,而站在更高的姿态上看待现实的一种感受或态度。古典思想家认识到的完美的生存、完美的人性、完美的知识和完美的政治都是不可能现实地达到的智慧,在被近代启蒙思想家否定和遗忘之后,重新被力主反讽的浪漫派思想家们发现和意识到。马克思吸收并整合了启蒙思想和德国浪漫派思想的反讽观,开始以一种新的方式看待反讽,看待经验现实与完美本质的关系。它以有限和无限的矛盾统一、以群体主体通过实践活动改造经验现实、也以坚持主体性的价值高蹈为特征。与施密特批评的那种只通过审美的艺术方式,即仅需改变主体的心境,以另类角度来超越经验现实、达求完美王国的方案不同,马克思的反讽迈向了通过身体力行地改造和调整社会关系来不断超越现实、无限接近理想王国的方案。在这个方案中,劳动及其时间的缩短是关键;而劳动与审美在一个更广阔的背景下反而并不冲突地协调起来。福楼拜与超现实主义艺术家坚持劳动与审美的对立和不一致,主张远离例行化工作,认为例行化劳动至多能打发一下厌倦、忧郁、郁闷,防止过分沉湎于其中不能自拔,甚至任何例行化劳动都是异化的,无法通达充实的意义世界。而同时期的马克思虽然与福楼拜一样没有去从事异化性的工作,却主张通过例行化的劳动,不断缩短工作时间,增加自由活动的时间和条件,为自由的、似艺术创作的活动的增多与涌现打下坚实的物质基础。相比之下,施蒂纳明显低估了不断谋求去圣化的现代主体所必然面临的虚无主义困境,低估了那种永远挥之不去,那种没有理由、无厘头式的,那种以孤独、时间的零碎化、空虚、去现实化等为特征的厌倦、忧郁对谋求唯一性的现代个体的困囿,低估了唯一者必然面对的这种虚无主义困境。

---

① 《马克思恩格斯全集》第3卷,人民出版社1960年版,第75页。

六、"现实的人"与价值内在性

这里有个关键问题：这些"普遍目的"原来被康德、费希特、黑格尔、施勒格尔们安置在"纯粹主体"、"绝对自我"、"绝对精神"、"原我"等内生性主体之中。在否定了作为哲学原点的"纯粹主体"、"绝对自我"等内在性主体之后，马克思把它们放置在哪儿呢？它们被放置在哪里，才能确保其生存下来并生根、发芽？

这个问题涉及两个重要的、需进一步讨论的分问题：一个涉及对马克思是否以及如何批判内在性形而上学的理解；另一个涉及对马克思所谓"现实的人"的科学理解。在这两个方面，我个人认为都有一些需要进一步澄清的误解或问题。

我认为，实际上，通过批判施蒂纳，马克思对超验理想价值生根于何处这个问题的回答意思似乎很明白，就是存在于"现实的人"之中！"现实的人"不是仅仅盯住现实之物、没有超越性理想追求的人，而是顶天立地的人，即既立足于现实大地、又内心装载着价值理想的人。"现实的人"中包含着一种超验价值的内含，它表明，马克思并没有像学界所说的那样完全拒斥内在性形而上学，倒是赞同和认可了某种内在性超验价值。

对"现实的人"，张一兵教授曾提出，施蒂纳"的唯一者是现实存在的个人。我认为，施蒂纳的这一观点直接被马克思批判地接受了"[1]。其意思是，马克思在《德意志意识形态》一书的第一稿中是从客观的社会总体出发来确定"人"的，而之后的第四稿则直接从"现实的个人"出发进行论说了——这是马克思看了施蒂纳的《唯一者及其所有物》一书后受施蒂纳的影响所致。我认为这一点很重要。我想，施蒂纳的"唯一者"对当时

---

[1] 张一兵：《回到马克思——经济学语境中的哲学话语》，江苏人民出版社 2005 年版，第421 页。

仍在追求"类"的马克思刺激甚大，其表现起码有两点：一是它不够"现实"，没有实现的实在基础，只是处在应该、愿望、一厢情愿的层次上；二是，跟费尔巴哈的"类"相比，这个"唯一者"沿着推崇个别性、个性的反方向走得太远了。"类"与"唯一者"处在两个极端。如果按照浪漫派的逻辑把个别性、个性视为存在物的"现实性"的根本表征的话，那施蒂纳沿着浪漫派的逻辑对个别性、个性的推崇就是太"现实"了，如果按照马克思写作《德意志意识形态》时的"现实性"概念（社会关系构成现实性的核心所在）来判断，施蒂纳对唯一者的推崇没有把握到"现实性"的真谛，还不够"现实"。所以，沿着"现实的人"这个起点走下去，直接到达的仍然是使"人"成为"现实"的社会关系和劳动（活动本身、关系系统及其他条件）。这种"人"之所以是具体的、现实的，并非是由于个人自身内在所有的品性，而是在社会群体生活中相互结合起来的社会关系所导致的；并非是"现实"到一切施蒂纳所谓"物质圣物"和"思想圣物"都被否定掉之后完全被当下即是自由决定的"人"，而是仍然保有物质基础、特别是仍然持有某些"思想圣物"的"人"。作为形容"人"的至关重要的词"现实的"，是什么意思呢？阿伦特曾说："对人来说，世界的现实性是以他人的参与及自身向所有人展现为保证的。"①人的现实性也可作如此解。"现实性"就意味着要参与到社会关系之中，受到某些社会关系的制约和塑造，从而使人自身的"现实"成为一种社会性的相互牵扯和相互塑造，而不是挖掘自身内在的、独有的东西并使之生发和成长起来就完事了。在这个意义上，马克思会同意阿伦特的看法，只是需要补充上这种"他人的参与及自身向所有人展现"只能在社会劳动的根基上才能完成这一点。在这个意义上，从现实的人出发也就等于是从现实的社会关系出发，从他们的物质生活条件出发。这与从社会劳动总体出发并没有实质性的差异。

但"现实性"的含义就如此简单吗？现实性完全退到尘世性之中来解释吗？也就是说，"现实性"之中已经完全没有了人的神圣性维度的内

---

① ［美］阿伦特：《人的条件》，竺乾威等译，上海人民出版社1999年版，第199页。

涵了吗？

尼采认为驴子和骆驼是现实的，它们只能感受到它们身上背负的东西，它们把这些东西称为"现实的"，对这种现实的肯定就只能是忍耐、默认、自我负担、承受。这显然是蔑视如此的"现实"，认为它是软弱无力和丧失自我的表现。施蒂纳的意思也差不多。如果说施蒂纳会对他自己的"唯一者"与马克思的"现实的人"作出区别，他肯定会说，"现实的人"如果不追求唯一性，不把个性和特殊性当作自身的立足之本并向大多数的他者、向普遍性和整体性作出诸多妥协，那他就会滞留于平庸性而超不出资本主义社会，超不出自由主义的巢穴。唯一者的唯一性意味着拒斥和摆脱了种种社会性联系对自己的纠缠，意味着拒斥和摆脱了强制性的活动，意味着凌驾于众人之上的崇高。马克思对此肯定不认同，他会认为，即使有对现实之物的暂时忍耐、承受、默认，那也只能是暂时的，是为了以后更好地摆脱这些不公正的背负，去达求轻松的、共同的自我实现所承担的历史代价。也就是说，对现实的那些社会关系的当下迁就和肯定，并不意味着对超验理想的背弃和忘却，而只是为了更好和更进一步地实现它在当下所作出的一种辩证行为。换句话说，"现实性"的含义之中包含着一种拒斥纯粹世俗化解释的意蕴。它表明，对现实的社会关系的迁就、对世俗性存在的认可必须与对某种超验价值理想的认同和追求内在地结合在一起。否则，放任世俗性，让其主导一切地大泛滥，就恰好等于认同施蒂纳所反对的对物质事物的崇拜了。在马克思看来，人没有背负是不可能的，对人的整体使命的背负和以此为基础的极少数人的放松——这恰是施蒂纳的主张——紧密相关；也就是说，富有历史使命感、在历史上有所作为的群体，往往与某些群体丧失这种使命感、责任感，丧失这种创造历史的能力，并陷入贪图享受、逃避责任、能力颓废直接联系在一起。对主体的普遍性维度和神圣性维度的放弃，恰恰就是这种贪图、逃避和颓废的一种表现。

所以，在思想上，在是否保持"人"的神圣维度，是否保留施蒂纳所谓的"思想圣物"这一点上，马克思不但不认同施蒂纳，反而通过激烈地批评施蒂纳而在思想路向上与黑格尔、费尔巴哈更为接近：即必须保留一种神圣维度于"人"的规定性之中,必须拒斥否定现代性基本目标和价值的虚无主义,否则马克思的社会理想就没有持有的根基了,维系于某种合理的价值理想并力主向这种理想实现的国度切近的社会发展论也就会被多元并行或怎么都行的"后现代"价值主张取代了;从而,马克思的社会批判也就没有必要了,也就可以被施蒂纳的"真正的自我利己主义"所替代了。在这个意义上,断定施蒂纳的唯一者就是现实存在的个人,甚至是马克思意义上的现实的个人,这样的观点虽然对于凸显以前我们忽视的施蒂纳与马克思的关联,"唯一者"与对"现实的人"的关联大有裨益,但对我来说还是无法接受。我觉得,"现实的人"不是"唯一者",而是对"唯一者"的历史唯物主义矫正,是"唯一者"刺激出来的历史唯物主义产品。

许多学者用"感性的人"注释马克思的"现实的人",道理是相似的。从施蒂纳的角度看,马克思的感性肯定不是彻底的感性,因为这种感性维系着理性、超验性的意义——它无法用感性存在证实或证伪,也无法用感性来取代,维系着群体共同体的共同追求,靠自身的不断累积趋向一种整体性、稳定性、统一性、永恒性的存在。而施蒂纳的感性却明显切断了这种与非感性的维系,而彻底把自己放逐进了瞬间、片段、偶然、裂变、易变、空无、消耗、享受和最后的死亡中。今朝有酒今朝醉、明天没酒喝凉水,这种在 20 世纪 80 年代一些中国小说作品中宣扬的精神,即使不能构成施蒂纳唯一者的生动写照,起码也比较符合施蒂纳唯一者的品格追求。

这样看来,从经验主体与超验主体关系的维度来看,施蒂纳的唯一者让马克思重新思考的不只是"类"是否还能作为评判现实的基础,不再是是否应该更着重强调"人的""现实"、"感性"方面,把"人"、"主体"向感性、经验维度方向进一步移动的问题,而是迫切需要确定"现实的人"(或用我们的话说"经验主体")在告别原先的"抽象性"、"超验性"和"神圣性"之路上应该走多远,应该在哪里刹住步伐;或者应该在普遍、特殊与个性,在神圣性与世俗性,在抽象超验性与具体经验性等等之间保持一种怎样的辩证结构才是合理的,才能与自己追求的理想目标协调一致起来。通过施蒂纳的刺激,马克思不能不充分考虑,不能不提醒自己:从抽象维度向感性维度靠拢、从神圣维度向世俗维度移动肯定有一个限度。超出这个限度所直接面临的尴尬与行将陷入的危险,令马克思幡然醒悟——不能无限地反抽象,不能不遗余力地鼓吹感性、世俗,不能过度地强调唯经验性存在才能算现实存在,以至于在可直接感知、有形有状的经验性存在与现实存在或有价值存在之间画等号。否则就会陷入虚无主义的困境!

从马克思的角度看,施蒂纳的唯一者虽然很"感性"——"感性"得任何超验性的东西都没有了,但并不"现实"。因为"现实的人"就表示"生活在现实的实物世界中并受这一世界制约的人"①,徐长福教授曾把这"现实的人"解释为拥有"坏的感性"的人,"即杂有无数逻辑异质的属性的个人,他是黑格尔式的世界本质的天敌"②。我觉得,"现实的人"不管是什么,作为黑格尔式世界本质的天敌是夸大了的。马克思绝对没有走到这样的地步。他仍然持有一些黑格尔式的本质、理念作为人的本性中的一种本质性规定存在。"杂有无数逻辑异质的属性的个人"并不就是马克思的"现实的人"的本有规定,因为施蒂纳的"唯一者"也(甚至更)符合这样的界定,而且恰恰是施蒂纳才把无数逻辑异质的属性平等地看待——它们共同地存在于"唯一者"的杂多属性之中,谁也不能占先或拥有特权。而对马克思来说,构成"人"的各种属性的逻辑异质性之间绝非是平等的,那些靠近、接近于马克思没有放弃的诸多本质性规定的属性,肯定更为重要和根本些。把马克思的"人"论说成是"杂有无数逻辑异质的属性的个人",而且还"是各种黑格尔式的世界本质的天敌",意味着把马克思混同于施蒂纳。为了消除这种误解,马克思特意在批判施蒂纳时与之划清界限:对施蒂纳要抛弃的那些"黑格尔式本质规定",其中许多马克思都要保留(尽管可能有所调整和改造),如历史发展、进步、使命、平等、同质性的历史主体等等观念(还有与浪漫派的 Ur-ich 相关的规定,如每个人独特个性及其实现,人生存的完整性和全面性等等)。对施蒂纳的批判表明马克思不想走到施蒂纳的极端地步,这是需要特意指出的。

① 《马克思恩格斯全集》第 2 卷,人民出版社 1957 年版,第 244—245 页。
② 徐长福:《论马克思人论中本质主义与反本质主义的内在冲突》(中),载《河北学刊》2004 年第 3 期。

如果缺乏划清马克思与施蒂纳界限的特意提醒,甚至反而给人留出很大误解空间的解释,都会使马克思批判施蒂纳的良苦用心流于浪费。

在我看来,马克思所谓"现实的人"的构成模式与康德把智性模型和经验模型结合起来解释实践主体的模式非常相似。沿着纯粹、超验维度基于智性模型理解主体之人肯定是马克思和施蒂纳都反对的。作为共同从黑格尔哲学走来又共同批评黑格尔的"青年黑格尔派"成员,马克思与施蒂纳当然拥有一些共同的背景和思想倾向。洛维特在总结这一点时曾说,从现实中、从处在赤裸裸的存在当中的人本身来理解哲学,是他们的共同倾向。"从一种已经意识形态化了的精神哲学退回到人的实际生存的此在和当下以及人的赤裸裸的存在问题上来。这是一个统一的基本特征,这个基本特征也因此贯穿在他们对黑格尔的纯粹'思维'的三重批判中,这种批判是在给'激情'(克尔凯郭尔)、'感性直观'和'感觉'(费尔巴哈)、'感性活动'或者'实践'(马克思)恢复名誉的旗号下进行的。"①但对马克思与施蒂纳之间的区别更感兴趣的我们来说,能否完全放弃超验与普遍性维度,把实践主体解释为完全唯一的、即时的、受弗洛伊德式本能限制的经验性存在? 马克思与施蒂纳的分歧也恰好体现在这里。对马克思来说,上述问题只能作否定性的回答,而施蒂纳肯定会作肯定性回答。马克思理解的"现实的人",作为创造历史的主体力量,其中仍然蕴涵着明显的与"纯粹性"、"绝对性"直接相关的"抽象性",没有了这种"抽象性"的纯粹的"现实感性",显然是马克思坚决反对的。对于实践主体来说,由纯粹智性构成的100%的纯主体马克思不要,0%的非主体马克思更不要。当然,施蒂纳的"唯一者"也不能说就是这种0%的非主体,而只能说,施蒂纳的"唯一者"只是非固定性地拥有一些百分比的纯度,是占有和享用了之后可能马上扔掉的! 马克思看到和接受的是那些成色各不相同的x%的杂金,如果设定这个 x 的值只能是个整数的话,那从理论上说它就在1—99之间。"%"之前只要有个实数,那就表明"抽象性"不会是零,马克思反对纯粹性、抽象性并不是彻底革除它,而是赶下它曾经

---

① [德]洛维特:《克尔凯郭尔与尼采》,李理译,载《哲学译丛》2001 年第 1 期。

被赋予的崇高的统治地位，把它从这个地位上拉下来，换上一个另外的存在。这种被换上的存在会保有被赶下台的那个抽象存在的某些成分和品性，但它更复杂和现实一些，对感性的现实存在因素更开放、持有更多而已。如果把马克思的现实的人解释成彻底拒绝任何"抽象性"的个人，拒斥任何普遍性、神圣性维度的个人，那就与激进后现代主义、与施蒂纳同类了。马克思对施蒂纳的极端思考所作的严厉批判完全封堵住了这种解释的可能性。所谓马克思反现代性、反传统形而上学的断言也是只能在这样的限度内理解。①

七、"无"之"虚"与"实"：施蒂纳的意义与马克思的改造

综合马克思对费尔巴哈与施蒂纳的批评，可以得出这样的结论：既不能像费尔巴哈那样抽象地规定人的本质，也不能像施蒂纳那样扔掉一切本质；应该现实地规定人的本质。这种"现实"其用意主要在于，要从更合理地或从实际出发来确定人的本质、更有效地找到实现这种本质的路径和方式这样的角度来重新看待那个"本质"及其实现。不能实现的"本质"肯定是抽象的。因而，强化"现实性"的目的在于重建主体性的根基，并通过这种根基的重建来调适对启蒙现代"人"的合理化理解。这个"合理化"的意思无非有二：一是根据新的根基对现代"人"的更恰当、更充分的理解；二是着眼于如何更好地实现包含在现代"人"中的那些超验性、纯粹性理想规定（而不是放弃消解之）而对原来那些抽象理解和抽象设计的反思、纠正。也就是说，费尔巴哈对主体之"人"的规定仍然不够

---

① 马克思反传统形而上学、马克思拒斥和颠覆形而上学的说法有些甚嚣尘上。在我看来，这些说法在不小的程度上是把尼采之后的思想附会于马克思而导致的结果。通过对施蒂纳的批评，应该能较为充分地显示出马克思拒斥形而上学的限度和边界了。在我看来，马克思在批判和"否定"传统形而上学之路上所走出的距离实际上具有明确的限度，不能过高估计。

"新",而施蒂纳的规定"新"得过了头。马克思的立场是在它们之间开辟一个有效的历史空间,在这个空间内搭建一个现代构架,使费尔巴哈虽然努力仍未能发现、施蒂纳匆匆走过埋没了或减低处理了的那些启蒙价值在这个构架中展现出来,即获得较为充分的实现。

对"现实的人"的规定,反映了马克思的一种思想特点,即"人"的世俗品格、务实精神与追求崇高理想的品格是统一的,前后相继的,相互支持的,而不是相互反对和矛盾的。在这个意义上,现实的人是指具有理想并脚踏实地地从事提高生产力、改善社会关系的人,不是两眼只盯着物质财富的物化人。生产力王国与意义价值王国的内在关联,是这一思想的前提条件。所以,现实的人绝不是只盯着物质财富的人。仅仅盯着物质财富,并且为了物质财富的积累和扩大而不惜改变和忘却超验价值追求的人,在马克思笔下只能是资产阶级的人,是无可救药的"大众";而无产阶级一定是把必然王国和自由王国内在统一起来的人,是把生产力与价值王国内在关联起来的人。这也就是说,在经验主体——现实的人中,存在着某种用经验材料无法完全证实的超验品质,这是人之为人不同于其他存在物的根本之处。与此逻辑相适应,经验现实中也包含着某种走向和谐、使人的创造性与个性自由发展的种子与潜在可能性,社会关系的调整及推动其向前更新的社会生产力能给这种潜在可能性的东西以发展实现的契机。生产力、生产关系象征着双脚扎根的大地,而包含和谐、非异化、创造性、个性自由发展以及理性等品质的经验主体——人,则象征着"头脑":"当然,哲学在用双脚立地以前,先是用头脑立于世界的;而人类的其他许多领域在想到究竟是'头脑'也属于这个世界,还是这个世界是头脑的世界以前,早就用双脚扎根大地,并用双手采摘世界的果实了。"①"现实的人"既有现实的双腿,也有起指挥和导向作用的大脑。在某种意义上,"现实"只是从理论出发点和实践活动出发点的意义上而言的,而不表示追求终点的含义,即不表示在最终追求上也只是追求现实的物质存在物。当然,继续讨论这个问题和西方马克思主义对这个问题的继续

① 《马克思恩格斯全集》第 1 卷,人民出版社 1995 年版,第 220 页。

思考,又会涉及到方方面面的许多问题,本文已经无法全面涉足了。我们在这里只想指出,这种内在性(如整体性潜质)绝不能再理解为能够自立的、抽象的某种存在,而只能理解为具有依托性根基的东西。这种根基当然就是社会关系及其不断的丰富和发展。可以说,没有这种社会关系作依托和存在、实现、发展的根基,那种只是潜存于浪漫主义个人中的源始丰富性就只能是抽象的内在性,与他批评的 18 世纪那种抽象丰富性没有实质性差异了。因而,所谓浪漫义个人概念中具有一种本有的、谋求自我实现的灵性、和谐、创造性力量,这些东西在个人本有这一点而言是一种内在性品质,那么,这种内在性就是一种抽象的、缺乏实现基础的内在性(内在性Ⅰ),不会得到马克思认同的内在性。那种只是在源始的意义上具有内在性,然后在社会性依托和根基之上具有一种实现的现实性的那种内在性品质,才是马克思所能认同的,我们称之为内在性Ⅱ。关键不是抽象的内在性是否存在,而是能够引发、促生原始内在性的社会关系系统能否把它引发和促生出来。所以,单纯的纯粹内在性存在并无多大意义,使之具有意义的是促生和引发它、使它获得实现的社会关系系统。把这个系统调整和改造好了,每个人内在的各种品性才能合理地实现和发挥出来。所以,内在性Ⅰ与内在性Ⅱ的区别需要注意。所谓马克思反对一切内在性形而上学,反对一切形而上学的观点,在我看来是用他人思想附会马克思的结果,并不符合马克思思想的本来面貌。之所以出现这样的情况,我认为与我们的哲学长期以来具有过多的知识论色彩,过于轻视实践哲学的传统密切相关。实际上,马克思虽然在知识的根基、个我主体的自足自立等方面拒斥了作为主体之根基的内在性,却从未在价值向度上拒斥过与启蒙论、浪漫诗相关的另一种内在性——从这种内在性中生发出来的是那种意义、尊严、神圣性这些人本有的东西,即人内在本有的而不是也不需要从外部置入的东西。有了它们,人才能成为具有非物性意义、内在灵性、独特性的存在。这后一种内在性就是那种价值学和神圣意义上的内在性。对这种内在性的忽视,也与我们长期以来忽视马克思与浪漫主义价值之间的内在关联相关。虽然这是需要专门论证的另一问题,在此不宜展开。但值得忧虑的是,反内在性形而上学,反超验存在,不恰当地理解"感性"与"现实性",直接导致的结果就是对唯物史观的世俗化和庸俗化理解:越来越多的人把马克思的唯物史观理解为彻底以"感性存在"取代神圣性存在,以"现实性存在"替代具有超验性意义的存在。彻底拥抱世俗化,整天盯着吃穿住,更高的文化需求看作是次要的和可有可无的,经济财富和经济增长就是一切,与经济需求难协调的一切都是点缀和虚妄,甚至极尽奢华之能事极力讲究吃穿住却毫无更高理想的做法,常被看作是唯物史观的题中应有之义。这种不恰当的理解俨然已把虚无主义当成了唯物史观的逻辑结论。重温马克思对施蒂纳的批判,可以明晰唯物史观的主体性意涵、辩证法路向以及价值形上学含义。

马克思与施蒂纳的相遇,是他第一次接触到虚无主义的问题。由于施蒂纳低估了唯一者必然面对的虚无主义困境,把"无"当作一个给每一个唯一者开拓出无限可能性空间的范畴看待,他无形中是把"无"当作一个正面、积极的东西了:它与每个人的自我实现,自由和解放的达求,每个人的个性获得全面发展内在地联系在一起。这个"无"显然具有正面性,与通常的"虚无"不能等同。有一种解释认为,马克思并没有完全否定施蒂纳的这套理念,而是批判地改造了它,即把它推到了更遥远的理想社会之中。在某种意义上,马克思没有否定施蒂纳的理念,而是以自己的历史唯物主义改造、提升了它,只是把它放进了具有现实基础的历史平台之上,把它从抽象可能性的黑暗中拯救出来,放置于现实历史的发展逻辑之中了,虽然对此不能过高估计。

所以,马克思针对施蒂纳对费尔巴哈(包括当时崇敬费尔巴哈的马克思自己)的批判所作出的调整主要是,强调人的当下的现实性,而不是按照理论逻辑推导出的应该性、理想性,是当下的现实能给予和可能的自由、解放、个性实现的程度和范围;强调人的普遍性,强调人在普遍性维度上的实现也是人的自我实现,并不是只有个性的实现才算自我实现。为此,普遍性的规则,生产关系的改进,生产力的增长,都是有助于人的自由和解放的,都是为此奠基和作准备的工作,不能因为普遍规则、生产关系基于效率和公平作出的严密化调整在公共场合不给特殊性、个性留出空间,甚至约束、阻碍个性在这些场合的发挥,就激进地认定它们阻碍个性、自由和解放。由于社会关系就是马克思所强调的"现实"的主要内涵所在,针对施蒂纳的"唯一者"发明,马克思锻造的针锋相对的范畴就是"现实的人"。

回到虚无主义的主题,我们可以说,通过对施蒂纳"唯一者"的批判,马克思发现的主要是施蒂纳那威力无穷的"无"还是很空洞的,无视现实生产关系、生产力提供的可能性,"无"蕴含的可能性还非常抽象。要使这种可能现实化,就必须高度重视社会关系的不断改进和生产力的不断增长。由此,马克思对施蒂纳的批评就体现在,施蒂纳的"无"还是"虚"的,不"实",是"虚无"。换成马克思的话说就是,施蒂纳的"唯一者"之"无"是德国小资产阶级生存状态的表达,反映了这个阶级的"虚弱"与精神上的"虚妄":弱小的德国小资产阶级无力改变自己的软弱处境,无力大干一番事业,现实社会中缺乏实际的社会的、物质的支持,他们才在思想中以激进的方式展开想象,撇开实际生活中无法撇开的那些种种限制,来展开一种无限可能性的自由发展空间,获得一种淋漓尽致的、痛快的自我实现。所以,这种"无"是廉价的、非历史的、缺乏现实根基的。

施蒂纳的理论想象无疑大大刺激了还在崇敬费尔巴哈类哲学的马克思,给正在从费尔巴哈处突围的马克思以巨大震惊,促使马克思尽快找到把当时并不缺乏的理想、理念尽快现实化的路径。无论是费尔巴哈的类还是古典经济学和席勒等古典主义者所主张的优先于个性发展的类,都是些"原则"、"理想",这些东西在当时的德国,在青年黑格尔派成员之间非常多,绝不缺乏。缺乏的是如何对它们科学、理性地予以分析,把它们现实地实现出来的理论和方案。历史唯物主义就是应对这一需要的理论创建。按照马克思新创造的历史唯物主义,心中装着崇高理性的历史创造主体,只要持续不断地致力于生产关系的改进,生产力的增长,作为无限可能性空间的那种东西就会不断切近,不断获得现实化的基础。在这个意义上,马克思的认定是,可以担当历史创造大任的历史主体(无产阶级)自然无须过分担心虚无主义问题。无产阶级是不必过分在乎虚无主义问题的,因为使"无""虚"化的是施蒂纳之类干不成大事、只能靠想象进行某种理论张狂的小资产阶级理论家,而能干成大事的历史主体足以能够使"无""实"化。所以，对能使那预示着无限可能性的"无""实"化的历史主体讲虚无主义，有点杞人忧天的味道。在这个意义上，批判费尔巴哈类逻辑的施蒂纳唯一者理论的出现，大大刺激了马克思，促进了马克思的思想转化与理论创建工作，从反面对历史唯物主义的诞生构成了"贡献"。

以上的探讨表明：其一，不加限定和区别地拒斥形上学，必然引发出危害普遍秩序、促生虚无主义等后果来的，这一点已经愈来愈明显。虚无主义是唯物史观面临的一个重大问题，必须引起我们足够的重视。施蒂纳最早给马克思触发了虚无主义问题，必须重视马克思对施蒂纳的批判，而不能再坚持"马克思对施蒂纳的工作基本上是不屑一顾的"这类引起误解和轻视的说法了。没有对施蒂纳"唯一者"之"无"的刺激，没有它还很"虚"而不够"实"的发现，把"人"现实化，从而对"社会"进行现实化认知的冲动还不至于那么迫切。怎样才算"现实"？如果说费尔巴哈提供了一面镜子，施蒂纳则提供了另一面镜子，鉴于费尔巴哈这面镜子的缺陷首先是施蒂纳大力批驳才明显显示出来的，施蒂纳这面镜子的意义就更突出了。其二，施蒂纳低估了唯一者必然面对的虚无主义困境。帕斯卡强调的理性之我无法革除掉的孤独、空虚、恐惧、死亡，帕斯卡发现而后来的福楼拜和超现实主义者愈来愈有深切体会的那种无厘头的厌倦、忧郁、绝望，以及马克思用劳动逻辑（和审美逻辑的统一）对抗之的做法，都隐藏着众多问题需要继续探讨。其三，马克思拒斥虚无主义的另外一种工具就是"劳动"与"实践"。在浪漫派试图用艺术、审美遏制虚无主义的地方，马克思用"劳动"、"实践"替代了。在他看来，只有劳动才能遏制生活的被琐碎、空无和片段化，并把生活整合为整体、意义和延续性的历史，否则社会生活就只能是虚幻、碎片、空无和颓废。劳动是劳苦大众整合琐碎的生活、提升世俗的生存、获取生存的意义的根基和源泉；也是使得施蒂纳那充满无限可能性的"无"充实起来的关键所在。其四，综合对费尔巴哈与施蒂纳的批评，可以得出这样的结论：费尔巴哈对人的本质的追求抽象过了头，而施蒂纳拒斥抽象过了头；费尔巴哈对"人"的规定不够"现实"，而施蒂纳则"现实"过了头（即过于推崇"个别性"这一现实维度），到头来都是不能做到真正的"现实";费尔巴哈仍未走出形而上学,而施蒂纳危险地彻底抛弃了形而上维度。马克思的立场是在他们之间开辟一个有效的历史空间,在这个空间内搭建一个现代构架,使费尔巴哈虽然努力仍未能发现、施蒂纳匆匆走过却埋没了的那些启蒙价值在这个构架中展现出来,获得较为充分的实现。

第 七 章

资本与虚无:虚无主义的塑造与超越

我们知道,在所有分析过虚无主义问题的思想大家中,只有马克思对虚无主义作了经济学分析。我们在第四章结尾引证过伯曼之论:"对于现代资产阶级社会的虚无主义力量,马克思的理解要比尼采深刻得多。"这种看法的理由是,鉴于现代社会以经济为核心,从社会经济角度对虚无主义作出分析,虽然为人所忽视,却显得更为深刻。如果说受施蒂纳的刺激,"无"、"虚无"问题开始进入马克思的理论视野,那么,受恩格斯和黑格尔的启发,马克思把关键问题的求解转向政治经济学批判。通过对资本逻辑的追寻,马克思发现,资本势必陷入虚无主义。

一、资本消解神圣:从主体性到上帝之死

正如第一个提出现代"虚无主义"概念的哲学家雅各比在 1799 年就隐约意识到的,上帝之死的逻辑结论早已蕴含在近代主体性哲学之中。正是近代主体的自足自立品性,才导致了上帝对主体的可有可无:就理想状态或纯粹状态而言,主体是不需要上帝的,至少不需要外在的上帝的指引。或者说,主体如果需要崇拜什么,那也是主体自己认定的,是隶属于

主体自身的东西。康德把外在的、威权的上帝内化到实践主体之中,使上帝不再高高在上地外在于主体面前,却成为依赖于纯粹理性的主体的内在,首先就导致了传统、外在于主体的上帝的退场,尔后会随着主体的特殊化、个性化伸张必然进一步导致各人心目中的"上帝"的多元化,相对主义随之出现,作为超验神的上帝于是必死无疑。

对马克思来说,传统上帝之死的普遍表现自然就是拜物教。超验的"上帝"转变为经验的"上帝":货币与资本。工商业资产阶级越来越借助被自己把握、掌控、占有的"客体"、"物",来彰显、标识和成就主体自我。所以,资本逻辑中的虚无主义苗头正是源自近代主体性哲学。正是由于商品、物的主体性规定,也就是物依赖人的性质,才使得奠基于主体性根基之上的"物"在普遍化的征途上荡除一切神圣性的东西,把一切存在物都变成一种隶属于人或者人占有的物品的。对此,马克思心知肚明:

> 所以任何东西只有在为个人而存在的情况下才具有价值。由此可见,物的价值只存在于该物的为他的存在中,只存在于该物的相对性,可交换性中,除此之外,物的独立价值,任何物和关系的绝对价值都被消灭了。……因此,任何东西都可以为一切人所占有,而个人能否占有某种东西则取决于偶然情况,因为这取决于他所占有的货币。所以,个人本身被确立为一切的主宰。①

物被高度地人化了。物对主体性的依赖,不再像在海德格尔那儿那样处在生存论的朦胧之中,在马克思这儿变得非常具体起来,即体现为,物被高度地商品化、货币化,最后不免是资本化。而随着具体化的进展,作为物之主体的"人",也变得更为复杂起来,需要更多的社会前提才能现实化。那些缺乏社会前提的一般的"人",在此特定之"物"前,可能只是作为一种抽象的可能才存在,在某些情况下,这种可能性的抽象程度或许接近于没有,即使你发挥再大的想象力也只是遥远地想一想而已。如果说,被商品化的物还可以具体体现为五颜六色、形状各异、功能不一的具体存在,还可以散发出某种不是十分抽象却可以比较具体的光辉形象,

----

① 《马克思恩格斯全集》第31卷,人民出版社1998年版,第251—252页。

那么,被货币化的物就开始变得更为抽象,好像具体的物品被进一步压扁,失去生动的具体性,成为抽象、干瘪的普遍性存在。

对马克思来说,有形有状的"物"成为商品,通过社会交换成为普遍、一般的"物",依赖特定的、发达的社会关系。有形有状的物理"物"(Ding)与无形无状的社会"物"(Sache)统一起来了。马克思分析道:

> 活动的社会性质,正如产品的社会形式和个人对生产的参与,在这里表现为对于个人是异己的东西,物的东西(Sachliches);不是表现为个人的相互关系,而是表现为他们从属于这样一些关系,这些关系是不以个人为转移而存在的,并且是由毫不相干的个人互相的利害冲突而产生的。活动和产品的普遍交换已成为每一单个人的生存条件,这种普遍交换,他们的相互联系,表现为对他们本身来说是异己的、独立的东西,表现为一种物(eine Sache)。在交换关系上,人的社会关系转化为物的社会关系(Verhalten der Sachen);人的能力转化为物的(sachliches)能力。①

这里的"物",也就是在社会中交换的"物",马克思都是使用了 Sache 一词,而不是 Ding。有必要提及的是,紧接着这段话概括总结的是"社会三形态论"(确切地说,是三种"社会形式"),其中第二个社会形式,即"以物的依赖性(sac hlicher Abhangigkeit)为基础的人的独立性",其中的"物",也不是 Ding,而是 Sache。它标识的不仅仅是物质财富的增多,或者主要不是物质财富的增多,而是社会关系(特别是生产关系)的发达,也就是这种关系标准化、程序化、法制化、形式化、抽象化、精确化、自动化、理性化水平的不断提高,以及与此相适应的生产力的发达。如果在韦伯的语境中,社会关系的这种性质就应该翻译为"事化"、"切事化"、"即事化",亦即社会关系日益按照规则化、程序化、理性化的要求,着眼于提高效率和公平的角度不断改善社会关系体系;而"以物的依赖性(sachlicher Abhangigkeit)为基础的人的独立性",在韦伯的语境中就是"以事

---

① 德文原文参见 Karl Marx Friedrich Engels Werke Band 42,Dietz Verlag Berlin 1983,S.91.中译文采用了《马克思恩格斯全集》中文第二版的翻译,参见《马克思恩格斯全集》第 30 卷,人民出版社 1995 年版,第 107 页。

务的依赖性为基础的人的独立性",系指一种人的高度社会化。这种高水平的社会化给人带来了日益丰富、效能优越的物质财富,也给人带来了所谓的"物化"、"异化",带来了日益严密的社会关系对个人的严密规制、压制,社会关系对人成为所谓的"铁笼"(Stahlhartes Gehause),一种虽然有些冰冷但很安全、能给个人提供所需保护,或者把危险隔在外面的"家"。

回到马克思的语境,如他所说,资本虽然必得体现在物(Ding)上,"但资本不是物(Ding),而是一定的、社会的、属于一定历史社会形态的生产关系,后者体现在一个物上,并赋予这个物以独特的社会性质"①。从商品经货币到资本,"物"的社会性质体现得日益明显。为了凸显资本作为社会关系的性质,马克思甚至还说:"资本被理解为物(Sache),而没有被理解为关系。"②就是说,Sache 虽然是社会关系介入后呈现出来的"物",但人们还是看不出它与"关系"近义,仍然在非关系的意义上理解它;而 Ding 与"关系"的含义更远。所以,马克思还是在特定场合下,很遗憾地说,虽然它已经是社会关系介入后呈现出来的"物",人们还是未能把 Sache 理解为社会关系! 言外之意是,资本作为关系的含义多么需要凸显出来,而这种含义不仅要与 Ding 而且还要与 Sache 区分开来。在另一地方,马克思说:

> 经济学家把人们的社会生产关系和受这些关系支配的物(Sachen)所获得的规定性看作物(Dinge)的自然属性,这种粗俗的唯物主义,是一种同样粗俗的唯心主义,甚至是一种拜物教,它把社会关系作为物(Dinge)的内在规定归之于物,从而使物神秘化。根据某物(irgendein Ding)的自然属性来确定它是固定资本还是流动资本所遇到的困难,在这里使经济学家们破例地想到:物本身(Dinge selhst)既不是固定资本,也不是流动资本,因而根本不是资本,正像成为货

---

① 《马克思恩格斯全集》第 46 卷,人民出版社 2003 年版,第 922 页。
② 德文原文参见 Karl Marx Friedrich Engels Werke Band 42, Dietz Verlag Berlin 1983, S. 183.中译文参见《马克思恩格斯全集》第 30 卷,人民出版社 1995 年版,第 214 页。

币决不是金的自然属性一样。①

仅从这里看，Sache 的确是社会关系介入后呈现出来的"物"，而 Ding 是自然的、物理意义上的。即便如此，除了申明资本不是 Ding，有时还是需要申明，资本也不是 Sache，而只能是一种特定的社会关系——如果人们不是在社会关系意义上理解 Sache 的话。

把资本理解为社会关系，一种与现代技术连为一体的社会关系，势必意味着资本的自我扩张、自我延展。因为资本追逐更大利润的冲动是永无止境的。资本的自我生产必须突破任何地域性的限制。马克思是从宽广的世界史视野来看待资本的发展过程的。在此问题上，他与强调地方性、特殊性、个性的德国浪漫派截然相反，在浪漫派作家把地方性、民族性、特殊性视为抵御资本的普遍性的更高存在，认为最高存在和最具体的存在都是富有个性的存在的地方，他都唱起了反调。他看到资本的普遍性扩张不可遏制，认定"过去那种地方的和民族的自给自足和闭关自守状态，被各民族的各方面的互相往来和各方面的互相依赖所代替了"②。所以，他不会像俄国虚无主义思考者们那样，不会像屠格涅夫笔下的俄国贵族巴威尔那样，从民族、民族文化传统的角度批评日趋普遍化扩张的资本，以文化传统的逻辑对抗资本的逻辑，相反，他看到并认定：

> 资本一方面要力求摧毁交往即交换的一切地方限制，征服整个地球作为它的市场，另一方面，它又力求用时间去消灭空间，就是说，把商品从一个地方转移到另一个地方所花费的时间缩减到最低限度。资本越发展，从而资本借以流通的市场，构成资本流通空间道路的市场越扩大，资本同时也就越是力求在空间上更加扩大市场，力求用时间去更多地消灭空间。③

---

① 德文原文参见 Karl Marx Friedrich Engels Werke Band 42, Dietz Verlag Berlin 1983, S.588. 中译文参见《马克思恩格斯全集》第 31 卷，人民出版社 1998 年版，第 85 页。

② ［德］马克思、恩格斯：《共产党宣言》，载《马克思恩格斯选集》第 1 卷，人民出版社 1995 年版，第 276 页。

③ ［德］马克思：《1857—1858 年经济学手稿》，载《马克思恩格斯全集》第 30 卷，人民出版社 1995 年版，第 538 页。

　　以时间消灭空间,是马克思社会发展论的基本逻辑。它表明,空间的限制似乎都可以用时间的演化去弥补和消解。在社会发展论的逻辑中,时间与空间是密不可分的:空间的限制可以用时间来弥补和抵消;而时间的限制也可以用空间的拓展来放缓和规约。现代化的空间扩张使得物充满了空间,空间成了现代物搭架起来、分割出来的世界。这个世界是平面化的,没有纵深的深度延展,时间面临着被压扁的命运。而在这个日益平面化的空间中,往往只有在纵深维度上才能呈现存在的精神层面,就成了虚无缥缈的空无。20世纪社会批判理论更多体验到的空间对时间的压扁,与19世纪马克思强调的时间对空间的挤兑有诸多的不同。在马克思力主的时间主导的19世纪,在费希特、黑格尔那里还是充满活力的精神主体性,处在冉冉上升和拓展的氛围中,虽然到了黑格尔学派解体阶段已经暴露出精神衰落的迹象,并在青年黑格尔派最激进的施蒂纳那儿呈现出虚无主义的麻烦,开始令人忧虑:精神只是意识形态? 只能充当物质利益的传声筒? 唯一真实的存在只是物质利益,或者当下即是的感觉? 唯一有意义的实在就是日益令人眼花缭乱的现代“物”,就是实实在在对人有正面刺激的东西? 而且,更让人担忧的是,能够作出这种判断的主体只是当下即是的自我,各不相同的自我(唯一者)? 在一定历史空间内普遍、永恒的主体是一个意识形态的造物? 施蒂纳的这种质疑唤醒了雅各比担忧的虚无主义。虚无主义隐藏在哪里? 时间维度被掩盖、退后之后,就被充满物的空间替代了吗? 为什么在费希特、黑格尔那儿还朝气蓬勃的“精神”这么快就面临着“物”、“感觉”甚至“本能”的冲击呢? 在这种冲击中,虚无主义已经乘虚而入。我们将在本书第十二章中对此予以专门探讨。现在的问题是,在资产阶级推动的这种物、感觉、本能一体化的发展逻辑中,如何对只有在历史维度中才能得以建构的理想、精神维度构成毁灭性冲击,并使得崇高、理想在感性、本能奠基的物化逻辑中被蚕食掉? 通过对资本逻辑的分析,马克思发现了资产阶级作为历史主体的历史局限,并且坚信,为了进一步推进历史,必须寻找能够替代资产阶级、继续沿着其开创的历史大道向前推进的“新人”,探寻这种“新人”在资本运行的逻辑中的命运。

以时间消灭空间的资本逻辑,会进一步推进商品、货币、资本的一致化。

由此,传统共同体文化认定的崇高、神圣都迟早会在这个不断拓展的商品、货币、资本世界体系中被推翻、瓦解、否定。

> 随着财富的发展,因而也就是随着新的力量和不断扩大的个人交往的发展,那些成为共同体的基础的经济条件,那些与共同体相适应的共同体各不同组成部分的政治关系,以理想的方式来对共同体进行直观的宗教(这二者又都是建立在对自然界的一定关系上的,而一切生产力都归结为自然界),个人的性格、观点等等,也都解体了。①

在这个过程中,科学起着巨大的作用。如果把马克思纳入屠格涅夫的《父与子》中,他肯定成为俄国老贵族巴威尔的讥讽对象,因为马克思与巴威尔讥讽的虚无主义者巴扎罗夫一样,是一个不折不扣的赞美科学的人:

> 单是科学——即财富的最可靠的形式,既是财富的产物,又是财富的生产者——的发展,就足以使这些共同体解体。但是,科学这种既是观念的财富同时又是实际的财富的发展,只不过是人的生产力的发展即财富的发展所表现的一个方面,一种形式。②

当然,如果真的发生马克思与巴威尔的争论,那分歧也不会很大。因为马克思也认定科学被资本利用,作为资本体系的组成部分,促进资本的扩张,也就势必加重资本的空虚,加重资产阶级陷入虚无主义的力量。区别当然是,巴威尔是立足于封建贵族的立场看不上资产阶级,而马克思是立足于未来新人(无产阶级)的角度看不上资产阶级。马克思一直强调,科学能促进生产力的发展,虽然它发挥这样的作用时往往隶属于资本,但科学与资本并不是永久的同谋,在资本历史使命完成之时,科学仍然可以

---

① [德]马克思:《1857—1858 经济学手稿》,载《马克思恩格斯全集》第 30 卷,人民出版社 1995 年版,第 539 页。

② [德]马克思:《1857—1858 年经济学手稿》,载《马克思恩格斯全集》第 30 卷,人民出版社 1995 年版,第 539 页。

继续发挥积极作用。"……劳动的社会将科学地对待自己的不断发展的再生产过程,对待自己的越来越丰富的再生产过程,从而,人不再从事那种可以让物来替人从事的劳动——一旦到了那样的时候,资本的历史使命就完成了。"①在这个使命完成之前,科学作为资本的支持性力量为发展生产力、缩短劳动时间、"为发展丰富的个性创造出物质要素"作出积极贡献。至于科学能否进一步带来道德、价值的危机,像20世纪20年代中国学术界科玄论战中张君劢一派担忧的那样,马克思没有说明。在我看来,马克思的意思很明显,在生产力发展到劳动者已有较多的自由支配时间之后,在这个自由支配时间内能否摆脱虚无主义,那是因人而异,确切地说是因阶级人而异的。并不是所有的人都会陷入虚无:摆脱不了物化的资产阶级必然陷入空虚,而承担着历史重任的无产阶级是不会的。

按照资本的内在逻辑,资本为了自我壮大,必然摧毁宗教,荡涤一切神圣和崇高,就连新教也被资本的自我壮大所利用,成了资本自我扩张的帮凶和工具:新教对待无业游民也抱着"不要救济而要他们去劳动"的态度,凸显它是多么资产阶级,"新教几乎把所有传统的假日都变成了工作日,光是这一点,它在资本的产生上就起了重要作用",所以,"新教实质上是资产阶级宗教"。②

在这个意义上,当说了本节一开始所引证的那一段物依赖主体的话之后,马克思认为,崇高和神圣因为货币成为有价值之物的最普遍的代表而逐渐趋于消失,这是不可避免的历史发展结果。因为在作为普遍价值尺度的货币面前,任何东西都是可计算的、可衡量的、可交换的、可占有的,任何存在物的价值都是依赖物的所有者的,没有例外。

> 没有任何绝对的价值,因为对货币来说,价值本身是相对的。没有任何东西是不可让渡的,因为一切东西都可以为换取货币而让渡。没有任何东西是高尚的、神圣的等等,因为一切东西都可以通过货币而占有。正如在上帝面前人人平等一样,在货币面前不存在"不能

---

① 〔德〕马克思:《1857—1858年经济学手稿》,载《马克思恩格斯全集》第30卷,人民出版社1995年版,第286页。

② 〔德〕马克思:《资本论》第1卷,中国社会科学出版社1983年版,第270、776页。

估价、不能抵押或转让的",“处于人类商业之外的",“谁也不能占有的",“神圣的"和“宗教的东西"。①

归根结底,是人与神的合一,神从外在的伟大变成内在的自觉之后必然发生神的个殊化、相对化,变成因人而异的东西,依靠理性自觉才能保持和不断生发出来的东西。神的内在化结果,就是传统的神的死亡,不管死亡之后的新“神"是费尔巴哈的“类",施蒂纳的“唯一者",还是马克思批评的“拜物教"意义上的“物",抑或其他形式的存在,反正传统那种超验、伟大、高高在上、令人敬畏的神圣存在不再被人们所信奉了。

> 从这里可以看到,正是资本摧毁了宗教,宗教消亡论可以有另一种解释,而宗教也并不仅是人民的鸦片,宗教是对共同体的理想化直观,宗教是共同体的一面镜子,通过宗教可以看到共同体的理想境界,共同体成员也可以通过宗教看到理想的自己,宗教是共同体的象征,宗教是共同体的万里长城。……宗教将在资本的屠刀下消亡。宗教守护着共同体,是共同体边界的卫士,而资本要摧毁这种共同体,因而必将摧毁宗教。在资本取得完全统治的地方,唯一可能的宗教只能是对资本的崇拜——拜物教……如今资本积累才是“神圣而不可触碰的"。②

值得注意的是,按照马克思的逻辑,宗教的灭亡,虚无主义的呈现,并不值得多么哀伤、忧虑,因为它关切到的只是一个阶级,一个在历史上已有所作为但使命已经完成、作为即将结束的资产阶级的衰亡;而继这种衰亡之后的,恰恰是无产阶级事业的继续。就像恩格斯在《1847 年的运动》中所说的,“资产者的背后到处都有无产阶级……我们可以把这一切直截了当地告诉资产者,可以向他们摊牌,让资产者事先知道,他们的努力只会使我们获益"。

> 资产者大人先生们,勇敢地继续你们的战斗吧! 现在我们需要你们,我们在某些地方甚至需要你们的统治。你们应该替我们扫清

---

① 《马克思恩格斯全集》第 31 卷,人民出版社 1998 年版,第 252 页。

② 叶建辉:《托邦——解放神学里的历史、共同体与灵修》,中山大学博士论文,2012 年,第 37—38 页。

前进道路上的中世纪残余和君主专制。你们应该消灭宗法制,实行中央集权,把比较贫穷的阶级变成真正的无产者——我们的新战士。你们应该通过你们的工厂和商业联系为我们建立解放无产阶级所需要的物质基础。为了奖励这一点,你们可以获得短期政权。你们可以支配法律,作威作福。你们可以在王宫中欢宴,娶艳丽的公主为妻,可别忘了"刽子手就站在门前"。①

崇高和神圣因为货币成为最普遍的有价值之物的代表而逐渐趋于消失,如果是个麻烦和问题,那也是资产阶级的。对于接着资产阶级继续历史创造的无产阶级来说,倒是一个有所作为的历史机会。

二、物的眩晕:经验神圣的虚无化

未来新人如何接过历史重任超越虚无主义,并创造一种不同于资本主义的新的文明?

不过,事情还不能这么急。资产阶级所做的事还不止如此,无产阶级还必须耐心地观察、接受资产阶级所作所为的历史效果。

资产阶级解除共同体,打倒超验神圣,把整个世界都充分世俗化,却并不是消解一切神圣和宗教。他们打破超验神圣,批判超验神灵,却又致力于塑造一种经验神圣,崇拜一种物神。只不过这种对经验物的崇拜虽然会一时塑造某种眩晕,可到头来这种眩晕仍然会进一步加重追求者的虚无主义困境,它与个人主义氛围中进一步生发出来的相对主义相混合,会进一步加重资本的虚无主义困境,呼唤一种摆脱了此种困境的新文明。

没了传统超验的崇高与神圣,资本却在不断地塑造经验的崇高与神圣:明明是没有任何神秘性的物质产品,一个世俗得不能再世俗、具体得不能再具体的物品,却借助广告、宣传,特别是现代传媒技术的渲染制作,

---

① 《马克思恩格斯全集》第4卷,人民出版社1958年版,第515页。

被不断地符号化,成为带上神秘光环的、非同寻常、甚至超凡脱俗的东西。一旦如此,它的文化符号含有的意蕴就会借助想象力被广泛扩展开来,最终成为不是世俗物品,而是深含文化意蕴、借助想象力可以与优良经验和美好理念连接起来的带着神秘光环、超凡脱俗的高级物品。它象征着更高的地位、等级和品位。与其说它是一个物品,不如说更是一个意蕴丰富的象征。为了达到这一点,资本借助的不再是理论论证,也不是道理宣传,而是与现代技术密不可分的感觉、刺激的不断强化。通过现代技术日益强大的制作能力,唤醒并强化建立在感觉、本能基础上的印象、幻觉、刺激,使其远离理性的分析推敲,才能成就这种戴着神秘光环、象征着崇高品味和不凡的世俗物品,并在不断的更新中不断演化下去。如果仔细渗入理性分析,这种世俗的经验神圣物是无法持续维持的。它也非常明白这一点,所以才诉诸感觉的强化,把现代感觉、刺激、形象与不断更新的"社会想象的表意"连接起来,成就一种变幻莫测的、不断加入新鲜内容的"社会想象的表意"。①

一旦如此,物品就能成功地脱壳,脱去世俗、具体之壳。于是,物品与文化符号成功对接,于是,商品的大量生产与文化时尚的再生产就内在地结合在一起,随着劳动剩余的不断增多,前者的地位缓慢地趋于弱化,对于那些高级消费品、奢侈品的生产和消费来说,甚至可能发生前者跟后者相比是次要的现象。马克思的物象化功能表明,具体的物(Dinge)充其量只是现象,其背后隐藏着的更本质的东西必须穿透这种物象才能呈现出

---

① 按照卡斯陀瑞迪思(Cornelius.Casloriadis)的说法:"这样的表意,既与任何认定的(实体)无关,又与人们思索的(理性)无关,它只是一种想象的表意。"而汤林森进一步解释道:"一种想象的表意只不过是一种象征,既非'真实'而可以认知或可以经由经验而验证,它也不是'理性的',因为人们无法透过文化的思想规则而加以推演。……想象'先于'真实与理性而运作:它是文化创造行动的产物,其后的任何一个文化表意体系均根源于此。"参见[英]汤林森(John Tonlison):《文化帝国主义》,冯建三译,上海人民出版社1999年版,第296页。在基督教文化中,"上帝"是一个"表意",但在我们看来却不是一个主要跟经验、感觉、本能对接而确立的"表意",却是一个颇具超验性格的"表意"。而象征着超凡脱俗的现代物品却主要是通过感觉、形象的强化而得以建立和支撑的"表意"。它没有多久的永恒性,不断在变化更新,却与传统的崇高、神圣"表意"功能类似,因为与感觉、形象刺激、本能具有更密切的联系,因而对现代人而言,它感觉上更具实在性,更为可靠,而不那么虚无缥缈。

来。如果看不到物品的真相蕴含在社会性质中，看不到物品更是一种Sa-che，或者举个例子，纸币作为普通的物品只不过是一张高级印刷品，如果上升不到社会关系的高度，发现它在更多社会消费者之间凸显了一种什么的魅力，凭借这种魅力，它简直成了一种比原先的上帝还要神圣的东西，就意味着被物象化所迷惑住了，就会仅仅滞留于自然唯物主义或一般唯物主义的水平上，到达不了社会唯物主义、历史唯物主义的水平，并因此看不到物质生产下面的文化层面及其社会真相，并仅仅关注物质产品及其再生产，关注物体系。而实际上，物的大量流行及其导致的物品再生产是建立在文化时尚的形成上面的，依赖一种物化体系中的文化传播。威望，或者葛兰西所说的"同意"，才更是资本主义社会的秘密。与其说资本主义建立在金钱或机器的基础上，还不如说建立在文化、交流和时尚的迅速传播和复制性生产上。在这个意义上，物品的社会化、符号化，即其文化意蕴的扩展和强化，才是超越单纯的唯物主义的奥秘所在。这早已被卢卡奇、葛兰西以来的众多马克思主义者所关注和研究过了。

于是，"一件物品如果与时尚性的文化象征成功地连接起来，让待售的商品能在时尚性文化象征的照耀中发出更强更耀眼的'光芒'，他在诸多待售物品中就会被人看得更具有价值，具有更高的价值，从而能被更多的消费者所认同、所选择"。"这些与众不同的消费品于是就成了能发出异样光辉、带着美丽光环的存在，成了能够显示文化品味、具有丰富文化象征和意味的符号物品，而不再只是一件实实在在、有形有状的普通物品了。一旦如此，它的价值也就会成倍增长，而且也只有在价值成倍增长之后，它才能不断地维系住这种符号意涵。"由于没有了超验神圣价值可以追求，可比较的直接就是所有物。所以，"在相对缺乏超越性价值追求与评价的社会氛围中，一个人所具有的物品的标志性意义就更为突出出来了。他所消费的物品的名牌效应就会附着在他的身上，成为与他形影不离的某种'光'照亮他的自身，使他处于一种吸引人的光环的环绕之中。他会感觉到自己处于一种与众不同甚至超凡脱俗的'光亮'氛围中，成为受人推崇、被人羡慕的对象。之所以能有这样的异样感觉，往往就是由于他所占有、消费的此种产品在广告传播和社会传播中被赋予了一种神秘的光环。其消费广告不断地在绽放一种把此种物品与某种富有价值的、超凡脱俗的东西联系在一起的画面或情景,从而在此种物品与崇高价值、超凡脱俗连接了起来。一旦这种连接获得人的认同,人们就会通过购买行为试图在对这种物品的消费占有中获得这种连接,从而获取这种处在这种连接那端的价值意象"①。

但是,这种靠现代技术、靠文化想象塑造出来的经验神圣、不凡,却有一个致命的缺陷,那就是转瞬即逝,无法持久。哪怕是短暂的持久,常常也难以做到。为了尽快获取更多利润,资本也不会允许一种物品在市场上维持多久,而只会让它尽可能快速地退场、褪色。加速运转,才能有更大的利润。不断地淘汰,才会有新物的创生。只有如此,在不断的替代中,资本才能获取更大的利润。于是,为了利润,资本不惜不断地解构物品所具有的文化和技术意涵,解构其超凡脱俗品格,并不断地再塑造它。伯曼总结道:

> 正如马克思所见,事情的真相却是,资产阶级社会建设的每样东西都是为了被摧毁而建设起来的。"一切坚固的东西"——从我们身上的衣服,到织出它们的织布机和纺织厂、操纵机器的男男女女、工人们所居住的房屋和小区、雇佣工人的工厂和公司,一直到将所有这些人与物包容在内的城镇、整个地区乃至国家——所有这一切都是为了在明天被打破,被打碎、切割、碾磨或溶解制造出来的,因此它们能够在下星期就被复制或替换,而这整个过程能够一而再、再而三地、希望能永远为了获得更多的利润不断地继续下去。所有资产阶级纪念物的令人哀怜之处在于,它们在物质上的强度和坚固性实际上毫无价值,无足轻重,它们像衰弱的芦苇那样被它们所纪念的资本主义发展的力量摧毁。②

资本是历史上最伟大的创造者,也是最伟大的破坏者! 被制造的东

---

① 刘森林:《追寻主体》,社会科学文献出版社 2008 年版,第三章第四节"劳动的绝对性与非绝对性"。

② [美]马歇尔·伯曼:《一切坚固的东西都烟消云散了》,徐大建、张辑译,商务印书馆 2003 年版,第 127—128 页。

西很快就被破坏掉，对这些被创造物的欣赏、崇敬，这些物的不一般、身上带有的光环，很快就会消退，变得一文不值。从它的时尚、耀武扬威、与众不同、自命不凡，到它被扔进垃圾桶变成废物一个，经历的时间不会很长。昨天它们是耀眼的明星，明天就是人老珠黄、奄奄一息的病夫。神圣物的瞬间即时性，更加强化了资本固有的虚无主义力量。被解构的对象从超验神圣到经验神圣，其神圣性更经不起冲击，甚至可以说，经验神圣物的神圣性，本来就是个被暂时搭建起来的空架子，是个被暂时吹大的肥皂泡。它的瞬时膨胀，跟它的瞬时被戳破，同样都是转瞬即逝、自然而然，像一阵风吹过，像一阵雨飘落。最后，一切存在物都成为过眼烟云，"神马都是浮云"。

如果不仅超验的神圣，而且经验的神圣物，都会转瞬即逝，那这个世界还有什么能神圣、持久呢？资本追求自我最大化的逻辑中不是内在地包含着一种亵渎一切神圣的巨大力量吗？正如马克思所说：

> 生产的不断变革，一切社会状况不停的动荡，永远的不安定和变动，这就是资产阶级时代不同于过去一切时代的地方。一切固定的僵化的关系以及与之相适应的素被尊崇的观念和见解都被消除了，一切新形成的关系等不到固定下来就陈旧了。一切等级的和固定的东西都烟消云散了，一切神圣的东西都被亵渎了。人们终于不得不用冷静的眼光来看他们的生活地位、他们的相互关系。①

这就是资本塑造的虚无主义。资本不把一切外在、高大、超验、永恒的神圣亵渎完，它就永不罢休；它会把这些神圣物视作落后、保守、封建、过时、虚妄的东西，最多给它们标上价格变成文物。然后根据自己的逻辑和规则来制造为自己服务的神圣物。这样的神圣物必须不断地给自己带来利润，把自己锻造的物品而不是其他存在打扮成超凡脱俗的非凡存在，然后从中置换出金子。当它的置换能力减弱时，资本会毫不犹豫地把它视为半老徐娘，连养老院也不必进入就可以直接埋进坟墓。一切存在，有

---

① ［德］马克思、恩格斯：《共产党宣言》，载《马克思恩格斯选集》第 1 卷，人民出版社 1995 年版，第 275 页。

无价值的判定完全取决于能否促进资本的自我壮大,取决于能否值钱。当一切存在都被这样对待时,还有什么存在物能保持住本身的神圣性呢?

晚近的一代人会用"虚无主义"予以命名的那些无法无天、无法衡量、爆炸性的冲动——尼采和他的追随者会将那种冲动归因于如上帝之死的那种宇宙性创伤——被马克思放到了市场经济的表面上看来平常乏味的日常运作之中。他揭示了,现代资产阶级是一些技艺高超的虚无主义者,其程度远远超出了现代知识分子的想象能力。这些资产阶级已经使自己的创造性异化了,因为他们无法忍受去考察他们的创造性所开辟的道德的、社会的和心理的深渊。①

所以,现代资产阶级社会的进步、革命、创造和更新,与破坏、碎裂、虚无是内在地结合在一起的。没有任何东西能够在这样的变化洪流中还能维持自己的神圣性品格,而只能大部分被消解成过眼烟云似的东西,少部分被作为典型保留下来成为待价而沽的特殊商品。在超验和经验两个层面上,都被虚无化了。虽然这个"虚无",并不是什么也没有,倒经常是中国传统诠释的(有待填充的)"空"。

三、无产阶级与虚无主义

资本的逻辑必然衍生出虚无主义,马克思坚定地站在未来新人(无产阶级)的立场拒斥这个现代性的不速之客。这本无争论。可是,既然资本的逻辑必定陷入虚无主义,那么,无产阶级如何避免和超越虚无主义?如果说,无产阶级超越虚无主义的物质基础可以在资本的发展中奠基起来,那么,于此物质基础之上在自由时间中争取自由和解放的"无产阶级",能否避免虚无主义,特别是与个人主义衍生出来的相对主义密切

---

① [美]马歇尔·伯曼:《一切坚固的东西都烟消云散了》,徐大建、张辑译,商务印书馆2003年版,第129页。

相关的那种虚无主义？无产阶级的价值信仰如何可能？如果说，马克思主义对未来理想社会的信仰不再具有传统意义上的超验性，或者"这种信仰的超验性不再是超自然的，也不是历史之外的，而是超个人的"；仅仅是超个人的信仰根源于历史的内在规律，因而"是用关于历史和人类前途的内在性打赌来反对关于超验的上帝的永恒与存在的悲剧性打赌"，①那么，历史发展的内在规律如何跟自由、独立的个人相协调？立足于生存论，不同个人之间就会衍生出相对主义麻烦来。而超越生存论，上升到历史整体，或把个人规整进历史之中，那又如何使整体不至于强迫个人，是个人与共同体协调统一，是共同体成为马克思所谓真正的共同体？在历史规律的基础上规避不同个人之间的价值相对主义问题如何避免强制和胁迫？如果个人优先（这越来越得到更多认可），那又如何规避相对主义？

个人能自立自足，由此招致出来的相对主义会致使启蒙过后的人们无所畏惧，相对主义导致害怕的丧失：

> 马克思在某种程度上知道，这种状况很可怕：现代的男女们因为没有了可以制止他们的恐惧，很可能什么事情都做得出来；由于从害怕和发抖中解放了出来，他们就可以自由地踩倒一切挡道的人，只要自我利益促使他们这样做。但马克思也看到了没有了神圣的生活的优点：它带来了一种精神上平等的状况。②

在伯曼看来，尽管面临着相对主义的可怕结果，马克思还是把"个人自身的全部能力的发展"当作是未来理想社会的基本规定。为此，马克思不惜远离从柏拉图开始的传统共产主义理论，不再接受他们"将自我牺牲神圣化，不信任或憎恶个性，盼望一个结束一切冲突和斗争的静止点"的观点，却主张自由个性，而这"更接近于他的某些资产阶级和自由主义的敌人"。在我看来，马克思对自由个性的接受不能无限扩大。他

---

① ［法］吕西安·戈德曼（Lucien Goldmann）：《隐蔽的上帝》，蔡鸿宾译，百花文艺出版社1998年版，第122、62页。

② ［美］马歇尔·伯曼：《一切坚固的东西都烟消云散了》，徐大建、张辑译，商务印书馆2003年版，第148页。

对施蒂纳的坚定批评意味着,马克思对把自由个性极端化所引发的多元等价意义上形成的相对主义、虚无主义十分警惕。他非常清楚,一旦施蒂纳把个性自由推至极端的逻辑可以成立,他的共产主义理论自然就不再有可能。所以,他的策略自然是,在一定程度上接受近现代自由个性的基础上,重新回到古典的个体与共同体协调一致的路子。如果说现代思想是接受了斯多葛派的自我保存原则,现代社会是这个原则的大扩张,那么马克思的理想显然是更接近于柏拉图、亚里士多德传统。个体与共同体的结合是柏拉图和亚里士多德的主张。而古代斯多亚学派才主张自我保存是自然的和基本的。自霍布斯和斯密以来的现代理论就是继承了斯多亚学派的这一观点。进化论也是在这个基础上发展起来的。而如果按照柏拉图和亚里士多德的看法,这是把人贬低到初始阶段的路子。①

个体与共同体的有机结合,作为马克思理想社会的基本特征,到底该如何理解,是个争议较大的问题。② 一些人(如阿伦特)认为:"马克思的共产主义含有深刻的个人主义基础,她也理解,这种个人主义可能会导向何种虚无主义。在每个人的自由发展乃是一切人的自由发展的条件性质的共产主义社会中,什么东西将把这些自由发展的个人捏在一起呢?"③ 我们知道,阿伦特一直批评"马克思从来没有发展出一种关于政治共同体的理论",甚至过于简单地看待了现代政治的复杂性和异质性。但从另一角度看,完全反过来为马克思辩护:在现代虚无主义的背景条件下,现代人如何能够创造出一种既有理性基础又有凝聚力的政治联系呢?马克思深知必须抑制个人主义及其进一步引发的相对主义、虚无主义后果,

① [德]A.施密特:《现代与柏拉图》,郑辟瑞、朱清华译,上海书店出版社 2009 年版,第 78 页等相关分析。

② 克拉科夫斯基曾把这种结合描述为"不是以消极利益纽带为本、而是以同别人交往的独立、自发的需要为本的共同体"。在其中,"每个人同整体自由地融为一体","强迫和控制是不需要的","统一体里的个人把自己的力量直接当成社会力量"。参见[波]克拉科夫斯基:《马克思主义的主流》(一),马元德译,远流出版事业股份有限公司 1992 年版,第 464 页。他认为这是马克思受浪漫主义思想影响的表现。18、19 世纪的整个浪漫主义思想几乎都主张有机共同体的社会观,质疑工商业社会的个人主义性质。

③ [美]马歇尔·伯曼:《一切坚固的东西都烟消云散了》,徐大建、张辑译,商务印书馆 2003 年版,第 164—165 页。

克服无产阶级成员彼此之间的冷漠，并致力于建立一种新的共同体。在这种共同体中，成员之间的联合将克服个体与共同体的矛盾，重现希腊古典的个体与共同体的和谐统一。所以，如果按照伯曼的话说，我们可以从资产阶级虚无主义的恐惧中解放出来，但还会面临共产主义如何能够"达到现代社会的高度而又避免现代分裂的深度"这样的问题。或者，我们"很容易想像，一个致力于每一个人和所有的人的自由发展的社会，会怎样地发展出它自己的独特的各种虚无主义的变种。的确，一种共产主义的虚无主义或许表明要比它的资产阶级先驱更具有破坏性——尽管也更加大胆更具原创性，因为当资本主义用基本的限制消除了现代生活的无限可能性时，马克思的共产主义会将被解放的自我投入到没有任何限制的巨大的未知的人类空间中去"①。

共产主义真的还会面临虚无主义问题吗？也许伯曼过虑了，可以设想，一个个人与共同体协调统一的理想社会，可以成功地遏制和消除相对主义衍生出来的虚无主义。我们的分析暂且打住，留待以后继续思考吧。

四、四个结论

总之，马克思肯定资产阶级的虚无主义困境无法自拔。他的判定是：

古代的观点和现代世界相比，就显得崇高得多，根据古代的观点，人，不管是处在怎样狭隘的民族的、宗教的、政治的规定上，总是表现为生产的目的，在现代世界，生产表现为人的目的，而财富则表现为生产的目的。……在资产阶级经济以及与之相适应的生产时代中，人的内在本质的这种充分发挥，表现为完全的空虚化；这种普遍的对象化过程，表现为全面的异化，而一切既定的片面的目的的废

---

① ［美］马歇尔·伯曼：《一切坚固的东西都烟消云散了》，徐大建、张辑译，商务印书馆2003年版，第147页。

弃,则表现为为了某种纯粹外在的目的而牺牲自己的目的本身。因此,一方面,稚气的古代世界显得较为崇高。另一方面,古代世界在人们力图寻求闭锁的形态、形式以及寻求既定的限制的一切方面,确实较为崇高。古代世界是从狭隘的观点来看的满足,而现代则不给予满足;换句话说,凡是现代表现为自我满足的地方,它就是鄙俗的。①

物的自我膨胀,物取代一切存在,成为唯一有价值的东西,势必带来意义的空虚。马克思之后的西美尔沿着马克思的路子继续探究资本逻辑中蕴含着的冷漠,以及它覆盖一切所必然带来的价值空虚。他写道:"中性与冷漠的金钱变成了所有价值的公分母,它彻底地掏空了事物的内核、个性特殊的价值与不可比性。"②但马克思没有这么悲观,他把物质财富视为生产力的普遍性的表现,视之为人的创造性天赋的绝对发挥,社会发展所取得的成果的主要"内容",也就是说,资本主义的物质生产力客观地为虚无主义的超越奠定了物质基础:

> 事实上,如果抛掉狭隘的资产阶级形式,那么,财富不就是在普遍交换中产生的个人的需要、才能、享用、生产力等等普遍性吗?财富不就是人对自然力——既是通常所谓的"自然"力,又是人本身的自然力——的统治的充分发展吗?财富不就是人的创造天赋的绝对发挥吗?这种发挥,除了先前的历史发展之外没有任何其他前提,而先前的历史发展使这种全面的发展,即不以旧的尺度来衡量的人类全部力量的全面发展成为目的本身。在这里,人不是在某一种规定性上再生产自己,而是生产出他的全面性;不是力求停留在某种已经变成的东西上,而是处在变易的绝对运动之中。③

看来,其一,现代社会与古代社会的价值追求根本不一样。现代社会

---

① [德]马克思:《1857—1858 经济学手稿》,载《马克思恩格斯全集》第30卷,人民出版社 1995 年版,第479—480 页。

② [德]西美尔:《时尚的哲学》,费勇等译,文化艺术出版社 2001 年版,第190 页。

③ [德]马克思:《1857—1858 年经济学手稿》,载《马克思恩格斯全集》第30卷,人民出版社 1995 年版,第479—480 页。

的核心价值是追求物质财富的不断壮大，其他一切价值的实现都被视为以此为基础。但是，在古代社会，"哪一种土地所有制等等的形式最有生产效能，能创造最大财富呢？我们在古代人当中不曾见到有谁研究过这个问题。[在古代人那里，]财富不表现为生产的目的，尽管卡托能够很好地研究哪一种土地耕作法最有利，布鲁土斯甚至能够按最高的利率放债。人们研究的问题总是，哪一种所有制形式会造就最好的国家公民。财富表现为目的本身，这只是少数商业民族——转运贸易的垄断者——中才有的情形……"①只是现代世界才把对物质财富的追求普遍化了。这是虚无主义的根本所在。正是在这种追求中，虚无主义才如期而至。根本问题在于，"任何能够想像出来的人类行为方式，只要在经济上成为可能，就成为道德上可允许的，成为'有价值的'；只要付钱，任何事情都行得通。这就是现代虚无主义的全部含义"②。

其二，古代世界的崇高无法遮蔽更多民众仍然处于跟物打交道的活动中，即仍然是从事鄙俗的活动。从此而论，崇高是精英主义的，是建立在多数人从事鄙俗的活动基础上才能保证的少数人的崇高。现代社会的理想是，所有人都要全面发展，都要崇高，那就必须每个人都得为自己的崇高奠定物质基础。这就必然需要一个历史过程来过渡，不可能很容易地达到。在这个过程中，依据历史发展的水平及其不断提高，"全面发展"逐渐提升水准。这就意味着，全面发展是一个历史性的概念，没有先验、固定的模式，必定随着历史的变迁而不断变化。超越历史的"全面发展"是不符合历史唯物主义的理念和逻辑的。

不过，就虚无主义的马克思谈论来说，可以得出如下几个结论。

第一，马克思对资本逻辑的分析诞生了关于虚无问题的第二个判定。

继《德意志意识形态》针对施蒂纳作了关于虚无和虚无主义的第一次判定之后，在《资本论》及其手稿中又针对资本的运作逻辑对虚无和虚

---

① ［德］马克思：《1857—1858 年经济学手稿》，载《马克思恩格斯全集》第 30 卷，人民出版社 1995 年版，第 479 页。

② ［美］马歇尔·伯曼：《一切坚固的东西都烟消云散了》，徐大建、张辑译，商务印书馆2003 年版，第 143 页。

无主义做了第二次分析。如果说第一次分析是指出，施蒂纳那充满无限可能性的"无"很"虚"，不够实在，反映了德国小资产阶级软弱无力的生存状态，那么，第二次分析则进一步指出了，大资产阶级的资本运作连施蒂纳式的"无"也锻造不出来：施蒂纳的"无"虽"虚"，却具有理想性，充满个性、自由的无限理论可能；大资本追求自我扩大所孕育出的空虚、虚无，却只有自身，一切他者都被标上了价格，或变成资本发展的工具与中介。作为追求更大利润的手段，把一切力图位列资本之上，一切还想在资本面前充当神圣、高尚存在的东西都要虚无化。资本势必消解掉它们，并把它们变成自我增殖的中介或手段。虚无化他者，使自己成为唯一具有绝对价值的东西——如果还有一种绝对价值的话。这种跟大资本的运行捆绑在一起的虚无化、虚无主义，不再具有施蒂纳式的理想维度上的正面性，不再可以被改造后置于未来理想社会的描绘之中，却成了判断资本命运的证据：这样的资本没有前途，未来新文明无法沿着这样的道路开拓前进。这种虚无化一切他者的资本运作，其历史积极功能在于为个性、自由、解放奠定物质基础。所以，如果说施蒂纳式的"无"在确定未来理想层面具有一定积极性，经过改造可以予以吸收，那么，运作出"虚无"的资本却可以为仍然具有理想的历史主体（无产阶级）的事业不自觉地提供物质基础，同样经过改造可以吸收进无产阶级主导的历史进步事业之中。也就是说，马克思在两次批驳虚无、虚无主义的场合，都发现了制造"虚无"的力量所创造的致命问题，也发现了它们经过改造可以调整利用的价值所在。

第二，马克思与尼采、屠格涅夫的差异。

虚无主义的俄国始作俑者屠格涅夫，是立足于贵族立场斥责资产阶级必定陷入虚无主义的。这一立场被尼采接受并发扬。而马克思与此二人相反，没有贵族习气，却是从屠格涅夫、尼采看不上的无产阶级角度来看待虚无主义问题的。马克思也担忧世俗世界高度的降低，认定资本主义社会会"实行普遍的平庸"，但他认为这不是无产阶级带来的恶果，而是资产阶级逐渐丧失历史进步性的结果，是资本主义社会经济运行必然导致的结果。他关心的与其说是上帝之死所代表的形而上学王国的式微，倒不如说是资本主义社会经济运行中发生的相对主义恶果——正是这种恶果，才会导致人们不再认真地对待任何一种存在，因为任何一种存在都将在这种经济运行方式中被迅速替代，迅速被神圣化，迅即又被祛魅，变得毫不起眼，毫无价值。资本主义的经济运行方式就是靠这种造圣去圣的不断变换，靠越来越快速的圣俗之变，来追求自己的高额利润。而且更麻烦的是，在这种快速的激变中，会把崇高、真实、严肃都冲刷掉，使人们不再认真地对待一种东西。因为这种快速的激变倾向于把一切存在都弄成可用金钱衡量与购买的东西，也就是可替代的、即将过时的东西，它身上一度被意识形态赋予的神秘、与众不同的神圣外观，很快就会被新的存在物荡除掉，被更新的东西取代。真实、崇高、严肃的价值物不是在基督教的变迁，精神观念的变更中被消解的，而是在资本主义的经济发展中被消解的。经济运行方式是虚无主义的内在动因。如果仅仅从精神变迁、文化更替本身看待虚无主义，是仅仅从物象的角度看待资本主义的结果。只有进一步从社会经济运行的角度来深度挖掘物象隐藏着的本质，才能发现资本运行逻辑中必然衍生着的虚无主义，并予以遏制和克服。

所以，马克思的物象化（Versachlichung）理论不仅仅意味着从有形有状的"物"进一步深入无形无状的社会关系之"物"，更要进一步地从无形无状的"物"深入意义、理想等形而上存在的"虚无"层面上，完成对资本主义的物象化的完整揭示。通过物品经商品、货币到资本的分析，马克思揭示了虚无主义的社会经济基础。在陀思妥耶夫斯基、尼采把上述情况归罪于科学、理性主义和上帝死亡的地方，马克思则更为具体和平凡地归之于经济的社会运行机制。这是马克思对此问题的独到贡献。

第三，不过，对资产阶级文明的不满，倒是马克思、尼采、屠格涅夫（笔下的巴扎罗夫）们共同的态度。

沃林指出，对中产阶级社会的不认同，认为它低俗，没有品位和高度的看法，在德国总是一再出现。这就是虚无主义在德国的阴魂，是虚无主义在德国扎根的深层土壤。立足于文化而不是经济，保守派的诊断就是："德国从浪漫主义一路走来的传统精神优势——文化与内在本质（Inner-lichkeit），正淹没在群众社会的肤浅现象之中：消费主义、广告、好莱坞，以及广泛的'文化产业'——一言以蔽之，'美国主义'（Americanism）。"①在这一点上，马克思与尼采无甚区别。从阶级论的角度看，虽然三人对资产阶级的虚无主义本性有共同的认定，但出发点和立场各不相同：屠格涅夫与尼采是立足于贵族立场，而马克思是立足于无产阶级立场。关于阶级论意义上的虚无主义，我们可以说，资产阶级必然导致、造就拜物教，上帝在这个阶级手里必死无疑，或者，上帝必定死在这个见钱眼开的资产阶级手里，这个历史结局无法避免。可是，在什么意义上，物化必定导致虚无呢？从马克思的理论视角来看，物化是否必然导致虚无，是要看这个问题的承担者主体是谁，也就是具体哪个阶级还有无理想追求？资产阶级是不行的，他们必然陷入虚无主义之中，无以自拔。

但还有另一个阶级不会这么没出息。那就是无产阶级！

在马克思赋予其众多优点的无产阶级这里，物化不会导致虚无。物可以充当理想的根基，理想还会重组、重塑、改造、继续发光。因而，物化是否等于虚无，是要看人的，看哪个阶级的！马克思还坚信有一个继续推进历史向前发展的阶级能避免虚无主义这一点。我们知道，卢卡奇在《历史与阶级意识》中虽然还是相信，但明显已显露出一丝怀疑的萌芽。他提出的问题"无产阶级是否能够超越物化？"困扰着西方马克思主义日后的探索，而最后，西方马克思主义的探索是越来越倾向于对此作出一种否定的回答。

第四，设想一种超越资本主义文明的新历史主体。

但是，从不同于阶级论的民族国家角度来看，德国与俄国的虚无主义言论具有一个共同的背景，那就是对以工商业和个人主义为根本特征的现代文明的不满。当这种不满在马克思、尼采那里上升到发现此种文明巅峰期已过、即将衰落、即将被一种新文明取代之时，可想而知马克思、尼采等德国思想家产生的兴奋劲和由此衍生的历史责任感。就是说，他们在先是以英国后是以美国为代表的现代文明的内在运行中发现了虚无主

---

① ［美］理查·沃林：《非理性的魅惑》，阎纪宇译，立绪文化事业有限公司 2006 年版，第229 页。

义本质。由此,他们要去寻找新文明的创造者、承担者。他们赋予那个历史重任的承担者、完成者以改变、拯救旧文明,带领现代文明走向新方向,开辟新纪元的历史使命。在本身具有的悠久传统和现代文明的交叉共生中,他们抱有创新的希望。虚无主义的话语相继发生在传统深厚、晚外发现代化的德国与俄国,并与马克思主义差不多同时传入传统更为深厚的中国,绝不是偶然的。它反映着这些文明传统深厚的大国对西方传来的现代文明未来走向的分析和把握,反映着这些古老文明的信奉者对现代文明的态度。马克思与尼采的未来新人(分别是无产阶级和超人),海德格尔那向死而生者,屠格涅夫笔下的巴威尔与巴扎罗夫,以陀思妥耶夫斯基为代表的根基派成员,都在思考着一个共同的问题:这个自西往东传播的现代文明体系,其内在本质是否就是虚无主义? 如果是,那就必须进一步提出更为严肃的一个问题,其未来走向如何被一种更有前途的新文明替代,这种新文明是什么样的,如何创生出来? 欧亚大陆很久以来总是人类新文明的创生地和核心,历史上文明自东向西和自西向东的传播流动,主宰着人类文明的基本态势和走向。这一态势就在第二次世界大战结束后结束了吗? 德国和俄国的相继失败意味着什么,意味着文明中心自西向东的延展总是失败? 还是把机会留给这块大陆最遥远的东方大国,抑或给予更为东方的大陆呢?

　　社会主义、虚无主义两种思潮都是从欧洲沿着欧亚大陆自西向东传播来的。两种思潮共同的质疑和批判对象都是现代资本主义文明。被思想家们赋予承担超越资本主义文明之大任的历史主体,不管有怎样的差别,大体可分为两类:阶级主体和民族主体。如果说 20 世纪的西方马克思主义者越来越不相信无产阶级可以承担此历史大任,如果说德国和俄国超越西方资本主义文明都先后失败,为什么就不能设想让中华民族来承担这历史大任呢? 为什么就不能设定一下,此历史大任的承担者从一种阶级共同体转变为各阶级、各民族联合的中华民族共同体,甚至更广阔的中华文明共同体呢?

第 八 章
实践、辩证法与虚无主义

在解释马克思的哲学革命,解释马克思的实践观念,探究马克思与费尔巴哈、施蒂纳的关系时,"实践"、"生活"常被看作是拒斥超验形而上学、拒斥逻辑至上和唯心主义的关键所在。这当然没错。但在注解何为"实践"、"生活"时,却出现了一种令人忧虑的倾向,即把"实践"、"生活"解释为一种主要喻示着感性与世俗、生成与流变、当下与现时的活动,而且似乎不加限定地凸显感性与世俗、生成与流变、当下与现时维度,甚至拒斥和否定一切形而上维度的存在,拒斥一切超验(包括价值理想)、恒定、普遍性的存在。这就意味着,马克思拒斥神圣"上帝"就是拒斥一切超验、形而上维度,因而也就是拒斥超验与经验、神圣与世俗、片段化的当下与连续的历史、形而上与形而下、普遍与个别之间的辩证框架,即从拒斥"上帝"必然连带着拒斥"辩证法"。在这种倾向中,我认为存在着一种对拒斥传统形而上学、拒斥上帝的过度诠释,而这种过度诠释与混同马克思、施蒂纳与费尔巴哈的关系密切联系在一起。由此,需要准确界定马克思与施蒂纳和费尔巴哈之间的关系,厘定实践、辩证法与虚无主义之间的关系。

一、浪漫派、费尔巴哈、施蒂纳的思想实验

强调实践与生活对于超验神圣的意义,力图在世俗生活中找到神圣得以生长的种子,弱化、消解神圣与世俗之间原有的巨大鸿沟,是路德新教改革以来德国思想的基本倾向之一。扎根于现实,立足于大地,成了立场各异的许多人的共同理念。对马克思来说,走向这条路,告别黑格尔唯心主义,最主要的无非体现在两个方面:一是告别传统的超验形而上学,不再天马行空,走向现实、感性、世俗生活;二是告别普遍的宰制,为特殊、个别性存在赢得足够的发展空间,使得那些被压制的存在获得解放。粗略地说,问题就表现为,是向强调感性、现实性的唯物主义方向努力,还是向强调个别性的浪漫主义方向努力?两者的关系如何?在马克思的思想演变逻辑中,这个由德国早期浪漫派施动、费尔巴哈强烈推动、最后由施蒂纳整合性地推向顶端的思想实验,不但给马克思以强烈的影响,而且以否定性(不能怎样)的面貌昭示了马克思思想的合理框架与区域,对于马克思探索在普遍与特殊、超验与经验、神圣与世俗之间应该保持怎样的辩证结构,界定确保思想合理性的边界,防止坠入极端和偏颇,起了非常重要的作用。他们就像一个个不成功的思想实验,为马克思的成功提供了直接的启示与反面例证。

就马克思的思想历程来说,德国早期浪漫派与青年黑格尔派内部产生的唯物主义构成了具体影响他的两种主要思想。马克思都从其中吸取了营养,但都超越了它们。

马克思接触到的、对立于唯心主义的哲学思想,首先是德国早期浪漫派。随着浪漫主义,特别是德国早期浪漫派不再一概被看作是反动和无理性的,而是一个复杂的、与启蒙思想处于竞争关系的现代性理论,一个提供了反思和批评现代社会的有益理论,德国早期浪漫派对马克思的影响这个维度就不能再忽视了。浪漫主义不仅仅是矫正、完善启蒙理性主

义传统的有益力量,而且本身更是现代性的精髓,反思现代社会的核心思想。研究浪漫派的名家博雷尔就持这样的见解。他在《浪漫主义批评》一书中说:"浪漫主义批评的澄清有助于解释对现代性的一些仍在持续的误解。"①过去人们总批评浪漫派过于强调和迷恋内在自我,但没有看到这种迷恋同时也产生了一个积极效果:对他者的重视,对他者、异在异常敏感——他者、异在对浪漫主义者意味着焦虑。古典主义无视他者、他性、异质性,对它来说,他者、异在不是问题,因为它总是接纳它们,把它们协调安排在和谐的秩序之中,使它们各得其所。浪漫主义才重视他者、他性、异质性存在。② 在这种对异质性存在、对众多他者的尊重和焦虑中,才产生了对异质性他者的解放与宽容意识。所以,与启蒙主义往往推崇普遍主义不同,浪漫主义重视了被普遍性存在压抑的那些存在。当马克思发现被赋予普遍性的存在可能是虚假的,而被压抑的某种特殊性存在才是真实的,才孕育着解放和自由的潜力时,曾在当时德国浪漫派理论大本营波恩大学求学的他,从 A.施莱格尔老师那里得到了诸多启发,特别是以下这一点尤其重要:哲学不能天马行空,而必须立于大地;哲学必须注重个别性的现实,而不是仅仅盯住抽象的普遍本质。同时,A.施莱格尔老师对"唯功利是举"现象的现代性批判,也注入了马克思反思异化的思想之中。这位老师的弟弟,同为德国早期浪漫派理论健将的 F.施莱格尔就曾指出,哲学致力于神性存在的探究,执著于超验神圣存在的思想就是哲学。追求形而上的超验存在,应该是哲学的本质与特性。而追究现实的、个别的、复杂的存在的则是文学性的格言、小说、诗——它们恰恰构成了对立、矫正过于追求超验神圣存在的"哲学"的现实力量。所以,"而使众人上升成为众神的事情,诗尽可交给哲学去做"。而诗必须沿着与哲学相反的方向注重现实、个别、感性的东西。值得注意的是,施勒格尔把哲学与神、天空联系起来,而把诗与大地联系起来:"诗更喜爱大地,而哲学则更神圣、与神更亲近,这是显而易见的事,无需我赘言。虽然哲学经

---

① Karl Heinz Bohrer,*Die Kritik der Romantik*,Suhrkamp Verlag,Frankfurt am Main,1989,S.8.
② [澳]P.墨菲:《浪漫派的现代主义与古希腊城邦》(上),载《国外社会科学》1996 年第 5 期。

常否认众神的存在,但是哲学所否定的都是那些她认为神性不足的神祇;这也就是哲学对诗和神话一向的责备。"①"地上的王国"、"大地"对特殊性、生成性、当下性、世俗性存在的开放和容纳,成了从早期浪漫派到尼采以致日后众多思想家的一致主张。马克思也给这些存在以基础性的地位。而在某些方面开创了反思、批判启蒙,喻示着《启蒙辩证法》之先声的《启蒙运动批判》一文中,A.施莱格尔明确反对"唯功利是举"的现代性原则。在这方面,马克思与 A.施莱格尔老师、莎士比亚之间产生着明显的共鸣。在谈到这一点时,翻译莎士比亚全集、向德国推介莎士比亚的施莱格尔,讲到了莎翁的《哈姆雷特》与《麦克白》。我们知道,从小受多位长辈影响喜欢浪漫主义作家、喜欢莎士比亚的马克思,终生喜欢阅读和引述莎士比亚。在《1844 年经济学哲学手稿》中,马克思也大段援引莎翁的《雅典的泰门》,对如下现象的批判与拒斥,都是他与莎翁产生思想共鸣的地方,如货币支配人的尊严,可以购买勇敢与正义;金钱构成经验世界中新的神性存在,大有替代或置换真正的神圣存在的趋势。A.施莱格尔说:"凡不愿屈就尘世事务的有用性的德行,启蒙运动按照它经济的倾向一律斥为过度紧张和空想。甚至连特殊的奇才也不例外,启蒙运动要把所有人都同样地套进一定的市民的义务的牛轭中……"②启蒙过于世俗,按照经济效益原则取舍一切,诋毁崇高。由此,施莱格尔强调在这个日益"唯功利是举"的时代追求神性存在的必要:"人们一旦在什么地方发现神性,应当立刻以虔敬的态度奔赴彼处,让自身浸透神性;只有先对过去的大师们表示了景仰,人们才获得以后指责他们的权利。我们绝对没有从我们这个时代的智慧、以任何方式的怜悯来轻视古代的作品,看不起他们的粗糙,及在它们当中流行的迷信的观念,我满怀着对古代作品最深沉的敬畏来到它们面前,坚信,就诗和艺术而言,任何一个时代都优于我们的时代。"我们这个时代太重视世俗、现实的东西了,太不重视诗性、神性的存在了! 现实日益成为琐碎的"散文",没有弘扬连续、整体、流畅、神

---

① 　[德]F.施勒格尔:《浪漫派风格》,李伯杰译,华夏出版社 2005 年版,第 159、161 页。
② 　[德]A.施莱格尔:《启蒙运动批判》,李伯杰译,载孙凤城选编:《德国浪漫主义作品选》,人民文学出版社 1997 年版,第 381 页。

性之存在的"诗"了。为此，他吁求新的诗，并坚信"继散文的死亡而来的，将是新的诗"。① 这喻示着，虽然 A.施莱格尔强调现实、大地、具体，却绝不认同善臣服于功利、感性，反对以感官幸福、感觉为标准和基础来设想和理解善："启过蒙的人们于是自信有权把所有越出他们感官的感受性的限界以外的现象，统统视为病相，并随时都慷慨地以狂热和荒谬的名字相与。他们完全没有看到想象的权利，只要有机会，就把人们从想象的病态中彻底治愈。"②在他看来，对神圣存在的拒斥和否定，由始于启蒙运动把一切没有弄明白的东西、一切不能用理性照亮的东西统统看作是虚妄的和不存在的，也就是根据可理解性来对待一切存在，把不可理解的、矛盾的、复杂到无法洞观的、带有神秘性的存在都看作是不真实的和虚幻的。

强调个别性是现实性的根本内涵，在"唯功利是举"的时代强调保持超世俗超功利的崇高，是浪漫派哲学的两个重要观点，也是被马克思以某种方式吸收了的观点。

当然，对现实与感性的更突出强调，是来自青年黑格尔派内部，特别是费尔巴哈的唯物主义和施蒂纳把当下即是的存在推上天的唯一者哲学。过去我们更重视的是费尔巴哈及其对马克思的正面影响：他否弃上帝，强调感性、现实，给马克思以强烈影响。相比之下却不重视施蒂纳及其对马克思的反面刺激。在施蒂纳看来，费尔巴哈把神学转变为人类学之后得出的所谓"现实的人"虽然具有感性、对象性，以及现存于一定的时间和空间之内等特点，但仍然是一种"隐蔽的上帝"，仍然内含着强烈的神圣性，仍然蕴含着否弃了个性并标识着本质的普遍性，因而也就仍然没有真正把"人"具体化和现实化。真正的具体化和现实化就是彻底否弃"人"的神圣性和普遍性，把当下即是的、唯一的"我"看作是谋求自由解放的现代主体的真正本质。在施蒂纳看来，超验上帝不仅存在于基督教之中，也或更存在于政治、公共生活、哲学、自由主义理论之中，如梅尔

---

① ［德］A.施莱格尔：《启蒙运动批判》，李伯杰译，载孙凤城选编：《德国浪漫主义作品选》，人民文学出版社 1997 年版，第 391、395 页。

② ［德］A.施莱格尔：《启蒙运动批判》，李伯杰译，载孙凤城选编：《德国浪漫主义作品选》，人民文学出版社 1997 年版，第 380 页。

(Ahlrich Meyer)所概括的,"我与国家的关系,必须被看作是一种宗教(陌化)的关系,自由主义的发展也必须被看作是个体利益对国家不断增强的献祭"①。国家仍然是一种"宗教",仍在塑造一些比基督教的上帝更隐蔽的神灵,供人们膜拜、敬畏。在这个意义上,宗教批判的完成就是一个漫长的过程,它不仅要渗透到政治、经济和日常生活之中,而且还要贯穿人对一切物质的、精神的、社会的神灵的拒斥和瓦解,一切神灵,不管是让人敬畏、使人恐惧的至高神灵,还是给社会秩序提供根基的元符号,抑或支撑一切理想的形而上超验存在,都是必须打破的,必须揭穿和解构掉的。所以,以宗教批判伊始的社会批判的彻底化,就是拒斥一切超验的、神圣的、形而上的存在,把现实、感性理解为没有任何本质性的当下即是和个别存在。这是青年黑格尔派中最为彻底(极端)的社会批判方案。

尤其值得我们重视的是,费尔巴哈在受到主张批判彻底化的施蒂纳的批判后向施蒂纳方向的急速逆转(或倒退),更不用说施蒂纳本人的思想,都凸显了过分强调感性、世俗的庸俗性及其理论后果,给马克思以巨大的警觉和提醒。这种警觉和提醒说明,不能像施蒂纳和受到施蒂纳批判之后愈来愈庸俗化的费尔巴哈那样理解"实践"、"现实",以至于把神圣性、形而上、理想维度彻底消解掉,使"实践"、"现实"成为感性、世俗性完全一统天下的"唯功利是举"、"唯当下是举"的领域,也就是否定掉辩证法在"实践"中存在的任何价值与意义,在否弃"上帝"之后继续否弃"辩证法",从而也就意味着任由虚无主义来侵袭,可这恰恰是施蒂纳方案的核心和本质所在。

二、拒斥上帝,维持辩证法

施蒂纳的确承续了浪漫主义的某些传统,特别是把个我的价值推向

---

① Ahlrich Meyer, Xachworl, in: Max Slirner, *Der Einzige und sein Eigentum*, mit einem Xachworl Uerausgeben von Ahlrich Meyer, Philipp Reclam Jun, Slullgarl 1981, S.428.

了无以复加的高度,使得个别性、可能性存在无条件地获得了至高无上的优先地位。按照伯林的说法,这是沿着浪漫主义之路走得太远了的一个典型。施蒂纳崇尚"假如发现任何先定之物,我就一定要打碎它;发现任何结构之物,为了使我的自由想象天马行空,我就必须摧毁它"①。可以说,施蒂纳在批判黑格尔的道路上向着浪漫主义无限推进了。这样的极端推进当时也引起了青年黑格尔派的一阵反对和喧嚣。很多人都撰写了批评文章。施蒂纳也随后进行了回应。尤需关注的是,除了马克思、恩格斯,其他青年黑格尔派成员如费尔巴哈、鲍威尔等却只用几页、十几页来批评施蒂纳。鲍威尔在《维干德季刊》1845 年第 3 期上发表匿名文章《评路德维希·费尔巴哈》来回击施蒂纳的攻击,只占 21 个页码。费尔巴哈回应施蒂纳的论文《因〈唯一者及其所有物〉而论〈基督教的本质〉》,当时的德文本只有 12 个页码,翻译成中文也只有 16 页。赫斯论施蒂纳的文章《最后的哲学家(们)》也只不过 15 个页码。② 唯独马克思,作出的反应竟如此剧烈——居然逐章逐节花数百页篇幅批评施蒂纳,用了(中文版)足足 414 个页码来回击施蒂纳。这本身不说明问题的严重吗? 可惜的是,马克思的批评当时没有出版,没有让施蒂纳看到。一场有可能促发更大火花的思想交锋没有出现。

施蒂纳对费尔巴哈以及当时还没有彻底摆脱费尔巴哈的马克思的批评,促使两人的思想发生了快速、明显的转变。但两个唯物主义哲学家迥然不同的转变很值得玩味。在遭遇施蒂纳的尖锐批评之后,费尔巴哈似乎被击懵了。其主要表现在两点。第一,于 1841 年之前已经撰写了 12 部富有影响的著作,1841 到 1844 年又撰写了 9 部进一步研究的著作的他,竟然在《唯一者及其所有物》1844 年出版后的 1845 年,只是发表了《因〈唯一者及其所有物〉而论〈基督教的本质〉》这一篇 12 页的短文,此后再无以前的高产情形出现。而且,日后的作品不是更多以各种形式,在各种场合重复、阐发、补充、完善先前已有的思想,就是转向了下面所说的

---

① [英]以赛亚·伯林:《浪漫主义的根源》,吕梁等译,译林出版社 2008 年版,第 143 页。
② Moses Hess, *Philosophische und sozialistische Schriften 1837–1850*, Berin, 1961, S.379–393.

第二点,出现了倒退。第二,受到施蒂纳批判后的 1845 年左右,费尔巴哈的思想发生了从人类学倒向自然主义的"第二次转向"。与第一次转向脱离正统黑格尔唯心主义立场不同,这第二次转向是继续清除被施蒂纳揭示出的自己思想体系中黑格尔唯心主义的重要残余,沿着"感性"、"感觉"、"自然"和"个我",也就是消解普遍性(以凸显个别性与唯一性)、神圣性(以凸显世俗性和当下性)的方向继续前进,走向了更加露骨和直接的自然主义、感觉至上论、粗糙的现实主义甚至庸俗唯物主义。就像卡门卡所说,"总体看来,费尔巴哈在很大程度上于 1845 年以前就已经说出他能说的所有重要的东西,他后来的著作要么只是重复,要么就是向他以前大力批判的立场(如'庸俗唯物主义')倒退"①。施蒂纳说得对,费尔巴哈只是把黑格尔的"神人"转变为了"人神",本质没有根本变化。如果要真正告别黑格尔哲学,最彻底的路子就是彻底清除掉一切神圣、普遍的东西,并以当下即是的现实与个别置换和替代之。施蒂纳的这条理路其实只是一条摆脱黑格尔唯心主义的极端之路,绝非唯一之路。费尔巴哈却在施蒂纳的批判面前乱了方寸,再没有足够的底气前进。这说明他的哲学只能构成一个快速的过渡环节,而自身无力前进了。能走向前进的是马克思。相比之下,费尔巴哈和施蒂纳都是两个不成功的思想实验,为马克思的成功提供启示和教训的思想实验。

众所周知,马克思虽然继承了强调"感性"和"现实"的唯物主义原则,但绝不接受费尔巴哈向感觉至上论、粗糙的现实主义甚至庸俗唯物主义的倒退,更不接受施蒂纳对唯一性、当下即是存在的全面拥抱。马克思的策略是在感性现实与崇高理想、普遍秩序与个性伸张之间保持辩证框架。也就是说,找到一个合理立场,摆脱费尔巴哈和施蒂纳两个不成功思想实验的关键是,以辩证法来拯救哲学。

施蒂纳批评费尔巴哈把"神的存在"问题转化成了"纯粹人的东西",认为这样一来神圣的东西就具有了形体的基础,身体的基础,而不再是纯

---

① Eugene Kamenka, *The Philosophy of Ludwig Feuerbach*, New York, 1970. Lawrence Slepelevich, Max Stirner and Ludwig Feuerbach, Journal of the History of Ideas, Vol.39, Xo.3(Jul,-Sep., 1978), p.463.

粹的精神、观念了，因而也就更容易现实化。对施蒂纳来说，这样来理解现实与神圣的关系，就仍然是把（神圣的）"观念"当作是现实的核心和本质了："因此他总不断地重新探询：现实的东西是否真正拥有它的核心——观念，而在他考察现实的东西同时他也考察了观念：观念是否如他设想的那样是可以实现的，抑或只是被他不正确地加以考虑，因而是实行不了的。"①在答复施蒂纳的批评时，费尔巴哈强调，神圣的维度本来是属于人自身的，把它还给人是天经地义的，而且属于人自身的这个维度不应该否弃，而"应当保存"在人自身之中。② 这也就是他一再强调的，要"在感性事物中寻得超感性的东西，亦即精神和理性"，③而不是彻底否弃超感性存在。我认为在这一点上马克思是首先承续了费尔巴哈，只是更加重视社会性的东西作为超感性存在实现的现实基础，而不是像费尔巴哈那样仅仅在"感觉"、"自然"中寻找这种基础，并"把人的实体仅仅置放在社会性之中"当成一种语词和形式，没有真正重视社会性。也就是说，马克思给超感性价值理想的实现提供了新的社会性根基，从而改造和发展了费尔巴哈把超感性世界奠基于感性世界基础之上的正确思想。

施蒂纳把个别与普遍、个人利益与普遍利益、安全与独创、个性与普遍规范、从自我出发与从社会出发等等都对立起来。认为普遍的肯定有害于个性的，安全必定带来宰制、服从，自我牺牲肯定不利于自我实现。马克思指出，第一，这仅仅在表面上才是对立的。施蒂纳是一个独断主义者，而"他作为独断主义者抓住事情的一面（他是以教书匠的精神去理解它的），把它硬加在个人的头上，而对另一面则表示厌恶"④。这显然没有认清它们之间真实的辩证关系。第二，对立的消除是一个历史过程和实践过程，不是滞留于理论逻辑本身中就能解决的。他以利己主义与自我牺牲的关系来反驳施蒂纳："……共产主义者既不拿利己主义来反对自

---

① ［德］施蒂纳：《唯一者及其所有物》，金海民译，商务印书馆1997年版，第405页。

② ［德］费尔巴哈：《因〈唯一者及其所有物〉而论〈基督教的本质〉》，载《费尔巴哈哲学著作选集》下卷，荣震华、王太庆、刘磊译，商务印书馆1984年版，第420页。

③ ［德］费尔巴哈：《未来哲学原理》，载《费尔巴哈哲学著作选集》上卷，荣震华、李金山等译，商务印书馆1984年版，第174页。

④ 《马克思恩格斯全集》第3卷，人民出版社1960年版，第274—275页。

我牺牲,也不拿自我牺牲来反对利己主义,理论上既不是从那情感的形式,也不是从那夸张的思想形式去领会这个对立,而是在于揭示这个对立的物质根源,随着物质根源的消失,这种对立自然而然也就消灭。"①

在施蒂纳以为无法和解、只能在对立双方中激进地选取其一的对立中,马克思、恩格斯都看到了和解的希望。法国大革命的新制度给公民带来了安全与秩序,就只能使人走向屈从、被宰制、异化、个性丧失? 市场交换就只是把每个交换者都置换成了无个性的模式人,对交换者都是泯灭个性的阴谋与敌视? 从社会出发思考个人就必定走向对个人的扼杀? 这样的逻辑显然过于独断和极端了。社会通过法制、规范、保险等社会化措施对个人的保护不只是对个人造成了某种宰制、胁迫和基本的要求,也是给个人以基本的安全、保护、秩序、稳定,给他们一个追求自我进一步实现的基础平台和保障。市场交换只能把每个人的劳动普遍同质化并在此基础上同等化约,只是作为主体的人普遍共同性的一个方面,它与人作为主体的个性、特殊性的另一面是可以协调一致、依次继起的,两个方面都是人获得自我实现的表现与内容,并不必然是冲突的。人在普遍共通性方面获得实现与在个性方面获得实现都是自我实现不可或缺的内容,两者协调一致才是人获得自我实现的真实内涵。施蒂纳的逻辑是沿着路德新教改革和青年黑格尔派的变革之路最极端化的演绎,最独断主义的推导,或黑格尔链条上的最后一环,从黑格尔世界历史构思中得出的最后结论。② 现代性的延展没有那么极端,生活本身就有遏制极端化的逻辑和机制。这似乎不必多说。值得多说的是与形而上、超验维度存在相关的辩证关系问题。在现实生活与崇高理想、形而上与形而下、世俗与神圣的关系方面,同样不能走独断主义的极端之路。它们之间的关系用马克思的话来说就是脚和脑的关系:"当然,哲学在用双脚立地以前,先是用头脑立于世界的;而人类的其他许多领域在想到究竟是'头脑'也属于这个世界,还是这个世界是头脑的世界以前,早就用双脚扎根大地,并用双手

---

① 《马克思恩格斯全集》第 3 卷,人民出版社 1960 年版,第 275 页。

② [德]卡尔·洛维特:《从黑格尔到尼采》,李秋零译,三联书店 2006 年版,第 136 页。

采摘世界的果实了。"①现实中存在理想实现的种子，人内在地具有超凡脱俗的神圣品质，甚至"大地"、"双脚"之类的用词，都禁不住与施莱格尔兄弟联系起来。在哲学也以双脚立足大地之后，象征着头脑的那些东西并没有彻底消除，使头脑空空如也，而是被重新归置到新的结构之中，使之具有不断向前行走的双腿，并在用双腿于大地上行走的过程中接受社会现实的塑造和改变。按照社会现实状况来重新规定和理解、调整，并没有使超验理想消失，只是退居幕后，成为用脚立地的头脑而非没有脚和大地支撑的"头脑"——腿是走路的凭依，是中介和手段，而头脑则是确定方向和进行整体性协调的指挥中心。理想的实现要靠"腿"在荒芜的历史原野上以沉重的痕迹走出一条可行之路，但向何处走是由"脑"确定的，而那艰辛之路上战胜困难和无聊、厌倦的能力与意志也是与"脑"密切相关的，即由手、脑并用的"劳动"生发和奠基的。"脑"离不开"腿"，而"腿"也同样离不开"脑"。恰恰是因为马克思当时面对的多是一些把"脑"的作用无限扩大的思想氛围，他才偏重于在更多场合强调"脑"对"腿"的依赖性。更重要的是，马克思在"脑"与"腿"（及"手"）之间引入了一个更具现实性和根基性的"劳动"，使得"脑"与"腿"（及"手"）、"天空"与"大地"内在地整合在一起，使得"劳动"系统中的生产力与生产关系最终成了"大地"的主要内涵。只有扎根于其中，根基才会更为牢固。在这样的根基上，辩证的和解才得以可能。就是说，现实的社会辩证过程构成了和解的基础。

通过对施蒂纳的批判，马克思深切地体会到了，社会性、社会生活才是辩证法的深刻基础。在这个基础中，蕴含着一种辩证逻辑，一种拒斥绝对性、极端性的逻辑。社会性是辩证法的根基和本质所在。他们在社会生活中发现了辩证法的实践根基，虽然后来他们力图把这种根基也拓展到自然世界之中，但社会生活构成辩证法的最初和最终根基的观点对马克思与恩格斯都是一样的。② 缺少了社会性根基，辩证法就会面临着被

---

① 《马克思恩格斯全集》第1卷，人民出版社1995年版，第220页。
② 刘森林：《恩格斯与辩证法：误解的澄清》，载《南京大学学报》2005年第1期。

消解的危险。施蒂纳的唯一者逻辑所缺乏的正是社会性根基,所以,施蒂纳的"这个我和其他的个人共同处在发生了变化的社会环境中,这个环境正是这个我和其他个人的共同前提,是它的和他们的自由的共同前提";而现实的我必然"处在对这个现实的我来说是存在着的外部世界的现实关系中"。① 正是这个现实的社会关系,构成了遏制施蒂纳至高无上的"唯一性"的现实基础:马克思强调:"只要他(施蒂纳——引者)不再用他的幻想的眼镜观察世界,他就得考虑这一世界的实际的相互关系,研究和顺应这些关系。只要他摧毁了他所赋予世界的幻想的形体性,他就会在自己的幻想之外发现世界的真实的形体性。"②真正的形体性不是仅仅体现着个别性、唯一性维度的感性存在,而是既包含着特殊性、个别性,又包含着普遍性、一般性维度存在的现实的社会关系,是社会的生产方式。在它之中内含着"在实践中总是产生了消灭,消灭了又产生"③的种种对立。这些对立支撑着复杂的辩证过程,使得辩证法成为现实,而不仅仅是逻辑和思想结构。也正是在这样的意义上,我们可以接受梅洛·庞蒂关于只有在社会性中才存在辩证法的如下结论:

> 只有在这种类型的存在中(诸主体的结合在这里得以发生,它不仅仅是每个主体为其自身而提供的一道风景,而是这些主体的共同居所,是它们进行交换和相互结合的场所),才存在着辩证法。辩证法不像萨特所说的那样表现为一种目的性,即全体在那种按其本性以分离的部分存在的东西中的在场,而是一个经验场——每一要素在这里都向其他的要素敞开——的整体的、原初的融合。它总是自认为是某种经验的表达或真理(在这里,主体之间,或主体与存在之间的交流事先就被确立了)。这是一种并不构造整体,而是已经处在整体中的思想。它有一个过去和一个将来,它们并不是对它自身的简单否定,只要它还没有过渡到其他的视角或他人的视角之中,

---

① 《马克思恩格斯全集》第3卷,人民出版社1960年版,第511、510页。
② 《马克思恩格斯全集》第3卷,人民出版社1960年版,第126页。
③ 《马克思恩格斯全集》第3卷,人民出版社1960年版,第276页。

它就是未完成的。①

唯一性无法通达辩证性,辩证法只能产生在由唯一者通过他者通向社会性的历程中。

辩证法拒斥把任何一方绝对化的错误,认为任何一方的绝对化都是走向极端化谬误的开始。主体、客体绝对化后就是十足的唯心主义和粗陋的唯物主义;形而上、形而下,绝对化后就是传统形而上学和琐碎的经验主义;普遍、个别,绝对化之后就是统治性意识形态和无政府主义与浪漫主义。在主体与客体、普遍与个别、神圣与世俗、形而上与形而下之间的任何绝对化,也就是没有任何边界限定的极端化,无论打着什么好看的旗号,无论沿着怎样的出发点,无论怀着怎样的动机,都是蕴含着极端危险的可怕举动。对这样的极端化,马克思都一概采取了予以否定和拒斥的态度。绝对的主体与客体概念,绝对的普遍、一般和绝对的个别、唯一,都是扎根于社会历史并强调"研究和顺应各种关系"的实践辩证法坚决拒斥的。梅洛庞蒂说得对:"关于纯粹客体的哲学和关于纯粹主体的哲学同等地是恐怖主义的。"②

三、辩证法与虚无主义

辩证法是解决种种极端化的关键。它可以防止设定了一个超感性世界就必然导致把现实世界虚无化的虚无主义,也可以防止沿着个别性、特殊性导入对整体、永恒维度的否定。正是在这两点上,辩证法通过遏制超感性世界对现实世界的否定和个体化逻辑的极端延展而遏制着虚无主义。

---

① [法]梅洛·庞蒂:《辩证法的历险》,杨大春、张尧均译,上海译文出版社 2009 年版,第238 页。

② [法]梅洛·庞蒂:《辩证法的历险》,杨大春、张尧均译,上海译文出版社 2009 年版,第110 页。

按照施蒂纳和尼采的设想，把神圣世界否定掉之后，就没有虚无主义问题了，因为生成着的现实世界本身就是本质，就是真实，无所谓本真的高级世界与非本真、该否弃的低级世界之别了，因而也就不能也无须再从外部给这个现实世界以本质规定了。按照马克思的逻辑，施蒂纳和尼采的这个思路肯定行不通。因为生成着的只是个别，没有普遍，而让个体独自承担一切的必然结局就是个体承担不起负重之后怎么都行的虚无主义与相对主义。也就是说，设定真实的本质世界可以把现实世界虚无化，否弃任何本质世界的个别至上化同样滋生虚无主义。前者是以高级的真实否弃低级的现实；而后者则是以宽容一切个别与多质而否弃意义与价值。对前者来说，没有了超感性的真实就没有了一切意义；对后者来说，容许一切多质与个别，认定任何个别都是转瞬即逝的意义与价值，也就意味着整体的彻底破碎，意义的名存实亡。最终的结果完全一样：一切都是虚无和虚妄，一切都是过眼烟云，一切都是非确定、无根基的"无"。区别最多是，一个被动无奈，一个积极勇敢地承担。几轮反复之后，相互融通，区别不再存在。

接续着早期浪漫派，尼采也呼求"地上的王国"，把"超人"与"大地"联系起来。与早期浪漫派类似的是，"大地"意味着革除超感性的抽象形而上学，革除满天飞舞的圣物，并拥抱特殊性和鲜活的生命现实。从这个角度来看，世俗性不是"大地"的意涵，因为世俗性是与神圣性连在一起的。革除了神圣性维度，应该也就同时革除了世俗性维度。但特殊性、片段应该在"大地"的含义之内。实际上，生成是纯真的，无根据也无目的，没有为什么和何所向。也就是说，生成根本没有最终状态。生成在任何瞬间都具有相同的价值，或者根本就没有价值："生成在任何瞬间都具有相同的价值：它的价值总和保持不变：换言之，它根本就没有价值，因为不存在用来衡量它，并使'价值'一词有意义的事物。世界的整体价值是无价可定、无值可贬的（unahwertbar）。"①于是，整体、永恒、本真都是不存在

① ［德］卡尔·洛维特：《海德格尔〈尼采的话"上帝死了"〉一文所未明言》，冯克利译，载［德］洛维特、沃格林等：《墙上的书写》，田立军、吴增定等译，华夏出版社2004年版，第129页。

的。每一个存在、每一个时刻、每一个方向都是等价的,谁也不比谁高。不确定、永远生成着、永远向可能性开放着的存在,也就是"无",构成一切,也永远优先。这种显然是对施蒂纳逻辑之进一步发挥的观点,把当下、唯一、生成当作世界的真实和价值取向了。按照这一逻辑,辩证法就迁就了过多的低级存在,也迁就了过多的庸众或末人,不能保证更高价值的实现,不能促使个我主体实现真正的自我。但在马克思看来,问题在于,不与他者关联的个体自身生存是最不真实的。如上所述,第一,我必定存在于社会关系中,"现实的我"必定存在于多重复杂的社会关系中。个我作为"创造性的无"是以种种先在的"社会关系"对自己的支撑和构造为前提的,在它作为"创造性的无"活动之前,先要接受种种意味着被创造、被约束的"既定性的有"。"既定性的有"能在多大程度和可能性空间内使"创造性的无"成为真实,依赖"既定性的有"所达到的发达程度和水平。用马克思的话来说,"每一个有拉斐尔的才能的人都应当有不受阻碍地发展的可能。……像拉斐尔这样的个人是否能顺利地发展他的天才,这就完全取决于需要,而这种需要又取决于分工以及由分工产生的人们所受教育的条件"。即使是拉斐尔,"也受到他以前的艺术所达到的技术成就、社会组织、当地的分工以及与当地有交往的世界各国的分工等条件的制约"。① 第二,个人不能改变这种关系与自我之间的相互构成性、交织性,更不能改变关系对自身的先在性。个人或者联合的个人,能改变也必须加以改变的,只是"关系对个人的独立化、个性对偶然性的屈从、个人的私人关系对共同的阶级关系的屈从等等"②。

于是,不但是社会性结构对独白式自我的替代使得独自承担现代性使命的个我在不堪重负之下坠入虚无主义的深渊,而且,社会性造就出的辩证结构也可以防止超感性形而上世界对粗陋的、该否弃的现实当下世界的虚幻化而导致的另一种虚无主义陷阱。"既定性的有"与"创造性的无"、有与无、创造性与既定性、现实性与可能性之间某种辩证关系的保

---

① 《马克思恩格斯全集》第3卷,人民出版社1960年版,第458—459页。
② 《马克思恩格斯全集》第3卷,人民出版社1960年版,第516页。

持,因为结构性张力的作用,就不是应或能存在的问题,而是必然存在的现代宿命了。它喻示着,超感性维度因为结构性张力的支撑,并不像尼采和约纳斯担心的那样必然导致虚无主义,反而可以借助追求辩证和解的社会关系结构约束住把当下现实世界虚幻化的虚无主义判定。

在尼采、约纳斯看来,主张超感性世界的存在必然陷入虚无主义。因为虚无主义就是从超感性"真实世界"角度看不合要求的现实世界的结果。尼采认为,"上帝"就是"超感性世界",拒斥上帝就是要否弃超感性世界及其与感性世界的二元架构,也就是说,否弃"上帝"与否弃"辩证法"是联系在一起的。在这样的意义上,虚无主义就是消极的乌托邦主义:"虚无主义者是这样的人,他从现存的世界出发断定,这个世界不该存在,而且,从那个本应存在的世界出发认为没有这样的世界。这样一来,生命(行动,受动,意愿,感觉)就没有什么意义了。'徒劳无益'乃是虚无主义的激情——同时,无结果。"①对世界的虚无主义判定就是依赖我们首先虚构了一个真实的世界。"虚构一个符合我们愿望的世界"②,然后以此否弃、拒斥我们目前所处的、不合乎愿望世界的现实世界,认定它是虚幻、非本真、即将消失的现象世界或次等世界。这就是针对现实世界的虚无主义,把现实世界虚无化的虚无主义。按照这种逻辑,虚无主义依赖一个超验形而上世界的先验设定,一旦这个设定被证明无法达到,就会从积极的理想主义坠入消极的乌托邦主义——虚无主义。而超验形而上世界的非真实性必定促使追求者从积极最后坠入消极,从理想主义堕落为虚无主义。约纳斯在分析古代虚无主义与现代虚无主义的联系时也认定,虚无主义的根本特点就是人与生存于其中的世界的断裂。在他看来,人与自然的二元论"乃为虚无主义处境的形而上学背景"。这是古代虚无主义(诺斯替主义)与现代虚无主义共同持有的特征。不过在他看来,遗憾和可悲的是,现代人面临的处境比古代虚无主义更严重:

诺斯替主义者被扔进一个敌对的、反神明的、因而是反人性的自

---

① [德]尼采:《权力意志》,张念东、凌素心译,商务印书馆1996年版,第270—271页。
② [德]尼采:《权力意志》,张念东、凌素心译,商务印书馆1996年版,第270页。

然之中,而现代人则被扔进一个漠不关心的自然之中。只有后一种情况才代表了绝对的空虚、真正无底的深渊。……这就使得现代虚无主义与诺斯替虚无主义相比,前者对这个世界的恐惧、对它的律法的违抗来得还要更无限地极端、更无限地绝望。漠不关心的自然是真正的深渊。只有人忧虑着,只有人在他的有限性中孤独地面临死亡,他的偶然性以及他所投射的意义之客观无意义性,实在是一种前所未有的处境。①

就是说,虚无主义诞生于有意义的本真世界与无意义的非本真世界、人与世界的二元论框架。人与世界疏离了,世界毫无生气,变得冷漠、空当、没有目的与完美存在,只是一个我们暂且驻足的框架、试图超越的禁锢。宇宙是虚无的,仅凭宇宙本身来说,它构成了(有灵性的)"人"的反对面和否定面,因而是"人"必须超脱开才能成就自身的粗陋存在。而作为粗陋存在的世界则成了"一些低级能量的创造物,它所执行的是这些低级能量的律法;它的人类学方面宣称,人的内在自我,普纽玛('灵',相对于'魂')不是这个世界的一部分,不是自然创造物及其领域的一部分,是完全超验,不能通过任何世俗范畴加以认识的,正如他的超世界的对应物、外面的神那样"②。

按照这样的理解,如果把现代世界看作是"力"的世界,不管是物理"力"的存在,还是经济生产"力"的世界,都必定陷入唯"物"、唯"力"的现实世界与非"物"、非"力"的有意义世界的二元对立,从而在积极地促使现实世界通达理想世界无法实现时导致现实世界的虚无化判定,从积极的理想主义走向消极的乌托邦主义。

马克思的理路不这么看。他反对超感性世界与感性世界的绝对二极化,而认定有一个中介性系统——社会性系统——可以连接感性与超感性世界:感性世界不能是超验的,而只能是由所在的社会经济和政治系统来注释和规定的,这种注释和规定不会全然超脱出它的经济政治基础,总

---

① [美]约纳斯:《诺斯替教》,张新樟译,上海三联书店2006年版,第314页。
② [美]约纳斯:《诺斯替教》,张新樟译,上海三联书店2006年版,第301页。

能根据这样的基础得到合理的理解，不管它自我标榜多么神秘和超验。都可以根据现实生活进行真实、合理的还原。所以，问题不在于否弃超感性世界，而是给它一个真实的、合理的现实生活的根基。按照马克思的逻辑，一个时代彻底否弃自己的超感性世界，认定它全然不存在，是不可想象的——那往往只能是否弃它不认同的超感性世界的表现，或者一种文化彻底堕落，失去其理想追求的表现。马克思强调：现实世界不是该否定的虚幻存在，而是进步和积极的有意义存在。在象征着人"类"性的生产力、生产关系方面取得进步，也就是在主体的共同性、普遍性方面的进步，这一点不容单单从主体个性角度看问题的异化论否认。仅仅从主体的个别性角度把与个性对立的现实经济世界认定为异化的、负面的、堕落着的，是过于浪漫主义的极端之见。在主体之普遍性、特殊性和个性的辩证结构中看待主体性的实现结构，才是合理的。① 这样一来，超感性世界的保持并不必然导致虚无主义，完全可以用辩证法框架防止住它。关键是使传统的超感性世界立于大地之上，不再天马行空。

四、结论：实践、辩证法与虚无主义的遏制

至此，本文的结论是：

第一，彻底的个人化是不可能的。② 这么做要么必然皈依"上帝"（如克尔凯郭尔），要么坠入"虚无"的深渊（如施蒂纳）。要防止这两种结局，就得接受"辩证法"的遏制。

第二，实践、辩证法、虚无主义的遏制是内在地联系在一起的。去除上帝的哲学如果连辩证法也一起抛弃，看不到马克思是用辩证法来遏制虚无主义的关键之处，看不到辩证法对虚无主义的遏制作用，甚至还跟随

---

① 刘森林：《追寻主体》，社会科学文献出版社 2008 年版，前言第五节。

② ［德］卡尔·洛维特：《克尔凯郭尔与尼采》，李理译，载《哲学译丛》2001 年第 1 期。

否定、拒斥辩证法思维的哲学家加入否定一切形而上存在,把彻底的现实化(也就是否定了一切超验性存在、神圣性存在、普遍性存在)逻辑归于马克思,就是把马克思施蒂纳化了。对马克思来说,拒斥传统旧形而上学并不等于彻底否弃形而上维度。辩证法规约下的形而上维度的重建,是遏制虚无主义的根本需要。

第三,对于马克思来说,"实践"更是个支撑辩证法框架、结构和通道的力量之源和希望所在,甚至于就是这样的框架、结构和通道本身。只有靠它,靠这个框架、结构和通道,靠这个力量之源,才能穿过漫长而幽暗的历史过道,维系、支撑住二元和多元的辩证结构,使希望存在着的那一方在这个幽暗而漫长的过程中不至于被击垮、吞噬和消解,而迎来辩证过程的春天。在这个意义上,辩证法是实践的内在前提、结构框架,而实践则是辩证法的通道、希望和动力之所在。

第四,对于实践、感性的理解,就需要维持必要的辩证框架结构,以防止向感性流变、世俗生活和神圣永恒、超凡脱俗两个极端方向过度诠释。对后一个向度的警惕是无需赘言的,而对前者的警惕尤其关键。如果沿着强调流变和生成的向度对感性流变性、历史生成性过度诠释,当流变和生成到达否定永恒本质,如施蒂纳否定任何神圣理念,强调流变中的当下即是至高无上,生成中的每一刻都高于永恒的神圣本质时,对坚持辩证法框架和追求着共产主义理想的马克思来说,杀伤力有多大,而马克思作出的反应有多么剧烈——竟然逐章逐节花数百页篇幅来批评施蒂纳。今天我们在解释马克思的实践观念、主体观念以及对待形而上学的态度时,就尤其需要注意他与那些把上帝和辩证法连在一起拒斥掉的哲学家们的本质区别,万不可以尼采和后尼采(更不用说罗蒂)的思想附会马克思。否则,就是把马克思施蒂纳化了,从而使得马克思批判施蒂纳、拒斥虚无主义的良苦用心流于白费。

第 三 部 分

物化、虚无与形上学重建

第 九 章

"物"的意蕴：一种历史唯物主义分析

现代世界是一个物异常丰裕的时代。各式各样的"物"充斥于其中，越来越膨胀着。由此，"物"不但成为日常思维的关键词，更成为哲学、社会理论的关键词。历史唯物主义作为一种唯"物"主义，自然会把"物"作为最核心的概念（之一）。如何合理地理解"物"，进而如何理解"物化"现象，都至关重要，不管是就马克思历史唯物主义理论本身来说，还是就这一理论对正在追求现代化的当下中国的影响来说，都是如此。那么，从历史唯物主义的角度看，"物"的意蕴何在呢？

本文的主要立意是，马克思沿着近代哲学对物的主体性规定，如何作了理论推进，以及作了怎样的理论推进。

一、物自身的逐渐丧失：从主体性到社会性的不断彰显

在日常用语中，"物"一般是指非人、亦非动物的实体存在。[①] 从哲学

---

① ［英］Tim Danl 在《物质文化》（Material Culture in the Social World，龚永慧译，书林出版公司 2009 年版）一书中写道，"物"就是"可见、可触及而且可以闻得到的非人或动物的东西"。"物不只是我们制造的产品，设计来帮助我们满足基本的本能需求，物也是我们藉以表现我们是谁及我们是什么样的人的表达方式，而这些也是形塑社会进展的要素。"参见该书第 19、20 页。

上，我们就必须追问，"物"是凭借什么被我们称为"物"的？"物"的"物性"是什么？它怎么来的？现代文化给了"物"什么样的本质规定？

不同的文化背景下，"物"获得的解释大不相同。庄周梦蝶故事中的"物化"之"物"，是上天之孕育，是自然之造化，与天、天道联系在一起。它超越了人、物之别，如果人能觉解到万物之齐，这样的"物化"乃是很高的境界。海德格尔也说，古希腊的"物"，是从自身中绽放出来的东西，不是人作为主体拷问出来，作为镜子映现出来的东西。由此，现成存在着的物，都是自为的存在，都是主宰自己的"主体"。但是，现代哲学所理解的"物"，不再是这样的东西，而是隶属于主体性的一种客体存在，是由主体确定起来的东西。这样的物，作为客体，就与作为唯一主体的人具有了根本之别。因为按照笛卡尔以来的现代哲学的理解，唯一具有自足自立品格的存在，唯一具有确定性、不可怀疑的存在，就是作为主体的人。只有作为主体的人确定无疑地确立起来之后，对其他存在的谈论和思考才得以可能。正如海德格尔所说：

> 直到笛卡尔之前，"主体"都一直被视为每一个自为地现成存在着的物；而现在，"我"成了出类拔萃的主体，成了那种只有与之相关，其余的物才得以规定自身的东西。由于它们——数学的东西，它们的物性才通过与最高原则及其"主体"（我）的基础关系得以维持，所以，它们本质上就成了处于与"主体"关系之中的另外一个东西，作为 obiectum（抛到对面的东西）而与主体相对立，物本身变成了"客体"。①

"物"成了"客体"，也就是主体性浸染、折射、映现出来的东西。借用康德的术语来说，就是物自身（Ding an sich）无法呈现自己，只能通过心灵的内在结构才能表达为一种"现象"。如果说，物自身是本体世界，那这个"现象"就只是主体性的折射物。作为客体的"物"，被主体从（纯粹）理性的角度予以观察、规定。这种纯粹理性设定了时间、空间和运动关系的均质性，如果人要精确地、严格地去分析客体之"物"，一种数学规

---

① ［德］马丁·海德格尔：《物的追司》，赵卫国译，上海译文出版社 2010 年版，第 96 页。

定性也就成了"物"本身的性质，而"在时空世界中的无限多样的物体的共存本身是一种数学的理性的共存"①。

这样，"物自身"就通过主体性面临着两种意义上的"虚无"化。一是失去其本真面目，成为一种依赖某种中介才能呈现自身的隶属性存在。当雅各比批评康德哲学这样对待物自身意味着一种虚无时，主要是指物自身对主体性的依赖，从而失去自己的本来面貌。二是进一步失去其具体、清晰、确定等特性，而成为看不见其真正面目的不确定性存在。如果主体是各不相同甚至以唯一者面目出现和立足的，那么，本真的物世界在各不相同的唯一者主体那儿呈现出来的，就只能是迥异的世界了。而这也就是后来施蒂纳所谓"以无作为自己事业基础的"那种"无"，意味着可能性、变化性因而给存在的确定性留出了很大可塑性空间的那种"无"。按照下面我们将要略加分析的，它属于钱钟书所谓中国古代思想中两种"无"的第一种，即"空"，是有待填充起来的"无"，不是真正什么也没有的"无"；是充满可能性，给人以希望和努力动力的场所。

于是，"物"不再是自然而然的东西，不是物自身内在地绽放出来的东西，而是主体性的存在。其结构、性质、样态都取决于主体性，取决于心灵结构。只有明晰了心灵结构，"物"才能随之呈现出来；只有心灵足够明亮了，"物"才能清晰地呈现给我们。"物"是否、如何呈现给我们，不是取决于自身，而是取决于主体的心灵结构。所以，这样的"物"也就不再是本来的物自身，而是一种被现代主体性形而上学的框架"架构"了的东西，即被纳入现代形而上学框架之后，经过现代主体性形而上学浸染、锻造才呈现出来的东西，也就是心灵结构映现出来的"现象"。如果广延、时间、位置等就是心灵结构的主要关注点，那么，就像海德格尔在分析康德时所说的，物之物性"就是作为一个存在者的物所具有的性质、广延、关系、位置、时间，一个存在者之存在的一般规定，在诸范畴中被说出来，诸物的物性意味着：作为某个存在者的物之存在"②。

---

① ［德］胡塞尔：《欧洲科学危机和超验现象学》，张庆熊译，上海译文出版社1988年版，第72页。

② ［德］马丁·海德格尔：《物的追问》，赵卫国译，上海译文出版社2010年版，第57页。

众所周知,后康德哲学的发展主流是按照雅各比所担忧的去掉"物自身",径直按照自我心灵结构来建构一种逻辑一致的绝对主体性哲学的路子得以展开的。"物"由此不断沿着主体化、理性化的路向被规定、加固。这就意味着,物是由理性的人所确定的,而作为主体的人,是一种超越了物并高于物的存在。只有在与物的照面中,在对物的认知、把握、归置、改造中,人才得以展示和成就自身。人至高无上的根本性,人与物的二分对置,以及纯粹理性关于时间、空间、运动等性质的基本设定,构成了解释"物"的基本前提。马克思的历史唯物主义继承了这些思想,正如丹特(Tim Dant)指出的:

> 马克思隶属于康德——黑格尔的哲学传统,在这个传统中,人与物的关系被视为绝对的主体与客体。在这样的区别所影响的价值体系之下,很难不将主、客体的关系视为理所当然,而在世界进程中将主体放置在比客体更高、更具显著性的地位上。①

看来丹特还是把马克思归于主体性哲学传统之内,认定马克思坚持主体性立场。而不是像海德格尔自己所认为的那样,拒斥或放弃了主体性立场,把坚持从主客体关系立场看待世界,即从人道主义角度把现代世界视为一种主客体的颠倒,看作是"异化"的表现。丹特虽然肯定"马克思的概念,是对物质及社会结构改变的回应,他的概念不断地对西方社会形式(包括其物质文化)产生深远的影响",但还是觉得马克思主义的思维"将物视为仅只是劳动产生的商品"。他主张,"物不只是我们制造的产品,设计来帮助我们满足基本的本能需求,物也是我们藉以表现我们是谁及我们是什么样的人的表达方式,而这些也是形塑社会进展的要素"②。从这些话来看,丹特对马克思的"物"的概念有些误解。实际上,马克思绝没有仅仅把物解释为劳动商品,反而正是一再申明,物不仅仅是商品,更是一种社会关系,也就是丹特在他的书中一再强调的,"物"是一种社会关系与劳动产品的统一。甚至应该说,马克思"物"论的贡献恰恰

---

① [英]Tim Dant:《物质文化》,龚永慧译,书林出版公司2009年版,第17页。
② [英]Tim Dant:《物质文化》,龚永慧译,书林出版公司2009年版,第18、20页。

就是在前人的基础上着重思考了"物"的社会性奥秘,从社会性(而不是仅仅主体性)的角度注释了"物"。

挖掘"物"的社会性奥秘的新思路,是在黑格尔的理论框架内孕育出来的。确切地说,直到青年黑格尔派成员在争论谁在批判宗教、揭穿神灵奥秘的道路上走得更远更彻底,费尔巴哈、施蒂纳、马克思在争论物、身体、精神的地位与意义时,才给揭示"物"的奥秘提供了一条新的道路:主体与身体的关系使作为"身体"的"物"不断受到重视,而"精神"的意识形态奥秘的揭示则把视角不断对准了社会关系之"物"。身体的不断社会化驱使"社会性"成为"物"之为"物"的关键所在。完全可以说,"物"的关注视角通过马克思发生了一个重要的转变:也就是从康德、费希特以来一直重视的主体性转向社会性。哲学思考的关键也由此从主体性的自我心灵的内在结构奥秘,转向了使主体成为可能的身体基础和社会基础的结构奥秘。

二、作为特殊"物"的身体:如何看待重视身体的 费尔巴哈与重视社会的马克思

"物"的社会性奥秘对于熟悉历史唯物主义的人来说不难理解,但是,在传统历史唯物主义对费尔巴哈的批评,以及相对应的对马克思的褒扬中,很容易忽视一个问题:如何看待"物"由以得出的身体维度? 由此必然连带着的问题是,马克思是否轻视或忽视了身体维度? 这个问题连带着的关键问题是,人的物化不仅仅是人格、尊严、个性的丧失,被物品和社会关系之物淹没、替代,人的物化也表现在,身体日益被当作一个物件被看待、修饰、改变。人格、尊严、个性的丧失,跟身体与人"灵魂"、"神性"联系的丧失,从而身体的物件化,是同一个过程。

我们知道,施蒂纳在青年黑格尔派批判神灵、宗教的过程中走到了最前面,他的批判矛头不但包括传统神灵,政治、经济和日常生活中的神灵,

而且还包括任何超越个体之上的社会性的存在。他把社会对个人的成就与支撑理解为社会对个人的胁迫与强制，理解为个人在社会前面的举手投降，个人个性被社会的否定。按照他的思路，当社会成熟到有千万种办法保护你、成就你的时候，它也有千万种办法牵着你的鼻子走，把你变成它的奴隶，使你失去你自己，成为仅仅符合社会要求的模式的人。可以这么说，由于施蒂纳把人之为人的关键理解为与众不同、独一无二的个性、独特性、唯一性，如果社会性覆盖、埋没了每个人的这种个性、独特性、唯一性，那人也就不成为人了，成了某种"非人"。这种"非人"，只有三种可能性：要么是有形有状的实"物"，要么是"精神"，要么是社会化的"物"。所以，按照施蒂纳的逻辑，如果说，崇拜实物是与儿童思维相一致的最不成熟的崇拜，崇拜精神是与青年思维相协调一致的次不成熟的崇拜，那么，对社会性存在的崇拜还是没有真正走出青年阶段，没有真正成熟到发现唯有与众不同的当下即是的个我才是唯一值得自己认真对待的存在。在自由主义对"国家"的寄寓中，在马克思主义和社会主义对"社会"的寄寓中，他都看到了唯一值得我们认真对待（即人之为人的）东西的泯灭和被否定。按照这样的理念，费尔巴哈对人的类本质的强调，以及马克思当时（如《1844 年经济学哲学手稿》中）以此对资本主义社会异化性质的批判，都仍然是以信奉超验的神灵（类本质）为前提的。而费尔巴哈在受到施蒂纳的这种批判影响之后，明显改变了自己的思想发展方向。受到施蒂纳批判后的 1845 年左右，费尔巴哈的思想发生了从人类学倒向自然主义的"第二次转向"。与第一次转向脱离正统黑格尔唯心主义立场不同，这第二次转向是继续清除被施蒂纳揭示出的自己思想体系中黑格尔唯心主义的重要残余，沿着"感性"、"感觉"、"自然"和"个我"，也就是消解普遍性（以凸显个别性与唯一性）、神圣性（以凸显世俗性和当下性）的方向继续前进，走向了更加露骨和直接的自然主义、感觉至上论、粗糙的现实主义甚至庸俗唯物主义。①

　　按照我们传统的看法，在施蒂纳批评的影响下，费尔巴哈对自然、肉

---

① 参见本书"实践、辩证法与虚无主义"一章的进一步分析。

体、身体、感觉的更加强调,向更加重视这些存在的方向的转变,是不继续向前追索人的社会存在的表现,也就是倒退到自然唯物主义,与发现人的社会历史奥秘的历史唯物主义渐行渐远的标志。而马克思则与此不同,他在某种程度上接受施蒂纳对费尔巴哈的批评后,致力于在经济、社会存在中揭示神灵、宗教的存在,并由此越来越重视社会性因素在人的生活中的根本性作用。对自然、肉体维度的偏重是向旧唯物主义的倒退,而对社会性因素的强调和重视则是向前进一步发现历史唯物主义的进步。由此,人们会说,马克思是向前走,费尔巴哈是向后退。马克思的所作所为是一种功绩、积极、富有成效,是马克思由此进一步作出历史唯物主义重大发现的出发点;而费尔巴哈的所作所为则是一种错误、缺失、消极、退步。

然而,从今天生态主义的角度看,人们会提出不同的意见。根据这种意见,这是马克思的缺陷。克拉科夫斯基就持这样的看法。他认为,马克思的普罗米修斯情结使他在重视社会性因素及其作用的同时,忽视、轻视了生物性、肉体因素,自然性限制对社会的作用,以至于把理想社会建构在对自然大规模改造和统治的基础之上。他指出:"马克思的普罗米修斯主义的一个典型特色是,他对人类生存的(经济条件相对一面)自然条件缺乏注意,在他对世界的想象中没有人的肉体生存。人是用纯粹社会性词句来解释的;极少提到人生命的肉体限制。……跟社会达尔文主义和自由主义哲学正相反,马克思不但不根据生物需要推断社会关系,反倒把生物需要以及人类生存的生物条件说成社会关系的要素。'社会化天性'并不是比喻。人本质中的一切都是社会性的:人的所有天生性质、作用和行为已经实际上和其动物根源相分离了。"[1]由此,"马克思忽视肉体和肉体死亡、性和侵犯、地理和人类繁殖力——他把这一切都化为纯社会现实——是他的乌托邦的一个最典型、却最不受人注意的特色"[2]。

依据这一逻辑评判的话,费尔巴哈经受不住施蒂纳的尖锐批评,径直

---

[1] [波]克拉科夫斯基:《马克思主义的主流》(一),马元德译,远流出版事业股份有限公司1992年版,第468页。

[2] [波]克拉科夫斯基:《马克思主义的主流》(一),马元德译,远流出版事业股份有限公司1992年版,第469页。

走向对肉体、自然维度的更多强调,却是一种"进步"了。甚至可以说,后来弗洛伊德进一步揭示的性本能的基础性作用,不是更加显示了费尔巴哈的价值吗? 由此是不是可以说,费尔巴哈对肉体、自然因素的重视还远为不够。从他自身来看,他对社会性的忽视也许并不是什么过错,甚至是有限不足;只是从进一步揭示神灵、意识形态的社会性根源角度来看,也就是从马克思后来发现的唯物史观的角度来看,费尔巴哈努力的方向才是一种缺陷和不足。或许应该这样说,费尔巴哈与马克思各自努力的方向都是可以得到重大发现的,问题不在于费尔巴哈向着肉体的方向努力是一种过错,而是他沿着这一方向的努力远为不够,不如马克思那样沿着进一步揭示神灵的社会性根源的方向作出的努力那么多,取得的进展那么大。也许,如果站在施蒂纳极端的角度来看,也就是消除一切神灵的角度来看,费尔巴哈和马克思的理论中都存在着一种"上帝"。费尔巴哈保留和推崇的"自然"是一个这样的"上帝",就像海德格尔批评尼采以十足的感性替代传统的超感性一样,先于尼采的费尔巴哈用感性、本能替代传统的超验上帝,不也是从一个极端过渡到了另一极端吗? 按照"上帝"的颠倒仍然是一个变相的"上帝",仍然没有摆脱原来的"上帝"之在这一逻辑,费尔巴哈对"上帝"的拒斥仍然是一种变相的保留。当施蒂纳这样批评费尔巴哈,说"费尔巴哈使我们从神学和宗教中解放出来,然而这种解放本身却又是神学式的;他废弃了上帝、主词,却把属神的东西保存下来,小心翼翼地存留了上帝的各个宾词"时,费尔巴哈毫无委屈却很坚定地回应道:

> 他确实是保存了它们,这是无可争辩的。然而,他又是应当保存它们的,因为不然的话他便会甚至于连自然和人也不能够保存了。这是因为,上帝是一个由一切现实性所组成的实体,也就是说,是由自然和人的一切宾词所组成的实体:上帝是光,是生命,是力量,是美,是本质,是智慧,是意识,是爱,——总之,是一切。如果废弃了上帝的各个宾词,那么,还留下有什么呢?①

---

① 《费尔巴哈哲学著作选集》下卷,荣震华、王太庆、刘磊译,商务印书馆1984年版,第420页。

"人"和"自然"都可以作为"上帝"来确保下来的。但作为变相"上帝"对待的是"人"还是"自然",在不同立场的思想家那里得到的评价却很不一样。

显然,保留这个"上帝",就意味着把一切都得归到它那里去,而且这种变相的"上帝"还承担着归根结底保证理论家主张的伟大结论的功能,特别是这个结论在个体经验上不具有明证性,需要一种复杂的论证之时。从此而论,就像萨弗兰斯基在分析 19 世纪 20 年代的叔本华时所指出的,无论人们怎样攻击上帝,人们对上帝的信仰犹在:

> 人们对上帝的信仰依然存在,上帝照料着人们(或许贯穿人的一生),使一切向最好的一面发展,这上帝叫什么名字无所谓,无论它是叫"历史"、"绝对精神"、"自然"、"科学"或是稍后的"无产阶级"。而真正的哲学家则过着一种"充满危险,但却自由"的生活:或新或旧、经过伪装的种种确定性无法为哲学家提供庇护。重要的是,人们要能够忍受那种被抛弃的无家可归状态。①

虽然叔本华在德累斯顿与浪漫派作家蒂克争论时,讽刺崇尚雅各比的蒂克:"什么,你需要一个上帝?"这句话曾让蒂克至死都无法忘怀。②从这里来看,似乎叔本华不需要"上帝"。但把萨弗兰斯基的上述说法用在叔本华身上,仍然是适用的。值得注意的是,把本能当作新的"上帝",不仅是费尔巴哈的做法,也是叔本华早就提出的主张。在《叔本华及哲学的狂野年代》一书中,作者吕迪格尔·萨弗兰斯基写道,叔本华的"意志"最根本的其实就是性。或按照叔本华自己的话说,性"是一切事物真实的本质和核心,是一切存有的目的和意图"③。考虑到叔本华先于费尔巴哈(当然更先于弗洛伊德),费尔巴哈在这方面的价值就更不能高估了,在叔本华的理论进展和创新性面前,费尔巴哈的理论进展就更显得不

---

① [德]吕迪格尔·萨弗兰斯基:《叔本华及哲学的狂野年代》,钦文译,商务印书馆 2010 年版,第 426 页。

② [德]吕迪格尔·萨弗兰斯基:《叔本华及哲学的狂野年代》,钦文译,商务印书馆 2010 年版,第 442 页。

③ [德]吕迪格尔·萨弗兰斯基:《叔本华及哲学的狂野年代》,钦文译,商务印书馆 2010 年版,第 432 页。

够了。这似乎更能进一步地印证马克思对费尔巴哈的批评。

阿多诺、海德格尔不会在意马克思与费尔巴哈两人在这个方面的对比,并颠倒我们先前对两人的褒贬评价。批评近代主体性哲学的他们在意的倒是,按照他们的理解,马克思把理想社会建构在了一个更大规模、更深度地开发自然的基础之上。自然仍然被规定为主体的客体对象,一种只有主体掌控了、改造了、利用了才能显示出主体自己伟大来的被动客体。马丁·杰对霍克海默、阿多诺的主张概括得很恰当:

> 马克思过分强调劳动作为人类自我实现的中心,是其中的一个主要理由,对此霍克海默早在《黄昏》中就提出过质疑。他认为把自然异化为人类剥削的领域,实际上已暗含在把人还原为劳动的动物之中了。如果按照马克思的思路,全部世界将被转换成"大工作车间"。事实上,在自称是20世纪马克思追随者中出现的压抑性的技术恶梦,是不能完全与马克思本人著作的内在逻辑完全分开的。①

把大自然都变成工厂、车间,借以大力发展生产力,这是海德格尔、阿多诺、霍克海默们对马克思的批评性想象。他们可以在马克思的著作中找出一些段落,认定马克思的劳动、实践观念以占有自然为前提,在存在论上坚持鲜明的主体性,并且认定自然只有在劳动中才能具有价值,单纯的自然本身是没有价值的。② 他们也可以指出,马克思说过,要把自然界作为人的现实躯体来对待。自然界是人的躯体的一部分,只有依靠大自然,才能使人站立起来。

> 结果就是:生产力——财富一般——从趋势和可能性来看的普遍发展成了基础,同样,交往的普遍性,从而世界市场成了基础。这种基础是个人全面发展的可能性,而个人从这个基础出发的实际发展是对这一发展的限制的不断扬弃,这种限制被意识到是限制,而不是被当作神圣的界限。个人的全面性不是想象的或设想的全面性,

---

① [美]马丁·杰:《法兰克福学派史》,单世联译,广东人民出版社1996年版,第294—295页。

② 相关分析可参见刘森林:《辩证法的社会空间》,吉林人民出版社2005年版,第4章第3节,特别是第220页左右。

而是他的现实联系和观念联系的全面性。由此而来的是把他自己的历史作为过程来理解,把对自然界的认识(这也作为支配自然界的实践力量而存在着)当作他自己的现实躯体的认识。①

作为人的躯体的一部分,自然也就成为一种被剥削的对象。身体也被纳入了资本的逻辑之中,被动地成为资本的一部分,身体日益成为资本这个他者的螺丝钉,其作息、节拍、功能也日益按照资本运作体系的要求来进行。也就是说,身体作为一种特殊之物,也日益失去"灵魂"的掌控,与自己的人格、尊严脱离,变成外在的资本这个庞然大物的工具,从而发生了日趋严重的"异化"与"物化"。所谓"异化",系指身体不再是自己,日益不能按照自己的爱好与节拍施展和实现自己;所谓"物化",不是意味着,自己作为一种特殊"物"成为自己,能按照自己的爱好、逻辑发展和实现自己,而是意味着,日益屈从于外在的"他物"即"资本"这个庞然大物,被迫屈从于资本这个"大他者",把自己的一切都掏干,奉献给了这个"大他者"。这样一来,从对自然这个人之躯体的剥削中,完全可以发展出一种对"资本"物化"身体"的批判。这种批判与海德格尔、阿多诺、霍克海默对马克思的批评即使不是完全对立,起码也是可以起到很多的矫正和约束作用的。

由此,一些生态主义者会进一步认定,资本最大的剥削对象不是工人,而是大自然! 剥削(本国)工人的是落后国家的不聪明的资本家。发达国家聪明的资本家更愿意去剥削大自然。经济学家肯尼思·博尔丁就说,在发达国家,对工人的剥削无利可图,"对所有的人来说,提高生产率才是赚钱的好办法。一个人可以从大自然中获取 10 个美元而不必从同仁身上榨取一个美元。不幸的是,在停滞性国家,投资进行剥削比投资提高生产率更有利可图"②。我们知道,一向尊重马克思的伊曼纽尔·沃勒斯坦(Immanuel Wallerstein)也由此把马克思视为资本主义不发达阶段的思想家,认为马克思归根结底还是肯定资本主义开发大自然、发展生产力是一种巨大的历史进步,没有更多地从资本占领的落后国家或地区,也

---

① 《马克思恩格斯全集》第30卷,人民出版社1995年版,第541页。
② 转引自[美]西摩·马丁·李普塞特:《一致与冲突》,张华青译,上海人民出版社1995年版,第367—368页。

就是从资本主义体系的边缘区来看待资本的历史效应，没有看出资本主义所带来的进步效应只是在发达的中心区才能成立，如果放眼全世界就不能成立。或者，资本的进步作用如果放眼全世界，至少会打上一些折扣："进步"伴随着"破坏"，"贡献"伴随着"损害"。

而且，"身体"的作用、功能、地位，在马克思那儿似乎得到的关注和重视不够。社会还没有发展到如此重视"身体"的程度，人们还没有把身体看作是一个完美的"物件"，可以通过各种技术修饰、改变以达求某种完美化的东西，可以按照某种符号和理念加以设计、通过多种技术加以修改的"物件"，从而不断挑战"物"区别于人、动物的传统观念这样的程度。但自从"人"更被视为"身体"的那一刻起，身体的物化就跟人通过劳动产品、通过社会关系表现自身的那种物化、物象化纠缠在一起了。身体的物件化，与人格、尊严日益被物品、被社会关系之物替代和淹没，一同发生，也一同深化。

这么说来，从马克思的角度来看，费尔巴哈对社会性因素的作用重视不够；而从费尔巴哈的角度来看，马克思对肉体、自然因素的作用重视不够。但从各自取得的理论进展视角来看，还是马克思更有资格批评费尔巴哈，因为费尔巴哈维度上的理论进展是后来人进一步取得之后才显示出来的。在费尔巴哈那个时代，他还没有足够的底气批评马克思，何况，叔本华还早于费尔巴哈就有类似观点。而作出唯物史观重大发现的马克思却有足够的资格嘲讽费尔巴哈在社会历史维度上的踌躇不前。

以上看法肯定会有争论，存在不同观点和不同的解释空间，对此我们不作继续展开。我们还是把重心定在马克思对社会物的分析上，马克思的贡献正是体现在这个方面。

三、"物"的社会性秘密

在《资本论》及其手稿中，马克思分别使用 Ding（复数形式 Dinge）

与 Sache(复数形式 Sachen)两个德文词来表达汉语中我们所说的"物"。马克思分析了这两种"物":从有形有状的"物"(Ding)到无形无状的"物"(Sache)。应该指出的是,中文版《马克思恩格斯全集》把这两个德文词都译为"物"。有时甚至 Gegenstand(对象)也一起被译为"物"。马克思指出:"一个物可以是使用价值不是价值。这就使一个物可以对人有用而不必是人的劳动的产物。"①这个"物"(Ding)就只是自然物,而不是社会物。它不是马克思关心的重点,因为"物的使用价值对于人来说没有交换就能实现,就是说,在物和人的直接关系中就能实现;相反,物的价值则只能在交换中实现,就是说,只能在一种社会关系中实现"②。仅仅具有实用价值而没有价值的物,也就是非劳动产品的物,不是马克思关心的对象。而作为既具有价值又具有使用价值的物,才是马克思关注的重心。但这种物能否实现,取决于人与人的社会关系,而不是物自身。于是,有形有状的"物"在现代社会商品中必然与无形无状的社会性的"物"连接在一起,只有借助后者,前者才能呈现和成就自己。这是历史唯物主义关于"物"的第一个意蕴。这个意蕴表明,生产、交换关系成了物之为物的关键所在。在现代社会中,一个物被生产、交换、使用都得借助既定的社会关系。只有借助这种愈来愈复杂的社会关系系统,物品的生产、交换、比较、计算、占有、消费才得以可能。离开这种关系,物的生产、计算、流通、被使用以及最终获得实现,都无从谈起。这种关系系统成了孕育、实现物的园地。从物追究下去,就会出现于深层存在着的关系系统。

也就是说,物之所以成为物,关键不在于其自然性质,不在于物自身,(关键)也不在于康德所谓主体的感性能力和知性能力,而在于一种主体与主体之间的社会性特质。这种社会性特质才使得现代意义上的"物"得以被设计、生产、交换、衡量、比较、占有、消费,而且,现代"人"也不断依靠这种意义上的"物"来标识、表达、充实,甚至人的感情、价值、尊严、

---

① [德]马克思:《资本论》第 1 卷,中国社会科学出版社 1983 年版,第 17 页。
② [德]马克思:《资本论》第 1 卷,中国社会科学出版社 1983 年版,第 63 页。

地位、智力等等,都倾向于借助不同层次、不同功能的"物"来表达,也就是说,感情、价值、尊严、地位、聪明才智等等,都体现在价格、复杂性、功能、品牌、外观都不一样的"物"上。不同的"物"就标志着不同类型、不同程度的情感、价值、地位和才智。也正因为如此,现代意义上的"物"越来越复杂,内含也越来越丰富,意蕴越来越多重,把玩起来越来越有意味。其中意味的多少,除了生产者想方设法赋予它的之外,还包含着欣赏者和占有者作为主体的内在眼光,取决于主体的水平、视野和深度。

在资本主义社会中,物的存在首先以商品的形式体现出来,而后转化为货币,最后体现为、隶属于资本,成为资本的附庸,受资本的制约,为资本所统治。物的主体性规定具体化为货币性规定、资本性规定。一切存在都在这种规定面前被瓦解、被归置了。

> ……所以任何东西只有在为个人而存在的情况下才具有价值。由此可见,物的价值只存在于该物的为他的存在中,只存在于该物的相对性、可交换性中,除此之外,物的独立价值,任何物和关系的绝对价值都被消灭了。……因此,任何东西都可以为一切人所占有,而个人能否占有某种东西则取决于偶然情况,因为这取决于他所占有的货币。所以,个人本身被确立为一切的主宰。①

物被高度地人化了。物对主体性的依赖,不再像在海德格尔那儿那样处在生存论的朦胧之中,在马克思这儿变得非常具体起来,即体现为,物被高度地商品化、货币化了,最后不免是资本化。而随着具体化的进展,作为物之主体的"人"也变得更为复杂起来,需要更多的社会前提才能现实化。那些缺乏社会前提的一般的"人",在此特定之"物"前,可能只是作为一种抽象的可能才存在,在某些情况下,这种可能性的抽象程度或许接近于没有,即使你发挥再大的想象力也只是遥远地想一想而已。如果说,被商品化的物还可以具体体现为五颜六色、形状各异、功能不一的具体存在,还可以散发出某种不是十分抽象却可比较具体的光辉形象,那么,被货币化的物就开始变得更为抽象,好像具体的物品被进一步压

---

① 《马克思恩格斯全集》第31卷,人民出版社1998年版,第251—252页。

扁,失去生动的具体性,成为抽象、干瘪的普遍性存在。不过,货币化后进一步抽象化、普遍化了的"物",与人之间的距离却可能变得更为遥远。资本化之后就更是如此。因为货币化、资本化后的"物"需要更多的前提条件才能与具体的人建立起联系。缺乏这些前提条件,即使是这些物品的具体生产者,亲手把这些物品生产出来的人,要拥有、享受这些物品,也变得非常困难。物品经过你的手走出生产车间,却离你越来越远。它属于特定的一些人,却不属于你。因为你没有占有它所必需的社会前提。对于占有它来说,你是一个不够格的社会主体,甚至你对其根本就不成其为主体。人与物之间的距离在商品化、货币化之前还十分近,或者没有距离;但现在,距离可以很远,也可以很近——一切都取决于社会条件,取决于你是否具有足够的货币,甚至资本。货币、资本成为人与物联系起来的中介和纽带,成为说近就近、说远就远的中介物。于是,有形有状的"物"(Ding)就与无形无状的社会关系之"物"(Sache)内在地联系了起来,甚至成为一体化的东西了。

对马克思来说,有形有状的"物"成为商品,通过社会交换成为普遍、一般的"物",依赖特定的、发达的社会关系。所以他说,资本虽然必得体现在物(Ding)上,"但资本不是物(Ding),而是一定的、社会的、属于一定历史社会形态的生产关系,后者体现在一个物上,并赋予这个物以特有的社会性质"①。从商品经货币到资本,"物"的社会性质体现得日益明显。

由此,作为商品的"物",不但必须借助特定的社会关系(首先是生产关系)才能被生产、交换、占有、消费,从而获得实现,而且,它首先得化为一种同质性的存在,才能纳入理性的计算体系,在越来越大的生产、交换体系中,得以作为一种普遍物广泛传播。用马克思的话来说就是,"不同的物只有化为同一单位后,才能在量上互相比较。不同的物只有在那时才具有同一的名称,并成为可通约的"②。使不同的物得以通约的,就是每个物品中都凝聚着的普遍的、一般的、可以精确计算的人类劳动。这是

---

① 德文原文参见 Karl Marx Friedrich Engels Werke,Band 25,Dietz Verlag,Berlin,1972,S.822.中译文参见《马克思恩格斯全集》第46卷,人民出版社2003年版,第922页。

② [德]马克思:《资本论》第1卷,中国社会科学出版社1983年版,第26页。

一种社会高度发展的成果,不是主体的先验本质所有,只有在社会发展到一定阶段上才会发生和出现的。因此,作为一种现象,一种可精确量化的现象,物完全可以在质上获得一种同一性。凭借这种同一性,那些分别存在于不同个体、群体的人身上,由不同的工厂、机器、流水线生产出来的,品质、样态、性能各不相同的物品,却可以同样地被置换为一种抽象的、同一的质(劳动),而把差别归于单纯的数量。这是近代纯粹理性处置自然物的方式在社会领域的进一步贯彻。据此,不但自然物获得了纯粹理性的外观,而且社会物也获得了,完全合乎纯粹理性的规定。计算理性的渗透力非常强劲,以至于很多非常异质、无法数量化的社会存在都越来越被强制性地置于数量体系之中了。这是"物"的"现代化"的结果。资本主义意识形态致力于将"物"数量化,只是从数量的区别上来解读千差万别的"物",将这些千差万别的"物"一概视为同一种无差别的、抽象的一般人类劳动的不同数量的凝聚和体现,无质的区别。不同阶级对于"物"的观察方式、感受方式、分析方式等,也就是关于"物"的不同文化,也由此都被遮蔽起来了。"物"的物理品性、自然品质受到关注,而其社会特质,社会差异被忽视,并由此造就了关于"物"的一种常见的现代化意识。这是历史唯物主义关于"物"的第二个意蕴。

在这一点上,马克思多次强调,资本不能被理解为"物",而必须把它理解为一种特定的社会关系。值得注意的是,当马克思说资本的本质不是"物"时,这个"物"的德文原词常常是 Ding,但不仅仅是 Ding,偶尔也用 Sache 这个词。比如他说"资本被理解为物,而没有被理解为关系"[①]时,这句话中的"物",马克思使用的德文原词是 Sache,而不是 Ding。在我看来,这说明,资本的社会关系本质被"物"掩盖着的事实有多么严重,以至于不仅是离社会关系含义较远的 Ding,而且离社会关系含义较近的Sache,都不能自然地标识其内在的社会关系本质。所以,不仅是 Ding,而且 Sache 也不能很好地标识资本的真正本质。或者反过来说,沿着"社会

---

① Karl Marx Friedrich Engels Werke,Band 45,Dietz Verlag,Berlin,1983,S.183.中译文参见《马克思恩格斯全集》第30卷,人民出版社1995年版,第214页。

关系"含义不断被掩盖、被虚化的道路,从"关系"到"物"的社会属性再到自然"物"的自然属性,资本的本质日益被掩盖起来了。所以,马克思说:

> 经济学家把人们的社会生产关系和受这些关系支配的物(Sachen)所获得的规定性看作物(Dinge)的自然属性,这种粗俗的唯物主义,是一种同样粗俗的唯心主义,甚至是一种拜物教,它把社会关系作为物(Dinge)的内在规定归之于物,从而使物神秘化。根据某物(irgendein Ding)的自然属性来规定它是固定资本还是流动资本所遇到的困难,在这里使经济学家们破例地想到:物本身(Dinge selbst)既不是固定资本,也不是流动资本,因而根本不是资本,正像成为货币决不是金的自然属性一样。①

仅从这里看,Sachen 的确是社会关系介入后呈现出来的"物",而 Dinge 不是,是自然的、物理意义上的"物"。但资产阶级意识形态却把 Dinge 看作是内含着社会关系属性的"物",是有意识地掩盖自然物与社会物的区别,把自然物当作社会物,从而也把历史发展到一定阶段才出现的"物"的社会性,也就是现代"物"的社会关系本质(只有依赖于这种特定的社会关系,现代意义上的"物"才能如此发生。没有现代的主体性、社会性前提,"物"是不会以这样的形式出现和保持的)当作是非历史的,当作是历史一开始就有的、当然的东西。这是有意识地把资本主义社会关系的特定历史性永恒化、自然化。众所周知,这在马克思看来是十足的意识形态阴谋。抽去受这些关系支配的社会"物"(Sachen)的社会性质,把"物"视为只具有自然属性的自然之"物",略去现代"物"之所以为如此"物"的历史前提,或特定的社会关系前提,视之为贯穿历史全过程的自然性的东西,就是有意隐匿"物"的真实秘密的粗俗"唯物主义",是一种有意掩盖某些秘密的意识形态。应该这样来理解两种不同的"物":Sachen 虽然是社会关系介入后呈现出来的"物",但人们还是看不出它与"关系"近义,仍然在非关系的意义上理解它;而 Dinge 与"关系"的含义

---

① Karl Marx Friedrich Engels Werke,Band 42,Dietz Verlag,Berlin,1983,S.588.中译文参见《马克思恩格斯全集》第31卷,人民出版社1998年版,第85页。

更远。所以，马克思还是在特定场合下，很遗憾地说，人们仍然不能把Sa-chen理解为社会关系之物，理解为社会关系，这是多么可惜！它意味着，人们穿过"物"象的具体呈现样态，达到更深层的认识，也就是认识到使这种物象如此呈现的社会关系，发现现代社会关系才是"物"之象如此呈现的关键所在，是多么艰难，需要作出怎样的哲学批判！

四、物象化：对物的关注对准物
背后的社会性奥秘

接下来，历史唯物主义关于"物"的第三个意蕴就是，无论哪一种物，无论它们对成就人具有怎样的促进作用和奠基作用，物毕竟不能与人等同，物只是人的表现。虽然在现代社会中，人的存在往往要用物来表现，人与人的关系也常常是用物与物的关系来表现，但表现者与被表现者毕竟不同。人在现代社会中用物来表现，人与人的关系用物与物的关系来表现，此即"物象化"（Versachlichung）。

在马克思看来，有形有状之物（Ding）再重要、再铺天盖地，也掩盖不了它只是一种表象。在表象背后，更真实更本质的存在被隐藏起来了。由于日常思维如此重视有形有状的物（Ding），物的社会性质就可能被掩盖。"劳动的社会性质表现为物的性质"。"劳动产品的价值性质，只有在它们确定为价值量时才表现出来的。这些价值量不以生产者的意志和设想为转移而不断地变动着。因此，在这些生产者看来，他们本身的社会运动具有物的运动形式，不是他们控制这一运动，而是他们受这一运动控制"。① 物（Ding）获得了一种独立性、自动性的外观。人用物来标识，人的存在表象为物的存在，"人与人之间的一定的社会关系，在人们面前采取了物与物之间关系的虚幻形式"，这就是马克思所说的"物象化"

---

① ［德］马克思：《资本论》第1卷，中国社会科学出版社1983年版，第54页。

(Versachlichung)。它与马克思所说的"物化"(Verdinglichung)是有明显差异的:"物化"只是表达人由物来呈现、表达,以及人与人的关系由物与物的关系来呈现和表达的事实,还没有揭示这一事实的社会性秘密;而"物象化"进一步明确有形有状之物(Ding)只是表象,真实的本质隐藏在表象的背后,与无形无状之社会物(Sache)相关,或者,物只是表达人的中介、形式,物与物的关系只是人与人的关系借以表达的中介。

在这里,我们把 Versachlichung 翻译为"物象化",以区别于马克思所说的另外一个词 Verdinglichung,后者我们翻译为"物化"。Verdinglichung 也就是在社会批判理论中得到广泛讨论的那个"物化"概念,卢卡奇、哈贝马斯、海德格尔所使用的物化概念基本上就是这个词。马克思在《资本论》及其手稿中所讨论的物化现象,则更多是用 Versachlichung 一词。中文版《马克思恩格斯全集》的第一版和第二版都一直把这两个词翻译为"物化";卢卡奇的《历史与阶级意识》一书中文版也是如此。可是,我发现,Versachlichung 一词在马克思之后更多是社会理论家在使用,而且很多已经没有马克思所赋予的批判性意蕴,却成为一个中性词,甚至褒义词,因为它所标志的这种社会关系本着提高效率和增强公平的原则,越来越倾向于按照对事不对人的原则、精神来把制度化的社会关系完善得越来越严密、规则、合理,而不是原来那种因人而异、因事而异、特例很多、有法不依甚至漏洞百出了。马克思发现,这种类型的社会关系(主要是生产关系)日益按照促进生产力增长的原则来组织和调整,并为人的真正实现不断奠定着基础。也就是说,对这种类型的社会关系,马克思是在历史发展的意义上来看的,着眼于未来理想社会,它应该受到批判性反思,立足于跟过去的对比,则应该肯定它带来的进步。

把 Versachlichung 翻译为"物象化",最初的确是日本马克思主义哲学家广松涉的建议。张一兵教授在最近发表于《中国社会科学报》第 260 期的文章中建议把这个词译为"事物化"。在多年前的数次会议上,我曾多次主张区分 Versachlichung 与 Verdinglichung,并主张把前者译为"物象化",而把后者译为"物化",尽管我并不认同广松涉先生关于物化(Verdinglichung)在马克思那里标志着主客体对立,体现着一种主体性哲学,而"物象化"(Versachlichung)在马克思那里标志着复杂的社会关系,体现着主体间性这样的看法。因为主体间性取代主体性,或语言哲学取代意识哲学的说法,是 20 世纪 70、80 年代风行的,现在看来是颇成问题的。但是,我认为把 Versachlichung 译为"物象化"是符合马克思的原意的,因为在马克思那里,"物化"(Verdinglichung)只是表示一种人由物来标识,人与人的关系由物与物的关系来标识的客观事实。而当人们意识到这个事实隐含的奥秘,发现物背后隐藏着人,物的本质和奥秘是人;或者物与物的关系背后隐藏着人与人的关系,物物关系的本质与奥秘是人人关系的时候,就是"物象化"(Versachlichung)了。"物化"表示一种客观事实,而物象化则进一步,表示批判意识已经看透这种事实了,所以,原来的"事实"呈现为"表象","人与人之间的一定的社会关系,在人们面前采取了物与物之间关系的虚幻形式"。马克思在前后接连使用 Verdinglichung 与 Versachlichung 这两个词时,都是这样用的。虽然这里不是详细讨论这个问题的地方,但我认为,"物象化"的翻译在马克思这里是恰当的,而原来不加区别地把 Versachlichung 也译为"物化",则没有体现出马克思成熟时期更为精深的物化思想。至于"事物化"的翻译,则既不怎么符合马克思的原意,也不大符合中文的习惯。当然,把韦伯继承马克思继续有所变更使用的 Versachlichung 译为"事化",大体是合适的。

总体而言,揭穿物化现象掩盖的东西,洞悉社会关系的根本性,把着眼点放在复杂的社会关系上,并且进一步洞悉社会关系所具有的内在创造力,也就是社会关系所孕育和创生着的东西上,就是物象化概念的意蕴,或者"物"所具有的历史唯物主义意蕴。这一意蕴表明,"物"是一种凝聚,也是一种表象;而物化是一种多种存在的聚合,只是在表象上呈现为有形有状的"物",进一步的剖析可以把内含的其他存在及其性质呈现出来。只是表象地看待物、物化,也就是仅仅从有形有状的实物角度看,不是历史唯物主义的水准和高度,而只是旧唯物主义的水平。

在这个意义上,物象化是个比物化还要进一步的概念,它意味着对作为表象层面的物、物化有了更进一步的观察分析。通过这种分析,表象层面被突破、被揭穿,并呈现为一个蕴含着丰富意涵的层面:在这个层面上,生产关系、社会关系、制度及其进步、效率、社会交往类型、意义王国、自由等等社会性存在都会相继呈现出来。前一个层面的存在是"物化"所表达的,后一个层面的存在是"物象化"所要表达的。从物化到物象化,标示着社会哲学思考进一步的深化和推进。同时,物象化的历史进步意义不能忽视。要历史地看待广义的"物化"概念,不能再简单地把它视为批判性的范畴,要正视它的历史进步意义。

看来,"唯物"不是把物化价值视为至高无上的和唯一可追求的、或唯一值得追求的,以为物化价值能置换出一切东西来。这不是历史唯物主义的意思。唯物的意思是:第一,把过去对精神、意识的关注转向对物质存在的关注;因为只有借助物质财富和物质关系的发展,才能成就更发达的社会关系。而在这种更发达的社会关系的基础上,才能成就人的价值的真正实现,也就是唯物主义所追求的那些崇高精神的真正实现。第二,因为最受关注的"物"是人生产出来的,而不是自然产生出来的,所以,"物"只是"物象",它采取了"物象"的形式来表达人(的品质、生存状态及其丧失和变更;还有人所占有的生产力、生产关系)以及人与人之间社会关系的根本性变化。第三,物的价值就体现于对人的人格、尊严、价值、自由、全面发展的促进上,物的王国的壮大只有促进人的自由王国的进步,才能获得历史性的肯定。由此,历史唯物主义把关注重心从有形有状之物提升到了无形无状之物,相应地,把对物化的关注提升到了对物象化的关注。按照提高效率、公平地对待所有人、提升人的自由等多重要求进一步调整、改善社会关系才是关键。

之所以把社会关系的调整当作关键,是因为通过这种调整,要成就人的价值的实现,使人的尊严、价值都得到尊重和实现。人们之间最广和最大程度上的相互认同,才是物质财富丰富化、物质关系发达化的最终目的。如果只是盯在物象方面,以为物的增多与丰富就是历史唯物主义的根本目的,那就严重误解了马克思历史唯物主义的内在精神。

人的实现需要借助物的丰富与壮大,物的必然性王国依托起一个人的自由王国。物的王国实现着的不仅是自己,更是人的价值和自由。先是物的王国,尔后是人的自由王国。因为人的自由王国需要借助物的必然王国来表达和实现,人的价值也需要物的价值来体现和实现。在物的表象背后,隐含着更根本性的人。物、物的王国,只是人、人的王国借以表达自身的表象,借以实现自身的中介。这就使得物象化成为一个异常关键的概念和问题。

所以,对于历史唯物主义来说,仅仅指出物的世界,远未触及物的秘密和本真所在。只有进一步推进到"物象化"的层面,揭示出"物"、"物化"隐含着的东西,探究物作为表象、符号背后的存在(包括社会关系及其意蕴,包括由此支撑起来的生活意义),才是历史唯物主义的本质要求。在此意义上,"物象化"是一个比"物化"更高的概念。"物"的追问不仅要追究其主体性哲学的根基,更要进一步追究其社会性哲学的意涵;不仅揭示其认识论奥秘,还要进一步揭示其社会政治哲学的奥秘。

五、物象化之后:符号化与社会分化

可是,这样一来,问题就出现了。

其一,物是不是必定是对人的表达? 是不是总是人的象征? 物的王国是不是必定成就着人的王国? 如果物成了独立的系统,具有内在的、自在的、必然的变化逻辑与规则,不再听从为之服务的人的要求,甚至反过来胁迫、要求人顺从自己的逻辑,为自己的演化与实现做出牺牲,那怎么办?

其二,物象化之后,在物与人之间发生了进一步的新变化? 在用物来表达人,用物与物的关系来表达人与人的关系这种新现象之后,人与物象之间发生了怎样的变化?

考察物的发展变化,对于历史唯物主义来说,就成了生命攸关的事情。这种变化主要体现在以下方面。

第一,"物"的符号化。物象化为进一步的符号化奠定了基础:具体物既然只是一种物象,通过这种物象表达或展示某种社会性存在,那么,随着社会交换体系的不断发展,这个物象完全可以被更抽象、更方便、更节约和更简易的符号所替代,而不必再在任何一个环节上都用有形有状的具体"物"来表示。更简易的符号化表示更经济、更有效。符号化也可以大幅地提升物品的价值与价格,因为它们可以在认同者的心目中散发出莫名其妙的光环,变得有点超凡脱俗、高贵、不一般。一旦如此,认同者就会把该物品视为高贵、不一般的符号表达,并利用可能的显示机会向外彰显。对他们来说,过于实实在在的消费物品,如果只是凝聚着一般人类劳动,只是一件劳动生产品,那倒没有什么。这样的东西实在太多太多了。针对物品、特别是普通物品的生产力已经很大很高,一旦有需求就足以大批量地生产出来。这些随时会大批量生产出来的物品实在没有什么令人眼睛发亮的,实在没有什么不一般的。相反,它们太俗常了,太常见了。跟这些东西纠缠在一起,自己也会像它们一样,流于不被人关注的俗常,被埋没于无精打采的平庸中。超越这种俗常,提升自己的生存价值层次,就必须追求那些给人带来不一般感受的物品。

有了更多文化意蕴、与众不同的消费品于是就成了能发出异样光辉、带着美丽光环的存在,成了能够显示文化品味、具有丰富文化象征和意味的符号物品,而不再只是一件实实在在、有形有状的普通物品了。一旦如此,它的价值也就会成倍增长,而且也只有在价值成倍增长之后,它才能不断地维系住这种符号意涵。由此,符号化不但进一步加强了"物"的流通和扩展,也可能提升某些物品的价值意蕴。以至于物品的生产、销售与文化时尚的再生产愈来愈联系在了一起,无法分开了。"物化"世界由此更加牢固和普遍。

进一步的符号化是虚拟化。物的虚拟化是新的研究课题,在此不作展开了。

第二,"物"的社会分化。即在不同社会群体那里具有不同的意蕴。这是关于"物"的第四个意蕴!

不过,符号终究是"意义"的表达。处于不同社会关系中的人,同样的符号也具有不同的意义。物的符号化对于不同社会群体的人具有不同的意蕴:对一些群体来说,"物"是异常实在和具体的生活必需品,是维持生命的东西,是生命存在和延续的基础;而对于另外的群体来说,使他们得以表达和呈现的"物",却是生命获得更高肯定,生命获得提升的标志或象征。在这种标志或象征中,"物"作为一种表象,反映着一种更本质的东西。这种东西才是那些"物"的拥有者们极力试图凸显的真实,通过这种凸显,物的拥有者们希望获得相应的社会认同与价值肯定。

前一种群体是处于基本需要满足层次上的,后一种群体是越过这个层次的更高层次。如果一个人处在基本需要未能很好满足的层次上,物对他们来说就是实实在在的物,难有更复杂的文化意蕴。对一个饥肠辘辘的谋食者来说,只要能让他填饱肚子的食品,都会获得他的认同。他们的物品消费认同,更多是基于物品的实际性能,而不是与时尚、符号意蕴的链接。而一旦消费者超越了基本需要满足的层次,物品消费就与文化品位的分层、社会地位的确证等因素内在相关了。不同社会群体的文化差异、地位分别随之就会更多地在物品的生产、消费中呈现出来。时尚、文化符号象征在影响消费物品价值过程中所起的作用,与消费者超越基本生活品满足的程度成正比。

当然,对很多人来说,以上两种类型都过于典型、极端,更多人处于两者之间,就像乔治·佩雷克在小说《物:六十年代纪事》中的两位主人公热罗姆和西尔维,处在以物为根基的认同与超越物的文化认同之间的游移与煎熬之中。小说自始至终堆砌着对"物"无穷无尽的描写。两位青年人希望依靠对各种各样物的关照、想象、占有来获得希冀的身份认同,并去除挥之不去的虚无。首先,"他们对舒适、对更优裕的生活的向往之情经常表现为一种笨拙的热忱",他们也贪心,"他们一心想着出人头地。世界上万物本该都属于他们,让他们在上面打下所有者的印记。可是他们却不得不陷入追逐的过程,从头开始:也许日后他们会越来越富有,可是却无法装作生而富贵。他们渴望生活在富足和美之中。……面对那些被称为'奢侈品'的东西,他们常常只是热爱背后的金钱。他们拜倒在财富的符号面前,在学会热爱生活之前,他们首先爱上的是财富"。① 但是,作为受过良好教育

---

① [法]乔治·佩雷克:《物:六十年代纪事》,龚觅译,新星出版社2010年版,第13—14页。

的文化人,他们也具有清醒的自我批判意识,难以完全认同以物为基础的社会认同模式。于是,他们就处在以物为基础的认同和以自我批判意识为基础的虚无之中,挣扎、游移、漂浮。"他们想享受人生,可要享受时时刻刻都离不开财产。他们想保持自由和纯真,可是时间流逝,他们却两手空空。"①他们不愿掉进唯钱财是有的价值观中,"注视着金钱给他们原先的同伴带来了怎样的伤害,觉得这些人为了致富简直付出了一切;他们又暗自庆幸自己避免了这样的厄运"②。无论是钱财的实有,还是自由时间中有意义的充实生活的实有,他们都奠基不起来,拥有不了,因而时时感受到在面对虚无,克服不了虚无的纠缠。于是,他们就不断地变换,不断地迁移,不断地追求,不断地"想逃离这个世界",在巴黎梦想着乡下的纯真与充实,在乡下又梦想着巴黎的奢华与时尚。永远地追求,不断地迁移,就是他们的生活,也是众多现代人的人生写照。

总之,马克思继承了近代哲学立足于主体性规定"物"的传统,但是进行了根本性的改造,即着眼于从社会性的角度看待两种不同的"物",着意于深度分析无形无状的社会关系之"物",并在不同于"物化"(Verdinglichung)的"物象化"(Versachlichung)概念中提出了更为精深的物化理论,更为合理、辩证地揭示了原来基本上只是持批判态度的物化现象,把它纳入历史发展之中予以解读。这一解读说明,虽然,物不同于人,但也不能像施蒂纳那样把所有的"物"都视为虚无。即便立足于未来发展角度审视"物",它也绝不等于"无"!物也是一种"有",虽然不等同于意义之"有",却可以为意义之"有"奠定根基,成为意义之"有"生长的园地,甚至是肥沃的园地。如果说,施蒂纳是把无当作自己事业的基础,那么,马克思肯定是把物质之有当作自己事业的基础,而这个物质之有既包括物质财富之"有",更包括日趋发达和合理化的社会关系、社会制度之"有"。只有在这两种"有"的基础上,才能为意义之有营造出生长的家园,克服施蒂纳理论呼唤出的、可怕的"虚无主义"。

----

① [法]乔治·佩雷克:《物:六十年代纪事》,龚觅译,新星出版社2010年版,第44页。
② [法]乔治·佩雷克:《物:六十年代纪事》,龚觅译,新星出版社2010年版,第57页。

第　十　章

物象化与物化:马克思
物化逻辑的再思考

上一章我们简单分析了马克思对"物"的社会性奥秘的揭示。这是在康德伊始的对"物"的主体性界定的近代前提基础上才得以发生的。我们的分析表明,在中国学界,一般人们并不惯于区分自然"物"与社会"物",即自然的、永恒的、非人为的"物"与依赖一定历史前提的、只有在特定社会关系中才如此呈现的"物",不区分应该受到反思、批判和不应该受到反思、批判的不同的"物",从而,一概把"物"视为当然如此的东西。相应地,也就不区分中性的、非批判的"物化"与贬义的、批判性的"物化"概念,不区分 Versachlichung 与 Verdinglichung:两个词的汉语翻译常常同时都是"物化"。这在卢卡奇的《历史与阶级意识》一书的中译本和中文版《马克思恩格斯全集》第一、二版中都是如此。实际上,作为批判性概念的"物化"只是 Verdinglichung。于是,区分物化(Verdinglichung)、物象化(Versachlichung)、对象化(Vergegenstaendilichung)、外化(Entaeusserung)相互之间既有联系又有明显区别的概念,显碍十分必要。在我看来,相比之下,马克思的 Versachlichung 概念在当下中国最有讨论价值。本章将从物化(Verdinglichung)、物象化(Versachlichung)的区别入手,探讨了物象化(Versachlichung)的如下几种含义:人与人的社会关系以物与物的关系形式表现出来;以社会关系论克服"人"

与"物"的二分对立;人的普遍性维度的社会伸张,以及个性维度的丧失;主体内在论于价值维度上的意蕴;社会关系独立性意义上的职业人与功能人;物象化社会关系的效率论评价,作为一种积极的肯定性评价,在当下的中国具有非常重要的意义。

不仅是韦伯使用的 Versachlichung 概念,而且马克思使用的 Versachlichung 概念也不全是一个批判性概念,这个概念在马克思那儿也含有这样的意思:在塑造更高的生产力,提高经济生产效率等方面. Versachlichung 意味着一种历史的进步。对韦伯来说,生产关系的 Versachlichung 就更是一种程序化、法制化、"对事不对人"化,相对于随意化、人情化、"对人不对事"化来说,即使不能用价值色彩明显的"进步"来评价,也完全可以说是无法避开的现代性宿命。Versachlichung 不全是个贬义词,它的效率、公平、精确、对事不对人等特点都是应该得到正面甚至高度的评价。不能认为 Versachlichung 后来被人们解释成一种中性词,丧失掉批判性,就否认它在马克思那儿的多重性内涵。

一、引　言

长期以来,关于历史唯物主义的"物"、"物化"的理解,一直存在一些争议。是仅仅在肯定的层面上理解,还是更多关注其批判性的意义;从原(德)文用词的角度看,是不予区分与中文词"物"对应的两个德文词 Sache 与 Ding,不区别与"物化"相关的多个德文词 Entfrenldung(异化)、Verdinglichung(物化)、Versachlichung(事化或物象化)、Vergegenstaendlichung(对象化)、Entäusserung、Veräusserung(外化),还是还原到马克思使用的德文语境确切地看待其中明显的区别;是仅仅关注文本及其思想,还是首先关注该思想与当下中国现代化建设的实际关联;所有这些问题,对于确切、精致地理解历史唯物主义的"物"(物质)、"物化"观,具有直接的决定性意义。可喜的是,与"物化"密切相关的"异化"理论,多年来已取得了诸多研究进展。

这种进展至少体现在两个方面。第一，成熟时期的马克思其实一直在使用"异化"（Entfremdung）概念，并不像先前国内学界一直流传的那样已经放弃了异化理论，并视"异化"为"过时的概念"。M.考林教授和俞吾金教授分别在《成熟时期的马克思的异化观》（《当代国外马克思主义评论》，复旦大学出版社2001）、《从道德评价优先到历史评价优先》（载《中国社会科学》2003年第2期）等文中早就指出了这一点。第二，"异化"在成熟时期马克思的理论中不再是一个纯粹的贬义词，而是含有一种历史性的肯定，具有复杂的意蕴。

在肯定这些研究进展的前提下，本文认为，就成熟时期的马克思来说，需要把这种进展进一步推进和细化，这就需要更加细致和精确地区分与"异化"、"物化"相关的概念，包括 Entfremdung（异化）、Verdinglichung（物化）、Versachlichung（事化、物象化）、Vergegenständlichung（对象化）、Entäusserung 与 Veräusserung（外化）等基本概念，才能更好地呈现成熟时期马克思历史唯物主义更精致和深刻的思想。通过这种分析梳理，笔者认为，其中最有讨论价值的就是 Versachlichung 概念。这不单是因为马克思关注的"物"与其说是 Ding，倒不如说是 Sache，由此，分析 Versachlichung（事化或物象化）比分析 Verdinglichung（物化）更具关键性，而且更因为如下理由。第一，马克思更多使用的概念是 Versachlichung，而不是 Verdinglichung。虽然人们以前常把这两个概念等同看待，但现在看来是值得商榷的。第二，日本马克思主义学者广松涉把 Versachlichung（事化或物象化）这个概念看作是标志着马克思哲学思考最高峰的概念。第三，马克思提出的这个概念和思想后来得到韦伯、卢卡奇、桑巴特、西美尔、阿多诺、格林（Arnold Gehlen）的继续讨论，在思想史上有了越来越大的、超出了马克思主义阵营的广泛影响。第四，至为关键的是，这个概念所表达的"社会关系在物化时代形成一种标准化、程序化、法制化、形式化、抽象化、精确化、自动化，并且已经日益取代直接的人人关系"这一思想，在当下中国具有非常强的现实性。当下中国正谋求法制化，也就是把传统的"对人不对事"型社会关系改变为"对事不对人"的现代法制型社会关系，这与 Versachlichung 所内含的精神恰恰具有很强的吻合关系。最后，不能忘记的是，"事化"或"物象化"(Versachlichung)还蕴含着一种批判性,即对通过物物关系表现人人关系所造成的损失与遮蔽的提醒。这种提醒意味着,马克思的最终理想还是把人从"物"的层面提升上来,使人不仅从外物(Ding),而且进一步从"动物"和社会物(Sache)中提升出来,超越外物、动物和社会事物,成为这些各类事物的主人,以达到自由。这些特点使得"事化"或"物象化"(Versachlichung)这个概念具有复杂的理论与实践意涵,值得我们集中探讨和澄清。它与马克思所谓的"物"(Sache、Ding)、"物化"(Verdinglichung)具有怎样的关联;这一思想的创造性及其思想史影响何在;以及与当下中国的现实关联性等等,构成我们关注的重心所在。

二、"物化":从泛论到细分

在中国学界,异化理论的谈论基本上是在马克思、黑格尔的逻辑中进行的。与异化、物化相关的德文词汇有多个,主要是:

第一,Entfremdung(异化),作为哲学术语,表示一种主客体的颠倒之意,过去我们常常认为这个概念主要在马克思的早期著作和黑格尔的著作中使用,但这是不符合实际情况的。在《资本论》及其手稿中,马克思也经常使用这个词。①

第二,Verdinglichung(物化),早先主要由黑格尔和马克思使用的一个范畴,卢卡奇在《历史与阶级意识》中也大量使用,海德格尔和哈贝马

---

① 比如,《1857—1858 年经济学手稿》仍然在使用"异化"(Enlfremdung 或 Enlfemdelsein)一词,并不是以前人们说的不用了。参见 Karl Marx Friedrich Engels Werke, Band 42, Dietz Verlag, Berlin, 1983, S.722, S.95。等《资本论》中也在用 Enlfrendung 一词,参见 Karl Marx Friedrich Engels Werke, Band 25, Dietz Verlag, Berlin, 1972, S.838 等。柏拉威尔说得对,"老年时代的马克思比青年时代的马克思用得比较节制谨慎的一个概念,便是'异化'概念——虽然这个概念在 1857—1858 年的《大纲》和《资本论》中仍起了很重要的作用。但是马克思从来不需要推翻他早年对文学中异化和物化方面的作用的分析"([英]柏拉威尔:《马克思和世界文学》,梅绍武等译,三联书店 1982 年版,第 540—541 页)。

斯也在各自相应的著作中使用这个词,中译本一概都译为"物化"。除了表示人的能力、思想的对象化或外化的含义(这是一种正面含义)之外,也指本有人格、尊严的人成为一种不由自主的物;前一种含义基本上与对象化(Vergegenständlichung)同义,是中性或正面的,后一种含义具有批判性,并具有贬义。显然,在批判性意义上使用的这个概念后来得到了大量传播与使用,似乎远比 Versachlichung 出名,使用率更高,甚至在二次世界大战结束后的社会批判理论中处于核心地位。①

第三,Versachlichung(物象化、事化),主要由马克思在后期的《资本论》及其手稿中使用,韦伯、西美尔、桑巴特、卢卡奇等人也在各自的著作中有所使用。马克思的用法还具有比较明显的多义性,有时与 Verdinglichung(物化)接近,有时特意表示一种社会关系的特质。这种特质主要有两点。其一,本来是人与人之间的关系却以物与物、事与事关系的形式表达出来,"物"与"事"成了人际关系的普遍中介,从而使得"物"与"事"成了"人"的表征和符号,而对"物"与"事"的处置也就成了对"人"的处置。"人"退居幕后,当需要"人"出场时,都是"物"与"事"来担当和代表。其二,由于以物与物、事与事关系的形式表达,所以,这种关系变得日益客观化、标准化、程序化、法制化、形式化、精确化、自动化。那些与具体的个人操作相关的个性、情感、随机变更、因人而异、复杂、主观等因素,在这种社会关系的维持与运作中不断退出,日益失去作用。这种社会关系变得更加客观、标准、有效率,不受特殊和个别境况的影响,并形成了自己特有的、日趋固定和严密的逻辑和规则(即追求自身的扩大、效率的提高和稳固性的增强)。于是,这种社会关系的特质就可能从历史发展、效率或者其他角度进行评价,而不再仅仅从"人"、"个性"实现的角度进行评价。一旦如此,"人"、"个性"、"内在性"在马克思社会历史理论中的地位就发生了重大的变化,从原来唯一被考虑的基础性地位变为多元中的一元了。

虽然不能只是从批判性的角度理解马克思的这个术语,但是,它在马克思那里的历史批判性意蕴还是非常明显的。不过,这个术语在 1900 年

---

① Axel Honneth, *Verdinglichung*, Suhrkamp Verlag, Frankfurt am Main, 2005, S.112.

后的文化批评思想中虽然变得更为流行，却逐渐丧失了锐利的批判性锋芒。相比于西美尔和桑巴特，韦伯对这个术语的使用尤其如此。20世纪60年代以来，这种变化更加明显，批判性意味几尽丧失。

第四，Vergegenständlichung（对象化），常常是作为术语 Verdinglichung 的同义词来使用的，只是通常没有了 Verdinglichung 含有的批判性意义。在中文版《马克思恩格斯全集》第一版中，Vergegenständlichung 往往与 Verdinglichung 一同被译为"物化"，在中文版《马克思恩格斯全集》第二版中，Vergegenständlichung 被译为"对象化"，从而与"物化"区分开来了。

第五，Entäusserung（外化），是从黑格尔、谢林那里继承来的一个词。在黑格尔和谢林那里，主要是指内在性的绝对主体借助和吸纳外在力量完善和壮大自身的中介手段。在他们看来，绝对主体是内在性存在，即存在根据不依赖任何他性存在，绝对只依赖自身。但为了壮大自身并最终占有异己的外在对象世界，需要与异己的外在对象世界发生链接，把自己外化到外在对象世界之中。因而，外化（Entäusserung）就是主体不断壮大自身、扬弃自身，借助他性力量实现自身的中介手段。这种外化可能会在某些历史时段呈现为对象化（Vergegenständlichung）、对自己的某种异化（Entfremdung）、物化（Verdinglichung）、事化或物象化（Versachlichung）。但最终会借助在外化过程中吸纳来的各种力量完善自身，实现自身，把内在性的自由发扬光大、实现出来。马克思主要是在《1844年经济学哲学手稿》、《资本论》及其手稿中使用这一术语。这一术语的使用表明，马克思并没有完全放弃近代主体性哲学的内在性思想。只是这种内在性的根基变了，它不再是只为其他存在奠基而自己不需要奠基的东西，而是需要某种社会性存在来奠基的东西。它成了一种需要以劳动、社会性来为自己奠基的东西，成了只有在社会性运作中才能实现和成就自身的东西。在《1844年经济学哲学手稿》中，马克思的用法受黑格尔影响较大，而在《资本论》及其手稿中，它就被马克思置于社会关系、社会交换体系中解释，变成了商品（包括劳动者）为实现自己而把自己出售出去的意思。考林教授就认为，Entäusserung 这个词在《资本论》及其手稿中是"出售"、"让与"的意思，而且比 Veraussern 出现的频率更低。所以，在《1844年经济学哲学手稿》和《资本论》及其手稿中，Entäusserung 一词的含义和地位有了一个较为明显的变化。

虽然学者们对各个词的意蕴都有不同程度的理解差异，但其中最为混乱、理解差异最大同时又最为重要的无疑就是 Versachlichung 一词。

仅就中文词来说，"物化"是与"异化"概念最切近、也是除"异化"外受关注最大的范畴。可是，中文的"物化"却同时对应着两个不同的德文哲学概念：Versachlichung 与 Verdinglichung。在我国学界，一般并不区分 Versachlichung 与 Verdinglichung 这两个词，两者的中文翻译常常同时都是"物化"。《马克思恩格斯全集》中文版的第一版和第二版都把这两个词译为"物化"。卢卡奇在《历史与阶级意识》一书中对这两个概念的区别使用也没有在中译本中体现出来：在这本书的中译本中，仍然都不加区别地把 Versachlichung 与 Verdinglichung 翻译为"物化"；在个别地方，Versachlichung 甚至还被译为"对象化"①。虽然 Versachlichung 与 Verdinglichung 这两个词的含义有交叉重叠，但绝对等同恐怕会遮蔽掉一些问题。无视两者的差异，就有把两者的哲学根基、马克思早期与后期（广义）异化观的区别、与黑格尔相比马克思在（广义）异化问题上的贡献与特别之处、成熟期马克思与浪漫主义色彩较浓的青年卢卡奇的区别、美学和社会学两种现代性的区别等等一系列问题隐没和遮蔽的危险。

三、区分"物象化"与"物化"的三种立场

Verdinglichung 与 Versachlichung 两者是什么关系？

---

① 比如 versachlichten geisligen Fähigkeiten 被译为"对象化了的才能"，而 versachlichten Fähigkeiten 被译为"对象化了的能力"。德文版参见 Georg lukacs Werke, Band 2, Uermam Luchlerhand Verlag, Darmstandt Nenwied, 1977, S.275. 中译文参见［匈］卢卡奇：《历史与阶级意识》，杜章智、任立、燕宏远译，商务印书馆 1995 年版，第 163 页。中译本有时还将 Dinghafte Sein 及 Dinghaftgkeil 等词译为"物化"，分别参见上述德文版第 364、380 页，中文版第 266、284 页。

惯常观点往往认定两者没有什么区别。如上所述,在中文版《马克思恩格斯全集》的第一、第二版中,在卢卡奇《历史与阶级意识》的中译本中,两个词都被翻译为"物化",没有任何区别,也不加任何说明。这自然也不是没有任何依据。研究马克思、马克思主义的不少学者都持有类似看法。比如汤姆·博托莫尔主编的《马克思主义思想辞典》就是如此。在加约·彼德洛维奇撰写的这个"物化"(reification)条目中,作者直接把Versachlichung 与 Verdinglichung 看作同义语,认为马克思使用的 Versachlichung 一词就是 Verdinglichung 的意思。[①]　而马尔库什也曾考察过马克思使用 Versachlichung 一词的简要历程:这个词首次出现于马克思的《政治经济学批判大纲》中,当时还没有固定的特殊的含义。某些情况下似乎与对象化 Vergegenständlichung 一样,是积极的。而"在其他一些地方,它明确地在'拜物教'的意义上被使用,即把人与人之间的关系转变为物与物之间的关系。但在马克思后来的经济学著作中,这个概念逐渐(尽管不是完全)被一个同义词'物化'(Verdinglichung)所取代,它也获得了特定的含义。"[②]Versachlichung 被 Verdinglichung 所取代,他引证的马克思原文是《资本论》第 3 卷第四十八章临近结束前的一段(倒数第三自然段),对此我们将在下一段中再分析。这里可以肯定的一点是:认为Versachlichung 一词与 Verdinglichung 无甚区别,或基本等同,是一个比较普遍的看法。同时,还应该说明的是,社会批判理论中一般所指的"物化"一词,德文原文就是 Verdinglichung,而不是 Versachlichung。我们在本书导言中谈到过,马克思、韦伯都没有大量使用 Verdinglichung 这个词。是谁首先大量使用具有批判性的 Verdinglichung 这个词呢? 理查德·韦斯特曼认为是西美尔。但至少在西美尔的代表作 Philosophie des Geldes(《货币哲学》)中,看不到所谓的"大量使用"。而在理查德·韦斯特曼力欲揭示的、影响过卢卡奇物化论的胡塞尔现象学中,虽有 Verdinglichung 这个词的动词形

---

① 汤姆·博托莫尔主编:《马克思主义思想辞典》,陈叔平等译,河南人民出版社 1994 年版,第 500—501 页。

② ［匈］乔治·马尔库什:《马克思和卢卡奇的异化和物化概念》,载《新马克思主义评论》第一辑,卢卡奇专辑《超越物化的狂欢》,中央编译出版社 2012 年版,第 277 页。

式 verdinglichen,用以说明意识的"物化"(自然科学方法向其他领域的扩张就会造成意识的物化),但无疑胡塞尔更没有大量使用它。① 要说大量使用 Verdinglichung 的哲学家,应该首先是黑格尔,而后就是卢卡奇了。我们在这里要说的是它与 Versachlichung 的区别与联系。根据我的了解,这两个词的区别大体有三种不同观点。

在第一种观点看来,Verdinglichung(物化)是由商品的普遍化引起的,是万物商品化的结果;而 Versachlichung(事化、物象化、切事化)则是由典章制度的合理化引起的,是典章制度合理化、疏密化对谋求自由的个人呈现为韦伯所谓"铁笼"的产物。② 因为德文词 Ding 按照黑格尔的规定是表示与自我意识(人)无关而只与意识相关的客观之物,而 Sache 才表示与自我意识(人)相关,而且与两个以上自我意识(人)相关的社会性的"事"。与此相适应,Verdinglichung(物化)就是在商品社会中的一切存在被置换成有形有状的"物",而 Versachlichung(物象化、事化)则是现代社会中的一切存在都被纳入日益严密、牢固、制度化的社会关系之中,成为这些关系独立运作的环节和因素。这种体现为事务的社会关系虽无形无状却比有形有状的"物"更难摆脱,人继成为"事物"的奴隶之后又成为"事务"的奴隶,被"物"和"事"双重纠缠住,为它们所规定和表征。按照这种理解,Verdinglichung(物化)在不断发展的批判理论中更多是一个批判性概念,而 Versachlichung(物象化、事化)所释放出的批判性明显较少,它甚至已成为一个中性词或褒义词。

而第二种观点认为,Versachlichung(物象化、事化)与 Verdinglichung(物化)的意涵具有相当大的交叉重叠性,相比之下,Versachlichung(物象化、事化)只是比 Verdinglichung(物化)更加严重而已。就卢卡奇的用法来说,Versachlichung 就表示一种比 Verdinglichung 更严重的物化,即渗透

① 倪梁康教授把 verdinglichen 译为"事物化",没有译为"物化"。参见[德]胡塞尔:《哲学作为严格的科学》,商务印书馆 1999 年版,第 28 页等。
② 谢胜议:《卢卡奇》,台湾东大图书公司 2000 年版,第四章。

进人的意识之中的更积重难返的物化。①

　　第三种观点可以从广松涉强调马克思使用的异化(Entfremdung 与物象化(Versachlichung)两个概念的哲学基础不同的看法中推导出来。在广松涉看来,物化(Verdinglichung)一词与异化(Entfremdung)概念一样,都标识着一种主体与客体、有尊严和人格的"人"跟无人格和尊严的"物"之间的对立与颠倒,其哲学根基是一种前马克思的近代主体性哲学(内在意识哲学),依赖一种内在的先验主体性设定。而 Versachlichung 则标识着一种社会关系的特质,以及人在这种关系中的迷失,其哲学根基是一种关于主体的社会性根基的新社会哲学(主体间性哲学)。在这种新社会哲学中,主体的根基成了"关系的基始性",而不再是"内在意识的基始性"。在强调社会性取代主体性,主体间性取代主体性,语言哲学取代意识哲学的观点支持下,这种看法更富有影响。

　　值得注意的是,继马克思之后,马克斯·韦伯、西美尔、桑巴特、卢卡奇、盖伦(Arnold Gehlen)也都使用 Versachlichung 这个范畴来表示资本主义社会关系的一种特质,即告别人际直接交往而向形式化、抽象化、程序化、精确化的发展,这种新型的社会关系借助技术性能不断提高的"物件"和日益严密和精确的制度性社会关系来运作,日益形成一种牢固和刚性的客观体系。在这种客观体系中,物件的效能和制度的规约日益取代个人的主观特质起主导作用。不过,是关注这一特质对个人自由的困扰还是看中它对生产关系优化、效率的提高以及生产力发展的积极效果,决定了它会释放出一种批判性,还是肯定性,抑或中立性? 也就是说,它会成为一个负面的还是正面的抑或是中性的词汇? 遗憾的是,对于这个马克思、韦伯、桑巴特甚至后来的霍克海默与阿多诺都在使用的名词,对马克思更早使用的新词,中文的翻译却五花八门、很不统一。中文版《马克思恩格斯全集》第 1 版和第 2 版都把它翻译为"物化"。而日本学者广松涉主张它的核心意思是"物象化",是以"物"的形式表现

---

　　①　这种观点是我的学生罗刚在其博士论文中提出的。参见罗刚:《反讽主体的力度与限度:从德国早期浪漫派到青年卢卡奇的马克思主义》,中山大学博士论文,2009 年第 2 章,藏中山大学图书馆。

"人"，或以"物与物的关系"表达"人与人的关系"："物"、"物与物的关系"只是表象，而"人"、"人与人的关系"才是实质和核心内容。卢卡奇的《历史与阶级意识》中文版也基本上把 Versachlichung 与 Verdinglichung 不加区别地翻译为"物化"。而我国台湾学者主张把 Versachlichung 译为"事化"，把 Verdinglichung 译为"物化"。在韦伯著作的中译本中，Versachlichung 又被翻译为"事化"、"即事化"或"切事化"。在盖伦（Arnoki Gehlen）著作 Die Seele imtechnischen Zeitalter 的中文译本（根据英译本翻译）中，Versachlichung 又被译成了"具体化"。①

由此，Versachlichung 这个词的中文翻译就有了"物化"、"事化"、"物象化"、"具体化"四种。不同的译法反映着对它的不同理解。在我看来，"事化"的翻译比较中性，没有明显的价值立场，比较适合韦伯的价值中立立场。而"物象化"的翻译明显具有价值批判的立场："物"只是"象"，而"人"才是本质；人本主义的价值立场隐含于其中。人重于物的价值立场当然也没有什么错，问题在于，它似乎没有显示出成熟马克思在人与物的关系方面对早期思想的超越和改变。在《1844 年经济学哲学手稿》中，为了发展生产力，为了增加物质财富，以损害人的个性的方式进行，马克思会大张挞伐。而在《资本论》及其手稿中，马克思则会视之为历史进步所付出的必然代价。这样来看，"物象化"与"事化"两种翻译对马克思来说都各有侧重，也都有所偏斜。而"物化"的译法因为无法与 Verdinglichung 区分开来，也不可取。从字面上看，Verdinglichung 更应该译为"物化"。至于"具体化"的译法，充其量只是表达出了相关现象越来越专门、具体、精确、细致这一含义，却无法把人格由物来象征，人人关系由物物关系体现而且这种关系越来越法制化、严格化、程序化、无情化，以及这样的关系更能提高效率等多种含义表达出来，因而是一个在表达丰富含义方面表现力最差的词汇。

Versachlichung 这个马克思首先在哲学上使用因而标志着马克思哲

---

① ［德］盖伦（Arnold Gehlen）：《技术时代的人类心灵》，何兆武、何冰译，上海科技教育出版社 2003 年版，第 8 章。

学特质的概念，经过韦伯、西美尔以及后来更多人的扩展性使用，逐渐从一个批判性概念转变为一个中性的语汇，丧失了锐利的批判性锋芒。但这一点并没有对我国学界产生多大影响。在我们对社会关系的人情化、制度因人而异、因人而变的谴责中，本来喻示着对社会关系、社会制度对事不对人的期盼，喻示着对社会关系、社会制度更加严格、更加规范、更加程序化和非人情化、更加有效和更加公平的期许——而这恰恰就是Versachlichung 所蕴含的社会关系理性化的基本内涵，某种意义上也正是我们制度建设和改革的基本目标。如果说这样的说法跟马克思对 Versachlichung 的本有规定还有一定的差距，或者会引起一定的争议（这方面的含义在马克思那里虽也隐含在 Versachlichung 之中，但跟人通过"物"表征，人人关系表现为物物关系的这层更显白的含义相比，似乎不那么明显），那么，在马克斯·韦伯的意义上得以注释的 Versachlichung 尤其符合上述规定——也就是说，它基本上是个肯定意义的概念。但在我国，这个被广松涉视为马克思哲学最重要概念的词汇，一直有一个批判性很强的内涵。其中的反差颇值得玩味。

　　甭说韦伯以后各派学人对 Versachlichung 的诸种解说，就是马克斯·韦伯的 Versachlichung 论说也没有引起我们足够的重视。可以说，韦伯是在更为肯定的方向上继续沿着马克思的路子使用词汇 Versachlichung 的，他更把它视为一个标志着法理型支配特质，因而对于传统型支配和克里斯玛型支配更为可取的制度特质的概念。而且至为关键的是，鉴于 Versachlichung 型的社会关系（制度）具有更高的效率、公平、严密、精确和对事不对人等特点，对于追求经济效率、希望生产关系更加促进生产力发展的现代化追求者来说，这种意义上的 Versachlichung 在韦伯看来是现代性背景下的我们无法拒斥、只能追求的，是现代化的宿命。

　　也就是说，无视与中国现代化建设的实际关系，继续把Versachlichung 混同于常被解释为主客体颠倒的 Verdinglichung，不考虑它们在不同语境和不同层面上的颇大差异，统而广之地用"物化"这一个中文词来标示具有那么多异质性意涵，并涵盖两个德文词 Versachlichung 与

Verdinglichung 的做法，在我看来已经暴露出了明显的缺陷，这样的做法应该加以检思了。完全从学术的意义上来说，区分 Versachlichung 与 Verdinglichung 的不同含义，并分别用不同的中文词对应翻译它们，必要性和现实性就更不用说了。

为了叙述方便，本文以后的部分暂且根据不同语境分别把 Versachlichung 称作"物象化"与"事化"：在涉及广松涉和马克思的场合称"物象化"，而在涉及后马克思（韦伯、西美尔、卢卡奇等）的意义上称"事化"，同时只把 Verdinglichung 称作"物化"，而 Vergegenständlichung 则称为"对象化"。

四、"物象化"与"物化"的根本区别：反思与未反思

在《资本论》及其手稿中，马克思在多个场合分别使用 Versachlichung 和 Verdinglichung 两个词，以分析"物"的人格化和人与人之间关系的物象化。例如，在《资本论》第 3 卷中，马克思指出：

> 在资本—利润、土地—地租、劳动—工资这个经济三位一体中，资本主义生产方式的神秘化，社会关系的物化（Verdinglichung），物质的生产关系和它们的历史社会规定性的直接融合已经完成：这是一个着了魔的、颠倒的、倒立着的世界。在这个世界里，资本先生和土地太太，作为社会的人物，同时又直接作为单纯的物（Ding），在兴妖作怪。古典经济学把利息归结为利润的一部分，把地租归结为超过平均利润率的余额，使这两者以剩余价值的形式一致起来；此外，把流通过程当作单纯的形式变化来说明；最后，在直接生产过程中把商品的价值和剩余价值归结为劳动；这样，它就把上面那些虚伪的假象和错觉，把财富的不同社会要素互相间的这种独立化和硬化，把这种物（Sache）的人格化和生产关系的物象化（Versachlichung），把日

常生活中的这个宗教揭穿了。①

看得出来，在奥秘未被揭穿之前，"物"与"物化"分别使用 Ding 和 Verdinglichung，而奥秘被揭穿之后，"物"与"物化"则开始使用 Sache 与 Versachlichung。奥秘被揭穿之后的自在"物"（Ding）成了社会性的"事"（Sache），而"物化"（Verdinglichung）就成了"物象化"（Versachlichung）了。马克思在《资本论》第三卷第 24 章所说的下段话也能佐证：

> 在 G—G'上，我们看到了资本的没有概念的形式，看到了生产关系的最高度的颠倒和物象化（Versachlichung）：资本的生息形态，资本的这样一种简单形态，在这种形态中资本是它本身再生产过程的前提；货币或商品具有独立于再生产之外而增值本身价值的能力，——资本的神秘化取得了最显眼的形式。②

它表明，"物"与"事"、"物化"与"物象化"的区别首先就是认识论意义上的自在状态与非自在状态的区别。在马克思看来，处在自在状态中"实际的生产当事人对资本利息，土地地租，劳动工资这些异化的不合理的形式，感到很自在，这也同样是自然的事情，因为他们就是在这些假象的形态中活动的"；而揭示这种自在状态背后隐藏真相的古典经济学虽然已经到达了揭穿秘密的当口，但还没有完全自觉地站在批判自在状态的立场上，"或多或少地被束缚在他们曾批判地予以揭穿的假象世界里"，并最后坠入宣称物化现实"具有自然的必然性和永恒的合理性"的意识形态。③ 在不自觉地揭示物化背后的真相与维护物化现实的自然必然性之间，存在着显然的矛盾。把物化真相揭示出来，彻底地看清物化现实的真实本质，也就是使"物化"实际上呈现为一种"物象化"，揭示"物"实际上是一种人与人之间的"事"，只有马克思做到了。所以，他才强调"物象化"概念对"物化"概念的进步性和科学性。在这个意义上，"物象

---

①　Karl Marx Friedrich Engels Werke，Band 25，Dietz Verlag，Berlin，1972，S.838.中译文参见《马克思恩格斯全集》第 46 卷，人民出版社 2003 年版，第 940 页。中译文略有改动。

②　Karl Marx Friedrich Engels Werke，Band 25，Dietz Verlag，Berlin，1972，S.405.中译文参见《马克思恩格斯全集》第 46 卷，人民出版社 2003 年版，第 442 页。中译文有改动。

③　Karl Marx Friedrich Engels Werke，Band 25，Dietz Verlag，Berlin，1972，S.838-839.中译文参见《马克思恩格斯全集》第 46 卷，人民出版社 2003 年版，第 940—941 页。

化"概念比"物化"概念具有更多更强的批判性意蕴。这是其一。

其二，在"主体"系指为其他存在奠基的意义上，"物象化"意味着一种新的主体论观念，意味着社会关系的根本性。这是广松涉的看法。

"物化"（Verdinglichung）还只是处于人与物的二分对立之中。无论这个物化概念是指"对象化"还是指人格的物化，基本上都是立足于"人"与"物"的二分对立而言的。"物象化"却已经进入了以"社会性"统一"人"与"物"的理论逻辑。按照这一新逻辑，"人"和"物"都是一种社会关系的产物和表现。从而，在"物化"（Verdinglichung）逻辑中还二分对立的"人"与"物"都被统一到新的"物象化"逻辑之中了。这一点，广松涉的分析非常到位。他区分了 Versachlichung 与 Verdinglichung，强调马克思以 Versachlichung 替代 Entfremdung 的根本性意义，是一大贡献。在他看来，异化（Entfremdung）与物象化（Versachlichung）两个概念的哲学根基迥然不同：

> 晚期马克思的所谓"物象化"，不是立足于主体的东西直截了当地转成物的客体存在这样的"主体—客体"图式的想法（如果是那样的话，物象化终究是"异化的一种形态"），如果用我们的话说，那是在定位于"关系的基始性"这样的存在理解的同时，立足于面向他们（für es）和面向我们（für uns）这一构图的规定形态。……马克思的所谓物象化，是对人与人之间的主体际关系被错误地理解为"物的性质"（例如，货币所具有的购买力这样的"性质"），以及人与人之间的主体际社会关系被错误地理解为"物与物之间的关系"这类现象（例如，商品的价值关系，以及主旨稍微不同的"需要"和"供给"的关系由物价来决定的这种现象）等等的称呼。①

显然，这种解释的主要用意有两点。第一，马克思已经用关系论模式取代了传统的内在主体论模式，与内在主体论把向内挖掘的内在性作为主体的根基不同，新的关系论模式把"关系的基始性"作为主体的根基，

---

① ［日本］广松涉：《物象化论的构图》，彭曦、庄情译，南京大学出版社2002年版，第69—70页。

主体的成立根基因此发生了根本性的转变。主体的解释模式也就相应地作出了根本性的改变。第二，基于"关系的基始性"的主体间性模式显然优于基于"内在的基始性"的主体性模式；而且，主体间性模式已经取代了传统的主体性模式。主体间性对主体性的取代是一种现代哲学对近代哲学的进步。

　　显然，在广松涉看来，以"关系的基始性"的主体间性模式取代"内在的基始性"的主体性模式之后，马克思就彻底超越了内在的主体性（或者内在形而上学）。他的这一结论与哈贝马斯提出主体间性取代主体性，语言哲学取代主体性哲学的看法几乎同时，都是受制于当时学术背景得出的富有时代特点的结论，现在看来有些偏颇，需要重思。① 实际上，主体间性与主体性并非相互否定的关系，两者之间复杂的关系需要重新探究。同时，广松涉的这一结论在认识论层面和价值论层面的效力并不相同。应当在这种区分的基础上进一步探究。

　　显然，对物化、异化的理解，涉及主体性哲学的根本前提问题。我们把马克思晚期的物化、物象化概念理解为"人"被两种"物"、"人与人的复杂关系"被"物与物的具体关系"替代或掩盖了，是接受了一个基本前提，即马克思理论中具有一个基本的人道主义前提性设定，人优于物，而且不能由物来表征和替代：既不能由自然的、有形有状的物来表征和替代，也不能由社会关系式的、无形无状的关系物来表征和替代。这样的理解没有接受如下观点：物化、异化论是坚决反对以主客体框架来看待人与世界；只要以主客体的关系框架来看待人与人之间及其关系，就必然陷入异化。物化、异化就表示以主客体关系框架对待人与世界；只要不取消主客二分的主体性哲学框架，物化、异化就不可避免，因为内在性主体最后只能走到空无的境地，除了借助外在的物来表达自己，没有其他办法，除非他能够接受自己的持续的空无化。这无疑是很有道理的。但把它赋予马克思，我觉得是过度诠释，或者，这样理解马克思是把后来比如海德格尔

---

　　① 有关思想，可参见［丹］丹·扎哈维的《主体性和自身性——对第一人称视角的探究》（蔡文菁译，上海译文2008年版）一书相关部分。拙作《"主体"在什么意义上是一个意识形态概念？》也有相关分析，载《哲学动态》2011年第2期。

的看法赋予马克思了。马克思意识到了人必须以物来表达这种主体性表达的问题,但他最高的理想还是在社会高度发达的基础上,使每个人都能成其为自己,即每个人的个性都能获得自由而全面的发展。这种发展是需要"物"的支撑和奠基的。

鉴于这一问题牵涉面很广,作者在其他地方也已涉及此问题,这里我们就不便深究。我们还是把主题继续定位于分析马克思物象化(Versachlichung)概念的具体意蕴方面。

五、物象化的第一种含义:人被
物纠缠住,个性的丧失

希腊古典时代的主人("人")把与物打交道的事交给奴隶和匠人去做,自己专注于城邦中真正的人事,谋求善、崇高。现代人则普遍地自己处理物,自己纠缠于物事,现代人把物事与人事弄在一起,在事务(Sache)中谋求对事物(Ding)的占有。同时,"一个物可以是使用价值而不是价值。这就使一个物可以对人有用而不必是人的劳动的产物。例如,空气、天然草地、处女地、等等。一个物可以有用,而且是人类劳动产品,但不是商品。谁用自己的产品来满足自己的需要,他生产的就只是个人的使用价值。要生产商品,他不仅要生产使用价值,而且要为别人生产使用价值,即生产社会的使用价值"①。

问题在于,在现代社会中,"物的价值则只能在交换中实现,就是说,只能在一种社会关系中实现"②。作为商品的物的实现,取决于交换关系,即必须把物置换成抽象的、无差别的、平均性的劳动与他人的等量劳动交换才能完成。物的交换价值的实现必需物的价值的实现。这就意味

---

① [德]马克思:《资本论》第 1 卷,中国社会科学出版社 1983 年版,第 17 页。
② [德]马克思:《资本论》第 1 卷,中国社会科学出版社 1983 年版,第 63 页。

着,物的实现取决于社会交换体系的认同,而社会交换体系越来越不是直接的物的交换,却体现为日益复杂的事务操作体系。这个体系越来越规范化、精确化、程序化、法制化、"对事不对人"化,越来越不随意化、人情化、"对人不对事"化,越来越不受人的个性、情感等主观品质的影响。这个事务操作体系的效率影响着物的实现,并且使得几乎所有的人事都与事物、事务纠缠在一起,以至于"人"与"事物"(Ding)及"事务"(Sache)都分不开了。人纠缠于物、事之中难以自拔,人被物化、事化了。

在"物"与"人"的关系中,马克思虽然把"物"视为表现、印证"人"的存在物,但两者都是在社会关系中得以成就自身的。这是一种现代社会的新情况。物之所以成为物的现实社会关系构成了现代社会中"物"与"人"成就自身,并使两者发生关联的关键所在。"物"的生产、流通、实现,都需要借助日趋发达和完善的社会关系体系。为了促成"物"的生产与流通,为了使人的权利得到保证,需要不断构建功能强劲和合理的制度化社会关系。

理论观察的着眼点是放在这种交换体系(推而广之就是一切社会组织系统)本身的演变轨迹,还是这种体系(对马克思来说主要是社会生产关系)对人的内在影响? 在讨论马克思的思想时,我们似乎更放在后者身上。马克思的如下分析也支持这一点:"在叙述生产关系的物象化(Versachlichung)和生产关系对当事人的独立化时,我们没有谈到,这些联系由于世界市场,世界市场行情,市场价格的变动,信用的期限,工商业的周期,繁荣和危机的交替,会以怎样的方式对生产当事人表现为压倒的、不可抗拒地统治他们的自然规律,并且在他们面前作为盲目的必然性发生作用。"[1]社会关系在日益发达和成熟之后,就会逐渐取得独立性的品格,它会形成自己特有的内在逻辑规则,并按照这样的逻辑规则运行。而这样的逻辑规则与人自己的需求、情感可能会形成明显的差异。日益制度化、成熟化的社会关系不断取得独立性,甚至获得自然性和自动性,

---

① Karl Marx Friedrich Engels Werke, Band 25, Dietz Verlag, Berlin, 1972, S.839.中译文参见《马克思恩格斯全集》第46卷,人民出版社2003年版,第941页。中译文略有改动。

对人形成强迫,要人适应它的规则、逻辑、节奏、价值取向等等。

如果我们把着眼点放在社会关系本身的内在逻辑和演变轨迹上,就会发现,社会关系的独立性品格形成之后,就像盖伦受马克思启发在分析物象化、事化(Versachlichung)时所说的,会形成高度专业化和固定化的分工体系,这种分工系统会使人局限于某种职业活动;这种高度专门的、相互支持的分工操作体系,这种高度常规化了的系统,已经"被省力化到了这种地步,以致他发觉自己在社会体系中已被精确地定了位,因而就与社会体系的其他定位在功能上联系了起来"①。这种专门化具有两面性,盖伦特别指出,马克思早已认识到这一点:"一切专门化都必然产生出片面性和固定化,发展出两种后果:一方面,在被规定了的范围内,操作变得越来越无限地精细。只有专家才能是技艺高超的人。另一方面,正如我们已经指出的,固定化使得人格的那些品性因素相对地成为不相干的了,而生下来的那些相关方面的片面性又使得他身上真正个人的'不可分离'的因素变得无关紧要。于是我们就可以像马克思那样,指出个人的生命(就其对他乃是个人而言)与他的存在(就他附属于劳动的某个分支,并处于与那种劳动习惯的条件之下而言)这两者之间所出现的差别。阿尔弗雷德·韦伯也指出了这一差别。"②

着眼点回到对人的影响方面,显然就是,个人的个性被排斥在社会过程之外,成了完全个人的事情,或者与社会化过程对立的东西。相应地,社会化几乎完全忽视个人的需求、个性、尊严、自由等个人掌控的东西,完全忽视只是属于个人的东西。社会化具有自己的运行逻辑和规则,形成了一套固定的、追求系统合理化效益的东西。它与个人的需求、个性、尊严、自由没有任何内在的关联。在它的独立运行中,个人已经无法调控、改造它了,甚至于,个人进入这个系统只能以放弃掉自己的需求、个性、尊

---

① Arnold Gehlen, *Die Seele imtechnischen Zeitalter*, Viuorio Kloslermann Gmbll, Frankfurt am Main, 2007, S.120.中文版参见[德]盖伦:《技术时代的人类心灵》,何兆武、何冰译,上海科技教育出版社 2003 年版,第 133 页。

② Arnold Gehlen, *Die Seele imtechnischen Zeitalter*, Viuorio Kloslermann Gmbll, Frankfurt am Main, 2007, S.126-127.中文版参见[德]盖伦:《技术时代的人类心灵》,何兆武、何冰译,上海科技教育出版社 2003 年版,第 140—141 页。

严、自由为前提，也就是只能以一个职业技能的具有者和发挥者的形象在系统中完成社会为他规定好的功能。他的存在就是他的社会功能的适时发挥。其他属于个人的爱好、个性、偶然和特殊产生的东西，都不进入这个过程。以至于社会具有了某种自动化、自然化的特点，成了不理睬个人并只是按照自身已经形成的过程运作逻辑运作的自然历史过程。也就是说，物象化（Versachlichung）也就是在社会性的事情（Sache）上自动化（automatisiertes）了。盖伦就是在分析社会的自动化时谈及物象化（Versachlichung）的。他干脆就把物象化、事化解释为行为的自动化，个性、人格的无效化。如一个修理工，社会所关心他的只是他所从事的职业活动，它所承担的社会职能，而不关心他的个性和与无名化的社会职能无关的东西，"社会所考虑的首先不是他个人身上的东西，而是他是一名汽车修理工这一事实以及与此相伴随着的东西"。Versachlichung 所标示的现象就"存在于这一事实，即这个个人不是从他自己完全独特的个性而是从他所从事的活动的客观性才得出他自尊心的标准的"①。

这就意味着，富有个性、人格、尊严的人，在不断合理化的现代社会关系中，逐渐成了被日趋复杂的制度严格规定和塑造了的职业人和功能人，被社会关系严格纠缠住，失去自己的个性，或者，在这种职业人和功能人的运作中，个性、人格、尊严往往都被排挤掉了，没有存在和作用的空间。按照这一逻辑进化的社会关系（首先是生产关系），也会日益塑造一种日益严格、缜密、复杂、有效的制度化社会关系，作为客观要求、规范、标准，从而影响被社会认可，在社会中得以展现的"物"、"人"之形象。专门化、特定职能的承担、甚至就是这种职能的化身、与他人愈来愈一致的普遍性等等，会成为更被社会认可的主要标准。对"人"来说，随着社会关系成为塑造人的基础性存在，随着这种社会关系的独立化并日益取得自己的进化规则与道路，首先造成的后果就是人的个性在社会交换体系中的泯灭、消失。真正的个性难以进入经济交换过程。经济学几乎不考虑个性

---

① Arnold Gehlen, *Die Seele imtechnischen Zeitalter*, Viuorio Kloslermann GmbH, Frankfurt am Main, 2007, S.116. 中文版参见［德］盖伦：《技术时代的人类心灵》，何兆武、何冰译，上海科技教育出版社 2003 年版，第 130 页。

的实现——那是哲学和艺术的事情。

在个性消失的意义上，马克思在《1857—1858 年经济学手稿》中指出：

> 如果说[他们]作为交换主体互相对立，那么在交换行为中他们就证明了自己。交换本身只不过是这种证明而已。他们实现为交换者，因而实现为平等的人，而他们的商品（客体）则实现为等价物。他们当作价值相等的东西来交换的只是自己的对象的存在。他们本身是价值相等的人，在交换行为中证明自己是价值相等的和彼此漠不关心的人。等价物是一个主体为另一个主体的对象化；这就是说，它们本身价值相等，并且在交换行为中证明彼此价值相等和彼此无关。主体只有通过等价物才在交换中相互表现为价值相等的人，而且他们通过彼此借以为对方而存在的那种对象性的交替才证明自己是价值相等的人。因为他们只是彼此作为等价的主体而存在，所以他们是价值相等的人，同时是彼此漠不关心的人。他们的其他差别与他们无关。他们的个人的特殊性并不进入过程。①

人作为劳动者其价值和社会承认体现在他的对象化创造物的社会性实现之中。在劳动创造物质财富这个意义上，物化（Verdinglichung）是人的能力的对象化，是应予肯定的历史发展的基础。但是，这种对物化的肯定受制于两点：一是劳动过程中机器体系和管理体系对劳动者的胁迫——这一点马克思在《资本论》及其手稿中有大量分析；二是，在没有通过社会交换体系与他人劳动成功等价交换之前，对象化还只是一种可能性。只有在社会交换体系中自己的对象化创造物成功地获得实现，也就是有人购买和消费之后，他（的劳动）才获得实现、肯定和承认。由此，在社会性运转中，人是由"物"体现，这种体现的完成还需要日益完善的社会交换系统。于是，人必然遭遇双重的"物化"：化为有形有状的劳动产品之"物"，也化为生产关系、交换关系的社会关系之"物"，成为这两种"物"的承担者和体现者。无论就哪种"物"而言，物

---

① 《马克思恩格斯全集》第 31 卷，人民出版社 1998 年版，第 358—359 页。

化的社会性实现都需要把关系的每个参与方的特点都抽象掉,把每个(生产、交换)主体视为抽象同一和无差别的一般人类劳动的承担者。因而,这种关系中的人际事务也就是"物"与"事",而不是具体、感性、富有感情和个性的人了。"人"被各种事物和事务纠缠住了,即使不是失去自己的内在本性,也可以说是成了各种事物、事务的体现者和应付者。而现代的各种事物、事务不仅是一些社会关系、制度的固定化与模式化操作,也与诸多的技术、程序、具有各种功能的物质性存在物密不可分。人被纠缠于物与事之中难以自拔。

从人本主义的角度来看,如果把"人"界定为个性、人格等,物象化(Versachlichung)就是非人化,人格等的丧失。在这个意义上,物象化的对立面就是人格化(Personifizierrung)。继马克思与韦伯之后继续讲物象化的盖伦也指出,"物象化了的"(Versachlichte)与"非个人化的"(unpersoenlichen)是并排使用的两个词,也就是含义极为相近的两个词。人格、自由只有在生活领域才成为被考虑的东西,如在政治生活中。而在经济生活中,它没有地位。继承马克思的逻辑,盖伦也强调应该区别被系统化规定了的"工作"与有个人人格和自由、尊严的"生活"两个不同的领域。在他看来,习惯了物象化、事化的人,"人格就被各套不同的机器所吞噬;它被贬低为一种残余的人,这在专家传授技能的专门化过程中再也明显不过了"[1]。如果个人生活完全被这种机械系统所习惯,那就糟了。后来哈贝马斯把这一点更加放大化了。显然,马克思的态度也建立在区分日益物象化的"劳动"(工作)与劳动之余的自由支配时间的基础上,但马克思认为劳动之中与劳动之余是依次继起、协调一致的:首先肯定"工作"中的"人"的基础性和前提性,尔后才肯定"工作"之外的"生活"中的"人"的价值。也就是说,"工作"中的"人"是抽象掉了个性特质的普遍人,是一般人类劳动的提供者与承担者,而工作、劳动之余的"生活"中的"人"就有自由发展的空间和可能。前者为后者提供基础和前提,促进后

---

① Arnold Gehlen, *Die Seele imtechnischen Zeitalter*, Viuorio Kloslermann GmbH, Frankfurt am Main, 2007, S.127.中文版参见[德]盖伦:《技术时代的人类心灵》,何兆武、何冰译,上海科技教育出版社 2003 年版,第 141 页。

者的发展,两者并不矛盾。于是,对马克思物象化理论的评价就不能局限于把"人"视为个性、人格这一方面,从而把物象化看作物对人的压制、替代,或人的本质、人格的丧失了。"人"有另一面相,从这一面相出发,可以对物象化进行另一种注释。

六、物象化的第二种含义:促进效率,
促进主体的实现

在这方面,马克思的高明之处在于,不能不分场合地把"人"解释成与劳动、物化系统对立的"个人"。劳动过程和交换过程中塑造的普遍的"人"也是关于人的理论观察的重要维度,甚至是最基本的和首要的维度。在这个意义上,他仍然在讲"类",并把费尔巴哈的"类"概念解释成生产力和生产关系支撑起来的存在物,从而认定为生产,而生产"无非就是发展人类的生产力,也就是发展人类天性的财富增长目的本身",而西斯蒙第以个人福利为由对抗发展人类的生产力这种目的,"就是不理解:'人'类的才能的这种发展,虽然在开始时要靠牺牲多数的个人,甚至靠牺牲整个阶级,但最终会克服这种对抗,而同每个个人的发展相一致;因此,个性的比较高度的发展,只有以牺牲个人的历史过程为代价。至于这种感化议论的徒劳,那就不用说了,因为在人类,也象在动植物界一样,种族的利益总是要靠牺牲个体的利益来为自己开辟道路的……"①显然,马克思并不同意阿尔弗雷德·韦伯下述只有摆脱劳动(工作)才能成就人自己的观点的:"我们必须力求脱离机械装置而保存自己,力求保持人类、个人、生命力。……在评价一个个人时,我们不应该询问他的工作和他的工作做的是什么,反倒是应该询问他是怎样使自己摆脱它的,在完成工作时他是向它投降还是在精神上对它保持独立,从而在精神上保持了

---

① 《马克思恩格斯全集》第 26 卷第 2 分册,人民出版社 1975 年版,第 124—125 页。

生活力。"①在马克思看来，按照人"类"发展的逻辑，物质财富和效率日益提高的社会生产关系是发展的"内容"，而资本主义所有制只是"狭隘的形式"："在现代世界，生产表现为人的目的，而财富则表现为生产的目的。事实上，如果抛掉狭隘的资产阶级形式，那么，财富不就是在普遍交换中产生的个人的需要、才能、享用、生产力等等的普遍性吗？财富不就是人对自然力——既是通常所谓的"自然"力，又是人本身的自然力——的统治的充分发展吗？财富不就是人的创造天赋的绝对发挥吗？（着重号为引者所加）"②

根据"类"的视角，"物象化"了的"人"（Menschen）也就是非个人化的、社会功能化的人。"这种人（Menschen）以一种明显常规化的、持久的、一贯的姿态面对着文明和社会的不同领域，这从理想上来说总是'正确的'姿态，也就是尽量减少了事务的（sachlich）和社会的摩擦。……人在很大程度上发展成为一个'职能人'（执行功能的人）。种种阻碍这种发展的个人特征，看起来都是不需要的，不管他们是被天才还是被不能适应社会的个人所具有。"③对个人的社会化，盖伦与马克思一样，显然是持有复杂的情感和态度：并不一味地赞成，也不是一味地反对。社会化意味着效率、生产力的提高，但它的现代形式也具有阻碍自由、个性、尊严实现的弊端，因此必须予以历史性的超越。

重要的是，对此时的马克思来说，"人"并不仅仅意味着个性，抽去了个性维度的"社会性"或"普遍性"也是"人"的一个重要方面与维度。在主体系指"人"的意义上，社会性并不构成主体性的否定和对立，而是在某种维度和层面上恰是主体性的切实实现。或者说，物化、物象化并不完全就是人的丧失，却可能在一个新的层面和维度上表现为人的实现。在现代分工体系和交换体系愈来愈复杂的背景下，无视主体的社会性构成

---

① Alfred Weber，Ideen zur Staats-und Kulturssoziologie，Karlsruhe；Braun，1927，S.87.

② 《马克思恩格斯全集》第 30 卷，人民出版社 1995 年版，第 479—480 页。

③ Arnold Gehlen，Die Seele imtechnischen Zeitalter，Viuorio Kloslermann Gmbll，Frankfurt am Main，2007，S.119.中文版参见［德］盖伦：《技术时代的人类心灵》，何兆武、何冰译，上海科技教育出版社 2003 年版，第 132—133 页。

根基和运作逻辑，径直设定主体的个人内在性本质，是无法真正理解主体及其实现机制的。主体通过和借助社会性获得实现；人借助物和物化、物象化获得一定程度的实现。社会性并不再像早期马克思（比如在《1844年经济学哲学手稿》中）认为的那样，一定是对先验的类本质的摧残和扭曲，一定是主客体颠倒的"异化"了。主体性只能通过社会性获得某种实现，除此之外别无他途。所以，按照某种同一性逻辑进行复杂而稠密的社会交换（必须把自己置换为与他人统一甚至同一的抽象的平等主体）的经济人和政治公民都通过社会交换部分地使人获得了一定的、切实的自我实现。只是这种实现是抽象的同一性主体的实现，而非个性自我的实现。同一性自我的实现是以撇开和无视个性自我的方式进行的，但不能因此就批判这样的主体性实现完全是虚假的、倒退的和异化的，相反，这仍然是实实在在的主体性实现，不是毫无积极意义的"异化"。只有在个性被压抑和撇开的意义上，才能说个性自我遭受了扭曲、摧残，是一种异化。

这说明，马克思是在普遍性和个性，社会性和主体性双重维度上看待"人"的自我实现的。他看待"人"及其自我实现的视野更宽广了，也更深入了。在他看来，"物"背后隐藏着"人"，而"物化"、"物象化"的背后隐藏着"人化"或人的自我实现（一个必然的历史阶段）。

接下来的问题是，马克思视"物"更重要，还是"人"更重要？这要看着重点是立足于价值论还是立足于唯物论层面上了。不过遗憾的是，对于这两点，以前我们重视都很不够，并由此造成马克思原本含义的遗忘和丧失。唯物论的层面我们有待展开论述，价值论层面却需要作一些分析。马克思强调物物关系背后的人人关系，实际上隐含的一个重点就是"人"身上保留和隐含着的价值形上学含义，强调这层含义不能放弃。在价值中立问题上，虽然马克思与韦伯一样，都反对以情感共鸣和道德共鸣的方式建立价值评价，把价值评价建立在对自己既有的、未加反省的情感和道德立场上，不加反思地寻求一种与他人的情感共鸣与道德共鸣，但与韦伯主张的价值中立立场不同，马克思认为美好价值的实现其实就内在地隐含在社会历史的必然性发展中，价值在社会发展的生产力、生产关系不断进化的历史基础上得以建构,并取得坚固的历史根基和丰富的历史拓展空间。①

马克思没有像费尔巴哈那样明确表示必须在"完整的人"身上保留"神性因素",否则就不成其为人。但是,其一,马克思仍然属于"把对世界的理想的描述转译成'等待实现的理念'"的青年黑格尔派,他不可能放弃对世界的理想描述。

从施特劳斯(Strauss)到马克思,都感到必须要把对世界的理想的描述转译为"等待实现的理念"这样一种语言。在此发展过程中,他们也试图把黑格尔抽象的理性化思想具体化,通过把对宗教的谈论转译为对人类的谈论,把对欲望满足的谈论转译为对资产阶级社会的谈论,等等。斯蒂纳(Stirner)被描述为在这种发展的过程中走出最后一步的人,无论如何,马克思是这样理解的。这最后的一步导致他超越了黑格尔的理性主义,并且否定了它。因为斯蒂纳实现了黑格尔主义的最终具体化,通过缩减黑格尔所有的范畴,使之成为一个裸露的个体自身;他不仅公然指责某种特定的概念,而且指责所有的概念。②

所以,问题只是在于,这个"理想"或"等待实现的理念"生发于何处?其二,受到施蒂纳批评的刺激,马克思也必须尽力躲避被施蒂纳判为仍在追求先验的"思想圣物",避免自己描述和追求的理想被指责为这样的东西,但他没有像不自信的费尔巴哈那样,因此走向对"自然"和社会世俗性的更直接的默认,费尔巴哈这样的做法在马克思的眼里是倒退,是庸俗化。马克思的策略是,一直在努力论证,世俗的"大地"之中本来就蕴含着这么个"神性质素"——它就与历史发展的必然性规律直接对接在一起的,就是必然规律喻示着的那个发展趋向的发扬光大。所以,"理想"不是"应当",而是有待在历史中展开的"现实的种子":"共产主义对我们说来不是应当确立的状况,不是现实应当与之相适应的理想。我们所称

---

① 刘森林:《论马克思历史观对事实与价值冲突的两种解决》,载《哲学研究》1992 年第 9 期。

② [美]艾莉森·利·布朗:《黑格尔》,中华书局 2002 年版,第 12—13 页。

为共产主义的是那种消灭现存状况的现实的运动,这个运动的条件是由现有的前提产生的。"①《德意志意识形态》中的马克思这么说,是在强调,理想维度的存在被现实的社会运动本来就内含的方向替代了:不是理想,而是现实本来的运行方向,在导引着我们。他后来直接说,"工人阶级不是要实现什么理想,而只是要解决那些在旧的正在崩溃的资产阶级社会里孕育着的新社会因素"而已。②

被保留在"完整的人"身上的这个"神性质素",自然就是"人"身上的价值形而上学。如果马克思以"转移"到科学必然性规律之中的形式保留这个"神性质素"的观点可以成立,那么,近代主体论的内涵对马克思来说就不是完全的放弃,在价值形而上学方面,反而是以新的方式的继承和延续。也许马克思只是在认识论层面上完全告别了近代内在意识的形而上学,但他强调物与物关系背后的实质是人与人关系,实际上隐含的一个重点就是"人"身上保留和隐含着的价值形而上学含义,这层含义不能放弃。跟去掉一切"思想圣物"的施蒂纳相比,跟坚持价值中立的韦伯相比,马克思的这一特点非常明显。它表明,马克思仍然在价值形而上学方面坚持着内在性主体论,并没有完全放弃内在主体论。上述年轻一代新的主体性理论研究意味着,完全抛弃主体内在论既不可能,更是错误的。

有了内在必然规律的支撑,价值理想就内在于历史之中了,就有了进一步生根发芽的基础、根据和可以逐步期待的希望。在马克思看来,人的本质、人的自由的实现需要一个历史过程。按照迈尔斯(Davici B.Myers)在《马克思与虚无主义》一文中的划分,在这个过程中,依次逐渐实现的是三个阶段:第一,人区别于动物的本质,也就是追求更高目的的活动者;第二,人对自然的改造,它体现在生产力和日益发达的生产关系中;第三,个性的创造性实现。从第二个层次过渡到第三个层次,是最后的关键。相对于第一个层次来说,第二个层次是进步。物象化就大量发生在第二

---

① 《马克思恩格斯全集》第3卷,人民出版社1960年版,第40页。
② 《马克思恩格斯全集》第17卷,人民出版社1963年版,第363页。

个层次(阶段)中。

　　资本主义为第二个层次的实现开拓了很大的空间。资本主义既为人性的实现提供了潜能(各种条件),也同时使得个体疏离于这种实现。①前资本主义中更少的人能够实现个性,多数人处于物质匮乏之中,大多数人不得不为了谋生而从事耗费自己生命的活动。资本主义为改变这一点提供了不断充实的基础和条件。由于采取越来越发达的社会化大生产,分工越来越细致、发达,对象化必须借助效率不断提高的社会交换网络,所以往往引发物化。对象化是把人的目的、计划、自主性实现出来之时,才是真正实现了人的劳动。在对象化直接就是人的实现这一特性实现出来之前,会经历一个物化的历史过程。逐步消除物化,就要求把"物化"看作是"物象化",看穿物只是表象,物与物的关系背后隐藏着人与人的关系。看不到这一点,一直被物象所迷惑,就难以穿越物化走向历史的进步。按照迈尔斯的说法,即使是在对象化就是人的实现的理想社会里,也仍然需要单调乏味的职业化,需要物象化的工作——只是更为合理地在社会共同体中予以分配,而不再只是强加给特定的某个社会阶级而已。在这个意义上,物化、物象化也是个性实现所必需的历史基础,必经的历史阶段,无法彻底废除。彻底废除物化、物象化,就会坠入历史浪漫主义。

七、物象化社会关系的评价

　　何种社会关系才是更好更合理的? 应该根据什么标准来评判社会关系的物象化? 是根据个人的喜好,还是社会化过程自身的逻辑与要求? 盖伦认为,对于人从事的物象化活动,"好"与"坏"的评价,也只能按照社会化过程的法则与逻辑来进行,而不能按照与社会化过程的法则不一致

---

① David B.Myers, *Marx and the Problem of Nihilism*, in Philosophy and Phenomenological Research, Vol.37, No.2(Dec., 1976), p.198.

的从事活动的个人标准进行:"评判这种活动是'好'是'坏'所依据的标准并不在于他自己,而是在于他身旁的物质法则以及相关的社会要求和期望。他的职责取决于其雇主的愿望和需要,以及他与之打交道的那些物质对象的缄默而顽固的命令。"①如果只是从活动效率的角度来看,这个事化、物象化(Versachlichung)显然是具有非常重要的省力功能和提升行动主体的能力功能的:"它们使得包括工作中所要求的注意力在内的意识活动成了习惯,而且在这些条件之下的工作同样地也成了习惯,而大体上也就不再诱发迅速的疲乏。在这种运作的正常过程中,并不需要有任何决定性的努力,并没有任何情感必须加以抑制,也没有任何冲突会自我展现,在这一运作的各个方面之间也不会出现任何干扰。一旦习惯已经变得如此之专门化了,则刺激的阈限便越降越低,视觉和触觉的分辨能力也增强了,发动的反应便更加灵敏了,判断的能力便更为精密;总之,所需要的能力就提高了。"②效率大大增强是这种事化、物象化(Versachlichung)了的社会系统的经济效果。

如前所述,成熟时期的马克思关于物象化的思想亮点就是充分肯定物象化社会关系在效率方面的历史进步性。在某种意义上,也就是在物化、物象化塑造的生产力,社会关系的效率等方面,物象化是一种进步:马克思与韦伯都这么看。特别是在生产关系的物象化、事化而不是人的物象化、事化方面,尤其如此。生产关系的物象化、事化就是一种程序化、法制化、"对事不对人"化,相对于随意化、人情化、"对人不对事"化来说,肯定是一种进步。事化、物象化(Versachlichung)不全是个贬义词,它的效率、公平、精确、对事不对人等特点都是应该得到正面甚至高度的评价的。无论是物物关系还是人人关系,都是愈来愈体系化,功能愈来愈优化和细化。抛开价值层面和对个人自由的影响,这种功能的细化和优化,效率的

---

① Arnold Gehlen, *Die Seele imtechnischen Zeitalter*, Viuorio Kloslermann GmbH, Frankfurt am Main, 2007, S.117. 中文版参见[德]盖伦:《技术时代的人类心灵》,何兆武、何冰译,上海科技教育出版社 2003 年版,第 130 页。

② Arnold Gehlen, *Die Seele imtechnischen Zeitalter*, Viuorio Kloslermann GmbH, Frankfurt am Main, 2007, S.120. 中文版参见[德]盖伦:《技术时代的人类心灵》,何兆武、何冰译,上海科技教育出版社 2003 年版,第 130 页。

提高,对事不对人的规则性与程序性的完善、严格,都是制度进步的体现。

　　绝对不能忘记,物的依赖关系比人与人之间的直接依赖关系进步,这是马克思的基本观点:"每个个人以物(Sache)的形式占有社会权力。如果从物那里夺去这种社会权力,那么你们就必然赋予人以支配人的这种权力。"①在说了这段话后,马克思紧接着就是著名的三大社会形态的归纳结论。三大社会形态的思想无需赘述,但把它与物象化思想连接起来,凸显出物象化社会关系相比于人与人直接社会关系的进步性,还是需要作出适当的强调和提醒的。因为对于这一点,我们都忘记了,或者长期不重视。

　　马克思说:"这只是人与人之间的一定的社会关系,但它在人们面前采取了物与物之间的关系的虚幻形式。……劳动产品一旦表现为商品,就带上拜物教的性质,拜物教是同这种生产方式分不开的。"②与生产方式分不开这一点,表现了拜物教针对前现代社会形态的进步性质,不能一味地谴责拜物教。因为跟以"人的依赖关系"为特点的社会形态相比,"以物的依赖性为基础的人的独立性",显然是进步的。因为只有"在这种形态下,才形成普遍的社会物质变换,全面的关系,多方面的需求以及全面的能力的体系"。而"建立在个人全面发展和他们的共同的需求以及能力成为他们的社会财富这一基础上的自由个性",才成为可能。在"以物的依赖性为基础的人的独立性"还远不充足、发达的背景下,一味地强调物象化社会关系的异化性质,强调其奴役人、降低人格、使谋求全面发展的人迷失这些特点,而淡忘它蕴含的塑造普遍法权关系、提高生产效率、在公平制度建设中告别人情化等进步意蕴,至少可以说是片面、偏执,甚至可以说本末倒置,弄不好客观上就是在为落后的社会关系类型鸣锣开道。在《资本论》第1卷第一章分析商品拜物教时,马克思曾明确指出,"欧洲昏暗的中世纪"里,社会关系是以人身依附为特征的,"所以一切社会关系就表现为人与人之间的关系……用不着采取与它们的实际存

----

① 《马克思思格斯全集》第30卷,人民出版社1995年版,第107页。
② ［德］马克思:《资本论》第1卷,中国社会科学出版社1983年版,第52页。

在不同的虚幻形式",没有披上物象化的外衣。虽没有物象化,却昏暗、落后,马克思显然肯定了现代资本主义物象化社会关系对中世纪的进步性的。我想,马克思物象化论中的这层意思,在建设现代化中国的当今必须复述出来,不能遗忘。

站在韦伯价值中立的立场上这一点不难理解和接受,站在马克思崇高理想的立场上就不好接受。我们习惯了马克思的现代性批判者的形象,却遗忘了马克思作为历史进步论的形象。特别是,马克思不会只以生产效率来衡量和评价历史,他看中的长远目标是自由。人的尊严和自由的更充分实现才是根本。这一点在《1844 年经济学哲学手稿》与《资本论》中没有区别。在主张人的尊严、人的自由和价值作为目标高于物、物质财富方面,两本著作并没有矛盾。只是在《资本论》及其手稿中,马克思已经认识到,物质财富对于实现人的尊严、人的自由和价值具有奠基性的意义和作用;从历史发展的角度看,物质财富与人的尊严、人的自由和价值没有矛盾。而在《1844 年经济学哲学手稿》中,物质财富与人的尊严、自由存在直接冲突。成熟时期的马克思相信,物象化、事化(Versachlichung)型社会关系喻示着生产关系进步和生产力发展的特质,与崇高理想的实现并行不悖,甚至正好促进之。韦伯却力主效率与自由之间存在异质性,现代人更重视效率。主张价值中立的他不主张把事化、物象化与自由连接在一起。而韦伯之后的人们发现物象化、事化与自由的关系在新形势下更加复杂后,重视理想维度的人就更难接受物象化、事化(Versachlichung)具有进步性意涵这一点了。不过,虚无主义通过不断消解理想维度而不断生发促进对物象化、事化(Versachlichung)进步性的确认。

八、对马克思的双向推延:韦伯与卢卡奇

韦伯的事化(Versachlichung)论直接承续着马克思开辟的方向,只是

他更加关注具有这种事化特征的现代社会关系、制度的现代性质,以及它的效率,对自由的影响及虚无主义后果。尽管也有自己的喜好,但他尽力以价值中立的态度来看待这种制度关系特质,力图把事化社会关系对各种崇高价值的实现是起促进还是阻滞作用隐而不论。经过韦伯,"事化"具有了更少价值意蕴,并逐步成为没有批判性的中性术语。

按照韦伯的看法,随着现代分化水平的不断提高,各个领域出现了越来越出多的、越来越规范、程序化和精确化的具体事务和工作(Sache)。即便是在学术研究领域也是如此:"在学问的领域里,惟有那纯粹向具体工作(Sache)献身的人,才有'人格'。不仅研究学问如此,就我们所知,伟大的艺术家,没有一个不是把全部心力放在工作上;工作就是他的一切。"①与任何其他工作一样,学术工作是分工精细而且永无止境的营生,它越来越程序化、例行化、规范化,与天才、直观、窍门的联系越来越小,以至于形成了一种可以遏制人格化统治的规则结构系统,维系这种系统的各种规定逐步成为人们广泛认同的既定法规。一句话,Sache 的大量出现与法理性支配直接相关。韦伯说,这种支配"靠的是人对法规成文条款之妥当性的信任、对于按照合理性方式制定的规则所界定的事务性(sachliche)'职权'的妥当性有其信任"②。显然,在法理性支配中,一种规则性、程序性、对事不对人的事务性处理系统已经形成,凭借它,可以遏制人格化、人情化的处事方式,这就是所谓的即事性(Sachlichkeit)。这样一来,在法理型(官僚型)支配中,就有一种人人都无法控制的力量在运转,在支配着人们。

显然,它对个人自由具有双重作用:正如施蒂纳与马克思争论时指出的,自由主义背景下制度的日益完善在给人以一种越来越好的保险和越来越温暖的护卫的同时,也势必使个人在这种制度面前变得越来越具有依赖性,越来越无力,只能对制度百般依赖、举手投降,造成千人一面的模式化后果。作为现代启蒙基本目标的自由,因而就被限制在一个越来越

---

① 《韦伯作品集》第 1 卷,钱永祥等译,广西师范大学出版社 2004 年版,第 165 页。
② 《韦伯作品集》第 1 卷,钱永祥等译,广西师范大学出版社 2004 年版,第 199 页。

有限的空间内——这个既给现代人以温暖又给之以限制的狭小空间,以前称之为"铁笼",现在或可称为"铁屋"。但与施蒂纳因为扼杀个人自由而拒斥现代社会关系/制度不同,韦伯首先关注的不是这种法理型支配对自由的影响,而是相比另外两种支配(传统型支配与卡理斯玛型支配)的现代性优势及其无可选择性。

法理(官僚)制与非法理(官僚)制的差别,"正如机器生产方式与非机器生产方式的差别一样。精确、迅速、明确、熟悉档案、持续、谨慎、统一、严格服从、防止摩擦以及物资与人员费用的节省,所有这些在严格的官僚制行政(尤其是一元式支配的情况)里达到最理想状态"①。正像机器替代手工生产在技术上是现代社会发展的必然一样,日益严密、精确、程序化、专业化、对事不对人的制度化关系取代因人而异、主观性强、笼统不分、受制于偶然和个别因素的社会关系,也是追求更高效率和合理性的现代社会发展必然的要求。这种精确、一致、持续都首先是现代市场经济的要求。专业化要求必须受专业训练和专业实习,"根据纯粹事化的考量"来进行。

韦伯说:

> 近代文化愈是复杂与专业化,其外在支撑的装置就愈是要求无个人之偏颇的、严正"客观"的专家,以取代旧秩序下、容易受个人之同情、喜好、恩宠、感激等念头所打动的支配者。官僚制即为此一外在装置提供了最为完满的结合。具体而言,只有官僚制才为一个合理的法律——以"法令"为基础,经概念性体系化而形成的,一直到晚期罗马帝国才首次以高度洗练的技术创造出来——之执行(裁判)提供了基础。②

所谓"'切事化'地处理事务主要即意指,根据可以计算的规则、'不问对象是谁'地来处理事务"③。在这种事务的处理操作中,个人与具体的他人、他物的关系越来越转瞬即逝,恒久的只是与具体个人和具体物没

---

① 《韦伯作品集》第Ⅲ卷,康乐、简惠美译,广西师范大学出版社2004年版,第45页。
② 《韦伯作品集》第Ⅲ卷,康乐、简惠美译,广西师范大学出版社2004年版,第47页。
③ 《韦伯作品集》第Ⅲ卷,康乐、简惠美译,广西师范大学出版社2004年版,第46页。

有具体关系的抽象、一般的"人"与"物"，是抽取了具体人格、血肉、个性并仅仅承担社会关系的维持、延续的抽象人、一般人。韦伯看重的是"切事化"（Versachlichung）带来的效率、公平、精确、对事不对人等现代特征，也就是超越了从个人爱好与情感出发进行判决的非人治性特征，而不是对个人自由的效果，也不是物物关系背后隐藏的人人关系。

韦伯论及的这种转变，与认识和社会分化导致的方式转变密切相关。首先是认知方式的转变：由整体概观日益转向专门化、精细化的具体认知。先前的行为主体往往无法对操作环境、对象、主体自身作出全部详细掌握，往往不了解很多具体细节，只知大概面目，或只知某一部分，却能触类旁通，根据某种直觉和感悟，对需要处理的对象作出有效的把握，并采取合理有效的应对之策。但是，随着科学认知的进步，特别是分工的日益专门化，人们可以在很多领域达到精确的认知，我们可以对行为的牵涉方特别是对象领域进行过程还原、环节分割、逻辑归纳、重复再现，较为准确和精细地把握住它的运行逻辑与规则，掌握住事件发生的背景状况、相关数据等等。行为的效果不再取决于凭借一点把握全体、凭借杂乱境况感悟到内在奥秘的综合主体性能力了，而是依靠越来越精确、细致、完整的分析数据，依靠对相关境况、内在本质的详细把握和整体了解。而这些工作自然是越来越专门的人才才能完成。伴随着认知方式的转变、技术的进化，制度的设置也相应地调整改变了运作方式。社会关系也越来越客观固定、专门、精确、标准、程序化、法制化、抽象化、自动化了。

值得注意的是，韦伯眼中"事化"奠基于可计算性，奠基于世界的祛魅化，奠基于专业分化以及法制化水准的不断提升，即技术水准和制度合理化水准的日益提高。"人类应该全面性发展的想法已经让位给'专业人'（Fachmenschentum）的观念。"[①]"专业人"促进现代生产关系的理性化，促进生产力的不断发展。在这个意义上，可计算化、专业化，尽管有限制自由于"铁屋"内的弱点，却是生产关系进步和生产力发展的象征，因而是应予肯定的事件。法理性支配下的"人"从直接具体的人转为可以

---

①　顾忠华：《理性化与官僚化》，广西师范大学出版社 2004 年版，第 88 页。

数字化、符号化、抽象化的"人",因而管理从管人转向管事(Verwaltung von Sachen),也就是可以数字化、符号化、抽象化的"人"——"事"(Sachen)。这么说,"事化"就是以可计算性、祛魅化和专业化为前提的。这种"事化"意味着更高的效率、公平、精确,意味着生产关系的现代性进展及其支持的生产力的更大发展。

马克斯·韦伯对于Versachlichung的肯定性解释转向发挥了重要作用。但是,深受韦伯直接熏陶并直接承接马克思思想的卢卡奇,却既不认同韦伯也不认同马克思,而走向了当时与韦伯对立的浪漫主义诗人乔治(Stephan George)的立场,认为专门化和程序化造成了退化和严重的问题——物化价值的大流行,美、崇高的丧失和退化,风格的消失、雷同化与模式化的甚嚣尘上。卢卡奇主张应致力于更高价值的追求,谋求更高价值的实现,而不是像韦伯那样认同当下事化(Versachlichung)的现实,认同其必然如此、无法挽救的虚无主义局面。只是卢卡奇没有认同当时跟韦伯唱对台戏的以乔治为代表的诗人艺术家圈子主张的天才直觉与体悟之路,而是从德国古典哲学中找到辩证法来纠正、解救韦伯的"铁笼",主张通过对物化意识的克服,也就是(无产阶级)主体意识的进步来应对日益严重的物象化、事化(Versachlichun)与物化(Verdinglichung)。受韦伯的影响,卢卡奇不再认同马克思所谓现代"生产关系"体系一定会孕育一切进步,特别是阶级意识的进步了。对卢卡奇来说,日益物化和事化的现代生产关系体系已经从社会的客观领域渗透进了社会的主观领域,资产阶级的物化与事化系统正在吞噬思想、理论、意识诸领域,并在人文社会领域学科日益分化、专门化,日益崇尚精确计算和方法论个人主义,在一切(尤其是情爱、艺术)都在商品化,在总体性意识的不断丧失甚至辩证法的自然化等倾向中体现出来。韦伯对切事化社会关系的价值中立性态度,在卢卡奇那儿恰恰就是物化意识在社会科学中即将取得胜利的担忧,就是切事化社会关系与进步的阶级意识之间产生同谋而不再存在裂痕的忧虑。卢卡奇觉得,必须在这之间嵌入一个辩证法的方法和意识才能挽救阶级意识,塑造、挽救把历史带向进步的历史主体。在韦伯与乔治两个学术圈子的对立中,卢卡奇虽然吸收了韦伯的众多思想,但拒斥物化、事化的立场无疑让他沾染了诸多的浪漫主义气质与观点。心灵的蒙尘、遮蔽,丧失本己,就意味着主体的丧失。主体陷入"物"(Ding)与"事"(Sache)之中不能自拔,特别是陷入现实所是的资产阶级"物"与"事"之中,还视之为天然合法的自然状态,就麻烦了。必须用总体性辩证法把主体意识擦亮,荡除心灵中的蒙尘与遮蔽,建构起不被物化、事化污染的阶级意识,才能抵御和改变日益物化、事化的社会。

对韦伯来说,能够改变事化、物象化(Versachlichung)现实的主体力量是不存在的,我们只能无奈地接受它的要求。即使是能够暂时摆脱官僚制的卡理斯玛型支配在现代社会中也势必随即会转向事化,也就是从人治转向程序化、制度化、日常例行化的法治。现代社会无法改变和扭转喻示着"事化"的法理型统治,无法转向一个崇高的超验价值实现的国度:

> 官僚机构一旦成立,被支配者即不可能废除或代之以他物,因为此一机构乃是奠基于专门训练、功能专业化、以坚定的态度熟练地应付单一却又有条理地综合起来的职务上。如果此一机构停止运转,或其运转受到外力阻挠,混乱即不可避免,从被支配者中临时找来的代用人员是难以掌握此一混乱局面的。这点不管是对公共行政领域、或私人经济管理而言,都同样真确。大的物质生活命运已日益仰赖私人资本主义之日渐强化的官僚组织之持续且正确的运转,想要排除此种组织的想法,愈来愈只不过是个幻想。①

> 我们的时代,是一个理性化、理知化、尤其是将世界之迷魅加以祛除的时代;我们这个时代的宿命,便是一切终极而最崇高的价值,已自社会生活(Öffentlichkeit)隐没,或者遁入神秘生活的一个超越世界,或者流于个人之间直接关系上的一种博爱。②

韦伯的思想必然陷入某种悲观主义,也许正是这一点无法引起卢卡奇的认同。卢卡奇以辩证法武装历史主体,并以此解救事化(物象化)的困境,克服韦伯的悲观主义与虚无主义(只是没有新的思路与武器,更多

---

① 《韦伯作品集》第Ⅲ卷,康乐、简惠美译,广西师范大学出版社 2004 年版,第 66 页。
② 《韦伯作品集》第Ⅰ卷,钱永祥等译,广西师范大学出版社 2004 年版,第 190 页。

是诗性的浪漫辅以辩证法的主体性立场)。

随之而来的结论就是,在《历史与阶级意识》中批评资本主义"物化"现象时,卢卡奇用 Verdinglichung 一词更多,用 Versachlichung 较少。与马克思不一样的是,Versachlichung 在卢卡奇这里意味着比 Verdinglichung 更严重的物化,即渗透进意识之中的物化。这与黑格尔区分 Ding 与 Sache、马克思区分 Verdinglichung 与 Versachlichung 的做法直接联系在一起:本该象征着对物化有所反思的 Versachlichung 一词,却因为韦伯所说的合理化全面覆盖整个社会,而丧失了反思意识和批判性,相反,社会的合理化已经渗透进了思想、意识领域。因而,在卢卡奇那里,Versachlichung 就意味着已经渗透进思想、意识领域的严重的物化,这一想法显然是马克思那种批判意识的继承与延续。它意味着,相比于马克思,卢卡奇对无产阶级看透、揭穿物化现实,把被物表征着的人,被物物关系表征着的人人关系看得更为根本,更为忧虑、担心,觉得无产阶级做到这一点更为艰难。通过韦伯,卢卡奇知道,作为历史主体的无产阶级揭穿物化现实,走向历史的进步,击溃虚无主义的恶魔,比马克思那个时代更严峻、麻烦了,需要作出的努力更多。一种悲观质素逐渐渗透进原本较为光明的历史理性之中,使得乐观主义如果不继续作出进一步的改造和努力就显得有些单纯了。在使用 Verdinglichung 更多,而用 Versachlichung 较少方面,卢卡奇与马克思似乎恰好相反。这恰恰说明,社会陷入物化的程度更深了,对物化现实的批判和超越更加艰难了。通过韦伯,卢卡奇眼中的马克思从发现问题和揭示问题的角度看是更加难能可贵了,而从解决问题、超越物化的角度来看则是更加积重难返了。

同时,卢卡奇比马克思具有更多的浪漫主义色彩,对资本主义物化现实的态度更为激进。这使得卢卡奇眼中的"事化"更像一个负面概念,一个贬义词,而不是韦伯眼中的中性词,也不是马克思眼中既具有积极性又具有需要进一步克服的负面性的辩证概念。马克思关于工厂、机器既大大促进生产力的发展,又限制人的个性和人格的思想,卢卡奇更重视的只是后一方面。物象化促进生产力发展,提高效率这一方面不再提及。除了技术机器方面制造的无聊、单调划一和非人性,他更强调"官僚制仔细认真性和事务性(Sachlichkeit)的特殊类型,必然完全地屈从于事务关系系统(System der Sachheziehungen)",以及"分工中片面的专门化越来越畸形发展,从而破坏了人的人类本性";强调与工人的劳动力相分离的是他的个性,这种分离才使他变成一种物。① 卢卡奇的这种态度类似于卡夫卡这样的文学家。卡夫卡也认定,办公室在杀人,普遍化、模式化的社会在抹煞每一个"人","他们(公务员——引者)把活生生的、富于变化的人变成了死的、毫无变化能力的档案号"。而每个人都通过被占有"物"(Sache,Ding),也就是依附于"物",来表达自己,而"这只是一种物化的不安全感"。在这里,与"物"(Sache,Ding)对立的"人"是从个性、人格的角度理解和定义的,不再从生产力的占有者、生产关系的承担者、无差别一般劳动的提供者和交换者这样的角度看待"人"了。而且显然,这样的"人"与"物"肯定是对立的,而不再像马克思认定的那样(既具有普遍性又包含个性、特殊性的)"人"与(普遍性、严格性的)"物"可以统一。是着重于物化系统的效率、公平,还是它对个性、人格的否定,决定了"物化"概念会成为一个单纯的批判性概念,还是既具批判性又具有历史肯定性的概念,决定了 Versachlichung 与 Verdinglichung 两者渐行渐远的含义差异,甚至分离。

经过韦伯的提醒,卢卡奇显然知道,只有更加激进,更加强调主体性的积极作为,才能更加积极地看待物化,才能对它采取一种批判性的、否定性的态度。而只有保留这种态度,面对日益深陷物化的现代社会,我们才能期待有一个积极美好的未来。

九、简 要 结 论

总之,我们可以总结出"物象化"的三个主要含义。

---

① 　Georg lukács Werke Band 2, *Geschichte und Klassenbewusstsein*, Uermann Luchlerhand Verlag, Darmstandt und Neuwied, 1977, S.274. 中文版参见[匈]卢卡奇:《历史与阶级意识》,杜章智、任立、燕宏远译,商务印书馆 1995 年版,第 162、163 页。

第一，"物象化"是个典型的现代性现象，具有复杂的意蕴。在马克思那里，人的物化，人格由物来表征，人人关系由物物关系表现，是最主要的含义。而这里所谓的"物"系指有形有状的、作为生产过程结果的物质产品。这种"物"的生产、交换及其历史发展越来越形成了一种内在的逻辑，一种与具有人格、尊严的历史主体的实现逻辑不尽一致的逻辑。按照这种逻辑，"人"被物化成普遍的、无差别的人类劳动的提供者和释放者，其他的特质不被这个"物化"过程所关注。被置换成的"物"成了这个过程唯一在意的价值所在。

第二，进一步，马克思发现，这个"物"并非最根本、最关键之所在。在它背后，还进一步隐藏着另一种更具根本性的"物"，也就是日益按照效率的提高以及某种"公平"来不断组织、改进的社会关系体系。它的结构、合理化、促进生产力发展的程度等性质，直接决定了物质产品生产的质量、数量。由此，这种"事务"性的社会关系相比于"事物"性的物质产品，更具关键性和根本性。

第三，社会（生产）关系的进化越来越向着促进效率提高、生产力发展的方向进行，因而越来越形成一种标准化，程序化、法制化、形式化、精确化、自动化的制度性关系。在促进社会形态由"以物的依赖性为基础的人的独立性"这第二大社会形态向人的全面发展和人自由个性获得实现的第三大社会形态发展的意义上，这种类型的社会关系具有积极的进步意义，它将为理想社会的实现不断奠定和充实基础。

"物象化"所具有的政治历史进步性意义，被隐藏在前两个主要含义之后，作为衍生性、次生性内涵长期得不到重视、开发、挖掘，致使"物象化"长期被注释为仅仅表示主客颠倒、人与物颠倒的"异化"、"物化"，并成为一个单纯的负面概念。

由此视之，物象化不是一个只有批判性的贬义词。从历史发展的角度来看，它具有促进效率、有助于生产力发展的进步含义。如果采取韦伯价值中立的视角，那它就是现代性的宿命。如果采取马克思的标准，那它也兼具促进效率提高、在某些方面和意义上促进人的发展而在另一些方面和意义上阻碍人的自由的双重含义。"物化"一词兼具对象化、人格物化两方面的含义已众所周知,而"物象化"兼具人体现为物、人人关系体现为物物关系以及这种关系日益发展为客观化、标准化、程序化、法制化、形式化、抽象化、精确化、自动化这双重的含义却没有引起我们足够的重视。

我们发现,早期的马克思更注重批判性内涵,而《资本论》及其手稿时期的他更合理地看待物化、物象化的复杂意蕴,即在兼顾它们象征着更富效率的现代生产关系、对人的自由既奠定根基又构成约束的双重性质,更凸显了物化、物象化内在的张力结构。是更强调物象化社会关系系统的高效率、合理化、对事不对人的现代性,还是强调它对个性的压抑、总体性的丧失,分别构成了马克思之后韦伯与卢卡奇代表的物象化理论的两个发展方向。

最后,两个词的差异、区别是,物象化与物化作为两个都具有批判性和肯定性的词汇,词义虽然具有相当的交叉,还是具有明显的差别:物象化是一个更偏重人、反思、社会关系的词,凸显物的背后是人,物物关系背后是人与人的社会关系,以及具有自我意识的人对这种物象的反思。而物化更偏重物表征人、物物关系表征人人关系的客观状态,未加反思的自然状态。这种差异多少与黑格尔把物(Ding)界定为只与意识相关但未达到自我意识,而事(Sache)发生的前提是自我意识(人),确切地说是有两个自我意识直接相关。也就是说,物(Ding)表达人与物的自然关系,而事(Sache)表达人与物的社会性关系。从黑格尔到马克思的发展线索是比较明显的。而韦伯显然是着重发展了物象化系指社会性关系这一方面,进一步追究了这种社会关系的一系列特质。可以说,韦伯发展了马克思物象化思想的正面内涵,使这个词成为了一个褒义词,至少是中性词,逐步丧失了批判性意蕴;而卢卡奇则更多凸显了马克思物象化思想中的批判性意蕴。两人的分别用法基本上丧失了马克思物象化理论中的张力结构。在我看来,保持马克思这一理论中的张力结构非常重要,极端凸显某一方面是偏颇的。我们不能跟着卢卡奇开创的浪漫主义之路走上个性伸张的浪漫不归路。中国现代化的当下处境与卢卡奇代表的西方马克思主义处境具有时代差异,中国马克思主义不能直接跟着西方马克思主义的理论逻辑走。

第十一章

从物化到虚无:关联与重思

　　"物化"与"虚无"作为界定现代社会性质的两个语词,既然修饰的是同一个时代,就势必具有某种内在的关联。具体说来,自从马克思波恩大学的老师 A.施莱格尔批评启蒙运动塑造的工业化时代是一个"唯功利是举"的时代,而且"要把所有人都同样地套进一定的市民义务的牛枙中,套进职业的、职务的、然后是家庭生活的枙中"①以来,通过马克思、韦伯和卢卡奇,现时代是一个物化时代的说法早已声名远扬。同时,自从诺瓦利斯发现启蒙运动试图"仔细抹掉古老的宗教上一切奇异和神秘的东西",开始一段"现代无信仰的历史",而且"它是理解近代一切异常现象的关键"②以来,通过尼采和海德格尔,现时代也是一个虚无主义日盛的时代,虽有一定争议,也多被确认。"物化"与"虚无主义"作为同一个时代的修饰语,印证着两者之间的内在关联。"物化"与"虚无"是什么关系? 是物化必然导致虚无,还是物化能为克服虚无奠基? 遏制、克服虚无是拒斥"物化",还是走向"物化",抑或以"物化"为阶梯前行? 我们无法以本篇短文求解这些问题,只想在马克思、施蒂纳和韦伯、熊彼特以致海

---

　　① 　[德]A.施莱格尔:《启蒙运动批判》,载孙凤城编:《德国浪漫主义作品选》,李伯杰译,人民文学出版社 1997 年版,第 381 页。
　　② 　刘小枫编:《夜颂中的革命和宗教:诺瓦利斯选集卷一》,林克等译,华夏出版社 2007年版,第 211 页。

德格尔的思想境遇中，主要立足于马克思与施蒂纳的论争，探讨问题发生和延展的基本框架，以此作探究之始。

一、事化、物象化是切入问题之关键

在现代性反思中，"物化"是一个非常关键的批判性概念。不过，如上所述，中文中的"物化"一词却对应着两个德文词：Verdinglichung 和 Versachlichung。马克思、卢卡奇等思想家都同时在用这两个词。而且麻烦的是，两个词往往都不加区别地被中译为"物化"。在《马克思恩格斯全集》中文第一版和第二版中，一直是如此。在卢卡奇的《历史与阶级意识》中译本中，也是一样。在批判理论日后的发展中，Verdinglichung 一词似乎更受关注，这个词的批判性意涵似乎也更明显一些。在海德格尔的《存在与时间》以及哈贝马斯的一些著作中，在对时代所作的物化批判中，基本都采用了 Verdinglichung 一词。而在马克斯·韦伯、桑巴特、阿诺德·盖伦等思想家那里，声言这种"物化"现实具有提高效率、节约资源等正面价值之时，却往往采用的是 Versachlichung 一词。① 这似乎显示出，在马克思那里（甚至在卢卡奇那里仍然）区分不明显的 Verdinglichung 和 Versachlichung 两词，到了对"物化"现象区分更细、所持立场不同——是批判立场抑或正面（或中性）立场——的日后发展中，人们不但对它的看法发生了较大的变化，而且使用的场合也不同了。

具体讨论 Verdinglichung 和 Versachlichung 的区别，以及马克思对两者的区分，我们在上一章中已经作了讨论。在"物化与虚无"的关联性这个范围之内，我们在此要说的是，如果主要立足于马克思的理论，采纳

---

① 在韦伯著作中译本中，Versachlichung 往往被译为事化、切事化、即事化，不再被译为"物化"了。而在盖伦的唯一一本中译著《技术时代的人类心灵》中，Versachlichung 有些莫名其妙地被译成了"具体化"。具体请参见上一章的分析。

Verdinglichung 系指"物化",而 Versachlichung 系指"物象化"(或事化)①这一方案,也就是把 Verdinglichung 解释为一切存在皆被某种系统置换为有形有状的"物";而把 Versachlichung 解释为"物象",也就是被呈现出来的"物"只是一种表象,实际上是另有深层的东西隐藏着,这种隐藏着的"本质"就是以"事务"(而非"事物")形式体现出来的某种类型的人与人的关系,那么,在马克思的社会哲学视野内 Versachlichung 就是一个更关键和核心性的词汇,它是我们要讨论的从物化到虚无这一问题的关键过渡环节。它表明,为了提高生产力,满足欲壑难填的现代人的需要,制造更多更高效能的"物品"是现代消费社会的基本要求。为了满足这个要求,就需要不断改善 Versachlichung 所喻示的事务性关系,按照不断提升效能的标准完善这种事务性关系。而这种完善,就是人的职能化、职业化,人格、意义的丧失于是就必然发生了。如果把人格、尊严、个性看得更为根本,而且把它们与社会结构的进化趋向视为冲突、对立,就很容易得出人被"物化"和"事化",丧失自己,被化为虚无,甚至像卡夫卡意识到的那样,"办公室成了普洛克路斯忒之床","人成了一个被束缚的零件","人与其说是生物,还不如说是事物、物件","我身上始终背着铁栅栏"。② 即使人能够摆脱拜物教,超越外物对自己的奴役,也难以摆脱日益取得独立性、规则性、严密性的事务关系对自己的控制,自己也不得不适应这个似乎没有人性、令人无奈的事务系统。在这个已经形成了内在逻辑的系统的自我壮大和演化面前,作为其自我再生产的环节和基础,人势必陷入虚无。无奈、被否、被利用,成为某种存在借以维系自己的工具,如此感受这种关系的个人内心中,就逐渐培育起初步的虚无意识,并可能在厌倦、荒诞、自嘲中升腾,变成强烈的批判意识或犬儒意识。

---

① 在讨论马克思的思想时,日本学者广松涉主张把 Versachlichung 译为"物象化",取呈现出来的"物"和"物与物的关系"只是"表象",而背后隐藏着的"人"及"人与人的关系"才是关键之义,参见其《物象化论的构图》(南京大学出版社 2002 年版)等书。"物象化"的译法在马克思那里是有较充分依据的。于是,Versachlichung 一词的翻译就有了"事化"、"物象化"两种主要译法。对马克思使用的 Versachlichung,我们用"物象化",而韦伯所使用的 Versachlichung,我们用"事化"来称呼。

② [捷]雅诺施:《卡夫卡口述》,赵登荣译,上海三联书店 2009 年版。

早在 1912 年,熊彼特就分析过这种事务性关系"对事不对人"也就是日益从"人化"转向"事化"的现代趋势:在这种事务的处理操作中,个人与具体的他人、他物的关系越来越转瞬即逝,恒久的只是与具体个人和具体物没有具体关系的抽象、一般的"人"与"物",是抽取了具体人格、血肉、个性并仅仅承担社会关系的维持、延续的抽象人、一般人。他曾针对企业家说:"生活越是合理化、平均化、民主化,个人与某些具体人(特别是就家庭范围而言)或具体物(一个具体的工厂或一栋祖传的宅第)的关系越是短暂,我们在第二章中所列举的许多动机就会越加丧失它们的重要性,而企业家对利润的把握也就会更加不牢靠。这一进程与发展之日益'自动化'是并行的,后者又往往趋向于削弱企业家作用的重要性。"①

社会的事务性关系不但越来越多、越复杂、越来越追求效能的提高(而不关心人格、意义、价值的失落),而且按照这种内在标准进行了不断地重塑改造,使得在它自己内部已经形成了一种固定的逻辑与规则。社会关系系统已经按照这种内在的逻辑规则不断进行自我调适,不断进化。Versachlichung 不仅意味着事务性关系的增多、复杂以及作用的增强,更是指规则化、对事不对人、以效能提升为标准、程序化、法制化、专业化、职业化、自动化,而不再日益随意化、人情化、"对人不对事"化。于是,Versachlichung 就越来越与规则化、对事不对人、以效能提升为标准、程序化、法制化、专业化、职业化、自动化这些特质内在联系在一起。现代社会具有了某种自动化、自然化的特点,成了不理睬个人并只是按照自身已经形成的过程运作逻辑运作的自然历史过程。在这个意义上,盖伦(Arnoki Gehlen)所谓 Versachlichung 也就是在事情(Sache)上自动化(automatisiertes)了的说法无疑是对的。② 发展到了这一步,这个社会是"好"还是"坏",其评价就取决于根据什么标准了。由于社会已经形成了自我进化的内在规则,评价标准自然就首选按照社会化过程的法则与逻辑来进行,而不是按照与社会化过程的法则不一致的其他标准(如个人感受到的人

---

① [美]熊彼特:《经济发展理论》,何畏等译,商务印书馆 1990 年版,第 173 页。

② Arnold Gehlen, *Die Seele imtechnischen Zeitalter*, Villorio Kloslermann GmbH, Frankfurt am Main, 2007, S.117.

格丧失等)进行。就像盖伦所说,"评判这种活动是'好'是'坏'所依据的标准并不在于个人自己,而是在于他身旁的物质法则以及相关的社会要求和期望。他的职责取决于其雇主的愿望和需要,以及他与之打交道的那些物质对象的缄默而顽固的命令"①。而如果只是从效率的角度来看,这个 Versachlichung 显然是具有非常重要的省力功能的。自动化、规则化了的运作系统"使得包括工作中所要求的注意力在内的意识活动成了习惯,而且在这些条件之下的工作同样地也成了习惯,而大体上也就不再诱发迅速的疲乏。在这种运作的正常过程中,并不需要有任何决定性的努力,并没有任何情感必须加以抑制,也没有任何冲突会自我展现,在这一运作的各个方面之间也不会出现任何干扰。一旦习惯已经变得如此之专门化了,则刺激的阀限便越降越低,视觉和触觉的分辨能力也增强了,发动的反应便更加灵敏了,判断的能力便更为精密了;总之,所需要的能力就提高了"②。效率大大增强是这种事化(Versachlichung)了的社会系统的经济效果。

在这种 Versachlichung 型的事务关系中出现的人,只是一个职能化的事务处理者、能力占有和释放者、职责履行者,而其个性、人格、价值取向等等都不进入关系系统,并自然被隐去。马克思早就在《资本论》手稿中分析过这一点:在商品的生产过程和交换过程中,人被置换成了无差别的、数量化的、抽象的人类劳动的提供者,其他的特质都不出现。个人进入社会生产和交换系统只能以放弃掉自己的需求、个性、尊严、自由为前提,也就是只能以一个职业技能的具有者和发挥者的形象在系统中完成社会为他规定好的功能。他的存在就是他的社会功能的正确发挥。其他属于个人的爱好、个性、偶然和特殊产生的东西,都不进入这个过程。这一方面造就了(没有阶级性,属于全人类的)生产力的增长,另一方面也

---

① Arnold Gehlen, *Die Seele imtechnischen Zeitalter*, Villorio Kloslermann GmbH, Frankfurt am Main, 2007, S.117.参见中译本[德]盖伦:《技术时代的人类心灵》,上海科技教育出版社 2003 年版,何兆武、何冰译,第 130 页。

② Arnold Gehlen, *Die Seele imtechnischen Zeitalter*, Villorio Kloslermann GmbH, Frankfurt am Main, 2007, S.117.参见中译本[德]盖伦:《技术时代的人类心灵》,上海科技教育出版社 2003 年版,何兆武、何冰译,第 130 页。

造成了人格、个性、阶级差别性等等很多特质的被忽略甚或丧失。对此盖伦指出，马克思早已认识到这一点。①

二、物化、事化：从技术、制度到认知方式

这种社会性日益成熟，而个人日益被功能化、合理化的现代趋势中，立场、视角、观点与马克思颇不相同的熊彼特，却与马克思非常一致地得出了"社会主义"必定取代"资本主义"的结论，虽然他对此的心情是无奈，而马克思则是高兴。熊彼特遗憾的首先就是，这种合理化将泯灭企业家的创造力，中等、庸常、没有天分与创造性的决策会大行其道："合理化和专业化的办公室工作最后将抹去个人的影响，可以计算的结果最后将抹去'想象力'。领导人不再有机会投身于激烈的冲突中，他正变为办公室中的一个工作人员——而且不总是难以替代的一员。"②事化（物象化）的趋势不但导致了规则化、对事不对人、以效能提升为标准、程序化、法制化、专业化、职业化、精确化，而且也导致了认识方式的转变。

对熊彼特来说，原来富有创造性的企业家、军事家、政治家的伟大决策是靠聪明、直觉。因为无法在有限的时间内掌握全部的资料信息，无法知晓所有细节，事情无法拖延必须在短时间内作出决策行动。这个时候就需要有天才或特长的人来完成这艰难的工作。如果事后证明他估计对了，那他就是真的天才，就成为（军事领域的）军事家、（经济领域的）企业家、（政治领域的）政治家。在那个时代，人类的认知能力是不足的，对认知对象无法达到高水平的把握、认识，所以，某种意义上，对象总是处在不

① Arnold Gehlen, *Die Seele imtechnischen Zeitalter*, Villorio Kloslermann GmbH, Frankfurt am Main, 2007, S.12-127.参见中译本[德]盖伦：《技术时代的人类心灵》，何兆武、何冰译，上海科技教育出版社 2003 年版，第 140—141 页。

② [美]熊彼特：《资本主义、社会主义与民主》，吴良健译，商务印书馆 1999 年版，第 212 页。

可知的状态中,针对这种状态采取的行动,就是检验决策者、行动者是否具有企业家、军事家素质的关键。

即使如果人们有着无限多的时间和资金,以致那些影响和反影响可以在理论上加以确定,也必然在实际上处在不可知的状态中。就象军事行动,即使可以得到的全部数据并不在手边,也必须从一定的战略位置去采取一样,在经济生活中,即使在没有得出要作的事情的全部细节时,也必须采取行动。在这里,每一件事情的成功依靠直觉,也就是以一种尽管在当时不能肯定而以后则证明为正确的方式去观察事情的能力,以及尽管不能说明这样做所根据的原则,而却能掌握主要的事实、抛弃非主要的事实的能力。①

没有全部掌握,不了解具体细节,只知大概面目,或只知某一部分,却能触类旁通,根据某种直觉和感悟,对需要处理的对象作出有效的把握,并采取合理有效的应对之策。这种行为主体性可称为综合主体性,或者直觉主体性。这种主体性行为的作出者并没有很好地把握外在的局面,特别是细节,也可能无法确切解释自己做出的行为的详细具体理由与根据,但是他能这样做,他也这样做了。他如此行动不是依赖清晰可辨的理性能力,而是某种无法理性分解的综合能力,或整体性能力。与长期积累的经验、特殊的聪明与天分、长期的勤奋与努力或其他素质密切相关,总之,不是通过培训学习就能学来的能力。这一主体性行为的作出者与解释者不一定一致。解释者需要大量的分析数据,需要做到过程演示与还原、环节分割与逻辑归纳、重复再现等。由于人类对自我的认识水准还不高,许多在自己身上发生的事情因为非常复杂和蹊跷而无法解释,所以,在理性达不到的这些领域,综合主体性的发挥还是经常出现的。在近现代科学技术没有发达起来之前,这种主体性的运用是处处可见的。在这种背景下,由于社会发展还没有达到足够水平的专门化,认识水平也不够,所以,如果行为主体的综合才智、天分不足,力求把行为决策建立在理性认知前提下的操作却反而可能失败:"彻底的准备工作,以及专门的知

---

① [美]熊彼特:《经济发展理论》,何畏等译,商务印书馆1990年版,第94—95页。

识、理解的广度和逻辑分析的才智，在某种情况下却可能成为失败的根源。"①

但是，随着科学认知的进步，特别是分工的日益专门化，人们可以在很多领域达到精确的认知，我们可以对自己操作的对象领域进行过程还原、环节分割、逻辑归纳、重复再现，较为准确和精细地把握住它的运行逻辑与规则，掌握住事件发生的背景状况、相关数据等等。专门化背景下发生的认知能力提高改变了原来靠聪明、天分采取正确行为决策的局面。只要清楚地知晓了相关的背景、数据、步骤、逻辑、规则，即使是没有综合主体性素质的更普通的人们，也可以在这种准备工作的支持下，在专业化团队的合作配合下，作出合理有效的行为决策。所以，那种在认识能力较低背景下依靠理性才智的决策常失败的境况，即上述"彻底的准备工作，以及专门的知识、理解的广度和逻辑分析的才智，在某种情况下却可能成为失败的根源"，就可能不再成为常态，反而，不断成为例外的情况了。如熊彼特所说：

> 可是，我们愈益准确地学会怎样去理解自然的和社会的世界，我们对事实的控制就愈益完全；事物能进行简单计算，并且的确是迅速的和可靠的计算的范围（具有时间和逐渐增加的合理化）越大，这个职能的意义就越是减少。因此，企业家类型的人物的重要性必然要减少，就象军事指挥员的重要性已经减少了一样。不过，每一类型的人物的根本实质的一部分，则是和这一职能分不开的。②

另一种主体性诞生了。这种主体性由于确立的范围可能不大，局限在很专门、具体的一个领域。一旦超出自己熟悉的范围，主体就会失去自己的主体性能力和品格，成为依附于他人和他物的被动存在。他拓展自己主体性适用范围的各种成本似乎越来越大。在很多情况下，需要跟他人的合作，这种拓展才能有效。于是，一系列由不得他自己的社会规范、

---

① ［美］熊彼特：《经济发展理论》，何畏等译，商务印书馆1990年版，第95页。
② ［美］熊彼特：《经济发展理论》，何畏等译，商务印书馆1990年版，第95页。

程序、规则,就与他的主体性拓展纠结在一起。他每向外拓展一步,就得接受相应的以规则、程序、事务等形式呈现的社会关系系统。他的主体性品格里,已经容纳或内化了诸多的事化社会关系。被事化关系熏陶习惯的主体,不再取决于凭借一点把握全体、凭借杂乱境况感悟到内在奥秘的综合主体性能力了,而是依靠越来越精确、细致、完整的分析数据,依靠对相关境况、内在本质的详细把握和整体了解。而这些工作自然是越来越专门的人才(团队)才能完成。这些人才能够从事这样的工作也不是短时间能做到的,往往需要长时间的学习、培训或锻炼。因而,专门化门槛日益提高,不是一般人能承担得了的。即使是在直觉主体性方面很强的人,也可能无法获得必需的专门化资格。越来越精确、专门的工作,成了一种固定的职业。这种职业认可敬业、专门才能、勤奋工作、长时间的专门投入、严格遵守已被证明广泛有效的规则规程、长期盯着一块非常专门的区域不放。这种事业向具有一般才智的人们开放,向献身于严格、具体的工作(Sache)的人开放,而不怎么欢迎怀着直觉主体性天才却不长期投入、经常改变兴趣的那类人才。理性、冷静、专门、精确、严格、坚韧、合作这些素质,替代了天分、狂热、综合、直觉、高度概观、自我个性等另一类素质。这是另一种主体性,姑且称之为"专门主体性"吧。它表明,只有在非常熟悉的专门领域,专家里手才能确立起自己的主体性地位。它与原来的直觉(综合)主体性不一样了。

我们知道,韦伯是高度认可这种专业化、事化现象的。在与当时更受青年人欢迎的格奥尼格(Stefan George)圈子的对峙中,针对当时"流行的是作家热,轻视专业的学者"这种对他不利的社会境况,韦伯坚定地批评自视天才的格奥尼格们那种"直观地把握世界"的倾向。虽然韦伯肯定灵感与创见的内在关联,主张"没有灵感,没有直觉,终其一生,他还是做一个本本分分的职员或事务员比较稳当",他还是强调,学术与其他职业一样,是一种"专业分工精细而又永无止境的经营"①,必须按照职业规则兢兢业业、殚精竭虑。即使针对格奥尼格的如下批评:在专门化认知方式

① 《韦伯作品集》第Ⅰ卷,广西师范大学出版社2004年版,第164、167页。

下"人类的计算能力得到了相当培养和有了很大发展，但人类深远的力量却被这种社会关系所吞噬了"①，韦伯仍然坚信："我们的时代，是一个理性化、理知化、尤其是将世界之迷魅加以祛除的时代；我们这个时代的宿命，便是一切终极而最崇高的价值，已自社会生活（Öffentlichkeit）隐没，或者遁入神秘生活的一个超越世界，或者流于个人之间直接关系上的一种博爱。"②

基于这样的判定，他委婉地表示"希望'直观地把握世界'的人还是去电影院为好"。这样一来的必然结果就是，我们已经进入日常生活的多神时代。可是，"神"一旦多到每个领域一个，每个人都可以有一个"神"的话，这个"神"也就不再是原来意义上的"神"，而成了施蒂纳意义上必须革除掉的"幻相"和必须归之于的"无"了。韦伯特意指出，对于整体世界的意义问题，并不在这种理知型的认识方式考虑的范围之内，所以"所谓世界的'意义'存在这个信念，将会被它们（指科学认知——引者）从根铲除"③。因为一切都是畅白显亮的，没有任何神秘化超越性的东西："我们知道或者说相信，在原则上，并没有任何神秘、不可测知的力量在发挥作用；我们知道或者说相信，在原则上，通过计算（Berechnen），我们可以支配（beherrschen）万物。但这一切所指惟一：世界的除魅（Entzauberung der Welt）。"④韦伯在这里描述的，正是诺瓦利斯歌咏过的"夜"的消失，是他希冀的启蒙理性以外的世界，即充满诗意、静谧和爱欲的世界的消失，也是永恒、崇高、意义、诗意的消解，是"干瘪的数字和严格的规范用铁链"将人类束缚起来的那个世界的胜利。与韦伯不同，在生活于同时代、做了一辈子"事化"工作的卡夫卡的眼里，白天工作中的自我被纠缠于事物与事务之中了，"夜"才是呈现生活原形、还原生活真实的魔

---

①　Friedrich Wolters, George und die Blätter fur Künst, Berlin, 1930, S.476.转引自[日本]上山安敏：《神话与理性》，孙传钊译，上海人民出版社 1992 年版，第 41 页。

②　《韦伯作品集》第 I 卷，钱永祥译，广西师范大学出版社 2004 年版，第 190 页。

③　《韦伯作品集》第 I 卷，钱永祥译，广西师范大学出版社 2004 年版，第 172—173 页。

④　《韦伯作品集》第 I 卷，钱永祥译，广西师范大学出版社 2004 年版，第 168 页。

力场,是上帝呈现出来的场所。① 如果按照霍克海默与阿多诺在《启蒙辩证法》中的逻辑来看,试图让一切都畅白显亮的理性之光并没有真正消除黑夜,只是把它压抑和掩盖起来了:黑夜中那种对外物的焦虑、恐惧等情感倾向,在理性中转化和体现为执意把握、掌控、支配焦虑与惧怕对象的认知方式和处置方式。在他们两位看来,正是这种方式,才导致了残酷、宰制(支配)、欺骗和启蒙的堕落。理性的光与偏执的情感混合在一起。

其实,早于韦伯的恩格斯也看到了这种趋势。虽然当时没有这么明显,但他也在对自然科学的考察中非常类似地发现,随着人类认识社会能力的提高,具体领域日益成为独立科学。自然领域的学科分化使得自然哲学不再必要,历史领域的学科分化使得历史哲学不再必要,"这样,对于已经从自然界和历史中被驱逐出去的哲学来说,要是还留下什么的话,那就只留下一个纯粹思想的领域:关于思维过程本身的规律的学说,即逻辑和辩证法"②。显然,与韦伯不一样的是,恩格斯认为,研究思维规律的逻辑学,研究自然、社会、思维领域普遍规律的辩证法还有足够的理由存在下去。而辩证法仍然是在致力于追求一种整体性、总体性的东西。对恩格斯来说,这种整体性的东西主要就是"普遍规律"。但对力图按照黑格尔从抽象到具体的逻辑方法展现资本主义社会"具体总体"的马克思来说,作为认知对象的"整体"、"总体",绝非仅仅是一些抽象的普遍规律,"而是一个具有许多规定和关系的丰富的总体"。这种展现具体总体的方法,得保证"抽象的规定在思维行程中导致具体的再现",因而"只是思维用来掌握具体、把它当作一个精神上的具体再现出来的方式"。③ 只有展现出具体、丰富的总体,才能呈现资本主义运行的规律,从而才能呈

---

① 在卡夫卡看来,"我们真正能理解的是神秘,是黑暗。上帝高于神秘之中,黑暗之中。而这很好,因为没有这种起保护作用的黑暗,我们就会克服上帝。那样做是符合人的本性的。儿子废黜父亲,因此,上帝必须隐藏在黑暗中,因为人无法突入上帝,他就攻击包围着神性的黑暗。他把大火扔进寒冷的黑夜,但黑夜像橡皮那样富有弹性。"《判决》就是"夜的幽灵"。[捷]雅诺施:《卡夫卡口述》,赵登荣译,上海三联书店2009年版,第57、22页。

② 《马克思恩格斯选集》第4卷,人民出版社1995年版,第257页。

③ 《马克思恩格斯选集》第2卷,人民出版社1995年版,第18、19页。

现出理想社会产生的必然性,也就是作为主体追求目标的理想、价值、意义之所在。在以从抽象到具体的方法展现资本主义社会的"具体"本质的理论努力中,事实与价值得以统一起来。价值得以在对事实的"具体性"把握中确立起来。① 也就是说,承续着黑格尔,马克思显然还在追求一种整体性、总体性认知方式,希望通过从抽象到具体的方法达到对资本主义社会整体的认识,并在这种认识中展现出向更高的理想社会迈进的必然性。伴随着理知型认知方式的不断强化,同处于这种认知方式日益取得统治地位的时代,马克思、后来的卢卡奇都发现,伴随着这种变更,整体性存在被疏远,被忽视,会日益增强当下现实的"自然"化判定,即把当下现实认定为自然、合理当然性存在,不再追问其根据和意义。用马克思的话来说就是,"撇开其他一切情况不说,只要现状的基础即作为现状的基础的关系的不断再生产,随着时间的推移,取得了有规则的和有秩序的形式,这种情况就会自然产生;并且,这种规则和秩序本身,对任何取得社会固定性和不以单纯偶然性与任意性为转移的社会独立性的生产方式来说,都是一个必不可少的要素。……一种生产方式所以能取得这个形式,只是由于它本身的反复的再生产。如果这种再生产持续一个时期,那么,它就会作为习惯和传统固定下来,最后被作为明文的法律加以神圣化"②。这就意味着,理知型认知方式的关注重心,从有形有状的"物"(Ding),转向无形无状的社会关系之"物"或以"物"(Ding)象体现出来的"事"(Sache),日益规范化的"事务"。前一种"物"或"事物"更具有易逝性,后一种"事"或"事务"却更具有恒久性。而后一种"事"虽然也是生产过程的结果,却随着生产过程的不断重复变得越来越自然化,越来越平常,日益失去魅力和光彩,失去注意价值与意义。

与此同时,主要依存于整体性存在中的崇高性、神秘性,也就逐渐消失了。精细化、具体化的存在才能受关注,而分析理性、实证精神难以处理也不好对付的存在,被当作无意义被忽视甚至被否认。光亮驱赶黑夜。

---

① 刘森林:《马克思历史观对事实与价值冲突的两种解决》,载《哲学研究》1992 年第9 期。

② 《马克思恩格斯全集》第46 卷,人民出版社2003 年版,第896—897 页。

诺瓦利斯主张保留"朦胧夜色"以确保那些只有在"朦胧之夜"中才能呈现而光亮畅白就使它们退隐的崇高继续得以存在的建议不再得到尊重。在哲学与诗、理性与启示的纷争中,哲学、理性更受到推崇。在这种背景下,虚无主义就必然发生了。就像施特劳斯所批评的,韦伯的观点必定使得全无睿智的专家、毫无心肝的纵欲之徒、苏格拉底所倡导的生活方式都是等价的,都是合理的,没有高低和好坏之分。跟尼采推崇"高贵的虚无主义"相比,韦伯呼唤出的虚无主义虽缺乏创造性,但仍具有一定的"高贵性"。因为它并不讥讽高贵的事物,而只是对何谓高贵事物进行一种根基性的追问与质疑。

显然,从这种理知型认知方式中产生出虚无主义,即使有"高贵性",马克思和恩格斯也是坚决反对的。在马克思的眼里,物象化(Versachlichung)不是导致虚无,而是防止虚无的关键:因为物象化意味着生产关系的改进,生产力水平的提高,从而意味着为美好价值获得实现奠定物质基础,也就是因为在理想王国的切近和实现。所以,"驱使直接生产者的,已经是各种关系的力量,而不是直接的强制,是法律的规定,而不是鞭子……"①是一种历史的进步。事"物"的增多,事"务"的理性化,不是导致"无",而是可以为理想之"有"提供生长空间。

三、从着眼于具体的在到追问"无"

如果"无"除了系指逻辑意义上的不可能、绝对的非存在,以及"亡"、"形无之处的实有"②、"中空"、"无用"③之外,还系指无形无状的存在,或

---

① 《马克思恩格斯全集》第46卷,人民出版社2003年版,第898页。

② 庞朴先生曾在《谈玄说无》一文中就汉字"无"做过三种解释:一是原来有后来没了的"亡";二是与"舞"及"巫"三位一体的在形无之处看出实有来的"虚";三是绝对没有。参见《光明日报》2006年5月9日。

③ 钱钟书先生在《管锥篇》中谈到这个问题。具体可参见《钱钟书论学文选》第一卷,花城出版社1990年版,第103—118页。

者喻示着可能性、尚未现实化的存在，而且我们在本文中主要是在这个意义上使用"无"这个概念，①那么，虽然不能说上述理知型的认识方式必定与"无"不兼容，不能说靠理知型认识方式无法认识到"无"，但却也可以说，理知型认识方式不会对"无"有多么关注。因为它只是着眼于具体的事物（Ding）与事务（Sache），看到的就肯定是具体的"有"，或"在者"，而很难看到只有在更大的整体中才有可能呈现出来的崇高、神圣、整全、巨大、令人赞叹的存在；也很难看到只有在更大的整体视域内才能使"有"或"在者"显示为渺小、不值甚至可有可无的"无"之义。视界的拓宽、扩展、提升可以把"物"之"有"转换为"无"，视角和立场的变更更可以使坚硬无比、无限重要的"有"呈现为可有可无、渺小不值的"无"。如何使关注重心从"有"转化到"无"？

我们知道，尼采的路子是，通过质疑、消解区分"真实"与"虚假"的形而上学根据，使"有"显现为虚幻的、非真"有"的"无"，使形而上之"在"呈现为"无"，使柏拉图主义的形而上学等同于虚无主义。它意味着，随着"真有"（"真存在"）与"假有"（"假存在"）区分标准之根据的丧失，柏拉图主义提供的"真"与"假"之形而上学逻辑的不成立，视超感性存在为真实存在的形而上学之路走到了尽头，"真实"呈现为"虚无"。由此，对生命意义的追求必须另起炉灶，回到前苏格拉底哲人重新思考。

继承尼采，海德格尔继续从具体的"在者"出发的存在之思中从"有"追问"无"。在《形而上学导论》中，他反复询问"究竟为什么在者在而无反倒不在"这个问题，并把它视为首要性的、最广泛、最深刻和最原始的问题，视为"形而上学的基本问题。形而上学这个名称被用来称谓所有

---

① 这就是把"无"当作自己事业基础的施蒂纳对"无"的规定：无定型的多种可能，速度甚快的变迁与更替，个我自己主导、自己把握的变换，是相对于确定性的存在而言的。这些多样性存在不能再统一归于某个形而上的神圣存在，而是分别归属于各不相同的唯一者本身。每个存在之间是独立的，不可通约的，无法也不能置换，相互等价，各自都有自己独特的价值。这样的"无"就意味着创造性，如施蒂纳自己所说："我［并非］是空洞无物意义上的无，而是创造性的无，是我自己作为创造者从这里面创造一切的那种无。"（［德］施蒂纳：《唯一者及其所有物》，金海民译，商务印书馆1997年版，第5页。）

哲学的起规定作用的中心和内核"①。这一问题展现出来就是,通过追问如下问题,而使在者之在成为问题:在者之根据何在? 这根据是否起奠基作用? 是元根据(Ur-grund)吗? 是不是这根据舍弃了根基,成为深渊(Ab-grund)? 甚至是一种假象、非根据? 存在论的追问一旦持续下去,"在"也就呈现为"无"了。或者,一旦"在"的问题出现,"无"的问题必定也随之出现:存在就是虚无。所以,"我们在此所询问的在,几乎就是无。而我们却又时刻存有戒心,深怕去说全体在者是无(不在)。但是这个在始终是不可寻得的,几乎就象这个无一样或者简直确实是这样"。当我们追问现成的在者何以如此在时,就意味着把它视为并非从来如此的,也就是把它还原为非如此确定的,可能有另外一种样态的存在,从而就是取消了其如此这般定形的"有",成为可能具有其他诸多定形的"无"。"这种对无的询问并不仅仅是一种表面的伴随现象,它就其广度、深度与原始性而言,它比询问在者的问题毫不逊色。对无进行发问的方式足以成为对在者发问的标尺和标记。"②对无的谈论有些悖于正常思维,似乎有些破坏性。这种担心和害怕是建立在误解基础上的,本身就源于顽固的"在的遗忘(Seinsvergessenheit)"。诗人和哲学家都谈论"无"。"无"意味着更多的可能性、开放性、生成性,对固定、僵化、密不透风、专门化存在的拒斥,对非物化存在的开启。海德格尔看来是推崇诗人的,他跟诗人一样讨厌市侩庸人,赞赏面对崇高和伟大时"欲说还休"的艺术语言。如果使用理知型思维方式,正常逻辑和理论能够谈论的东西是有限的,语言表达不出的那些存在才是更高的存在。这是浪漫派思想家在批评德国唯心主义时早就说过的意思。这种超出具体之在、物化之在的存在就是某种"无",即超出特定之"有"的另一种存在。它更包容、更伟大、更充满可能性和创造性、更富有生成性和变动性。与早已注定的平常、无精打采甚至索然无味的僵化相比,"无"是孕育希望和意义之所在。这个意义上的"无"自然是以原"有"的"亡"为前提的,或者它首先就是原"有"之"亡"。

①　[德]海德格尔:《形而上学导论》,熊伟、王庆节译,商务印书馆1996年版,第19页。

②　[德]海德格尔:《形而上学导论》,熊伟、王庆节译,商务印书馆1996年版,第36、25页。

当黑格尔把世界历史看作西方基督教精神借以实现自己的场所,尼采宣布这个精神已经实现,或者已经开始衰败之后,海德格尔继承了对欧洲精神王国衰落的思考:

> 这个欧罗巴,还蒙在鼓里,全然不知它总是处在千钧一发、岌岌可危的境地。如今,它遭遇来自俄国与美国的巨大的两面夹击,就形而上的方面来看,俄国与美国二者其实是相同的,即相同的发了狂一般的运作技术和相同的肆无忌惮的民众组织。……大地在精神上的沦落已前进得如此之远,以致于各民族已处于丧失其最后的精神力量的危险之中,而这种精神力量恰是使我们有可能哪怕只是看见这种(与"在"的命运密切相关的)沦落和评估为这样为沦落。这样直截了当的评定并不是什么文化悲观主义,当然也与任何乐观主义毫不相干。因为随着世界趋向灰暗,诸神的逃遁,大地的毁灭,人类的群众化,那种对一切具有创造性的和自由的东西怀有恨意的怀疑在整个大地上已达到了如此地步,以致于象悲观主义和乐观主义这类幼稚的范畴早已就变得可笑之极了。①

海德格尔的意思很明白,欧洲已被虚无主义包围,处在被虚无主义的夹击之中。诺瓦利斯、黑格尔早先憧憬过的那个精神世界,那个能够整合其他存在与价值的精神世界开始没落。这种衰落在 19 世纪上半叶凸显出来(尽管早就酝酿),自那时起,欧洲精神世界"已经开始丧失其强大的生命力。结果不再能保持那一精神世界的伟大、宽广和原始性。也就是说,不再能真正地实现那一精神世界"。正在发生着的世界的没落"就是对精神的力量的一种剥夺,就是精神的消散、衰竭,就是排除和误解精

---

① ［德］海德格尔:《形而上学导论》,熊伟、王庆节译,商务印书馆 1996 年版,第 38 页。至于经济层面的衰落与下降,似乎更是明显。杰克·戈德斯通曾在《为什么是欧洲》一书中作出如下结论:"随着现代经济发展的普及,西方的崛起——作为一个仅持续了从 1800—2000 年这 200 年间的事件——将会被看作是全球历史中一个短暂而具有变革意义的阶段。"参见［美］杰克·戈德斯通:《为什么是欧洲:世界史视角下的西方崛起(1500—1850)》,浙江大学出版社 2010 年版,第 205 页。

神"①。按照海德格尔的解释,这种衰落在尼采那里被表述为"上帝之死",
而"上帝"就是"超感性领域"的意思。衰落表明,把世界分为超感性的真实
世界与感性的虚幻世界的柏拉图主义即将失效,原本的真实成了虚幻,原
本的虚幻被视为真实。这都意味着这一思维方式,这种形而上学或存在论
的成功实现,也就是潜力已尽的失效与退场。显然,在青年黑格尔派的分化
中,施蒂纳最先表述出这种"上帝之死"。他认定费尔巴哈那取代"上帝"的
"人"仍然是个"神",这个"人"仍然"把属神的东西保留下来,小心翼翼地存
留了上帝的各个宾词"。为了让"神"彻底死亡,施蒂纳要求"唯一者"把当下
即是的自己看作是唯一可靠的,它喻示着更大更多的可能性,是对永恒、绝
对、神圣的、普遍的彻底离弃。而这,也就是他理解的"无"的基本含义。显
然,海德格尔继承了施蒂纳那种从"无"中开出新"有"的路子。虽然施蒂纳说
出这一点时是乐呵呵的,以为是在开启一种新文明最终的潜能。而马克思显
然敏锐地看到施蒂纳的"唯一者"是个无根基的"神",而且它开启和呼唤出
来的是真正的"无",也就是不仅仅创造力丧失,而且意义也丧失的"幻相"。
他试图从原"有"中继续开出新"有",即通过对"物"(事物)、"事"(事务)的
规整支撑起崇高之"义"来。但他们的相同(至少是相似)之处在于,他们都在
寻找一个承担历史使命的独特民族,在文明遭遇危机之时能够"创造性地理
解其传统",找到新文明的方向,进行一场新的文化和社会革命。用海德格尔
的话来说就是,革命必须是形而上学层面的,西方现代文明的危机既然是形
而上学意义上的存在论危机,就必须要进行一场形而上学的革命,从执迷于
存在者返回到勘探作为存在的"无",告别所谓日益发展壮大、不断"进步"的
现代历史,回到最初也是最高的源头,让德国"这个民族要作为历史性的民族
将自身以及将西方历史从其将来的历程的中心处拽回到生发在之威力的源
头处。如果关于欧洲的大事判决并不是要落入毁灭的道路,那么,这种判决
就只能从中心处扩展开新的历史性的精神力量"②。在当时的海德格尔眼
里,德国能承担这样的历史重任。

---

① [德]海德格尔:《形而上学导论》,熊伟、王庆节译,商务印书馆 1996 年版,第 46、
45 页。

② [德]海德格尔:《形而上学导论》,熊伟、王庆节译,商务印书馆 1996 年版,第 39 页。

在他看来：

第一，"虚无主义"是与一种现代化的雄心和伟业直接联系在一起的。整合诸多美好价值的雄心壮志才是德国虚无主义发生之根本所在：在英国的经验主义和功利主义中，一些崇高和美好价值被忽略、泯灭了，必须予以补充和拯救。这种雄心在诺瓦利斯、黑格尔那里都以各自的方式展现出来。马克思也属于这个雄心的信奉者和追求者。只要这个雄心在，虚无主义就不是问题。雄心不在了，相信这个雄心不再有实现的可能，紧紧盯着"渺小"的某种存在（专门区域，施蒂纳的唯一者之自我等），虚无主义就会乘虚而入，成为不可承受之重或之轻。在这个意义上，施特劳斯把虚无主义视为与"德国哲学最终把自己设想为前现代理想和现代理想的综合"这种雄伟理想直接相关，是有道理的。

第二，德国语境中谈论的"虚无主义"仍然具有明显的西方人文主义色彩，或者主体性立场。确立人之不同于"物"并高于"物"的品格，是这种虚无主义话语内在隐含着的一个基本前提。所以，即使在（前期）海德格尔反思在者之在时也仍然强调"唯有一种在者，即提出这一问题的人，总是不断在这一追问中引人注目。"①这个与其他在者根本不同的"此在"，虽然不再是传统的内在性主体，却仍然是一个十足的"主体"，是一种在存在论上得到澄清的主体概念，具有显明的主体主义或自恋主义色彩。②尼采的"超人"更逃脱不了这种指责。"自我"中有神圣的性质。根据这种无法彻底否定的神圣性，不用说把本应具有自主品质的人当成"抹布"（法西斯对待犹太人）和"原木"（日本 731 部队），就是当成效率的工具，也受到从施蒂纳到格奥尼格、卡夫卡、超现实主义作家、海德格尔、阿多诺们的激烈反对。基于这种主体性立场，一般不可能走到庄子那种从"周与蝴蝶"之分到超越是非、彼此、物我的"物化"论境地的。庄周

---

① ［德］海德格尔：《形而上学导论》，熊伟、王庆节译，商务印书馆 1996 年版，第 5 页。

② 卡洪就持如此看法。参见［美］劳伦斯·E.卡洪的《现代性的困境》（商务印书馆 2008 年版）中的有关分析，特别是 281 页。扎哈维也指出："因此，海德格尔所反对的恰是一种无世界、独立实体意义上的传统主体概念，而不是主体性概念本身。"［丹］丹·扎哈维：《主体性和自身性——对第一人称视角的探究》，蔡文菁译，上海译文出版社 2008 年版，第 91 页注①。

的"物化"是从物我之分向超越区分的飞跃转化。它意喻超越这些区分的境界才是最高的。而超越之后周与蝴蝶也都是"物"！不过这个能把庄周与蝴蝶统一在一起，或者使两者进入一个层次的"物"，不是现代物化理论所谓的"物"。现代物化理论中的"物"是作为生产过程之结果的"物品"，是生产主体创造性劳动的物质结晶，是体现着主体性价值的既有"使用价值"又有"价值"的"物"，不是庄周与蝴蝶两者都属于的那种"物"。庄周与蝴蝶都属于的那种"物"是自然造化之"物"。这个"物"是天地造化，自然孕育之果，体现着最高的"天道"，象征着更高层次的觉解，表征着天人合一的崇高境界。庄周的"物化"是境界的提升，而不是向平俗的下落；是价值的升达，而不是价值的陨落；是超越世俗境界的觉悟，而不是流于庸俗的常人之见；是超越了流俗层次进入纯净自然层次，是历经世俗物在之纠缠而终于发现流俗之物之低下的价值跃升。

从施蒂纳、卡夫卡、格奥尼格、(前期)海德格尔对虚无主义的克服和拒斥中，往往走到彰显个性、突出自我的路子上，跟力欲克服的"虚无"相比，同样具有主体性，甚至更富有主体性，却走不到庄子的路子上。至于马克思反对的虚无主义，更是明显包含着对"物"(事物)、"事"(事务)的约束性肯定，其主体性立场同样是不可怀疑的前提。

第十二章

虚无主义与形而上学：
文明论意义上的思考

如果文明的转型与革命意味着一种形而上学的革命，原本孕育着希望的传统形而上学已经发挥出了自己的全部潜能，新的文明必需一种新的形而上学，那么在旧形而上学与虚无主义等同的意义上，如何看待虚无主义这个问题其实就连带着，我们该如何看待在 20 世纪备受非议的"形而上学"？尤其是，改革开放以来的中国学术界也在重复着西方的哲学话语，不自觉地做着把西方学术话语挪移到中国的学术业务，在这种情况下，当下中国处境中的我们该如何对待"形而上学"？

如前所述，"虚无主义"通常是指尼采意义上所谓最高价值的自行贬黜。而"最高价值"的确定依赖一种把超验、普遍、本质、永恒视为根本与真实的存在论，也就是研究"关于存在作为存在的学科"的"形而上学"。于是，"虚无主义"与这种"形而上学"的等同，就成了必然的结论。反对这种"形而上学"，成了 20 世纪哲学的一种潮流，更是以前中国学界，特别是马克思主义哲学界较广泛认同的思想。这种关注隐含了怎样的遗忘，这种态度印证了怎样的夸张？这种"形而上学"是一般形而上学吗？是所有的"形而上学"吗？虚无主义的诞生与克服仅仅与这种形而上学内在相关，还是与更宽的关注内在相关？从文明论角度来看，如何看待一种文明的"形而上学"与其引发的虚无主义后果的关系？在我们对西方现代形而上学的紧密关注中,是否存在着对中华文明的"形而上学"的蔑视与遗忘。不加反思地追随西方学界否定"形而上学",是否隐含了一种哲学本土性话语的主体性丧失?使得中华文明内在的"形而上学"因此丧失?在这一章中,我们就此作一些思考。

鉴于反对形而上学的声音在目前的中国学术界从多种领域和途径不断发出,从古典学研究、西方哲学研究到后现代主义研究者,多半如此,至于在马克思主义哲学研究者那里,就更多了。虽然近十年来愈来愈出现有识的学者反思、改变这一看法,但情况仍没有根本的改动。拒斥形而上学,仍然富有很大的影响力。本章的探索表明,从不同于阶级论的文明论视角来看,"形而上学"不应在等同于"虚无主义"的意义上被理解为"把超验、普遍、本质、永恒的世界视为真实,而把与之相反的世界视为虚幻",或"提供一种具有普遍性和客观性、对所有人都具有规范性的终极答案"的哲学理论,而应该视之为一门专门研究最普遍的范畴的学问。这种学问在各个时期和不同文明背景下的不同,反映了各自(时期)文明所采取的基本假定和框架。通过分析,我们力图申明的观点就是,任何"形而上学"都不是超文明的、超历史的。脱离文化境遇,没有任何历史特性的形而上学,是一种过分夸张或虚妄。没有任何一种形而上学是永恒的,一种形而上学的命运跟与之相适应的文明的兴衰内在地连接在一起。鉴于西方现代文明的虚无主义本性,应该立足于中国文明的复兴来建构一种反映中华文明特色、吸收西方现代文明特长的中国化"形而上学"。一味地跟着西方人声称"形而上学"的衰落、死亡,是对当下中国文化责任的不自觉,是哲学本土话语的主体性丧失。

一、虚无主义与形而上学的内在关联

在对虚无主义的几种界定中,广为流行的就是视之为崇高价值的陨落,超感性世界的坍塌,也就是"上帝之死"。这就是我们通常所说的"虚无主义"。这样的"虚无主义"极少是自封的,往往是批评者赋予它所批评的对象的。尼采、海德格尔认为即将衰落下去的西方现代文明已经呈现出"虚无主义"兆头,他们希望通过回到西方文明的源头,正本清源,找到健康的正途,纠正、拯救这种文明。马克思也发现,不断追求资本扩展的现代资产阶级必定陷入空虚:"在资产阶级经济以及与之相适应的生产时代中,人的内在本质的这种充分发挥,表现为完全的空虚化;这种普遍的对象化过程,表现为全面的异化,而一切既定的片面目的的废弃,则表现为为了某种纯粹外在的目的而牺牲自己的目的本身。"①与尼采把超越虚无主义、建构新文明的任务交给"超人"类似,马克思则把这种历史光荣使命交给另一种"新人":"无产阶级"。我把这种赋予资产阶级"虚无主义"性质的含义称作阶级论意义上的虚无主义,以区分于民族文明论意义上的"虚无主义"。后一种虚无主义是指,晚外发现代化的另一民族,立足于不同于西方现代文明的另类文明来看待将进入虚无主义的西方现代文明,试图以自己赞赏的文明来纠正、拯救陷入虚无主义的现代文明。也就是说,阶级论意义与文明论意义的区别只是虚无主义的承担主体不同,以及超越虚无主义的历史主体的不同:造就虚无主义的是资产阶级,还是西方现代文明下的所有人? 能超越虚无主义的未来新人,是一个新阶级还是新民族或文化共同体?

　　阶级论意义上的"虚无主义"界定者代表是马克思、尼采、屠格涅夫,他们分别是从无产阶级、贵族的视角界定资产阶级必定陷入虚无主义;认为无产阶级、超人作为未来新人可以超越资产阶级的虚无主义。文明论意义上的虚无主义界定者代表有海德格尔,俄国历史上斯拉夫派、根基派的一些人(如陀思妥耶夫斯基等),他们认为西欧现代文明的理性主义和功利主义势必会损害健康的古典价值,或俄罗斯文化中那些崇高的真理,甚至希望用健康的古典文明或俄罗斯文明去拯救把崇高价值虚无化的西方现代文明。当然,两种意义上的"虚无主义"可以相互重合。区分只是着重从那个角度来看而已。

---

　　① 《马克思恩格斯全集》第30卷,人民出版社1995年版,第480页。

无论如何,上帝之死意义上的"虚无主义",按照海德格尔的解释,就是柏拉图主义,就是把超验、普遍、本质、永恒的世界视为真实,而把与之相反的经验、特殊、个别、生成中的、偶然的世界视为虚幻的一种形而上学。于是,虚无主义就是形而上学,虚无主义与形而上学不是两种东西,而是一种东西的见解随之获得了较大程度的传播。在这种传播中,"虚无主义"与"形而上学"这两个概念都是在特殊的意义上被使用的:并不是所有意义上的"虚无主义"都是形而上学,也不是所有意义上的"形而上学"都会陷入"虚无主义"。把两者都等同的做法很容易被略去"虚无主义"与"形而上学"这两个概念其他的特殊性意涵,而获得某种普遍化的延伸,从而带来一些需要澄清的问题。

这种见解在目前中国学界非常多。按照我的理解,这种见解的来源是对海德格尔和马克思这两位哲学家的某种理解。在这种理解中,被使用的"虚无主义"和"形而上学"两个概念都是具有特指的概念,不能作任意的扩大性解释。贺来在《个人责任、社会正义与价值虚无主义的克服》中说道:"形而上学与虚无主义并不是两种不同的东西,而就是同一个东西。试图以形而上学来摆脱虚无主义等于缘木求鱼。"这里的"形而上学"概念的意指,通过下面这句话可以看得很清楚:"试图通过形而上学,提供一种普遍性和客观性的、对所有人都具有规范性的终极答案,没有任何可行性。"[①]按照我的理解,这里的"形而上学"具有十分具体的内容,并不是一个泛指的概念。它就是一种"提供一种普遍性和客观性的、对所有人都具有规范性的终极答案"的哲学理论,也就是近现代哲学批判的传统形而上学。在这里,被批评的"形而上学",显然是早已显露出重大缺陷的近代西方"形而上学"。自 20 世纪 80、90 年代以来,这种形而上学在中国学界受到的质疑、批评铺天盖地。批评者很容易在马克思、尼采、海德格尔、罗蒂等各路哲学家那里找到理论依据。

---

① 贺来:《个人责任、社会正义与价值虚无主义的克服》,载《哲学动态》2009 年第 3 期。

二、重新理解马克思与海德格尔
对形而上学的批判

可是，很多现代哲学家在批判这种传统形而上学时，常常隐含着两种不加说明的前提。第一，没有说明自己所批判的"形而上学"是一个具体、特指的"形而上学"，反而不加区分地把自己批判的形而上学视为一般的形而上学，似乎形而上学就是只有这么一种形式、形态，除此之外再没有其他的形而上学。而自己超越了这一种形而上学就等于完全超越了形而上学，超越了一切形而上学。第二，随着把某种具体的近代形而上学视为一种该消除、反思的负面东西，这种观点就很容易演变为，自己的思想中没有形而上学的因素，没有隐含形而上学前提，没有形而上学的前提假定，不受任何形而上学的纠缠和约束。

海德格尔最有代表性。他常常是以一种超越以前一切形而上学的傲然姿态说话——当然很多现代哲学家都这样，俨然一副摆脱了所有形而上学的样子。实际上，如果给予"形而上学"以更为一般的含义（即关于存在作为存在的科学），那他比他批判的对象更形而上学。他曾在柏拉图主义、近代主体性形而上学、哲学等仔细比较起来有差异的几种意义上使用"形而上学"这个概念。无论在哪个意义上，就过去的形而上学而言，形而上学的历史即是遗忘存在的历史。由于这种形而上学把永恒、绝对、普遍、超验理解为存在的本质所在，那些暂时的、生成着的、特殊的、个别的、当下即是的存在都被贬低为非本质性的东西，都被斥为低下的、虚幻的存在。尼采对这种形而上学的颠倒，在海德格尔看来，仍然是没有超出形而上学的标志："'形而上学'始终是表示柏拉图主义的名称，这种柏拉图主义在叔本华和尼采的阐释中向当代世界呈现出来。尼采把感性的东西看作真实的世界，把超感性的东西看作非真实的世界；这样一种对柏拉图主义的颠倒还完全坚持在形而上学的范围之内。尼采心目中的以及在十九世纪实证主义意义上的这样一种形而上学之克服，尽管是在一种更高的转换中发生的，但只不过是与形而上学的最终牵连而已。"①在这一点上，尼采与马克思、费尔巴哈是极为类似的，他们共同坚持着承续路德改革并在那个时代得以广泛流行的崇尚感性的时代精神。

但海德格尔也曾在其他意义上使用"形而上学"这个词。他也曾说：形而上学就是哲学，"几百年来，'形而上学'这个名词均标示着那些哲学问题的范围，哲学就是在这些问题中看到了自己的真正历史使命。所以，形而上学就是表示真正的哲学的名称"②。那些真正哲学的问题显然是不会灭亡的，灭亡的只是探讨这些问题的某种具体方式和路径。如果按照存在与存在者的本体论区分来说，把存在视为存在者的存在的传统形而上学，就是一种行将就木的旧形而上学。如果按照存在的本性（即虚无）来理解作为"存在之存在的学问"的形而上学，那么，重新开启存在视域的，就仍然是一种"形而上学"。从以下引文来看，像在更多场合，海德格尔的确是在传统意义上使用"形而上学"这个词的："在另一个开端的领域，没有'本体论'和'形而上学'。之所以没有本体论，是因为主导问题不再是尺度和范围给予的。之所以没有'形而上学'，是因为它根本上不再从作为手前之物和意识到的对象的存在者（观念主义）出发并向另一存在者移去。"③当不再思考存在者的存在，而是转向思考作为虚无的存在，思想已经开启了另一个开端之后，就没有了传统的、带引号的"形而上学"了。他之所以在这里给"形而上学"加上引号，显然是标识"形而上学"的具体性、特殊性，而不是一般性。如果按照亚里士多德的传统定义，把"形而上学"视为思考作为存在的存在的学问，那么，把存在作为虚无来思考的原本形而上学就是真正的形而上学了，而不是走偏了路（也就是混淆了存在与存在者，把存在者的存在当成了作为虚无的存在）的"形而上学"了。由此，海德格尔说："形而上学就是一种超出存在者之外

---

① ［德］海德格尔：《演讲与论文集》，孙周兴译，三联书店 2005 年版，第 79 页。

② ［德］海德格尔：《尼采》，孙周兴译，商务印书馆 2002 年版，第 438 页。

③ Martin Heidegger, *Gesammtausgabe*, Band 65, Frankfurt am Main, 1975, S.59。可参见［德］海德格尔：《哲学论稿》，孙周兴译，商务印书馆 2012 年版，第 65 页。

的追问,以求回过头来获得对存在者之为存在者整体的理解。"如果达到了对存在者整体的超越,无的问题就成为一个不折不扣的形而上学问题。"这也就意味着:形而上学属于'人的本性'。形而上学既不是学院哲学的一门专业,也不是任意的异想天开的一个领域。形而上学是此在中的一种基本发生。形而上学就是此在本身。因为形而上学之真理居于这个深不可测的根基中,所以,形而上学就具有一种经常潜伏着的可能性,即:它有可能以最深刻的错误为它最切近的邻居。……我们所谓的哲学就是使形而上学运转起来,而在形而上学中,哲学才获得自身,并且才获得其明确的任务。"①

所以,海德格尔否定的形而上学显然只是具体的一种,而不是所有的形而上学。正如张旭在分析海德格尔的形而上学时所说的,"海德格尔对形而上学的批判并未将形而上学视为无意义或历史的垃圾,因为这种嘲笑和贬斥历史的态度只是一种幼稚病,以为一夜之间发动一场思想革命就可以一劳永逸地埋藏形而上学。然而,形而上学总会在被宣称遗弃的地方以另一种方式重新出现。基于这种思想经验,海德格尔从未低估形而上学的顽固力量,从未简单地嗤之以鼻、置之不理,将其作为历史的一页轻率地翻过去,相反,他将理解和克服形而上学看作是他一生运思的根本任务"②。不管是批判传统的形而上学,还是建构新的形而上学,反正海德格尔的哲学思考是与形而上学问题密不可分的。海德格尔一生的思考表明,必须以一种新的形而上学才能取代传统形而上学,形而上学的完全取消是一种哗众取宠的夸大其辞。实际上,"一种彻底无神论的哲学如果不能建立一套形而上学,即使可以嘲讽和抨击传统形而上学,但却不足以取代亚里士多德的形而上学、基督教的形而上学体系以及黑格尔的形而上学。《存在与时间》在建构一套新的无神论形而上学以取代各种传统形而上学上取得了巨大的成功"③。海德格尔力图重建的"基础存在论"就是一种不折不扣的、新的形而上学,即所谓"人的有限性的形而

---

① [德]海德格尔:《路标》,孙周兴译,商务印书馆2000年版,第137、140—141页。
② 张志伟主编:《形而上学的历史演变》,中国人民大学出版社2010年版,第262页。
③ 张志伟主编:《形而上学的历史演变》,中国人民大学出版社2010年版,第270页。

上学"或"此在的形而上学",如海德格尔自己所说:

> 基始存在论就是对有限的人的本质作存在论上的分析工作。这一存在论上的分析工作应当为那"包含在人的本性中的"形而上学准备基础。基始存在论就是人的亲在的形而上学,而只有人的亲在的形而上学才能使形而上学成为可能。①

问题在于,海德格尔的这种"此在的形而上学"是否像他自己认为的那样,可以规避虚无主义?这种"此在的形而上学"声称过去的形而上学遗忘了存在,主张重新回到"无",从无的角度理解存在,而这个"无",首先意味着对问题百出的现代之"有"的否定,其次应被理解为更多的可能性,是真正理解存在之始,或更接近存在的可能性。但是,它放弃价值性意蕴,不再有康德、尼采的价值论意蕴及其约束之后,向"虚无"开放着的"存在"就没了价值的规范约束,就可以在否定现实存在的路上走出很远。

乍看起来,海德格尔把存在看作是更多可能性,重新从无的角度来看待存在的新尝试和新努力,是一种新的可能性视域和新的积极意义上的虚无主义。这种虚无主义给存在进一步拓宽了可能性空间,甚至没有什么边界限定。在尼采那里还存在的伦理学,在海德格尔这里被存在论完全取代了。对尼采的谴责使得海德格尔走向了非道德主义,走向了对基本人类价值的可能性漠视,或者确切地说是对漠视现代人类基本价值的行为的可能性放任,认为那(否定人的基本价值的行为)是西方形而上学历史的必然逻辑,无需惊奇,甚至寄希望于在这种对现代形而上学的否定行为中还会进一步地诞生一种新的存在。

在这个意义上,海德格尔以更令人忧虑的方式对待了虚无主义。如果说,尼采在无意识与有意识的虚无主义,消极的和积极的虚无主义,以及创造过程中和创造过程结束后的虚无主义这三种划分中界定了虚无主义的不同类型,那么,海德格尔更加明确地加上了崇高价值衰落的虚无主

---

① [德]海德格尔:《康德与形而上学疑难》,王庆节译,上海译文出版社 2011 年版,第1—2 页。

义与突破基本价值底线的虚无主义这种虚无主义的类型划分。他的"存在"概念沿着"无"拓展出来的可能性空间拓展得太大了，没有基本的善恶约束和界定，以至于很容易突破道德底线，进入比否定崇高价值的虚无主义更为严重的第二种虚无主义，即否定现代人之基本价值的虚无主义。在海德格尔于尼采的话语空间内谈论向更多的存在可能性开放，而且放弃了从康德到尼采的价值论维度之后，在海德格尔要开放的更大空间中，更多的可能性被允许，更多的可能性具有探索的价值。没有什么善恶的边界和约束，这不至少是很容易沿着否定崇高价值的"上帝之死"意义上的"虚无主义"进一步坠入否定现代基本价值底线的更可怕的"虚无主义"了吗？海德格尔自己的所作所为也提醒人们，对传统形而上学、价值、存在的否定如果不加限定的话，是非常危险的。极度否定传统形而上学的"此在形而上学"仍然无法完全卸掉价值意蕴，从下述"形而上学"系指一种文明的基本假定这一意义上而言，就更是如此。

至于马克思反对的"形而上学"，显然更是一种近代的形而上学，甚至还没有海德格尔反对的范围那么大。马克思说："正当实在的本质和尘世的事物开始把人们的全部注意力集中到自己身上的时候，形而上学的全部财富只剩下想象的本质和神灵的事物了。形而上学变得枯燥乏味了。"①他是要表达一种从宗教、从传统哲学形而上学中解放出来的强烈愿望，并走向一种实证科学，深入尘世的、实在的、社会的生活中探寻其秘密。所以，如格拉赫所总结的，"'形而上学批判'在马克思那里（亦如在持批判态度的其它代表那里）不仅意味着对于哲学史的一定分支的批判，或对一定的思维方式的批判，而且涉及对于哲学一般的新规定，关系到对哲学对象的新规定，对思维与存在、主体与客体、自由与必然的关系的新规定。在这个意义上，形而上学批判首先将自身表达为宗教批判，然后是意识形态批判，最后也作为形而上学（或哲学）批判被包括其中。"②马克思是通过批判传统形而上学创建一种对社会历史科学研究的理论，

① 《马克思恩格斯全集》第 2 卷，人民出版社 1957 年版，第 161—162 页。
② ［德］汉斯-马丁·格拉赫：《马克思与海德格尔的形而上学批判》，朱刚译，载《求是学刊》2005 年第 6 期。

这种理论不再拘泥于抽象的、一般的、经不起推敲的形上学分析。这种后来被称为"历史唯物主义"的新理论不管首先被人们看作是一种实证科学理论，还是一种哲学理论，它必然内含着一种哲学的维度是无法否认的。至于这种哲学在这个理论体系中处于一种基础性、前提性地位，还是像阿尔都塞所说的那样，科学分析是基础，哲学是科学理论达到相当程度后才能被构建的后续工作，在这里对我们的问题倒无关紧要。与（对社会历史领域的）科学分析密切联系在一起的哲学，在这个理论系统中的存在必定不同于缺乏科学根基或支持的传统形而上学。于是，旧形而上学批判与新科学理论的创建，也与新哲学的创建联系密不可分。在对哲学的这种新规定中，寄予着马克思对人类历史新高度的设想，也就是使人类的生命达到一个新高度的期盼。如果说"在海德格尔那里，历史的主体却是一个唯一的、被抛于自身的个体，对于这个主体来说，真正的最后或最终有效之物只是它的死"①，那么，马克思是希望借助一个更强有力的历史主体（群体主体）来实现新的理想，借助历史发展建构一种永恒的生命。而这个理想所需要的分析论证、理论说明，显然是需要哲学或必须把哲学包含其内的。而且，在"哲学"与一般意义上的"形而上学"通约的意义上，也可以称为这个理想中蕴含着一种新的"形而上学"，虽然这个"形而上学"与马克思本人使用的"形而上学"意义已经不大一样了。

这样，我们就必须得转向对"形而上学"一般含义的分析了。

三、从文明论的角度来看待西方
意义上的形而上学

依《西方哲学英汉对照辞典》的说法，"按照某种用法，形而上学主要

---

① ［德］汉斯-马丁·格拉赫：《马克思与海德格尔的形而上学批判》，朱刚译，载《求是学刊》2005 年第 6 期。

讨论不可感的事物，或者科学方法范围之外的事物。但其他的形而上学观点则反对这种说法"①。所谓马克思超越了形而上学、近代形而上学之类的说法，就是采用了这种用法。马克思反对的"形而上学"就是离开实践、生活、具体经验现实而抽象、逻辑甚至主观地讨论不可感存在的学问，与路德以来坚持从具体经验、世俗生活中探寻神圣、崇高的路子相反。

在我看来，应该区分作为知识基础的形而上学与作为价值基础的形而上学。马克思反对的是知识论意义上离开实践、生活、具体经验现实而抽象、逻辑甚至主观地讨论知识之基础的形而上学，反对价值论意义上离开实践、生活、具体经验现实而抽象、逻辑甚至主观地讨论价值之基础的形而上学。但他不反对从实践、生活、具体经验现实出发历史地讨论知识和价值之基础的"形而上学"，尤其是不反对从实践、生活、具体经验现实出发历史地讨论价值之基础的"形而上学"——如果我们不是太狭义地定义"形而上学"这个哲学概念的话。从这个角度看，施蒂纳才彻底地反对形而上学，也就是既反对作为知识基础又反对作为价值基础的形而上学，而马克思不是反对一切形而上学，而只是反对一种独特的形而上学。立足于现实的、可欲可求的、具有现实可能性的根基，来建构新的形而上学，在我看来就是马克思的目标。至于是否用"形而上学"这个旧词来表达这个意思，那是另一回事。② 而显然，如我们行将论述的，这与中国传统形而上学的建构非常接近、一致。

我们知道，"形而上学"这个词的含义如何，素来多有争论。哲学家们的理解各不相同。"关于存在作为存在的学科"被认为是亚里士多德的一种定义。这种形而上学考察的是所有的存在。但同时，亚里士多德还有另一个定义：形而上学是研究第一原因的学科，即神学。这两个定义似乎有些不协调。沃尔夫后来又加上了理性心理学和宇宙学两个分支，使得形而上学有了四个部分：本体论、神学、宇宙学、理性心理学。这样，

---

① ［英］尼古拉斯·布宁、余纪元主编：《西方哲学英汉对照辞典》，人民出版社 2001 年版，第 614 页。

② 对此不再加以论述，参见拙作《追寻主体》（社会科学文献出版社 2008 年版）一书第四章的有关分析。

可以把研究存在作为存在的一般科学叫一般形而上学;而把研究第一原因的科学叫自然神学;把研究可变的物质世界的科学叫宇宙学;把研究肉体与精神的关系,以及自由意志问题的科学叫理性心理学。如今看来,神学不如宗教哲学研究范围和视域大;精神哲学或心灵哲学比理性心理学更为妥当。由此,"当代哲学家用'形而上学'这个词指称有别于其他哲学分支的一个分支。当他们这样做时,他们所谈论的很接近于理性主义者所谓的一般形而上学,也就是,亚里士多德所讲的研究存在作为存在的学科"①。

作为这样的一门学问,"形而上学"就是不可或缺的。格拉切教授在《形而上学及其任务》这本书中就反复论证这样的观点。在他看来,形而上学是不可避免的,一门专门研究最普遍的范畴的学问,就是形而上学。"形而上学对于形成宇宙的总的看法以及我们对它的经验是必要的。因为这一领域为其他领域提供了概念框架并对之作出思考。形而上学对于批判性地研究我们划分概念的方法是否合适和一致是必不可少的"。"所有的知识,包括生活中的最具实践性质的知识,都是建立在概念框架之上的,而研究概念框架,则是形而上学的任务"。② 由于形而上学的这种不可获取性质,所以,它能抵御历史上无数次的猛烈攻击。格拉切教授在此书中的考察表明,在中世纪思想、现代早期哲学、19 世纪实证主义盛行时期、逻辑实证主义、后现代主义等思潮中,都曾诞生过猛烈批评形而上学的思想,最后得出结论,"不管这条路上布满了怎样的障碍,形而上学总是能够设法重建自身"③。可以说,这本书的核心问题就是:"为什么形而上学在经历了所有对它的攻击之后仍能生存下来,并且继续以这种或那种形式繁荣不衰"? 而结论则是:

> 形而上学将永远不会消失的原因在于:它涉及最一般的范畴,以

---

① [美]迈克尔·路克斯:《当代形而上学导论》,朱新民译,复旦大学出版社 2008 年版,第 2—13 页。

② [美]荷海·格拉切:《形而上学及其任务》,陶秀璈、朱红、杨东译,山东人民出版社 2008 年版,中文版序言第 5、6 页。

③ [美]荷海·格拉切:《形而上学及其任务》,陶秀璈、朱红、杨东译,山东人民出版社 2008 年版,前言第 6 页。

及较少一般性范畴与最一般范畴之间的关系。由于形而上学关注这些范畴和它们之间的关系，所以它是人们可能拥有的任何一种观点的逻辑前提。……即便我们没有有意地实践或持有形而上学的观点，也能够从事其他学科和拥有其他观点，但在这种情况下，我们事实上已经有了某种形而上学的态度，因为我们所坚持的那些观点，在逻辑上早已预设了关于最一般的范畴、它们的相互关系以及较少一般性范畴和最一般性范畴的关系的观点。不论人们是否意识到这点，我们所有的知识，都依赖于形而上学的观点，我们所有的思想也都包含着形而上学的思想。

区别只是在于，我们所依赖的形而上学是有意识、反思性的，还是无意识、非反思的。"总之，形而上学是不可避免的。"①

从与"虚无主义"的内在关联角度看，我更愿意从文明论的角度来看待西方意义上的"形而上学"。于是，我更欣赏科林伍德对形而上学的看法，因为他更清晰地看到了任何一种形而上学都不可能是超文化的，不可能是超越人类的特殊文化形态而适用于全人类，适用于全人类的任何一个文明时期的。目前我们所谈论的"形而上学"，实际上就是西方意义上的"形而上学"。这是科林伍德《形而上学论》一书给我们的最大启示。在他看来，"形而上学"与欧洲文明密不可分：

> 我们的时代是这样一个时代，人们已经抛弃了魔术，并自认为他们不再迷信了。但是他们却和从前一样。不同之处是他们丢失了获得安宁的艺术，那些总是作为一种魔力的艺术。所以现代欧洲文明的一个特征是人们习惯于鄙弃形而上学，否认绝对预设的存在。这一习惯属于神经过敏。它通过否认有任何的原因来克服迷信的恐惧。如果这种过敏反应达到了它所号称的目的，那么将形而上学从欧洲人的心灵中根除的同时，科学和文明也将被根除。②

将形而上学理解为一种超历史的逻辑意义上的演绎是错误的，正如

---

① ［美］荷海·格拉切：《形而上学及其任务》，陶秀璈、朱红、杨东东译，山东人民出版社2008年版，第241页。

② ［英］科林伍德：《形而上学论》，宫睿译，北京大学出版社2007年版，第36页。

科林伍德所总结的,"将形而上学理解为一门'演绎的'科学不仅是错误的,而且是有害的,将形而上学这样改造就不会有妥协。'演绎的'形而上学的野心是将绝对预设的集群呈现为一种没有张力的结构,就像一组数学命题。在数学中是可以那样的,因为数学命题不是历史命题。但是在形而上学中那样做则是完全错误的。改造了的形而上学会将任何给定的绝对预设的集群看作不是具有数学那样的简单性和平静的特征的结构,而是会像主观的事物(比如说,立法和议会的历史)那样错综复杂、争论不休"。一句话,"过去的形而上学在多大程度上成为了一门科学取决于它在多大程度上成为历史学"①。

所以,西方形而上学与西方文明密切相关,各个时期的形而上学都对应于各自时期文明的基本架构,反映着文明所采取的基本假定和框架。这样一种形而上学观,直接对立于原来那种非历史性的、演绎的、具有超历史的永恒性、从文化产生开始就如此的形而上学,即对立于被人们认为超文明的、普遍一般的形而上学。

从这样一种形而上学观出发,就得出基本结论。

第一,脱离文化境遇,超越任何文化处境,没有任何历史特性的形而上学,是一种过分的夸张或虚妄。这喻示着,形而上学研究的主题是实际存在于各门科学以及日常思维之中的"绝对预设",而不是实际科学或日常思维中不存在却仅仅是哲人自己推导或演绎出来的某些思维范畴与问题。意思是,哲学研究形而上学,必须时刻提醒自己不要仅仅从自我出发,脱离开时代,径直把从自己的逻辑推导或演绎出发得来的问题当作研究主题。有生命力的形而上学必须具有深刻的时代基础,蕴含于各门科学或日常思维之中,实际存在于科学或社会生活之中。哲学家可能会在某种意义上偏离甚至脱离开这种基础,钻进某种自己锻造的思维王国中,立足于自己的推导或演绎,而不是立足于科学或日常生活,来展开自己的学术研究。科林伍德关于形而上学的提醒表明,对形而上学的思考必须注意,学术研究与科学或生活的关联,不要离开这种关联而过分地钻进哲

---

① 〔英〕科林伍德:《形而上学论》,宫睿译,北京大学出版社 2007 年版,第 59、60 页。

学家自己锻造的某种王国之中无以自拔。比如，当社会生活中出现了深重的虚无主义之时，研究"无"（非存在）、虚无的问题，是有深刻的社会生活基础的，不是无病呻吟。但不要离开社会生活而过分抽象，去进行过多的纯逻辑演绎。我们接受科林伍德的形而上学观，是为了时刻注意和提醒自己，研究存在、虚无问题的形而上学，与时代，与历史处境中的具体科学，与嬗变中的社会生活，都存在着千丝万缕的联系。这种联系是这门学科、这种研究具有价值和生命力的关键所在。如果根除这种联系，使形而上学径直进入某个哲学家的逻辑演绎王国，不断发展下去，不再理睬科学和生活，那就会造成形而上学的失效与无聊。同时，如果形而上学陷入了与生活中的具体经验、个别、嬗变都无甚二致的样态，经验个别、多变的当下即成为一种"形而上学"的主旨，那这样的形而上学也会丧失效力。

第二，没有任何一种形而上学是永恒的，一种形而上学的命运跟与之相适应的文明的兴衰内在地连接在一起。对一种文明来说，形而上学很重要、很关键，时刻反映着文明的变化信息。科林伍德说："形而上学的工作太重要了，和科学和文明（因为文明是我们对于关于'实践的'问题的系统的和有序的思考的唯一名称）的繁盛有着太过密切的关系，以至不能把它交给任何仅仅以没有支持的断言为基础的宣称他是正当的所有者的人。"①如果人们开始质疑一种文明的绝对预设，那就意味着这种文明开始问题百出、漏洞呈现、行将衰落。西方现代形而上学的衰落，就是西方现代文明的基本理念、基本预设备受质疑和问题百出的标志，是这种文明面临转型的象征。每一种文明的上升期，它最基本的绝对预设一般是不会遭受质疑的。

这样的形而上学只会与相应的文明的兴衰内在地关联在一起。现在所谓"形而上学的没落"，是西方学人的一种担忧和反思。对于一种文明的信奉者来说，特别是对于一种具有历史抱负的人来说，这种文明处在什么样的发展阶段，对于回答"形而上学是处在衰落之中还是处在兴盛的发展之中"这一问题是关键。而如果略去文明论的维度和意义，随便追

①　［英］科林伍德：《形而上学论》，宫睿译，北京大学出版社2007年版，第80页。

问一种形而上学命运一般是没有什么意义的。完全撇开形而上学与之对应的人类文明,不涉及具体的某种形而上学,抽象地谈论形而上学的兴衰,那形而上学是永远不会灭亡的,只会随着文明发展的不同样式处在一种兴盛、衰落或者调整、转型之中,不断变换自己的样式。

四、立足于中华文明的复兴来建构一种中国化的新形而上学

目前讨论的形而上学,是与已经全球化的西方现代文明内在相关的,或对应于这种文明而生的。它只能与西方现代文明一起兴衰、荣辱与共。所谓西方人喊出的形而上学的衰落与灭亡,都是西方人反思自己的文明所表达出的一种担忧、反思,它并不都是为了迎合其他非西方文明,或者极少是认定非西方文明具有取代自己的能力和资格的。尼采、海德格尔都说西方现代文明巅峰期已过,需要转型、重构新的文明。海德格尔说:

> 这个欧罗巴,还蒙在鼓里,全然不知它总是处在千钧一发、岌岌可危的境地。如今,它遭遇来自俄国与美国的巨大的两面夹击,就形而上的方面来看,俄国与美国二者其实是相同的,即相同的发了狂一般的运作技术和相同的肆无忌惮的民众组织。如果有一天技术和经济开发征服了地球上最后一个角落……那么,就象阎王高踞于小鬼之上一样,这个问题仍会凸显出来,即:为了什么? 走向哪里? 还干什么?①

显然,欧洲已被虚无主义包围,处在被虚无主义的夹击之中。所以迫切需要反思西方精神的基本态势,反思近现代的缺失,追问被忽视的诸多可能性,并从中获得启发,寻找新文明的可能性空间,并以"此在形而上学"为之搭建路基。与很多近现代德国的反思一样,海德格尔也采取了

---

① [德]海德格尔:《形而上学导论》,商务印书馆 1996 年版,第 38—39 页。

回到古希腊的源头，探寻历史一开头就可能走错的路径，把一开始就是苍劲有力和强有力的精神找寻出来，结合新的境遇把它恢复起来。在解释索福克勒斯的《安提戈涅》一段诗句时，海德格尔指出了对通常所谓历史是从低到高的发展论的错误：

> ……根本错误在于认为历史的开头就是原始的与落后的，愚昧无知的与软弱无力的。其实刚刚相反。历史开头是苍劲者与强有力者。开头之后的情况，不是发展，而是肤浅化以求普及，是保不住开头情况，是把开头情况搞得无关宏要还硬说成了不对劲儿的伟大形象，因为这伟大形象是纯粹就数和量的意义来说的。①

甚至在思索这种转型时，他还借鉴过中国文明的思想资源，强调西方形而上学的基本特征是"本体神逻辑学（onto-theo-logic）"，而"形而上学这种思想形态在中国从来没有发展"，甚至于，"老子无的概念，以及他对任何理性主义的反感，都与海德格尔的思想相呼应"②。东亚思想的影响给西方传统形而上学的克服注入了资源与动力。但他绝不会认定非西方文明能承担新文明创建的重任，而只会认定，德国能承担这种历史使命。德国的失败，美国在第二次世界大战后的繁荣，使得这种文明转型和形而上学没落的思想一度不那么兴盛，而随着西方资本主义危机的相继爆发，这种思想又兴盛起来。伊恩·莫里斯在新近出版的《西方将主宰多久：从历史发展的模式看世界的未来》一书第二部分结尾的一句话很有代表性："20 世纪不仅是西方时代发展到极致的时期，也是这一时代走向终结的开始。"③但我们中国人必须保持清醒，无论是形而上学的没落，还是西方的没落，都是西方人主动喊出来的。归根结底，他们是从西方文明的转型、出路角度思考的，是致力于西方文明的自我调整和延续而言的。他们不加怀疑的前提是，西方文明还有能力自己转型，内在地调整，发展出新

---

① ［德］海德格尔：《形而上学导论》，商务印书馆 1996 年版，第 156 页。

② ［德］莱因哈德·梅依：《海德格尔与东亚思想》，张志强译，中国社会科学出版社 2003 年版，第 105—106 页以及 108 页注释 4 等。

③ ［美］伊恩·莫里斯：《西方将主宰多久：从历史发展的模式看世界的未来》，钱峰译，中信出版社 2011 年版，第 386 页。

的文明模式,而绝没有非西方文明替代他们的思想。大卫·M.列文在《倾听的自我:个人成长、社会变迁与形而上学的终结》一书中主张存在的开放,批判主体性形而上学是自恋癖,主张放弃西方传统的视觉中心主义,转向倾听他者的模式,也应该在这样的背景中理解。当他强调西方传统形而上学与视觉中心论的内在关联,强调从视觉中心转向倾听时,他要说的不是别的,只是回复希伯来传统而已。① 他(们)仍然没有放弃西方文明的普遍性特征,没有放弃西方文明仍能开拓出更高的、新的超越性精神这种信念。

所以,思索文明论意义上的形而上学问题,目前的核心还是西方文明的视角。从此角度看,形而上学就是一种对于超越和普遍性的追求,如孙周兴所说,"所谓形而上学的冲动,对于西方——欧洲文化来说,就是指向普遍性的形式冲动和力求精神提升的超越冲动"②。对于海德格尔,形而上学维度同样不可缺少。"其哲思目标是作为'超越'的存在;其人思途径是关于'此在'的'超越性'的分析,就是试图从人的'实存'(Existenz)和'此在'(Dasein)入手,重新提出和解答'存在问题',达到'先验的认识'。"海德格尔的基础存在学之任务就是"从此在的'实存结构'(时间性超越性结构)出发把握绝对的'超越(者)'③。通过对超越维度和普遍性维度的持续性维护、发掘、转型、创新,他们仍坚信这一种新的文明,或者有待更新的形而上学。

作为中国人,我们必须立足于中国文明的复兴来思考有无可能建构一种中国化的形而上学? 基本假定和框架与中华文明相适应、反映中华文明的那种"形而上学",如何在消化、吸收西方现代文明之后予以提升、超越,创建一种遏制、革除虚无主义的新文明,并根据这种新文明构建与之适应、反映其基本假定的未来"形而上学"? 从此而论,20 世纪 90 年代以来盛行于中国学界的"形而上学"、"主体形而上学"衰亡、死亡论,恰恰

---

① [美]大卫·M.列文:《倾听的自我:个人成长、社会变迁与形而上学的终结》,程志民等译,陕西人民教育出版社 1997 年版,第 页。
② 孙周兴:《后哲学的哲学问题》,商务印书馆 2009 年版,第 19 页。
③ 孙周兴:《后哲学的哲学问题》,商务印书馆 2009 年版,第 62、61 页。

是理论话语中国主体性的丧失，是一味地跟着西方人走，缺乏中国发展、中国文化发展的自觉意识，丧失了本土和自我意识，把"中国"他化、异化、西方化的表现，是对当下中国文化责任的不自觉，是哲学本土话语主体性丧失的确证。这是一种文化病，对此应予纠正、救治。

我们到底有无可能建构一种中国化的形而上学？

五、与中华文明相适应的"形而上学"

科林伍德是在 1931 年写作《形而上学论》一书的。当时的他还坚持西方文明的先进性，相信西方科学的至高无上。所以，他认定，除了旧形而上学反对新形而上学（类型 1）和新形而上学反对旧形而上学（类型 2）以外，凡是不属于上述类型的反形而上学就是非理性的反对（类型 3）。于是，从整体上反对西方的绝对预设——而这在他看来就是丧失了起码的理性，就是不可理喻的情绪主义发泄，不具备严肃的讨论价值。其实，相信西方的形而上学即将转型，也应该是一种类似的类型 1。当然，进步框架也是一种西方预设，即西方形而上学预设的一种。从新形而上学是一种与原来的形而上学并行的，两者之间不存在绝对的先进与落后的这一点来说，一种新的、非西方意义上的形而上学是不属于上述三种类型中的任何一种的。

我们必须追问的是，中国新文明的形而上学根基何在？说 20 世纪的两大强国美国与苏联都具有相同的形而上学基础，似乎可以成立。① 沃格林指出，最早实行现代化的欧洲强国都从基督教的中世纪文明中吸取精神和制度资源。美苏两国都与基督教中世纪文明没有亲缘关系，因此乐于接受进步的历史哲学。沃格林的观点似乎是，只有对启蒙、进步论作

---

① 参见刘小枫为沃格林的《危机和人的启示》一书（华东师范大学出版社 2011 年版）所作"中译本说明"第 2 页。

出贡献的国家才能有更多的思想资源校正偏颇的现代性,校正进步论呈现出来的破坏力。在这方面美国与俄罗斯都不行吗? 刘小枫教授的看法是,中国也没有对启蒙、进步论传统作出贡献,却不是更充分地显示了进步论的破坏力吗? 他特别强调"启蒙、进步论的破坏力"、"启蒙、进步论的破坏性",显示出对于西方近代启蒙、进步论,或者西方近代化、现代化的批评态度,这是很明显的。问题在于,如何找到可能性与资源,以便可以对不喜欢的这种西方现代化进行批评、反思,校正、纠偏甚至替代? 从这个方面来思考,找寻批判、校正、替代西方现代性的力量时,有两种思路:第一,难道传统深厚的国家才能有更多的思想资源校正偏颇的现代性? 传统深厚是可能产生批判、校正力量的关键? 刘小枫教授显然不同意沃格林所谓没有启蒙、进步论传统的国家就"对启蒙和进步论的破坏性有着相对较弱的补救力"这一说法。① 第二,把现代性的破坏力呈现得最为突出,把现代化的各个方面推向极端的国家,才最有可能掉过头来告别西方式的现代文明? 这也就是所谓物极必反,也就是,群魔乱舞之时,正是新的神灵降临拯救群魔笼罩的社会之时? 在陀思妥耶夫斯基的《群魔》中,沙托夫那样的知识分子就坚信,俄罗斯正是地球上唯一体现上帝旨意的民族,并注定将以一个新上帝的名义来更新、拯救现存世界,手中握有通向世界钥匙的民族。如今的中国又出现了类似的倾向,这种倾向认为,中国具有把西方文明的破坏性延展到极端,并且以一种新的文明来推进和拯救它的天命。按照一种理解,中国由于没有西方传统的力量对日益世俗化的现代文明进行平衡,所以可能最为极端,"启蒙、进步论的破坏性"呈现得最为明显,因而摆脱这种已经极端化的现代文明的内在需求也就最为迫切,最为旺盛,最为积极。

但不管怎样,摆脱西方近代文明必须建构新的哲学,必须具有新的形而上学基础。从这方面来看,所谓形而上学终结的言论,在我看来不过是这种文明内在创造力衰竭的标志,或者说需要内在调整的象征。问题是,

---

① 参见刘小枫为沃格林的《危机和人的启示》一书(华东师范大学出版社 2011 年版)所作"中译本说明"第 3 页。

衰竭之后的调整到底是出自这种文明的中心、始发地,还是出自传播到最远的外围区? 是成功现代化的第一波地区,还是最后取得成功的第三、第四波地区才能产生转型的内在动力? 无论如何,新的形而上学基础是必然的要求。

中国历史上有多次重构形而上学的努力。汉代的天人合一论为国家奠定了意识形态基础;魏晋士大夫也曾在最接近"虚无主义"的魏晋时代发展出一种替代宇宙论的本体论,并醉心于以形而上学思辨作为自己的思考框架。但是,以前的每一次都没有近代以来直面西方文明的冲击迫切需要重建本文明的形而上学这么重的任务。整理、反思、推进已有成就,推进这方面的思考,是当代中国学人不可推卸的责任。在本文中,我们从熊十力先生的思想出发作一点思考。

熊先生认为,西方的形而上学不是真正的形而上学:"形而上学深究万化根源,毕竟是众理之所汇通,群学之所归宿。……西洋虽有形上学,而从思辨上着力,只是意想之境,实无当于本隐之显,则谓之无形上学可也。"①所谓"不能推显至隐",我的理解就是推"有"至"无"。这个"无"就是生生不息的无定型、创造性的力量。西方的形而上学是臆想出来的,形而上世界是假设出来的,与实有的世界二分对立,不是从隐显一体的角度来看待世界的。所以不实在,没有真实的、确定的根基,而是对世界的虚化处理,是过度抽象和极端理想化的臆想,因而终究失败。从这个角度来看尼采所谓的"上帝死了",就可以得出结论:作为超感性世界、超感性价值象征的"上帝",其死亡就是必然的。因为这个世界与真实的世界之间脱钩太大、太严重。处在超感性世界之中的"上帝"与被判为处在"世俗世界"之中因而本性必然恶的"人",两者根本无法弥合,最后必然以分裂,各干各的了事,也就是最后必然以互不理睬的方式结束这种硬拉扯在一起的历史事件,让两者回归各自的范围。这样一来,人的得救如何可能? 人的被拯救重新成为问题!

---

① 熊十力:《中国历史讲话:中国哲学与西洋科学》,上海书店出版社 2008 年版,第132 页。

在这方面，俞吾金先生的论文《究竟如何理解尼采的话"上帝死了"》也给出了类似解释。他认为，人性本恶与上帝的崇高、善截然对立，使得以拯救性恶之人为己任的上帝必定完不成救赎重任，因而必然死亡。上帝之死是一个自然死亡事件，不是被杀死的人为事件。尽管个别的疯子早先看到上帝必死的事实之后可能会傻呵呵地主动去谋杀上帝，在僵死、奄奄一息的上帝身上再捅上几刀，使其尽快死亡。但这样的动作是无关大局的。①

熊十力先生的思路是，恰恰是原先被视为没有真正形而上学传统的中国，正好具有挽救西方形而上学的资源和希望。因为中国的两个世界没有那么截然对立，却是你中有我、我中有你的关系。于是，相比之下原本富有缺陷的中国思想传统，却重新成了一种优点，原本没有希望的中国思想传统，一下子成了希望的象征。

关键是，要以新的方式来弥合原本截然对立的两者。众所周知，马克思的实践哲学也正好就是这样。新教改革之后，致力于从世俗的经验现实出发建构一种理想世界的马克思的思路与中国传统思想是非常类似，或基本一致的。

按照熊十力先生的看法，西方的知识论肤浅，未及本体。西洋人承袭希腊哲人精神，努力向外追求，猎逐外物，猎获万物，洞穿自然堡垒，但是，第一，它"全副精神外驰，不务反己收敛以体认天道不言而时行物生之妙，不言者，虚寂之至"②。熊十力先生自己说，《唯识学新论》中所说的"空"、"虚"，"非空无之谓，乃言其至有而无形象，至实而无作意，至净而无染污也。寂者澄寂，无昏忧，无滞碍，非枯寂也。"③第二，"不能超越形限而直与造物者游"。也就是局限于有形体的有限之物，沉溺于精神坠堕的现实世界，不能与天道统一。第三，"其生命毕竟有物化之伤"。物

---

① 俞吾金：《究竟如何理解尼采的话"上帝死了"》，载《哲学研究》2006 年第 9 期。
② 熊十力：《中国历史讲话：中国哲学与西洋科学》，上海书店出版社 2008 年版，第 133 页。
③ 熊十力：《中国历史讲话：中国哲学与西洋科学》，上海书店出版社 2008 年版，第 134 页。

化在西方现代精神中成了问题，伤害人之生命的东西。在中国哲学中，人禀赋天道最后达到天人合一的境界，就没有物化之惧。物化之惧，物我分离，物被视为伤害人的存在，那是主客分离、物我对立的西方哲学所固有的。在中国哲学中，"物"如被视为伤"我"之在，那意味着很低的境界，也就是天道在人身上体现得很不充分，人还没有充分实现自己的本性，还滞留于偏颇、伤缺、流弊的层面上。一句话，"物化者，言其生命坠退，而直成为一物，不得复其所禀于天道之本然"，还达不到"强于智周万物，备物致用，而必归于继善成性"的"大《易》之道"。① 熊十力先生也谈及另一种物化：社会关系之物，不过没有使用这个词而已。他主张"组织不可过分严密，至流于机械化，使个人在社会中思想与言论等一切无自由分"②。只说个人不能被毁坏，否则社会也将不成其为社会。在他看来，"物"与天道相通合一，"物莫非天道之显也。天道非父，万物非子。天道成万物，如大海水成众沤，非可二之"。对这样的万物，圣人应"裁成天地，辅相万物"，裁成意为"如大地之化或过，则裁制之，使得其宜，如雷电可殛人，今使供人用；风雨寒燠，可为衣服宫室以御之，皆是也。天地之产犹朴，朴者，谓未经制造。今以之创成新物，则为益极丰。此等新事物，固日出不穷也"。③

六、中国化形而上学的基本特征

从物到去无，达到一种"有"的崇高境界，一种崭新的形而上学就有了基本的构架。

---

① 熊十力：《中国历史讲话：中国哲学与西洋科学》，上海书店出版社 2008 年版，第134 页。

② 熊十力：《中国历史讲话：中国哲学与西洋科学》，上海书店出版社 2008 年版，第139 页。

③ 熊十力：《中国历史讲话：中国哲学与西洋科学》，上海书店出版社 2008 年版，第143、144 页。

第一,在这个形而上学构架中,至高境界就是"裁成天地,辅相万物",只要还没有达成"裁成天地,辅相万物",圣人就处于"忧"中。熊先生强调,"忧与厌截然不同"。"厌"就是我们所说的虚无主义,而"忧"则是儒学之基本精神。

按中国哲学,智慧是本是源,而知能是流是末。哲学不应该反知,但应该超知:"哲学不当反知,而当超知。反知则有返于浑噩无知之病,是逆本体流行之妙用也。超知者谓超越知识的境界而达于智慧之域,直得本体,游于无待,体神居灵,其用不匮也。"①这说出了海德格尔、后现代主义反知的弊端。中国哲学是超知,不能反知。西方哲学离不开知识,达不到超知。在西方社会,唯有神秘派才有超知之旨。包括神秘派在内的"西学从无中哲涵养本原,荡尽情识功夫"。依据《启蒙辩证法》的解释,西方传统文明起始于一种革除焦虑与恐惧的文化尝试,一种对外在他者的恐惧与焦虑内在于这种文明的文化构建之中。内在自我的磨练、构建、独立、扩张,对外在他者的把握、认知、归置、控制,成为这种文明的关键所在。由此构筑起来的形而上学虽历经多种流变,但终究改变不了因恐惧外在他者而把内在自我做大做强,把外在他者系统秩序化,把外在他者归于一个稳固、绝对、永恒的存在之上,方才安心的路子。而这也就是向外追求,让生命最后滞留于财富与权力之中,也就是熊十力先生所说的"西洋哲学大概与科学同一向外求理,其精神常向外发展,不曾反己收敛与涵养本原"②。按照熊先生的设想,中国的形而上学必须从万物一体之爱出发,而后才能运用科学知能增进群生福利,不至于自毁。

第二,中国的这个形而上学是一步一步地向上提升上去的,不是在简单的二元框架内一步跃升上去的。所以,不能像西方基督教的逻辑那样,只要绝对信仰上帝,把自己绝对交给上帝就能得救。中国的这种形而上学需要觉醒的人自己一步一步地把自己提升上去,紧紧抓住至高的上帝

---

① 熊十力:《中国历史讲话:中国哲学与西洋科学》,上海书店出版社 2008 年版,第135 页。

② 熊十力:《中国历史讲话:中国哲学与西洋科学》,上海书店出版社 2008 年版,第135 页。

是不行的、不够的。中国的形上学是：逐步提升，不可一蹴而就，但提升上去之后，也不会一下子就坍塌。从中国传统天下观的角度来看，对个人来说，天下观要求的就是在天地之间如何做人，如何成就自己，而不是如何从家庭、地方、国家中抽离出来，使自己成为国家的成员，造就自己的民族国家认同（就可以万事大吉、高枕无忧了）。做人得先从齐家开始，逐步达到治国，才能最后达到平天下的境界。更高境界的达求是以低层境界打好牢固基础为前提的。如果基础不牢，径直追求最高的境界，甚至以经验生活的放弃、不屑为代价，那是很容易坍塌的。

中国传统讲究中、和，这种形而上学建构模式更有效。"中"就是上下通达，就是形而上与形而下的通达，天与地的通达，社会的上层与下层的通达。正如陈赟所说，"其中最基本的乃是天地之间的贯通，在人当下的活动中贯通天地，开采那个'之间'的维度，从而使个人矗立在天地之间，顶天立地地成为真正成熟的人，正是'做中国人'在古典思想语境中的根本指向"①。这样的人不受地域、行业、领域、时间的限制，顶天立地地立于天地间。

如何做现代的中国人？在做中国人的过程中，如何安置生活中不可或缺的形而上学维度？如何理解越来越严密、有效的物化体系或资本系统？如何从中突围，在更高的层级上成就自己？在成就自己时如何既化解西方现代文明的成就又承继中国的优良传统？这就是现代中国人的认同问题！现代自我定位问题！

现代中国人的认同，就是一种承担，向着更高的境界扩展、不断提升的承担或承诺。君子、圣贤、真人、儒者等等境界，在等待着他努力达求。永远存在着等待他努力的境界在向他开放着，等待着他自己去开拓前进。而相比之下"民族国家的认同，确实从其他文化形式中的返回，是从普遍的世界历史规律中向着地方的回返，它抵达的是一个特定的区域及其框架，一个从世界中分离的地方，而不是整个的'天下'"②。以"天下"为视

---

①　陈赟：《天下观视野中的民族国家认同》，载《世界经济与政治论坛》2005 年第 6 期。

②　陈赟：《天下观视野中的民族国家认同》，载《世界经济与政治论坛》2005 年第 6 期。

界,以"裁成天地,辅相万物"为境界,以逐层提升为步骤的拓展与提升,是更坚实可行的形上学架构。

第三,思维方式的调整。以某种实体为基准,把其他存在归于这个实体,是西方的思维方式。利玛窦刚来中国传教时无法理解中国人的思维方式,按照欧洲的思维方式为标准来判断,只能得出中国人不会思考的结论。谢和耐在谈到利玛窦时说:"必须首先教中国人正确地思考,这就是说,区分实体与偶然的东西、精神性的灵魂与物质性的肉体、创造者与他的创世、道德的善与自然的善。基督教的真理还有什么别的办法让人理解、接受呢?"①虽然如今的我们大多接受了西方的思维方式,把西方现代的思维方式当成了不加怀疑、自然而然的东西,使得中国人使用西方的思维方式思考中国的历史变迁与发展成为习惯,而一些西方汉学研究者倒是在为中国传统思维方式摇旗呐喊,很令人感叹。比如郝大维、安乐哲在《期望中国》中伸张,中国人的思维是类比或关联的思维:

> 所谓关联思维实际上是一种非逻辑的程序,意思是说,它不是以下述构造为基础的:它们是自然的种类,部分—整体的关系,不明言的或明确地提出的类型理论,因果关系,或者是人们在亚里士多德和现代西方的逻辑中看到的那一类东西。关联思维运用类比联系。

> 相对而言,关联思维对于逻辑分析不感兴趣,这意味着能够同形象和隐喻相联系的多义性、模糊性和不连贯性,扩展到更具形式的思想成分中去了。与重视单义性的理性思维模式迥成对照,关联思维将诸成分之间的联系包容于一组形象之中,这保证了这些组成部分的含义模糊而丰富。②

这种思维是"历史的"和"经验的",与"理论的"相对照。在西方,关联思维被哲学家舍弃了,但仍存在于艺术、宗教、医学和技术之中。值得注意的是,关联思维"关涉的是那些具体的、可体验的东西的连接,通常

---

① 转引自[美]郝大维、安乐哲:《期望中国》,施忠连等译,学林出版社2005年版,第143—144页。

② [美]郝大维、安乐哲:《期望中国》,施忠连等译,学林出版社2005年版,第149—150页。

不求助于任何一种超凡的领域"。按照关联思维,解释一个东西就是将它置于按类比关系组织起来的系统之中。不把个别、经验、偶然、变动的东西归于某种本质、固定和永恒的本体之中。被现代科学分析法排除在恰当的解释之外的关联思维,对于调整、反思、中和已被认识到具有内在缺陷的西方现代思维方式是颇具启发价值的,对于构筑与未来中国文明相适应的形而上学应有积极作用。

最后,在本章结束之际,我想到了曾经做过马克思的老师、朋友和对手的布鲁诺·鲍威尔的一句话,这句话可以作为本章的结语:"如果欧洲永远地回避形而上学,那么形而上学就会被批判永远地摧毁,就决不能重建一个形而上学体系,即一个在文化史上占有一席之地的形而上学体系。"①今天我们中国人应该记住他的这句话,只不过,需要把这句话中的"欧洲"改为"中国"!

---

① 转引自[德]洛维特:《从黑格尔到尼采》,李秋零译,三联书店 2006 年版,第 143 页。

附　录

物化通向虚无吗

——马克思与尼采的不同之路

　　"物化"（Verdinglichung 与 Versachlichung）是社会批判理论的常用术语，是理论左派现代性批判采用的范畴，而"虚无"（Nichts）、"虚无主义"（Nihilismus）往往是保守主义阵营现代性批判常用的语汇，是理论右派批判现代资本主义社会时采用的概念。"左"、"右"两派的批评能够通过"物化"、"虚无"这两个范畴融通起来吗？左翼阵营的代表自然应该选择马克思，而右翼阵营的代表我们选择尼采。就他们各自的地位、影响而言，这种选择应该非常恰当。虽然两人分别对物化、虚无问题都有极为深刻的思考，但马克思不用"虚无主义"一词，尼采也不用"物化"一词。马克思对"物化"极为重视，按照卢卡奇、广松涉等人的看法，"物化"甚至是马克思主义哲学最重要的一个范畴。而"虚无主义"显然是尼采理论中最核心的一个概念。"物化"与"虚无"的关系如何，"物化"必然导致"虚无"吗？对于现代性批判理论来说，这应该是一个非常重要的问题，是一个时代性的大问题，一个在马克思、尼采、韦伯、陀斯妥耶夫斯基、屠格涅夫、卡夫卡等思想家、文学家中不断被思考的难题。在本文中，我们探讨马克思与尼采在此问题上的不同理解。

一、物化世界损伤"人"的三种情形

物化世界对人构成一种否定,是一种很流行的意见。人们经常会把这种看法赋予马克思。但这是不妥当的,至少是未能完整地反映出马克思关于物化与人的关系的基本观点。

实际上,物化世界否定的"人",首先是个性人,尔后是权利、尊严意义上的"人",总之是人权、尊严、个性意义上的存在。这种意义上的"人"与物化世界可能产生尖锐的对立与冲突。在《1844 年经济学哲学手稿》的第一手稿中,马克思把劳动的对象化看作是"对象的丧失和为对象所奴役",并招致劳动者的异化。他明确指出,劳动的对象化(Vergegenstaendlichung)就是现实化(Verwirklichung),而"劳动的这种现实化表现为工人的非现实化,对象化表现为对象的丧失和被对象奴役,占有表现为异化、外化。"①由于劳动的对象化直接表现为劳动者的异化,所以,劳动者创造的物的世界就与人的世界直接对立:"工人创造的商品越多,他就越变成廉价的商品。物的世界的增值同人的世界的贬值成正比。"②甚至于,"工人在劳动中耗费的力量越多,他亲手创造出来反对自身的、异己的对象世界的力量就越强大,他自身、他的内部世界就越贫乏,归他所有的东西就越少。宗教方面的情况也是如此。"③显然,劳动创造的物的世界与人本身的世界是对立的。物的世界的扩大和进步并不有利于人的世界的实现,却直接阻碍人的世界的实现。这自然不是指生产关系没有进步、改善,生产力没有增长,而是指伴随着物的世界的增大,"人"的权利、尊严没有得到保障,个性更没有得到尊重和实现;相反,物世界的增大是以牺牲人(劳动者)的正当权利、尊严,贬抑人的个性为代价获得实现的。

---

① ［德］马克思:《1844 年经济学哲学手稿》,人民出版社 2000 年版,第 52 页。
② ［德］马克思:《1844 年经济学哲学手稿》,人民出版社 2000 年版,第 51 页。
③ ［德］马克思:《1844 年经济学哲学手稿》,人民出版社 2000 年版,第 52 页。

后来,当卡夫卡说办公室在杀人,"他们(公务员——引者)把活生生的、富于变化的人变成了死的、毫无变化能力的档案号","到处都是笼子","我身上始终背着铁栅栏",以及"这是精确地算计好的生活,像在公事房里一样。没有奇迹,只有使用说明、表格和规章制度。人们害怕自由和责任,因此人们宁可在自己做的铁栅栏里窒息而死"①之时,他控诉的正是日益合理化的社会对人权、尊严、个性意义上的"个人"的胁迫、排挤、模式化、常规化,控诉个性人、尊严人被社会关系系统(即马克思后来说的社会关系之物)胁迫、忽视和否定。当卡夫卡说"财富意味着对占有物的依附,人们不得不通过新的占有物、通过新的依附关系保护他的占有物不致丧失。这只是一种物化的不安全感"②时,他是在财富之物与人之间作出明晰的区分,否定把人仅仅理解为物的所有者,仅仅以物来注释人。

卡夫卡说物化体系压抑、窒息人,其意思跟青年马克思在《1844年经济学哲学手稿》第一手稿中的上述看法是基本一致的。这种一致表明,青年马克思与卡夫卡所谓与物的世界对立的"人",不是抽取了个性,能够生产和交换普遍的、一般的人类劳动的"劳动者",不是这种"人"的具体的发展权和生存权,而是一般的人权、尊严。不是现代社会中不得不以"物"表征自己的"人",而是高于物的位格之"人"。

在这里,物化世界对"人"的否定有两种情况:第一,"人"被界定为个性之人,物化世界否定的是人的个性;第二,"人"被确定为位格之人,物化世界否定的是人的尊严、人格。资本的内在需要不怎么考虑人的尊严与人格,却把它们纳入资本追求利润最大化的系统之中。只有在有助于利润更大化之时,人的个性、尊严才有利用的价值,但这种价值是一种工具性价值,外在性价值,不是根本价值、内在价值。物化体系没有把人的个性,也没有把人的人格、尊严视为人的内在价值,却根据物体系自己的

① [奥]卡夫卡:《谈话录》,载《卡夫卡全集》第4卷,黎奇、赵登荣译,河北教育出版社2000年版,第312、313、316页。
② [奥]卡夫卡:《谈话录》,载《卡夫卡全集》第4卷,黎奇、赵登荣译,河北教育出版社2000年版,第317页。

内在需要把"人"外在地设定为一种工具,把物体系自己的内在价值追求视为根本价值,并根据这一标准衡量人的价值。物体系的内在价值与人的"内在价值"发生了分离和区别,物化世界的发展已经与人的内在需求之间产生了分化和裂痕。这就是通常所谓人的"物化",是物化世界伤害、否定人的实际情况。在本文第二部分,我们将讨论并指出,按照马克思的逻辑,这不能算物化导致了虚无,不能等于物化世界否定了人:因为"人"不只是个性、位格,也有其他维度的体现和存在,即可以是普遍的、一般的、社会性的"人"。而普遍的、一般的、社会性的"人"恰恰是在现代物化体系中获得实现的。更为重要的是,按照马克思的理论,这种维度上得以实现的"人",将为个性、位格维度上的"人"的进一步实现,奠定基础、准备前提。但按照尼采的看法,物化世界是在压抑、否定富有创造性和个性的人,并通过这种压抑与否定成就一种平庸。这是本文第三部分的主题。

在进入第二、三部分之前,我们不能忘记,物化世界对"人"的否定还存在第三种情况:特定物化产品对人的基本权利(生存)甚至生命构成威胁与否定。一些特殊的人造物开始严重地威胁、敌视人。如核武器、化学武器对人的威胁与消灭。按照京特·安德斯的看法,核武器直接具有毁灭人的效应,所以,核武器的制造和威胁就"……是一种在全球范围内实行虚无主义的罪责。这样我们就得到了我们最后的结论:手中握有原子弹的人是行动中的虚无主义分子"①。在他看来,尽管力图以这样的武器威慑他人的人甚至连"虚无主义"这样的词都没听过,甚至多数人都在私人生活中和蔼可亲、严肃正经,仍不能否认这些武器与虚无主义的内在联系,或它们之中蕴含着的虚无主义质素。"尽管如此他们仍然是虚无主义分子……因为不管他们知道与否、愿意与否,事实上他们信奉的是完全另一种哲学和遵循完全另一种伦理道德:物的哲学和物的伦理。因为在'客观精神'的招牌下出现了一条公式:'人人都要遵循他所拥有的物的

---

① ［德］京特·安德斯:《过时的人》第 1 卷,范捷平译,上海译文出版社 2010 年版,第266—267 页。

原则'。"安德斯的意思是:"谁占有了物,他就拥有了这个物的准则,拥有原子弹的人也同样拥有它的准则。这与人是否情愿无关。"①看来,从物化通向虚无,还有安德斯这里所说的这种路线:从人们所制造的"物"中产生出来了一种毁灭性力量,使得最有意义的生命存在可能瞬间变成虚无。而且,这还不是指制造需要、生产着我们的需要的"物"泯灭了人的尊严、人格与个性,而是直接制造出了一种可怕的毁灭人的生命的力量,一种直接可以消灭人的力量。也就是说,原先的虚无主义是把人的尊严、人格、个性、精神泯灭或虚无化,现在则是更实在的虚无主义力量是把人的身体、物质生命虚无化! 这是比通常所谓以否定人的崇高价值为特点的"虚无主义"更严重的另一种"虚无主义",即以否定人的基本生命,否定人的基本权利、价值为特点的"虚无主义",是突破了更低底线的"虚无主义"。

二、物化不通向虚无,物化可以促进"人"的实现

马克思时代没有核武器、化学武器,他不可能从这个角度思考物化与虚无的关系。而且,我们知道,虚无主义还构不成马克思理论的核心关注,或者说,虚无主义在马克思的历史唯物主义中并不构成非常严峻的根本问题。在《德意志意识形态》批判施蒂纳时,他认为那是小资产阶级空虚、无力的表现;而在《资本论》及其手稿中剖析资本的逻辑时,他认定资本为了获取利润消解一切神圣和崇高,那是资本逻辑的必然产物。而资本孕育出的虚无、空虚并不覆盖到一切阶级身上,却只体现在逐步丧失历史进步性的资产阶级身上。在历史上必有所作为的无产阶级不会受到它

---

① [德]京特·安德斯:《过时的人》第 1 卷,范捷平译,上海译文出版社 2010 年版,第267、272 页。

的浸染和困扰。对无产阶级来说,物化并不必然导致虚无,物化财富却为一个更理想、更崇高的共产主义社会奠定充足的物质基础,而不是相反地否定和消解这个社会。不过,物化并不一定导致虚无,其缘由首先还不是无产阶级不会像小资产阶级和大资产阶级那样摆脱不了虚无,①更是因为,在马克思那里,"物化"并不是一个完全负面的概念,而也意味着促进效率提高,促进"人"的一种实现,并为"个性人"、"位格人"、"尊严人"的进一步实现提供基础。

在《资本论》及其手稿中,劳动的对象化得到肯定,被归于一般的商品社会中:在一般的商品生产中,"对象化在交换价值中的劳动把活劳动变成再生产自己的手段,而起初交换价值只不过表现为劳动的产品"②。只有在资本主义特定条件下,"物的价值则只能在交换中实现,就是说,只能在一种社会关系中实现",也就是说,这种对象化的实现越来越依赖一种严密、复杂、发达的社会关系系统,依赖分工、交换体系,由此才导致物化(Verdinglichung)、物象化(Versachlichung)。物的实现取决于社会交换体系的认同,而社会交换体系越来越不是直接的物的交换,却体现为日益复杂的事务操作体系。这个体系越来越规范化、精确化、程序化、法制化、"对事不对人"化,越来越不随意化、人情化、"对人不对事"化,越来越不受人的个性、情感等主观品质的影响。这个事务操作体系的效率影响着物的实现,并且使得几乎所有的人事都与事物、事务纠缠在一起,以至于"人"与"事物"(Ding)及"事务"(Sache)都分不开了。人纠缠于物、事之中难以自拔,人被物化、事化了。于是,"人"不仅仅是个性存在,完全可以是一种一般的社会性存在。通过社会生产、交换体系得以实现的"人"是一种普遍性、共通性意义上的"人"。马克思特意申明,个性不参与商品的社会生产与交换过程。他指出,在现代交换体系中,交换者基于一种抽象的等价置换体系被视为价值相等的抽象人:"他们本身是价值相等的人,在交换行为中证明自己是价值相等的和彼此漠不关心的

---

① 相关分析请参见本书第六章、第七章。
② 《马克思恩格斯全集》第30卷,人民出版社1995年版,第220页。

人。……他们只是彼此作为等价的主体而存在,所以他们是价值相等的人,同时是彼此漠不关心的人。他们的其他差别与他们无关。他们的个人的特殊性并不进入过程。"①显然,这种意义上的"人"获得社会实现得益于日益发达的物象化(Versachlichung)系统,得益于这一系统的规范化、精确化、程序化、法制化特质。是由于这一系统日益发达的这一合理化特质才使得物的生产、交换的规模和质量不断提高,使得"人"在这种社会性的意义上不断获得实现。由此,不能仅仅在个性、特殊性的意义上界定"人"了,"人"的内涵通过社会性得以大大扩展,通过物化、物象化系统得以丰富和扩展。在社会交换体系日益复杂化、规范化,即越来越物象化的现代社会中,必须参与而且越来越多地参与社会交换的劳动者,作为主体"都作为全过程的最终目的,作为支配一切的主体而从交换行为本身中返回到自身。因而就实现了主体的完全自由"。显然,这里通过社会交换获得"自由"的"主体"是遵从、认同了物化、物象化社会交换体系的"人",用马克思的话说,"作为这样的人,他们不仅相等,他们之间甚至不会产生任何差别。他们只是作为交换价值的占有者和需要交换的人,即作为同一的、一般的、无差别的社会劳动的代表互相对立。……每个主体所给出的和获得的是相等的东西……"②由此而言,对于成熟时期的马克思来说,物化(Verdinglichung)与物象化(Versachlichung)不再仅仅是负面的东西,而是既具有历史进步性又具有负面性,既在普遍性、一般性维度上实现人又在个性、特殊性意义上压抑人的一个历史性范畴。③

这意味着,社会关系之物与物理意义上的财富之物成全的是普遍的、一般的、抽取了个性和其他特质的人,不是个性之人。众所周知,在《资本论》时期的马克思看来,这种普遍的人恰恰是人的自我实现过程中必经的历史阶段,个性之人的被压抑是难以避免的历史性现象,不能完全否定这种现象的历史进步意义。因为,物化的人也就是"以物的依赖性为基础的人",这样的人比"人的依赖关系"下的"人"更发达,并且跟"普遍

① 《马克思恩格斯全集》第31卷,人民出版社1998年版,第359页。
② 《马克思恩格斯全集》第31卷,人民出版社1998年版,第358页。
③ 具体论述参见本书第十章。

的社会物质变换、全面的关系、多方面的需要以及全面的能力的体系"相适应,只有在这样的社会形态中,才会为自由个性得以实现的未来理想社会奠定坚实基础。① 这是马克思三大社会形态论的基本内涵。

这里的关键是,"人"不能再仅仅理解为个性之人,不能只是在尊严、人格意义上界定"人",也应同时在抽取了个性,能够生产和交换普遍的、一般的人类劳动的"劳动者"与"交换者"的意义上界定"人"。从而,不仅把个性实现、人格得到尊重视为"人"的实现,也把自己的劳动通过社会交换获得实现,自己的法权在政法实践中获得实现同样看作"人"的实现。从历史发展的角度看,人经历一个物化阶段是必需的、无法避免的。正如艾萨克·鲁宾所说的,"马克思不是仅仅表明人与人的关系被物与物的关系所掩盖,更准确地说,是表明在商品经济中,社会生产关系不可避免地采取物的形式,并且除了通过物不可能有其他的表达"② 。以物表现人在现代社会中无法避免,在历史上首先是应该"进步"现象,只有在社会进一步发展的要求这个意义上才是一个批判性概念。也正是因为如此,马克思在《资本论》及其手稿中使用更多的 Versachlichung 一词经过韦伯等社会理论家在 20 世纪的中转之后已经逐渐丧失了批判性含义,变成一个中性词了。倒是马克思在《资本论》及其手稿中使用较少的 Verdinglichung 一词现今仍然是一个批判性概念。

众所周知,启蒙主义和浪漫主义对"人"的理解各不相同。他们分别从普遍性维度和个别性维度上界定"人",但两者不是绝对对立,完全可以获得统一。马克思的人论显然是致力于把偏重普遍性维度的启蒙主义人论跟偏重个性维度的浪漫主义人论统一起来,不再重复他们各自仅仅在一个维度看待"人"的片面与极端。不能因为"物化"体系跟个性、人格意义上的"人"有所抵触、冲突,就一概地判定物化体系具有敌视人的虚无主义性质。社会物(社会关系系统)的日益合理化带来的另一种"物化",即马克思、韦伯所谓的 Versachlichung(物象化、事化),完全可以成就

---

① 《马克思恩格斯全集》第 30 卷,人民出版社 1995 年版,第 107—108 页。
② 转引自[英]贾斯廷·罗森伯格:《市民社会的帝国》,洪邮生译,江苏人民出版社 2002 年版,第 203 页。

普遍性维度上的"人"获得实现，从而使"物化"导致"人"的实现，而不是相反。

在这个意义上，如果说物化导致虚无不仅是指物化体系贬抑个性、人格，而且还可以系指核武器、化学武器对人生命的杀伤，可以系指往牛奶里注入三聚氰胺，往食品里加入塑化剂，往蔬菜上注入剧毒农药，为了追求自我利益最大化而置人的生命这种最基本的价值于不顾，把物的价值置于人的基本价值之上，那么，我们也完全可以说，之所以出现这类情况，恰恰是因为制度化的社会关系（社会物）系统合理化水平还不够高，不够发达所致。也就是说，制度化社会关系系统合理化水准的提高，这种意义上"物化"（即平常所说的两种"物化"之一种的"物象化"）水平的提高，恰是杜绝出现物化敌视人、杜绝物化导致虚无的正常渠道！这恰恰意味着，合理、全面地理解"物化"，把它包含的两种情形 Verdinglichung 与 Versachlichung 区分开来，明晰各自不同的内涵与功能，以及其中的复杂性，才是避免"物化压抑人"、"物化导致虚无"等简单结论的关键所在。

三、个体与共同体的统一遏制、抵制虚无主义

资本的逻辑必然衍生出虚无主义，劳动的逻辑如何避免和拒斥虚无主义？马克思寄希望的未来新人（无产阶级）如何避免和超越虚无主义？如果说，无产阶级超越虚无主义的物质基础可以在资本的发展中奠基起来，那么，于此物质基础之上在自由时间中争取自由和解放的"无产阶级"，能否避免虚无主义，就主要有两种情形：一是如何避免与个人主义衍生出来的相对主义密切相关的那种虚无主义？二是如何确立无产阶级的崇高价值？无产阶级的价值信仰如何可能？

马克思遏制和拒斥虚无主义的武器主要有两个：个体与共同体相结合论；历史进步论。

　　就前者来说,确如戈德曼所说,马克思主义对未来理想社会的信仰不再具有传统意义上的超验性,或者"这种信仰的超验性不再是超自然的,也不是历史之外的,而是超个人的"。仅仅是超个人的信仰根源于历史的内在规律,因而"是用关于历史和人类前途的内在性打赌来反对关于超验的上帝的永恒与存在的悲剧性打赌",①如此一来,历史发展的内在规律如何跟自由、独立的个人相协调? 这就是一个很关键的问题。立足于个体维度的生存论,不同个人之间就会衍生出相对主义麻烦来。而超越这种生存论,上升到历史整体角度,或把个人规整进历史之中,那又如何使整体不至于强迫个人,使个人与共同体协调统一,使共同体成为马克思所谓真正的共同体? 在历史规律的基础上规避不同个人理想之间的价值相对主义问题如何避免强制和胁迫? 如果个人优先(这越来越得到更多认可),那又如何规避相对主义?

　　个人能自立自足,由此招致出来的相对主义会致使启蒙过后的各个个人都无所畏惧,相对主义导致害怕的丧失:"马克思在某种程度上知道,这种状况很可怕:现代的男女们因为没有了可以制止他们的恐惧,很可能什么事情都做得出来;由于从害怕和发抖中解放了出来,他们就可以自由地踩倒一切挡道的人,只要自我利益促使他们这样做。但马克思也看到了没有了神圣的生活的优点:它带来了一种精神上平等的状况。"②

　　在伯曼看来,尽管面临着相对主义的可怕结果,对虚无主义问题作出比尼采更为深刻思考的马克思还是把"个人自身的全部能力的发展"当作是未来理想社会的基本规定。为此,马克思不惜远离从柏拉图开始的传统共产主义理论,不再接受他们"将自我牺牲神圣化,不信任或憎恶个性,盼望一个结束一切冲突和斗争的静止点"的观点,却主张自由个性,而这"更接近于他的某些资产阶级和自由主义的敌人"。③ 在我看来,马

---

　　① 〔法〕吕西安·戈德曼:《隐蔽的上帝》,蔡鸿滨译,百花文艺出版社 1998 年版,第 122 页、62 页。

　　② 〔美〕马歇尔·伯曼:《一切坚固的东西都烟消云散了》,徐大建、张辑译,商务印书馆 2003 年版,第 148 页。

　　③ 〔美〕马歇尔·伯曼:《一切坚固的东西都烟消云散了》,徐大建、张辑译,商务印书馆 2003 年版,第 126 页。

克思对自由个性的接受与赞扬不能无限扩大。他对施蒂纳的坚定批评意味着,马克思十分警惕自由个性极端化所引发的多元等价意义上形成的相对主义、虚无主义。他非常清楚,一旦施蒂纳把个性自由推至极端的逻辑可以成立,他的共产主义理论自然就不再有可能。所以,他的策略自然是,对近现代自由个性的接受不是无限的,而是具有限度的。只有在一定的合理限度内,才能赞扬自由个性。也就是说,归根结底,他重新回到了古典的个体与共同体协调一致的路子。这种个体与共同体协调一致,既能保证个人自由又能保证共同体精神的新的共同体,被马克思和恩格斯称为"真正的共同体"。在其中,个人能够驾驭物化的力量,能够获得个人自由,能够获得全面发展:"只有在共同体中,个人才能获得全面发展其才能的手段,也就是说,只有在共同体中才可能有个人自由。……在真正的共同体的条件下,各个人在自己的联合中并通过这种联合获得自己的自由。"①这样,如麦卡锡所说,马克思与亚里士多德一样,都主张"只有在共同体中,人才有机会成为真正的人"②。如果说现代思想是接受了斯多葛派的自我保存原则,现代社会是这个原则的大扩张,那么马克思的理想显然是更接近柏拉图—亚里士多德传统。个体与共同体的结合是柏拉图和亚里士多德的主张,古代斯多亚学派才主张自我保存是自然的和基本的。自霍布斯和斯密以来的现代理论就是继承了斯多亚学派的这一观点。进化论也是在这个基础上发展起来的。而如果按照柏拉图和亚里士多德的看法,这是把人贬低到初始阶段的路子。③

个体与共同体的有机结合,是马克思理想社会的基本特征。离开这个结合注释马克思,会偏离基本方向。比如阿伦特就仅仅立足于个人自由看待马克思的理想社会,认为"马克思的共产主义含有深刻的个人主义基础,她也理解,这种个人主义可能会导向何种虚无主义。在每个人的自由发展乃是一切人的自由发展的条件性质的共产主义社会中,什么东

---

① 《马克思恩格斯选集》第1卷,人民出版社2012年版,第199页。
② [美]麦卡锡:《马克思与古人》,王文杨译,华东师范大学出版社2011年版,第226页。
③ [德]A.施密特:《现代与柏拉图》,郑辟瑞、朱清华译,上海书店出版社2009年版,第78页等相关分析。

西将把这些自由发展的个人捏在一起呢?"①据此,她批评"马克思从来没有发展出一种关于政治共同体的理论",甚至过于简单地看待了现代政治的复杂性和异质性。如果仅仅立足于现代个人自由原则,的确会衍生出一种虚无主义困境。像为马克思辩护的伯曼所担心的那样,无产阶级从资产阶级的虚无主义中挣脱出来之后,"很容易想像,一个致力于每一个人和所有的人的自由发展的社会,会怎样地发展出它自己的独特的各种虚无主义的变种"②。但从另一角度看,我们完全可以反过来为马克思辩护:在现代虚无主义的背景条件下,自由的现代人如何能够创造出一种既有理性基础又有凝聚力的政治联系呢? 马克思深知必须抑制个人主义及其进一步引发的相对主义、虚无主义后果,克服无产阶级成员彼此之间的冷漠,并致力于建立一种新的共同体。在这种共同体中,成员之间的联合将克服个体与共同体的矛盾,重现希腊古典的个体与共同体的和谐统一。对这种未来会实现的统一,马克思和恩格斯不会描述很多。③ 可以设想,一个个人与共同体协调统一的理想社会,可以成功地遏制和消除相对主义衍生出来的虚无主义。完全立足于个体自由论来解读马克思,是会把马克思自由主义化甚至无政府主义化的,并进一步把马克思推向相对主义、虚无主义困境的,因而是非常不合适的路径,尽管这一路径似乎得到越来越多人的青睐。

就遏制和拒斥虚无主义的第二个武器来说,马克思和恩格斯关注的是当时的无产阶级。他们认为,当资产阶级以既定利益的维护者形象放弃了先进的哲学、理论之时,无产阶级却保持着与先进的哲学、理

---

①　[美]马歇尔·伯曼:《一切坚固的东西都烟消云散了》,徐大建、张辑译,商务印书馆2003年版,第164—165页。

②　[美]马歇尔·伯曼:《一切坚固的东西都烟消云散了》,徐大建、张辑译,商务印书馆2003年版,第147页。

③　克拉科夫斯基曾把这种统一描述为"不是以消极利益纽带为本、而是以同别人交往的独立、自发的需要为本的共同体";在其中,"每个人同整体自由地融为一体","强迫和控制是不需要的","统一体里的个人把自己的力量直接当成社会力量",原则上是合乎统一精神的。参见[波]克拉科夫斯基:《马克思主义的主流》(一),马元德译,远流出版事业股份有限公司1992年版,第464页。他认为这是马克思受浪漫主义思想影响的表现。18、19世纪的整个浪漫主义思想几乎都主张有机共同体的社会观,质疑工商业社会的个人主义性质。

论的密切联系。无产阶级是继资产阶级之后推动历史前进的新历史主体。1886 年,恩格斯在《费尔巴哈与德国古典哲学的终结》中断定,德国工人阶级是德国古典哲学的真正继承者,是辩证法的继承者。德国有教养的阶级逐渐抛弃了理论,逐渐失去理论兴趣,"而在包括哲学在内的历史科学的领域内,那种旧有的在理论上毫无顾忌的精神已随着古典哲学完全消失了;起而代之的是没有头脑的折衷主义,是对职位和收入的担忧,直到极其卑劣的向上爬的思想"。与利欲熏心、唯利是图的资产阶级失去理论兴趣同时发生的,是工人阶级对哲学和科学兴趣的继续和增长,"德国人的理论兴趣,只是在工人阶级中还没有衰退,继续存在着。在这里,它是根除不了的"。工人阶级的本质存在、历史使命,决定了它的根基中就存在着这种兴趣,恩格斯坚信,"在这里,对职位、牟利,对上司的恩典,没有任何考虑"。德国工人阶级对科学精神,对哲学辩证法,都具有天生的内在联系,一句话,"德国的工人运动是德国古典哲学的继承者"①。这是无产阶级可以避免虚无主义的基本理由。

四、物化通向虚无:尼采对现代
文明本质与前景的认定

马克思看好现代文明的前景,认定它的潜力会随着无产阶级的解放得以进一步释放。尼采以及随后的马克思·韦伯却开始放弃这种乐观主义信念,担忧日益物化、合理化的现代社会会陷入平庸化,使得富有创造力的精英人物越来越受到约束,失去自由的创造性空间,以至于深深忧虑现代文明会陷入虚无主义。

我们没有发现尼采使用"物化"(Verdinglichung 与 Versachlichung)

---

① 《马克思恩格斯选集》第 4 卷,人民出版社 2012 年版,第 265 页。

概念,但在他对现代社会专门化、机器化、客观化、制度化、安全化的批评中,显而易见存在着一种对这种现代物化体系的不信任和批判,以及对更新和创生一种给创造、全面发展、风险、自由留有更大空间的新文化的强烈希冀。在尼采的眼里,物化体系明显体现为中下层人团结起来对高等人的统治与约束,体现为中下层人对安全、保险、按部就班、专门化技能、严格秩序、顺从、谦让、宽容等品质和价值的喜爱,同时也是对风险、实验、创新、虚无化既定约束、除旧布新、痛苦、孤独等品质和价值的惧怕。一句话,在尼采的眼里,物化体现着一种体系、制度基于安全和保险的完善化,体现着一种中下层人价值与品质的甚嚣尘上,体现着传统西方文明自古代以来沿着柏拉图主义的方向不断深化、不断成功,因而最后功德圆满、即将退出历史舞台并被另一种新文化替代的时代交替,体现着旧文化退出、新文化正在创生的"虚无主义"空间。这个空间,既是旧文化和旧价值的逐渐泯灭,更是新文化的不断孕育。

　　在《敌基督者》中,尼采曾把人分为三个等级:第一等是侧重精神的、创造性的高贵者;第二等是正义的守护者,秩序、安全的守护人,最具精神性的执行人,是第一等级的追求者;第三等的种姓则是大多数人的平庸。尼采并不认为平庸有什么不好,反而认为大多数人就是处在这样的层面上,是很自然的。尼采认为,处在越高级别上的人,就承担得越多,越需要责任、抗风险的能力、可能忍受痛苦与孤独以及创造、个性、不固执于日常意识形态偏见等等能力和品质。尼采说:"生命向高处攀登总是变得越来越艰难——寒冷在增加,责任制增加。一种高级的文化是一个金字塔:它只能奠基在一个宽大的地基上,它首先必须以某种强有力、健全稳固的平庸为前提。手工业、贸易、农业、科学、绝大部分艺术,一言以蔽之,全部职业活动的总和,都仅仅是与平庸者的能力和追求相适应;这样的职业活动似乎不适合与众不同的人。"大多数人就应该有一个相对固定的职业,"掌握一门手艺、专业化是一种自然本能。一种更深刻的精神,完全不值得对平庸本身表示抗议。为了使与众不同者存在,首先需要平庸;平庸是高级文化的条件。当与众不同的人对待平庸者比对自己和同类更温和,这不仅仅是心灵的礼貌——这直接是他的义务……"①

显然，尼采并不像很多人理解的那样反感第三等级的人，反而认为这一等级的人是很自然的大多数，没有什么值得谴责和批评的，他反对和批评的只是，把这一等级的品质和价值作为唯一和至高标准对更高的两个等级进行挖苦、讽刺、反对，特别是还采取一种美化自己的、很虚伪的意识形态形式：明明自己是出于怨恨、嫉妒，还想出一些美化自己的理由，把自己说成是善和美的，是崇高和伟大的，而把自己达不到的更高等级的那些品质和价值说成是危险的、恶的。按照尼采的看法，第三等级顺从、支持更高等级是很自然的事，反对和反抗更高等级则是不自然和不合理的事。由此，尼采反对所有鼓吹平等的理论，认为它们颠倒了这个自然秩序和逻辑，把世界弄得不像本来的样子。"不正义从来不在于权利的不平等，而是在于对'平等'权利的要求……"②平等是软弱者的嫉妒、复仇、怨恨、恐惧。无政府主义和基督教尤其如此。我们知道，物化体系不断致力于把生产关系、社会关系规范化、精确化、程序化、法制化、"对事不对人"化，就是为了提高生产效率，就是为了提高社会公平、社会平等的水准，使更多的人（特别是底层民众）享受到更多更好的社会保障和服务，享受到更多的社会发展成果。在这个意义上，按照马克思的观点，这是一个良好社会的基本标志。但在尼采看来，对平等的现代要求似乎过了头，特别是关于平等的意识形态成了敌视和否定最有能力的人创新的紧箍咒，这就是现代文化的内在弊端和需要调整之处。

尼采认为，在这种日益凸显制度、机器的关键作用，让人按部就班、平平庸庸，抹杀个性、创造、冒险的物化体系中，人，特别是富有个性和创新性的人，会变得渺小、适应、被动地就范于专门化牢笼。为此，尼采强调，需要相反方向的运动，也就是"产生综合的、累加的、有充分理由的人，人类的机器化是这种人存在的前提，作为一种底架，这种人能够在它的上面为自己构筑更高的存在形式。"③正像尼采认定"虚无主义"意味着旧价值

---

① 尼采：《敌基督者》，载吴增定：《〈敌基督者〉讲稿》，三联书店2012年版，第252页。
② 尼采：《敌基督者》，载吴增定：《〈敌基督者〉讲稿》，三联书店2012年版，第253页。
③ ［德］尼采：《重估一切价值》，林笳译，华东师范大学出版社2013年版，第967页。

的失效和新文化新价值的创造,因而这个概念可以喻示着积极功效一样,尼采也这样看待"物化",认为"物化"可以是积极的"物化":正是因为人都面临着物化的命运,才需要超人的塑造,需要超人来带领众人走出物化。"物化"、"物化"的人正是产生伟人的理由和契机所在。"超人"就是一种不仅超善恶、超越自己、不断创造的人,而且也是超越物化体系的人。

尼采强调,安全、保险、过早的知足,会造成一种退化,并形成一种枷锁阻碍创造性和伟大的创生。他指出:"这将成为一种可怕的精巧的枷锁:如果最后没有炸开枷锁,没有一下子粉碎所有爱与道德的束缚,那么,这种精神将会枯萎、缩小、女性化、客观化。"①物化体系会消灭生命的风险性特征,会逐渐走向衰落与毁灭。"舒适、安全、恐惧、懒惰、胆怯,这些东西试图取消生命的危险特性,并想对一切进行'组织',——经济科学的虚伪。如果存在巨大的危险,人这种植物在不安全的情况下生长得最茂盛:当然,大多数人在这种情况下会走向毁灭。"②物化体系塑造了一种对大多数人日益安全的保护体系,使得人失去冒险和创造的勇气,变得更加懦弱、标准、按部就班。尼采认为,如果普遍规范抑制创造、扼杀战斗精神和生命力,那它就导向虚无,"把一种法律规范想像成绝对的和普遍的,不是把它当作权力联合体的战斗武器,而是把它当作反对所有战斗的武器(……),这是一种敌视生命的原则,是对人的败坏和瓦解,是对人类未来的谋杀;是一种疲惫的象征,一条通向虚无的秘密路径。"③

这样,在马克思认为物化不会造成虚无主义的地方,尼采认为会造成萎缩和衰落,是虚无主义:既是衰落的开始,也是需要和呼唤创造的开始,意味着双重的意义。

由此,塑造超人是时代的使命和要求。这势必造成痛苦、磨难,遭受蔑视,重估价值的风险。但这对于超越日益失去创造力的旧文化而言,都是值得的。只要为了呼唤和塑造超人,承担、经受痛苦,承担风险,历经磨难,都是具有正价值、正能量的,"培养更好的人造成更加巨大的痛苦。

---

① ［德］尼采:《重估一切价值》,林笳译,华东师范大学出版社 2013 年版,第 969 页。
② ［德］尼采:《重估一切价值》,林笳译,华东师范大学出版社 2013 年版,第 970 页。
③ ［德］尼采:《论道德的谱系》,周红译,三联书店 1992 年版,第 55 页。

在扎拉图斯特拉那里展示了这种过程作出必要牺牲的理想:离开家乡、家庭、祖国。在占支配地位的风俗的蔑视下生活。尝试与失误的折磨。摆脱陈旧的理想提供的一切享受(人们尝到了它们充满敌意、格格不入的滋味)"①。其实,早在《悲剧的诞生》中,尼采就批评了追求神机妙算、廉价乐观主义,崇尚理性、知识的现代文化,认为这种文化始自苏格拉底,通行于亚历山大里亚。而整个现代人都沉湎于这种文化:"我们整个现代世界被困在亚历山德里亚文化的网中,把具备最高知识能力、为科学效劳的理论家视为理想,其原型和始祖便是苏格拉底。"②尼采认为这种文化已经发育成熟,使整个社会直至底层都在追求神机妙算,向往廉价乐观主义,是一种有利于底层人而抑制(甚至扼杀)富有创造力的超人的文化。它的最大问题就是不断孕育出了虚无主义,把一切(特别是低等的、低俗的)都视为有价值的、有平行和同等价值的,失去了对崇高精神的追求,日益诉诸例行化、稳固化、制度化的僵化体系,是一种逐渐衰落、枯萎,不敢冒险、害怕悲剧与痛苦的文化。

当然,对尼采来说,物化导致的虚无不见得是坏事,相反,虚无是通往创造的契机。旧文化的衰落、泯灭,是更富有创造力的新文化孕育和创生的温床。"无"既是原有价值的虚化,同时也是新价值、新文化摆脱羁绊获得的生长空间。

结论——反思现代性的两种模式:马克思与尼采

马克思与尼采对"物化"和"虚无"的两种不同态度,象征着两种不同的现代性反思。可以说,马克思相信现代文明的进步性,相信现代文明的

---

① [德]尼采:《重估一切价值》,林笳译,华东师范大学出版社2013年版,第969页。
② [德]尼采:《悲剧的诞生:尼采美学文选》,周国平译,三联书店1986年版,第76—77页。

进一步发展会约束、提升、改变人的一些自然本性和事实。他在这种约束、提升、改变中看到了理想社会到来的必然性和希望。而尼采则认为，文明与自然的关系需要进一步地反思。文明、文化是在约束、提升、改变自然事实，但似乎有自己的限度，或者对这种限度，尼采主张不要夸大，而是给予认真的估计。当一种文明所伸张、推崇的价值与自然本身的倾向相违背时，就表示这种文明陷入了颓废和虚无的境地，就需要调整改进了。按照尼采的看法，现代西方文明恰恰就陷入了这种境地。用来文饰、矫正自然本能、欲望的文明质素，是一种弱者、失败者的素质，与大自然的进化倾向是相反的、对立的。于是，这种对自然的约束、提升、改变、矫正，就具有了敌视强大、健康、活力，以数量战胜质量，以平庸取代高贵，并培育软弱、渺小、颓废的功能。当文明不是推崇健康、强壮、富裕、卓有成效、勇于进取之时，就是陷入了所谓的虚无主义，表明这种文明迫切需要重建和改变了。马克思和尼采都相信资产阶级陷入了虚无主义，无可救药，但马克思认为继资产阶级之后的无产阶级不会重蹈资产阶级的虚无主义之路，而尼采则认为虚无主义是现代的宿命，甚至是整个西方文明自古至今发展的必然逻辑，浸染了现代文化的任何一个阶级都无法避免。尼采相信，只有在克服这种虚无主义的基础上，才有可能获得重生，也就是说，走出虚无主义是现代人的一项极为艰难的选择，没有必然成功的好命运伴随。与马克思认为无产阶级是在资产阶级现代世界中浴火重生一样，尼采也认为超越资本主义的超人也能在现代文化中孕育生成。超越资本主义世界是两人共同的判定和追求。马克思则相信，物化、物象化既是一种进步又是一种阻碍，是处在历史发展过程中的一个承前启后的阶段所呈现出的特殊现象，既不能完全肯定，也不能完全否定。应该通过生产关系、社会关系的完善与调整，释放其中蕴含着的解放性潜力，把现代社会中蕴含着的理想发掘出来，使之获得进一步的实现。现代社会没有穷尽在解放、自由等方面的巨大潜能，进一步的调整和变革所能释放出的能量足以建立一个理想社会。而尼采则认为，西方文明自苏格拉底开始，自柏拉图主义与基督教文化结合开始，发展到现代，已经步入了衰退的阶段，进入了虚无主义的时期，内部的潜力释放不足以建立一个更高贵的文化，所以,希望只能定位于迎接新文明的创生。

其实,在我看来,两人的角度从表面上看是不一样:马克思着重的是大多数人,特别是中下层的普通人;而尼采看重的是少数精英,或者富有创造性的超人。其实,对马克思来说,无产阶级也是承担重担,具有创建未来能力的强者。马克思只是着重于让它为更多人担责,至于能力、素质和态度,与超人存在很多类似。尼采不把为更多人担责看得很重,不是因为他不重视这一点,只是因为在尼采看来,为更多人担责是超人的自然品质,是最自然不过的事,是不言而喻的。从此来看,只是两人的着重点不同而已。他们各自都有自己的理由来支持自己的见解,但各自也都有理由坐下来听听对方的看法。两个人可以相互批评,更可以相互补充。

第二,现代性批判所采用的角度不同:马克思采取的是经济角度,展开的是政治经济学批判,最后从社会性角度施展对现代资本主义的批判;而尼采采取的是文化角度,展开的是一种心理学的批判,最后从自然、本能、欲望结构、意志的角度施展对资本主义社会的批判。马歇尔·伯曼从现代社会中经济起着关键作用的角度出发,认为:"对于现代资产阶级社会的虚无主义力量,马克思的理解要比尼采深刻得多。"[1]不过,两人对于资本、资本主义命运的判定是一样的,对于依靠一种未来新人的崭新力量才能克服、纠正这种陷入虚无的社会的判定,也是极为类似的。马克思认为施蒂纳式的虚无呻吟是现实中软弱无力的德国小资产阶级思想理论层面的表现;而资本的逻辑中必然孕育和展现出的空虚、虚无化则是整个资产阶级的历史命运。接着资产阶级创造历史的无产阶级不会面临虚无主义困境,无产阶级会开创世界历史的新纪元。尼采虽不同意无产阶级创造历史的未来新人品格,却也把超人视为克服虚无主义的未来新人。在未来新人不受虚无主义困扰方面,两人是基本一致的。面对基督教世界的衰落,他们都坦然接受,并无惋惜和忧虑,反

---

① [美]马歇尔·伯曼:《一切坚固的东西都烟消云散了》,徐大建、张辑译,商务印书馆2003年版,第144页注。

而都积极地在这种衰落中探寻更好更高的新世界。在资产阶级创造的世界中,他们都找不到希望,所以都把希望寄托在对资产阶级世界的进一步改造和超越上。

主要参考文献

著 作 部 分

一、关于虚无主义的理解

［1］Winfried Weier.Nihilismus Geschichie,System,Kritik.Ferdin and Sclmingh,1980

［2］Hans Jürgcn Gawoll.Nihilismus und Metaphysik.Gunrher Holzoog:Friedrich Frommann Verlag,1989.

［3］Stanlcy Rosen.Nihilism:A Philosophical Essay.Ncw Havcn and London:Yale Universiry Press,1969.

［4］Walre G.Neumann.Die Philosophie der Nichts in der Moderne Sein und Nichts bei Hegel,Marx,Heidegger und Sartre.Copyright Verlag die blaue cule Esscn,1989.

［5］Charlcs Taylor.Negative Freiheit:neuzeitliche Individualismus.Frankfurt am Main:Suhrkamp Verlag,1988.

［6］Jin Woo Lee. Politische Philosophie des Nihilismus. Berlin: Walter de Gruytcr,1992.

［7］Joachim Ritter und Karlfried Gründer(Hg.).Historisches Wörterbuch der Philosophie,Band 6.Basel/Stuttgart:Schwabe &.Coag Verlag,1984.

［8］Joachim Ritter, Karlfried Gründer und Gottfried Gabriel (Hg.). Historisches Wörterbuch der Philosophie,Band 11.Basel.

［9］Albert Kopf,Der Weg des Nihilismus von Friedrich Nietzsche bis zur Atombombe. K.G.Saur Verlag GmbH &.Co.KG,1988.

［10］斯坦利·罗森:《虚无主义:哲学反思》,华东师范大学出版社 2019 年版。

［11］斯坦利·罗森:《存在之问:颠转海德格尔》,华东师范大学出版社 2020 年版。

［12］伯纳德·雷金斯特:《肯定生命:尼采论克服虚无主义》,华东师范大学出版社 2020 年版。

［13］刘森林、邓先珍主编:《虚无主义:本质与发生》,华东师范大学出版社 2020 年版。

［14］王俊:《于"无"深处的历史深渊》,浙江大学出版社 2009 年版。

［15］[荷]伊恩·布鲁玛、[以]阿维塞·玛格里特:《西方主义——敌人眼里的西方》,张鹏译,金城出版社 2010 年版。

二、马克思、马克思主义相关部分

［1］[德]马克思:《资本论》第 1 卷,中国社会科学出版社 1983 年版。

［2］《马克思恩格斯全集》第 1 卷,人民出版社 1995 年版。

［3］《马克思恩格斯全集》第 2 卷,人民出版社 1957 年版。

［4］《马克思恩格斯全集》第 3 卷,人民出版社 1960 年版。

［5］《马克思恩格斯全集》第 4 卷,人民出版社 1958 年版。

［6］《马克思恩格斯全集》第 17 卷,人民出版社 1963 年版。

［7］《马克思恩格斯全集》第 26 卷,人民出版社 1975 年版。

［8］《马克思恩格斯全集》第 30 卷,人民出版社 1995 年版。

［9］《马克思恩格斯全集》第 31 卷,人民出版社 1998 年版。

［10］《马克思恩格斯全集》第 46 卷,人民出版社 2003 年版。

［11］《马克思恩格斯选集》第 14 卷,人民出版社 1995 年版。

［12］Karl Marx Friedrich Engels Werke.Band 25,Berlin:Dictz Verlag,1972.

［13］Karl Marx Friedrich Engels Werke.Band 42,Berlin:Dictz Verlag, 1983.

［14］Heinz Dieter Kittstcincr.Mit Marx Für Heidegger Mit Heidegger Für Marx,Wihclm Fink Verlag,2004.

［15］《费尔巴哈哲学著作选集》上下卷,荣震华、王太庆等译,商务印书馆 1984 年版。

［16］Ludwig Feuerbach, Das Wesen des Christentums, Stuttgart:Philipp Reclam Jun.,1957.

［17］[德]麦克斯·施蒂纳:《唯一者及其所有物》,金海民译,商务印书馆 1989 年版。

［18］Max Stirner.Der Einzige und sein Eigentum:Stuttgart Philipp Reclam jun.,1972.

［19］［波兰］克拉科夫斯基:《马克思主义的主流》(一),马元德译,远流出版事业股份有限公司 1992 年版。

［20］Kolakowski,Leszek.Die Hauptströmungen des Marxismus 1,München:R,Piper & Co,Verlag,1988.

［21］Kolakowski,Leszek.Die Hauptströmungen des Marxismus 2,München:R,Piper & Co,Verlag,1988.

［22］Kolakowski,Leszek.Die Hauptströmungen des Marxismus 1,München:R,Piper & Co,Verlag,1988.

［23］［英］戴维·麦克莱伦:《青年黑格尔派与马克思》,夏威仪、陈启伟、金海民译,商务印书馆 1982 年版。

［24］［英］柏拉威尔,马克思和世界文学,梅绍武等译,三联书店 1982 年版。

［25］［法］吕西安·戈德曼,隐蔽的上帝,蔡鸿滨译,百花文艺出版社 1998 年版。

［26］［英］汤姆·博托莫尔主编:《马克思主义思想辞典》,陈叔平等译,河南人民出版社 1994 年版。

［27］［日］广松涉:《物象化论的构图》,彭曦、庄倩译,南京大学出版社 2002 年版。

［28］［匈］卢卡奇:《历史与阶级意识》,杜章智、任立、燕宏远译,商务印书馆 1995 年版。

［29］Georg lukācs Werke Frühschriften.Band 2,Geschichte und Klassenberuusstsein Darmstandt und Neuwied:Hermann Luchterhand Verlag,1977.

［30］Gcprg lukācs u. a.,Verdinglichung,Marxismus,Geschichte.Freiburg:Ca ira Verlag,2012.

［31］Wolfgang Essbach.Die Junghegelianer:Soziologie einer Intellektuellengruppe München:Wilhcm Fink Verlag,1988.

［32］Axel Honncth.Verdinglichung.Frankfurt am Main:Suhrkamp Verlag,2005.

三、尼采、海德格尔及其相关部分

［1］Friedrich Nietzsche:Sämtliche Werke,KSA Bänden1－15,Deutscer Taschenbuch Verlag 1999.

［2］［德］尼采:《人性的　太人性的》,魏育青译,华东师范大学出版社 2008 年版。

［3］［德］尼采:《重估一切价值》,林笳译,华东师范大学出版社 2013 年版。

［4］［德］尼采:《敌基督者》,余明峰译,商务印书馆 2019 年版。

［5］［德］尼采:《论道德的谱系》,周红译,三联书店 1992 年版。

［6］［德］尼采:《善与恶的彼岸》,梁余晶等译,光明日报出版社 2007 年版。

［7］［德］尼采:《善恶的彼岸》,赵千帆译,商务印书馆 2015 年版。

［8］［德］尼采:《快乐的科学》,黄明嘉译,华东师范大学出版社 2007 年版。

［9］［美］罗森:《诗与哲学之争》,张辉译,华夏出版社 2004 年版。

［10］［法］德勒茨:《尼采与哲学》,周颖、刘玉宇译,社会科学文献出版社 2001 年版。

［11］［德］马丁·海德格尔:《尼采》上下册,商务印书馆 2002 年版。

［12］Martin Heidegger.Nietzsche,Zweiter Band、Verlag Güntherneske Pfullingen,1961.

［13］［德］马丁·海德格尔:《存在与时间》,陈嘉映、王庆节译,三联书店 1999 年版。

［14］［德］马丁·海德格尔:《演讲与论文集》,孙周兴译,三联书店 2005 年版。

［15］［德］马丁·海德格尔:《物的追问》,赵卫国译,上海译文出版社 2010 年版。

［16］［德］马丁·海德格尔:《形而上学导论》,熊伟、王庆节译,商务印书馆 1996 年版。

［17］［德］马丁·海德格尔:《林中路》,孙周兴译,上海译文出版社 1997 年版。

［18］［德］马丁·海德格尔:《路标》,孙周兴译,商务印书馆 2000 年版。

［19］［德］:马丁·海德格尔:《哲学论稿》,孙周兴译,商务印书馆 2012 年版。

［20］［德］马丁·海德格尔:《康德与形而上学疑难》,王庆节译,上海译文出版社 2011 年版。

［21］莱因哈德·梅依:《海德格尔与东亚思想》,张志强译,中国社会科学出版社 2003 年版。

［22］马特编:《海德格尔与存在之谜》,汪炜译,华东师范大学出版社 2011 年版。

［23］朱利安·扬:《海德格尔　哲学　纳粹主义》,陆丁、周濂译,辽宁教育出版社 2002 年版。

［24］Martin Heidegger.Sein und Zeit.Max Niemeyer Verlag Tübingen 2006.

［25］Martin Heidegger.Gesamtausgabe Band 5,Holzwege.Vittorio Klostermann:Frankfurt am Main 1977.

［26］Martin Heidegger. Gesamtausgabe Band 9. *Wegmarken*. Vittorio Klostermann: Frankfurt am Main 1976.

四、德国其他、奥地利及德语国家

［1］［德］歌德:《浮士德》,董问樵译,复旦大学出版社 1983 年版。

［2］［德］梅尼克:《德国的浩劫》,何兆武译,三联书店 2002 年版。

［3］［德］胡塞尔:《欧洲科学危机和超验现象学》,张庆熊译,上海译文出版社

1988 年版。

[4]〔德〕阿多诺:《否定的辩证法》,张峰译,重庆出版社 1993 年版。

[5]〔德〕吕迪格尔·萨弗兰斯基:《叔本华及哲学的狂野年代》,钦文译,商务印书馆 2010 年版。

[6]〔德〕吕迪格尔·萨弗兰斯基:《海德格尔传》,靳西平译,商务印书馆 1999 年版。

[7]〔德〕A.施密特:《现代与柏拉图》,郑辟瑞、朱清华译,上海书店 2009 年版。

[8]《弗洛伊德文集》第 4 卷,长春出版社 2004 年版。

[9]《弗洛伊德文集》第 6 卷,长春出版社 2004 年版。

[10]〔德〕迪特·亨利:《希康德与黑格尔之间》,彭文本译,商周出版城邦文化事业股份有限公司 2006 年版。

[11]〔德〕费希特:《费希特著作选集》第 5 卷,梁志学主编,李文堂译,商务印书馆 2006 年版。

[12]〔德〕沃尔夫·勒佩尼斯:《何为欧洲知识分子》,李焰明译,广西师范大学出版社 2011 年版。

[13]〔德〕沃尔夫·勒佩尼斯:《德国历史中的文化诱惑》,刘春芳、高新华译,译林出版社 2010 年版。

[14]〔德〕诺贝特·埃利亚斯:《文明的进程》,王佩莉译,三联书店 1998 年版。

[15]〔德〕弗兰克:《理解的界限:利奥塔与哈贝马斯的精神对话》,先刚译,华夏出版社 2003 年版。

[16]〔德〕弗兰克:《浪漫派的将来之神新神话学讲稿》,李双志译,华东师范大学出版社 2011 年版。

[17]刘小枫编:《夜颂中的革命和宗教:诺瓦利斯选集》卷一,林克等译,华夏出版社 2007 年版。

[18]〔德〕京特·安德斯:《过时的人论第二次工业革命时期人的灵魂》,范捷平译,上海译文出版社 2010 年版。

[19]〔德〕盖伦:《技术时代的人类心灵》,何兆武、何冰译,上海科技教育出版社 2003 年版。

[20]《韦伯作品集》第Ⅰ卷,钱水祥译,广西师范大学出版社 2004 年版。

[21]《韦伯作品集》第Ⅲ卷,康乐、简惠美译,广西师范大学出版社 2004 年版。

[22]〔德〕西美尔:《货币哲学》,陈戎女等译,华夏出版社 2002 年版。

[23] Georg Simmcl. Philosophie des Geldes. Frankfurt am Main:Suhrkamp Verlag,1991.

[24]〔德〕西美尔:《时尚的哲学》,文化艺术出版社 2002 年版。

[25][美]理查·沃林:《非理性的魅惑》,阎纪字译,立绪文化事业有限公司2006年版。

[26][德]卡尔·洛维特:《从黑格尔到尼采》,李秋零译,三联书店2006年版。

[27]Karl Löwith.Von Hegel zu Nietzsche.J.B.Metzlersche Verlagsbuchhandlung und Carl Ernst Poeschel Verlage GmbH in Stuttgart,1988.

[28][德]F.施勒格尔:《浪漫派风格》,华夏出版社2005年版。

[29][捷克]《卡夫卡全集》1—9卷,河北教育出版社2000年版。

[30]T.W.Adorno.Vorlesung über Negative Dialektik.Suhrkamp Verlag:Frankfurt am Main 2007.

[31]Karl Heinz Bohrer.Die Kritik der Romantik.Suhrkamp Verlag:Frankfurt am Main,1989.

[32]Arnold Gehlen.Dis Seele imtechnischen Zeitalter.Vittorio Klostermann GmbH:Frankfurt am Main,2007.

五、俄罗斯与中国

[1][俄]《屠格涅夫全集》第1—12卷,河北教育出版社1994年版。

[2][俄]《陀思妥耶夫斯基全集》第1—22卷,河北教育出版社2010年版。

[3][俄]《列夫·托尔斯泰文集》第1—17卷,人民文学出版社2000年版。

[4][俄]屠格涅夫:《前夜父与子》,丽尼、巴金译,上海译文出版社2007年版。

[5][法]亨利·特罗亚:《屠格涅夫》,张文英译,世界知识出版社2001年版。

[6]熊十力:《中国历史讲话中国哲学与西洋科学》,上海书店出版社2008年版。

[7]张君劢等:《科学与人生观》,黄山书社2008年版。

[8]《周作人散文全集》第1卷,广西师范大学出版社2009年版。

[9]《周作人散文全集》第2卷,广西师范大学出版社2009年版。

[10]瞿秋白:《俄国文学史及其他》,复旦大学出版社2004年版。

[11]余英时:《中国思想传统的现代诠释》,江苏人民出版社1989年版。

[12]张汝伦:《存在与时间》释义,上海人民出版社2012年版。

[13]翟振明:《有无之间》,北京大学出版社2007年版。

[14]彭富春:《无之无化》,上海三联书店2000年版。

[15]孙周兴:《语言存在论》,商务印书馆2011年版。

[16]孙周兴:《后哲学的哲学问题》,商务印书馆2009年版。

[17]何怀宏:《道德·上帝人》,新华出版社1999年版。

[18]吴汝钧:《绝对无诠释学:京都学派的批判性研究》,学生书局2012年版。

[19]俞吾金:《俞吾金讲演录》,长春出版社2011年版。

[20]吴晓明:《超感性世界的神话学及其末路马克思存在论革命的当代阐释》,中国人民大学出版社 2011 年版。

[21]邓晓芒:《实践唯物论新解》,武汉大学出版社 2007 年版。

[22]蒋路:《俄国文史采薇》,东方出版社 2003 年版。

[23]林精华:《误读俄罗斯》,商务印书馆 2005 年版。

[24]林精华:《想象俄罗斯》,人民文学出版社 2003 年版。

[25]朱宪生:《屠格涅夫传》,重庆出版社 2007 年版。

[26]张一兵:《回到马克思经济学语境中的哲学话语》,江苏人民出版社 2005 年版。

[27]张志伟主编:《形而上学的历史演变》,中国人民大学出版社 2010 年版。

[28]顾忠华:《理性化与官僚化》,广西师范大学出版社 2004 年版。

[29]谢胜议:《卢卡奇》,台湾东大图书公司 2000 年版。

[30]刘森林:《追寻主体》,社会科学文献出版社 2008 年版。

[31]刘森林:《实践的逻辑》,社会科学文献出版社 2009 年版。

[32]刘森林:《辩证法的社会空间》,吉林人民出版社 2005 年版。

六、英国、美国

[1][英]马修·阿诺德:《文化与无政府状态》,韩敏中译,三联书店 2002 年版。

[2][英]以赛亚·伯林、[伊朗]拉明·贾汉贝格鲁(R,.Jahanbcgloo):《伯林谈话录》,杨祯钦译,译林出版社 2002 年版。

[3][英]以赛亚·伯林:《扭曲的人性之材》,岳秀坤译,译林出版社 2009 年版。

[4][英]以赛亚·伯林:《浪漫主义的起源》,吕梁等译,译林出版社 2008 年版。

[5][英]吉登斯:《现代性的后果田禾译》,译林出版社 2000 年版。

[6][英]汤林森:《文化帝国主义》,上海人民出版社 1999 年版。

[7][英]R.G.科林伍德:《形而上学论》,宫睿译,北京大学出版社 2007 年版。

[8][英]罗素:《中国到自由之路罗素在华讲演集》,北京大学出版社 2004 年版。

[9][英]克里奇利:《解读欧陆哲学》,江怡译,外语教学与研究出版社 2009 年版。

[10][英]约翰·D.巴罗:《无之书》,何妙福、傅承其译,上海世纪出版集团 2009 年版。

[11][英]Tim Dant:《物质文化》,龚水慧译,书林出版公司 2009 年版。

[12][美]詹姆斯·施密特:《启蒙运动与现代性:18 世纪与 20 世纪的对话》,徐向东、卢华萍译,上海人民出版社 2005 年版。

[13][美]劳伦斯·E.卡洪:《现代性的困境》,王志宏译,商务印书馆 2008 年版。

[14] [美]马歇尔·伯曼:《一切坚固的东西都烟消云散了》,徐大建、张辑译,商务印书馆2003年版。

[15] [美]沃格林:《没有约束的现代性》,张新樟、刘景联译,华东师范大学出版社2007年版。

[16] [美]皮平:《作为哲学问题的现代主义论对欧洲高雅文化的不满》,阎嘉译,商务印书馆2007年版。

[17] [美]爱德华·W.萨伊德:《知识分子论》,单德兴译,三联书店2002年版。

[18] [美]艾恺:《世界范围内的反现代化思潮》,贵州人民出版社1991年版。

[19] [美]朗佩特:《施特劳斯与尼采》,田立年、贺志刚译,华夏出版社2005年版。

[20] [美]阿伦特:《人的条件》,上海人民出版社1999年版。

[21] [美]马丁·杰:《法兰克福学派史》,单世联译,广东人民出版社1996年版。

[22] [美]西摩·马丁·李普塞特:《一致与冲突》,张华青译,上海人民出版社1995年版。

[23] 艾莉森·利·布朗:《黑格尔》,中华书局2002年版。

[24] [美]熊彼特:《经济发展理论》,何畏等译,商务印书馆1990年版。

[25] [美]熊彼特:《资本主义、社会主义与民主》,吴良健译,商务印书馆1999年版。

[26] [美]J.J.克拉克:《东方启蒙:东西方思想的遭遇》,于闽梅、曾祥波译,上海人民出版社2011年版。

[27] [美]迈克尔·路克斯:《当代形而上学导论》,朱新民译,复旦大学出版社2008年版。

[28] [美]荷海·格拉切:《形而上学及其任务》,陶秀璈、朱红、杨东东译,山东人民出版社2008年版。

[29] [美]伊恩·莫里斯:《西方将主宰多久:从历史发展的模式看世界的未来》,钱峰译,中信出版社2011年版。

[30] [美]大卫·M.列文:《倾听的自我:个人成长、社会变迁与形而上学的终结》,程志民等译,陕西人民教育出版社1997年版。

[31] [美]沃格林:《危机和人的启示》,华东师范大学出版社2001年版。

[32] [美]郝大维、安乐哲:《期望中国》,施忠连等译,学林出版社2005年版。

其　　他

[1] [丹]丹·扎哈维:《主体性和自身性:对第一人称视角的探究》,蔡文菁译,

上海译文出版社文 2008 年版。

[2][西班牙]奥德嘉·贾塞特:《生活与命运:奥德嘉·贾塞特讲演录》,陈昇、胡继伟译,广西人民出版社 2008 年版。

[3][法]乔治·佩雷克:《物六十年代纪事》,龚觅译,新星出版社 2010 年版。

[4][法]梅洛·庞蒂:《辩证法的历险》,杨大春、张尧均译,上海译文出版社 2009 年版。

[5][法]萨特:《存在与虚无》,陈宣良等译,三联书店 2007 年版。

[6][法]雅克·德里达:《书写与差异》,张宁译,三联书店 2001 年版。

[7][日]柳田圣山:《禅与中国》,三联书店 1988 年版。

[8][日]上山安敏:《神话与理性》,孙传钊译,上海人民出版社 1992 年版。

论 文 部 分

一、国外作者

[1] Wolfgang Essbach."Max Stirner Geburtshelfer und böse Fee an der Wiege des Marxismus",Harald Bluhm(Hg.) , Die Deutsche Ideologie, Berlin:Akadmic Verlag GmbH,2010.

[2] Gunnar Hindrichs, " Arheirsrcilung und Sujektivitat", Harald Bluhm (Hg.) Die Deutsche Ideologie,Berlin:Akadmic Verlag GmbH,20.

[3] David B,Mycrs,"Marx and the Prohlem of Nihilism",Philosophy and Phenomenological Research,Vol,37,No.2(Dec.,1976.

[4] Ahlrich Meyer, "Nachwort", Max Srirner. Der Einzige und sein Eigentum. mit einem Nachwort Herausgeben von Ahlrich Meyer, Stuttgart:Philipp Reclam Jun.,1981.

[5] Moses Hess, " Philosophische und sozialistische Schriften 1837 – 1850 ", Berin,1961.

[6] Lawrence Stepclevich, " Max Stirner and Ludwig Feuerbach ", Journal of the History of Ideas,Vol,39,No,3(Jul,Sep.,1978).

[7]施特劳斯、德国虚无主义、刘小枫编:《施特劳斯与古典政治哲学》,三联书店 2002 年版。

[8]托匹茨:《马克思主义与灵知》,《灵知主义与现代性》,华东师范大学出版社 2005 年版。

［9］约纳斯:《诺斯替主义、虚无主义与存在主义》,诺斯替宗教,上海三联书店
　　2006 年版。

［10］底特利希·伯勒尔,汉斯·约纳斯著作:《洞见和现实性》,《复旦哲学评论》
　　第四辑,上海人民出版社 2008 年版。

［11］费迪耶等:《晚期海德格尔的三天讨论班纪要》,丁耘译,哲学译丛,2001 年
　　第 3 期。

［12］迈尔:《死亡即上帝有关海德格尔的一条注释》,迈尔,古今之争中的核心问
　　题,华夏出版社 2004 年版。

［13］P.墨菲:《浪漫派的现代主义与古希腊城邦(上)》,《国外社会科学》1996 年
　　第 5 期。

［14］A.施莱格尔启蒙运动批判,孙凤城选编:《德国浪漫主义作品选》,李伯杰
　　译,人民文学出版社 1997 年版。

［15］汉斯-马丁·格拉赫:《马克思与海德格尔的形而上学批判》,《求是学刊》
　　2005 年第 6 期。

［16］克里斯安·库马尔,西方乌托邦传统的诸方面,约恩·吕森主编,思考乌托
　　邦山东大学出版社 2010 年版。

［17］沃尔夫冈·布朗加特(Wolfgang Braungart),当代早期阶段的艺术、科学与乌
　　托邦约恩·吕森主编,思考乌托邦,山东大学出版社 2010 年版。

［18］卡尔·洛维特,克尔凯郭尔与尼采,《哲学译丛》2001 年第 1 期。

［19］卡尔·洛维特,海德格尔《尼采的话'上帝死了'》一文所未明言,洛维特,沃
　　格林等,墙上的书写,华夏出版社 2004 年版。

［20］屠格涅夫,关于《父与子》屠格涅夫全集,第 11 卷,河北教育出版社 1994
　　年版。

二、国内作者

［1］巴金《父与子》后记(1978 年 9 月 8 日),巴金译文全集,第 2 卷,人民文学出
　　版社 1997 年版。

［2］庞朴,谈玄说无,光明日报,2006 年 5 月 9 日,第 005 版。

［3］叶秀山,海德格尔与西方哲学的危机,标准文献网。

［4］张隆溪,乌托邦:世俗理念与中国传统,约恩·吕森主编,张文涛,甄小东,王
　　邵励译,思考乌托邦,山东大学出版社 2010 年版。

［5］俞吾金,究竟如何理解尼采的话"上帝死了"《哲学研究》2006 年第 9 期。

［6］王金林:《历史生产与虚无主义的极致评后期海德格尔论马克思》,《哲学研
　　究》2007 年第 12 期。

[7]康中乾:《论王弼"无"范畴的涵义》,《陕西师范大学学报(哲学社会科学版)》2004 年第 4 期。

[8]邓晓芒:《欧洲虚无主义及其克服》,《江苏社会科学》2008 年第 2 期。

[9]邹诗鹏:《现时代精神生活的物化处境及其批判》,《中国社会科学》2007 年第 5 期。

[10]汪行福:《理性的病变对作为"启蒙的虚假意识"的犬儒主义的批判》,《现代哲学》2012 年第 4 期。

[11]贺来:《个人责任、社会正义与价值虚无主义的克服》,《哲学动态》2009 年第 3 期。

[12]徐长福:《论马克思人论中本质主义与反本质主义的内在冲突(中)》,《河北学刊》2004 年第 3 期。

[13]张廷国:《"无"之追问——海德格尔论形而上学问题》,《科学·经济·社会》2000 年第 2 期。

[14]陈赟:《天下观视野中的民族国家认同》,《世界经济与政治论坛》2005 年第 6 期。

[15]刘森林:《虚无主义与马克思:一个再思考》,《马克思主义与现实》2010 年第 3 期。

[16]刘森林:《马克思历史观对事实与价值冲突的两种解决》,《哲学研究》1992 年第 9 期。

[17]刘森林:《恩格斯与辩证法:误解的澄清》,《南京大学学报》2005 年第 1 期。

[18]罗刚:《反讽主体的力度与限度从德国早期浪漫派到青年卢卡奇的马克思主义》,中山大学马哲所、哲学系 2009 年博士论文。

[19]叶建辉:《托邦解放神学里的历史、共同体与灵修》,中山大学马哲所、哲学系 2012 年博士论文。

[20]杨丽婷:《批判理论克服虚无主义的契机:以阿多诺为中心的分析》,中山大学哲学系 2012 年博士论文。

再 版 后 记

　　十几年前,意识到虚无主义问题的重要性与迫切性,却没想到这个问题一直占据着自己以后研究工作的核心。《物与无》这本书第一版出版之后,自己先后承担过启蒙问题、现实观问题、马克思与德国古典哲学关系问题的研究项目,更不用说目前正在承担的《虚无主义思想史与批判史》研究课题,这些课题的基础和核心都是现代虚无主义问题及其展开。自己被这个问题深深吸引,深入挖掘和拓展的兴致盎然,关涉面越来越大、越来越宽。德国哲学家把上帝之死引发的虚无主义问题与哲学本体论、传统形而上学思维方式内在关联起来,把存在与非存在的区分、存在与存在者的区分、Was 与 Das 的区分、近代哲学向现代哲学的转型跟虚无主义问题贯通在一起,使得虚无主义问题不仅意味着西方传统价值体系的坍塌,更意味着论证这一体系的思维方式的转折,意味着自古以来哲学本体论内在问题的某种延展与调整,使得虚无主义问题不再是特定时代的特定问题,而是超越特定时代、自古以来的根本问题。俄国思想家在把这个问题纳入俄罗斯思想传统,试图在这个问题的进一步扩展和深化中探寻俄罗斯式答案;中国和日本思想家在加上道家的"无"、佛家的"空"之后试图探寻希望这一问题的东方求解之法。虚无主义问题已经超越了文化传统、国家、学科和时代的限定,变得更加普遍、一般和基本了。这也直接导致了自己如下第二个"没想到"。

　　这第二个没想到就是,第一版后记最后一句话"把这项工作继续做下去,继续做好,是我一如既往的期待:我期待着自己这项研究的第二、第三份成果"所做出的许诺,至今没能实现。在没有出版虚无主义问题研究的第二份成果之前,就再版这本《物与无》,令自己五味杂陈。虽然如上所述近年来从事的研究都可以说是虚无主义问题的拓展和挖掘,没有荒废,也没有偏离,没有忘记初心,甚至也可以把"虚无主义译丛"的出版勉强算作一份成果,但终归推迟兑换承诺不是一件令人开心的事。问题牵涉面的扩展、跟东西方哲学基本问题的本质性关联、20世纪和21世纪这一问题的复杂化延展,都无法构成充足的延迟理由。

在当前从事虚无主义问题研究,更倍感动力和压力。动力来自问题及其背景挑战的严峻性,来自中国在其中的发生顺序与关键地位;压力来自时间的急迫,来自所需素养和知识的欠缺,以及问题展开和答案呈现的时间差客观上还有多少。可喜的是,跟最初从事这一研究的成员还稀稀拉拉相比,现在的研究队伍和形势都有了可喜变化:马克思主义哲学界和西方哲学界都已出版了好几本研究专著,不但现代哲学界而且古典哲学界也已参与进来,不但西方哲学界而且东方哲学中国哲学界的更多朋友都已开始参与进来;更不用说哲学界之外的文学和其他学科界的朋友参与了。为促进这一研究,我们组织的"虚无主义批判译丛"也已由华东师范大学出版社推出了第一批四本译著。这些情况都增加了对中国虚无主义研究更加繁荣的期待。我深信,在经历了20世纪之初虚无主义中国问题思考的夭折之后,21世纪以来中国思考虚无主义问题的高峰时刻已经到来。借用我在"虚无主义批判译丛"中的一句话来表达这种期待:"早已经历了道德滑坡、躲避崇高、人文精神大讨论、现代犬儒主义登台之后,经历了浪漫主义、自由主义的冲击以及对它们的反思之后,思考、求解现代虚无主义的中国时刻已经到来。现代虚无主义的中国应对方案,将在这个时刻被激活、被孕育、被发现。伴随着现代虚无主义问题的求解所发生的,应该是一种崭新文明的建构和提升。"按照我的理解,这种期待还可以进一步提升:现代虚无主义问题的思考沿着亚欧大陆自西向东延展,包含着对现代文明基础的反思和推进,伴随着超越近现代资本主义文明的思想冲动和实践行动,在德国、俄国先后进行并积累了沉痛教训和丰富经验的基础上,中国能够开辟新文明的曙光,给现代虚无主义问题的实践求解开辟希望之路,贡献自己的力量。

　　本书的出版,十分感谢戴亦樑、汪意云两位编审的帮助和包容;十分感谢崔继新编审的美意,使拙著得以纳入人民文库第二辑;感谢多年来一同研究现代虚无主义的朋友们和学生们。正是在与您们的合作、讨论和相互理解之中,这项研究不断获得新的动力,孕育新的希望,开辟新的空间。希望它能催促作者第二本虚无主义研究的著作尽早面世,更希望为中国学界虚无主义研究更多成果的涌现抛砖引玉。

作 者

2021 年 2 月 18 日于泉城兴隆山

责任编辑：崔继新
装帧设计：肖　辉　王欢欢

图书在版编目(CIP)数据

物与无:物化逻辑与虚无主义/刘森林 著. —北京:人民出版社,2022.3
(人民文库. 第二辑)
ISBN 978－7－01－024300－9

Ⅰ.①物…　Ⅱ.①刘…　Ⅲ.①虚无主义–研究　Ⅳ.①B809

中国版本图书馆 CIP 数据核字(2021)第 256371 号

物与无:物化逻辑与虚无主义
WUYUWU WUHUA LUOJI YU XUWU ZHUYI

刘森林　著

人民出版社 出版发行
(100706　北京市东城区隆福寺街 99 号)

北京新华印刷有限公司印刷　新华书店经销

2022 年 3 月第 1 版　2022 年 3 月北京第 1 次印刷
开本:710 毫米×1000 毫米 1/16　印张:23.75
字数:342 千字

ISBN 978－7.－01－024300－9　定价:118.00 元

邮购地址 100706　北京市东城区隆福寺街 99 号
人民东方图书销售中心　电话 (010)65250042　65289539